생산자동화 산업기사 실기 PLC편

MELSEC Q시리즈 / TOP 터치패드 / QD75 서보모터

박민규, 한홍걸 편저

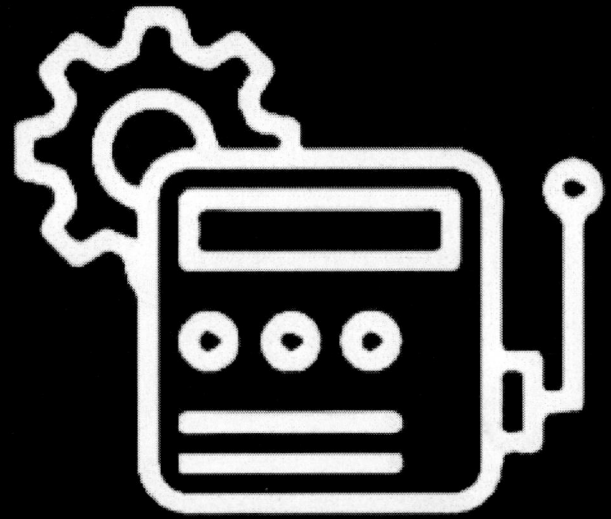

INTRODUCTION

최근 산업분야에서 PLC를 이용한 업무가 증대되고, 자동화분야에서의 필수과목으로 PLC의 대한 중요도가 높아짐에 따라 PLC와 관련된 자격증을 취득하고자 하는 사람들의 수요가 늘어나 PLC분야와 관련되어 있는 자격증 교재들이 출판되고 있다.

하지만, 시중에 출판되어 있는 생산자동화산업기사 자격증관련 책들은 너무 그 내용이 방대하여 생산자동화산업기사 시험을 치르는 수험생들에게 적합하지 않은 점이 있었다.

그러므로 이 책에서는 PLC를 처음 입문하는 수험생들에게도 진입장벽이 높지 않도록 기초부터 상세히 집필하였으며 생산자동화산업기사 실기 PLC부분에 대해 실질적으로 필요한 부분만을 집필하여 수험생들의 수험 준비시간을 단축하도록 하였다.

이 책의 특징은 다음과 같다.

※ 현재 생산자동화산업기사 실기 시험장에서 사용되는 미쓰비시 사의 멜섹 PLC를 이용하였고, 프로그램 또한 GX Works2와 XDesignerPlus4를 이용하여 **시험장소에 맞는 실기시험 준비를** 할 수 있도록 하였다.

※ 그 동안의 생산자동화산업기사 **실기교육을 바탕**으로 한 **실질적인 시험기출유형을** 파악하여 시험생들에게 **최소한의 노력**으로 최대의 성과를 볼 수 있도록 하였다.

※ 진입장벽이 높은 PLC분야에 대해 아주 **기초적인 부분**부터 교재에 집필하여 어느 누구나 PLC분야에 입문하는데 **큰 어려움이 없도록 하였다.**

※ 3년간의 기출유형을 파악하여 자주 **출제되는 제어조건에 대한 연습문제를** 수록하였고, 연습문제를 해결하기 위한 프로그램 코딩해설을 기재하여 제어조건 해결방법에 대한 **스킬을 습득**할 수 있다.

이 책을 편찬하는 과정에서 이론적인 측면에 대한 부족한 점이 있지만, 계속적인 피드백을 통해 보완해 나갈 것이며, 기출유형의 변화에 대해 즉각적으로 반응하여, 필요한 유형에 대한 변경사항도 보완할 것입니다.

끝으로 이 책을 완성하기까지 도움을 주신 교수님들과 편집에 수고한 출판사 관계자 여러분께 깊이 감사를 드리는 바입니다.

저자 일동

차례 생산자동화 산업기사 실기 PLC 편

제 1 장 PLC의 정의 / 1

1-1 PLC정의 / 1

1-2 PLC의 분류 / 2

    (1) 일체형 PLC / 2

    (2) 슬롯형 PLC / 3

1-3 PLC의 구성 / 4

    (1) CPU 연산부 / 4

    (2) 입출력부 / 5

1-4 PLC의 연산 / 8

    (1) 하드 와이어드와 소프트 와이어드 / 8

    (2) 릴레이 시퀀스와 PLC 프로그램의 차이점 / 8

    (3) 직렬 처리와 병렬 처리 / 9

    (4) 사용 접점수의 제한 / 10

    (5) 접점이나 코일 위치의 제한 / 10

1-5 PLC CPU의 연산방식 / 11

    (1) 입력 이미지 리프레시 / 12

    (2) 연산 / 12

    (3) 출력 리프레시 / 12

    (4) 자기 진단 / 13

    (5) END 처리 / 13

    (6) 스캔 / 13

1-6 PLC 프로그램 구성 / 14

    (1) 메인루틴 프로그램 / 14

    (2) 인터럽트 프로그램 / 14

    (3) 서브루틴 프로그램 / 14

MELSEC Q시리즈 / TOP 터치패드 / QD75 서보모터

제 2 장 멜섹 Q PLC / 16

2-1 멜섹 Q PLC 주요 기능 / 16

    (1) 프로그램 작성 / 16

    (2) 파라미터 설정 / 17

    (3) PLC CPU에 대한 읽기/쓰기 기능 / 17

    (4) 모니터 디버그 / 18

    (5) 진단 / 19

2-2 멜섹 Q PLC의 프로그램 구성 및 사용법 / 20

    (1) 전체화면구성 / 20

    (2) 프로젝트 새로 만들기 / 21

    (3) 래더 편집화면 / 22

    (4) 접점명령 / 23

    (5) 외곽선 작화 / 24

    (6) 세로선/가로선 입력 / 25

    (7) 접점/코일/응용명령 및 범위설정 및 래더블럭 삭제 / 26

    (8) 외곽선 삭제 / 27

    (9) 세로선/가로선 삭제 / 28

    (10) 행 삽입 / 29

    (11) 행 삭제 / 30

    (12) 열 삽입 / 31

    (13) 열 삭제 / 32

    (14) 래더 잘라내기/복사 / 33

    (15) 범위설정하여 래더 잘라내기/복사 / 34

    (16) 래더블록을 이용한 잘라내기/복사 / 35

    (17) 프로그램 빌드 / 36

⑱ 프로그램 읽고/쓰기 / 37

⑲ 인텔리전트 모듈 프로그램 읽고/쓰기 / 38

⑳ 프로그램 작성순서 / 39

제 3 장 TOP 터치패드 (XDesignerPlus4) / 41

3-1 XTOP 터치패드 / 42

    (1) XTOP 적용분야 / 42

    (2) XTOP 제품 통신 포트 / 42

    (3) XTOP의 첫 페이지 / 43

3-2 XDesignerPlus4의 구성 / 44

    (1) 메뉴화면 / 45

    (2) 편집메뉴 / 47

    (3) 정렬메뉴 / 49

    (4) 보기메뉴 / 51

    (5) 프로젝트 메뉴 / 53

    (6) 도형메뉴 / 54

    (7) 태그메뉴 / 55

    (8) 도구메뉴 / 56

    (9) 전송메뉴 / 58

3-3 XDesignerPlus4 프로젝트 생성 순서 / 59

    (1) 새 프로젝트 생성 / 59

    (2) 프로젝트 설정 / 60

3-4 비트램프 태그 / 62

    (1) 디스플레이 페이지 / 63

3-5 터치 태그 / 67

    (1) 디스플레이 페이지 / 68

MELSEC Q시리즈 / TOP 터치패드 / QD75 서보모터

  (2) 연산 페이지 / 71

 3-6 터치+비트램프 태그 / 75

 3-7 숫자 태그 / 76

 3-8 숫자 태그 속성 화면의 페이지 구성 / 77

 3-9 숫자 키표시 태그 / 81

 3-10 워드 메시지 태그 / 86

제 4 장 생산자동화산업기사 실습장비 (MPS) / 90

 4-1 서비스유닛 / 91

 4-2 PLC 키트 / 91

 4-3 터치패널 / 92

 4-4 공급실린더 / 92

 4-5 매거진 및 공급워크감지센서 / 93

 4-6 가공실린더 및 가공모터 / 93

 4-7 송출실린더 / 94

 4-8 컨베이어 / 94

 4-9 용량형 센서 및 유도형 센서 / 95

 4-10 배출실린더 / 95

 4-11 저장박스와 배출박스 / 96

 4-12 스토퍼실린더와 스토퍼워크감지센서 / 96

 4-13 리프트와 서보모터 / 97

 4-14 흡착실린더와 흡착패드 / 97

 4-15 저장창고(적재창고)와 창고실린더 / 98

 4-16 서보앰프 / 98

제 5 장 명령어 및 명령회로 / 99

 5-1 자기유지회로 및 인터록 명령회로 / 99

 5-2 마스터컨트롤 명령회로 및 순차제어(SET,RST)명령회로 / 100

 5-3 타이머 명령회로 및 카운터 명령회로 / 102

5-4 플리커회로 및 플리커회로 응용 / 104
5-5 데이터 전송,연산비교,사칙연산 명령회로 / 106
5-6 일시정지와 초기화정지 / 107

제 6 장 QD75 위치결정제어 / 110

6-1 파라미터 설정 및 전송 / 112
6-2 원점복귀제어 / 118
    (1) 기계 원점복귀 / 118
    (2) 고속 원점복귀 / 119
    (3) 원점복귀 실습 / 120
6-3 JOG 운전(수동제어) / 123
6-4 위치결정제어 / 126

PLC 연습문제

7-1 PLC 연습문제1 / 130
7-2 PLC 연습문제2 / 138
7-3 PLC 연습문제3 / 150
7-4 PLC 연습문제4 / 167
7-5 PLC 연습문제5 / 181
7-6 PLC 연습문제6 / 192
7-7 PLC 연습문제7 / 207
7-8 PLC 연습문제8 / 228

FND 및 램프 연습문제

8-1 FND연습문제 1 / 251
8-2 FND연습문제 2 / 254
8-3 FND연습문제 3 / 259
8-4 FND연습문제 4 / 263
8-5 FND연습문제 5 / 266

MELSEC Q시리즈 / TOP 터치패드 / QD75 서보모터

8-6 램프연습문제 1 / 269
8-7 램프연습문제 2 / 275
8-8 램프연습문제 3 / 280
8-9 램프연습문제 4 / 287
8-10 램프연습문제 5 / 294
8-11 램프 + FND 연습문제 1 / 300
8-12 램프 + FND 연습문제 2 / 304

시험대비문제

9-1 기본동작 / 311
9-2 응용동작 / 321

2018년 생산자동화 산업기사 기출문제

1회 생산자동화 산업기사 실기 / 351
    기본동작 / 351
    응용동작 / 352
    공정순서도 / 354
    터치패드화면 / 355

2회 생산자동화 산업기사 실기
    기본동작 / 356
    응용동작 / 357
    공정순서도 / 359
    터치패드화면 / 360

3회 생산자동화 산업기사 실기
    기본동작 / 361
    응용동작 / 362
    공정순서도 / 364

터치패드화면 / 365

📎 2019년 생산자동화 산업기사 기출문제

1회 생산자동화 산업기사 실기

    기본동작 / 366

    응용동작 / 367

    공정순서도 / 369

    터치패드화면 / 370

2회 생산자동화 산업기사 실기

    기본동작 / 371

    응용동작 / 372

    공정순서도 / 374

    터치패드화면 / 375

3회 생산자동화 산업기사 실기

    기본동작 / 376

    응용동작 / 377

    공정순서도 / 379

    터치패드화면 / 380

제 1 장 PLC의 정의

1-1 PLC 정의

[그림 1-1] PLC

PLC는 1960년대 후반에 처음으로 소개되었으며 PLC등장의 첫번째 이유는 Relay를 Base로 하는 Sequence control system의 유지에 드는 비용을 줄이기 위한 것이었다. 이 장에서는 기존 Relay based sequence control system의 문제점과 이를 개선하기 위한 PLC의 기본 요구사항을 학습한다. PLC(Programmable Logic Controller)는 "Process 혹은 Equipment 의 제어를 위한 논리연산, Sequence 제어, 지연, 계산 및 산술, 연산 등의 제어동작을 시키기 위해 제어순서를 일련의 명령어 형식으로 기억하는 메모리를 갖고, 이 메모리의 내용에 따라 디지털, 아날로그의 입출력 모듈을 통해 여러 가지 기계와 프로세스를 제어하는 디지털 조작형 전자장치"를 말한다. 여기서 Sequence 제어란, 다음단계에서 해야 할 제어동작이 미리 정해져 있어서 앞 단계의 제어동작 완료, 혹은 제어동작 완료 후 일정시간이 경과 후에 다음단계로 제어결과를 이행하는 일련의 제어동작을 말한다.

1-2 PLC의 분류

1 일체형 PLC

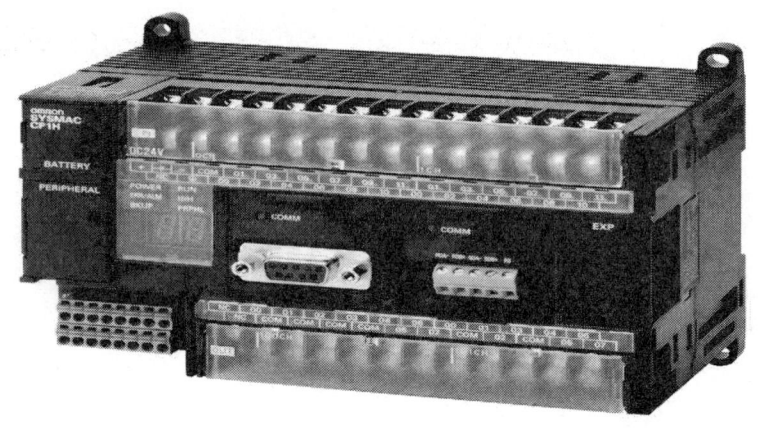

[그림 1-2] 일체형 PLC

비교적 소형의 자동화기기에 사용되는 PLC이다. 모든 기능들이 하나의 케이스 안에 설치되어 있어 소형이다. 즉 전원장치, CPU, 메모리, 입력 및 출력의 모든 기능이 집적되어 있어 취급이 간단하고 저가 이다. 그러나 입출력 점수가 제한되고 확장 유닛을 장착하여 입출력 점수를 늘릴 수 있으나 한계가 있다. 또한 PLC간의 통신과 ANALOG신호의 처리, 위치결정과 같은 고도의 기능의 발휘가 어려우며, 로직의 STEP의 양도 제한적이고, 상위 컴퓨터와의 작업정보의 전송이나 작업지시 정보의 교환 등이 제한된다. 일체형의 PLC는 간단한 설비의 자동화나 제어 단독 설비의 자동화가 주목적이며 장래의 확장성이 요구되는 설비에서의 채택은 바람직하지 않다.

2 슬롯형 PLC

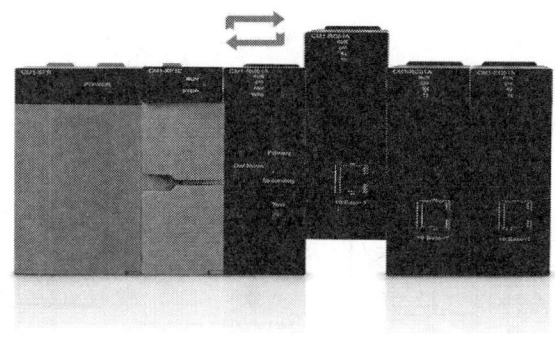

[그림 1-3] 슬롯형 PLC

슬롯형의 PLC는 베이스유닛에 전원 유닛과 CPU유닛을 기본으로 설치하고 자동화 대상의 기능에 따라 여러 종류의 입출력 장치를 추가하여 사용한다. 입출력 점수의 변경이 요구 될 시는 필요한 기능의 입출력장치를 추가 시킬 수 있다. 또한 CPU의 기능이 향상되고 고속처리 및 대용량 데이터의 처리가 가능하며 PLC간의 통신이나 상위 컴퓨터와의 다양하고 고속의 통신이 지원된다.

이와 같은 기능을 이용 하여 CNC, ROBOT, 상위 컴퓨터와 연결하여 대단위의 자동화가 가능하며 컴퓨터 통신을 이용하여 수주에서 생산 판매에 이르는 전 과정을 자동화하는 총합화 생산시스템을 구성할 수 있다.

또한 모든 생산 활동이 기계에 의해 움직이는 무인 공장의 등장이 가능 하도록 하였다. 유닛은 입력, 출력, 입/출력 혼용, 통신, 고속 카운터, PID제어, 아날로그 입력, 아날로그 출력 위치 결정 유닛 등이 있다.

1-3 PLC의 구성

PLC의 구성은 크게 4가지로 연산을 담당하는 CPU 연산부, 입력신호를 전달받는 입력부 출력신호를 보내는 출력부, 주변기기로 나눌 수 있습니다.

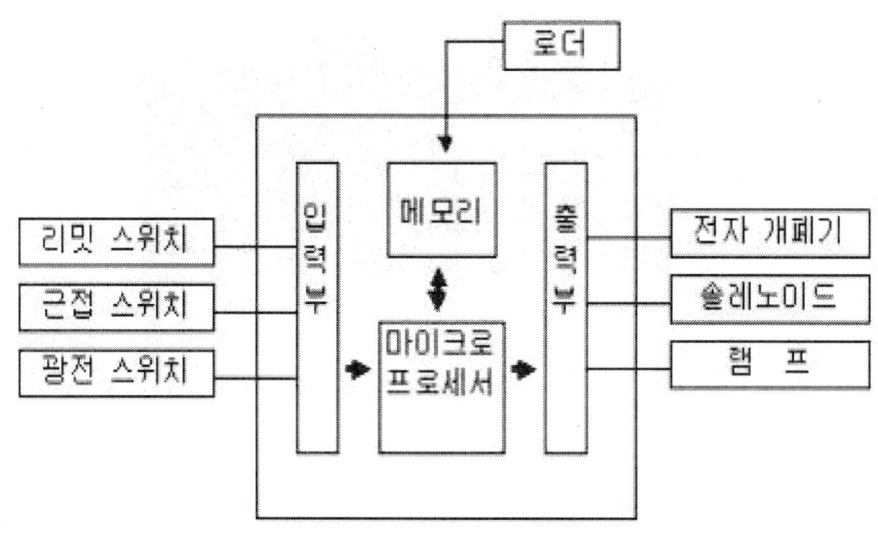

[그림 1-4] PLC의 구성

1 CPU 연산부

PLC의 두뇌에 해당하는 부분으로 메모리에 저장되어 있는 프로그램을 해독하여 처리내용을 실행합니다. 이 절차는 초당 100~1000번의 연산을 하는 매우 빠른 속도이며 2진수 방식으로 처리됩니다. PLC는 3가의 메모리를 사용합니다. 사용자 프로그램 메모리, 데이터 메모리, 시스템 메모리 등의 3가지로 구분되는데 사용자 프로그램 메모리는 제어하고자 하는 시스템 규격에 따라 사용자가 작성한 프로그램이 저장되는 역역으로서 제어 내용이 프로그램 완성 전이나 완성 후에도 바뀔 수 있으므로 RAM이 사용됩니다. 데이터 메모리는 입출력 릴레이, 보조 릴레이, 타이머 및 카운터 등의 접점 상태 및 설정값, 현재값 등의 정보가 저장되는 영역으로 정보가 수시로 바뀌므로 RAM영역이 사용됩니다. 시스템 메모리는 PLC의 제조회사에서 작성한 시스템 프로그램이 저장되는 영역입니다. 이 시스템 프로그램은 PLC의 기능이나 성능을 결정하는 중요한 프로그램으로 PLC 제조회사에서 직접 ROM에 써 넣습니다.

2 입출력부

입출력부	구분	부착장소	외부기기
입력부	조작입력	제어반 및 조작반	푸시버튼 스위치 선택 스위치 토글 스위치
입력부	검출입력(센서)	기계장치	리미트 스위치 광전 스위치 근접 스위치 레벨 스위치
출력부	표시경보출력	제어반 및 조작반	파일럿 램프 부저
출력부	구동출력(엑추에이터)	기계장치	전자밸브 전자 클러치 전자 브레이크 전자 개폐기

[그림 1-5] 입출력 접속기기의 분류

위의 [그림 1-5]는 입출력부에서 접속되는 외부기기들의 예를 들어놓은 것이다. 입출력부와 외부기기를 접속시킬 때는 아래의 요구사항들을 준수하여야 합니다.

- 외부 기기와 전기적 규격이 일치해야 한다. 로부터 노이즈가 CPU쪽에 전달되지 않도록 해야 한다.
- 외부 기기
- 외부 기기와의 접속이 용이해야 한다.
- 입출력의 각 접점 상태를 감시할 수 있어야 합니다.
- 입력부는 외부 기기의 상태를 검출하거나 조직 판넬을 통해 외부 장치의 움직임 지시하고 출력부는 외부 기기를 움직이거나 상태를 표시해야 한다.

① 입력부

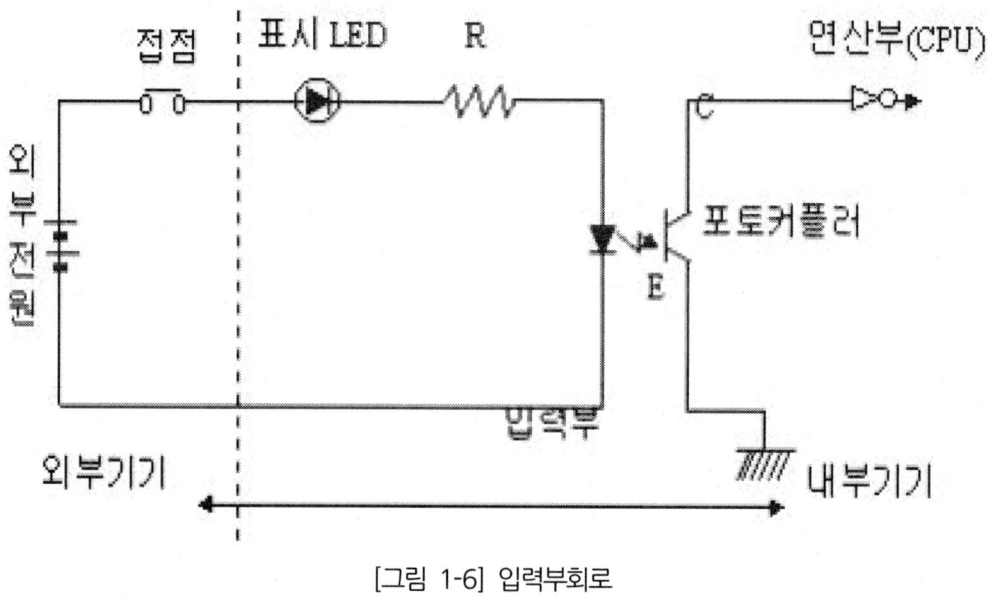

[그림 1-6] 입력부회로

위의 [그림 1-6]은 입력부 회로를 표현한 것으로 외부기기로 부터의 신호를 CPU의 연산부로 전달해주는 과정에 대한 설명입니다.
입력의 종류로는 DC24V, AC110V 등이 있고, 그 밖의 특수 입력 모듈로는 아날로그 입력 (A/D)모듈, 고속카운터 모듈 등이 있습니다.

② 출력부

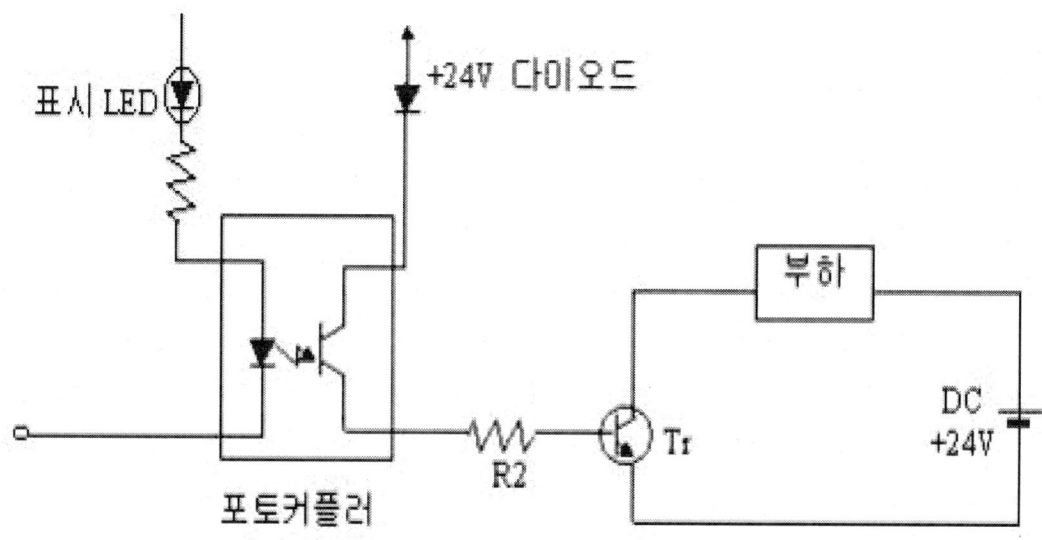

[그림 1-7] 출력부 회로

위의 [그림 1-7]은 트랜지스터의 출력부 회로를 표현 회로로서 내부 연산의 결과를 외부에 접속된 전자 접촉기나 솔레노이드에 전달하여 구동시키는 부분입니다.

출력의 종류에는 릴레이 출력, 트랜지스터 출력, SSR출력 등이 있고, 그 밖의 출력 모듈로는 아날로그 출력(D/A)모듈, 위치결정모듈 등이 있습니다.

1-4 PLC의 연산방식

 하드 와이어드와 소프트 와이어드

종래의 릴레이 제어 방식은 일의 순서를 회로도에 전개하여 그곳에 필요한 제어기기를 결합하여 리드 선으로 배선 작업을 해서 요구하는 동작을 실현합니다. 이 같은 방식을 하드와이어드 로직이라고 합니다. 하드와이어드 로직 방식에서는 하드웨어(기기)와 소프트웨어가 한 쌍이 되어 있어, 사양이 변경되면 하드웨어와 소프트웨어를 모두 변경해야 하므로, 여러 가지 문제를 발생시키는 원인이 됩니다. 따라서 하드웨어와 소프트웨어를 분리하는 연구 끝에 컴퓨터 방식이 개발되었습니다. 컴퓨터는 하드웨어만으로는 동작할 수 없습니다. 하드웨어 속에 있는 기억 장치에 일의 순서를 넣어야만 비로소 기대되는 일을 할 수가 있습니다. 이 일의 순서를 프로그램이라 하며, 기억 장치인 이 메모리에 일의 순서를 넣는 작업을 프로그래밍이라 합니다.
이는 마치 배선작업과 같다고 생각하면 됩니다. 이 방식을 소프트와이어드 로직이라 하며, PLC는 이 방식을 취하고 있습니다.

 릴레이 시퀀스와 PLC프로그램의 차이점

PLC는 LSI등 전자 부분의 집합으로 릴레이 시퀀스와 같은 접점이나 코일은 존재하지 않으며, 접점이나 코일을 연결하는 동작은 소프트웨어로 처리되므로 실제로 눈에 보이는 것이 아닙니다.
또, 동작도 코일이 여자되면 접점이 닫혀 회로가 활성화되는 릴레이 시퀀스와는 달리 메모리에 프로그램을 기억시켜 놓고 수차적으로 내용을 읽어서 그 내용에 따라 동작하는 방식입니다.
PLC제어는 프로그램의 내용에 의하여 좌우됩니다.
따라서 사용자는 자유자재로 원하는 제어를 할 수 있도록 프로그램의 작성 능력이 요구됩니다.

3 직렬 처리와 병렬 처리

PLC시퀀스와 릴레이 시퀀스의 가장 근본적인 차이점은 그림1-5에 나타낸 것과 같이 "직렬처리"와 "병렬처리"라는 동작상의 차이에 있습니다.
PLC는 메모리에 있는 프로그램을 순차적으로 연산하는 직렬처리 방식이고 릴레이 시퀀스는 여러 회로가 전기적인 신호에 의해 동시에 동작하는 병렬처리 방식입니다. 따라서 PLC는 어느 한 순간을 포착해 보면 한 가지 일 밖에 하지 않습니다.

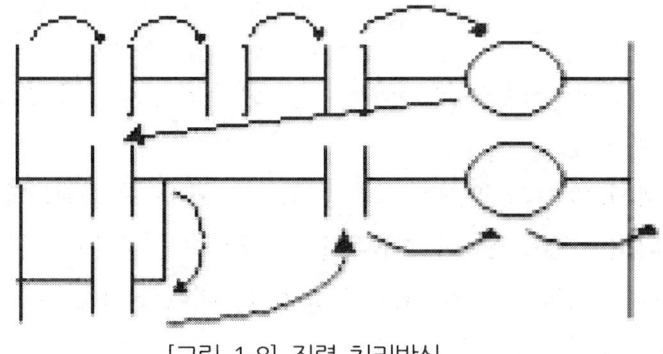

[그림 1-8] 직렬 처리방식

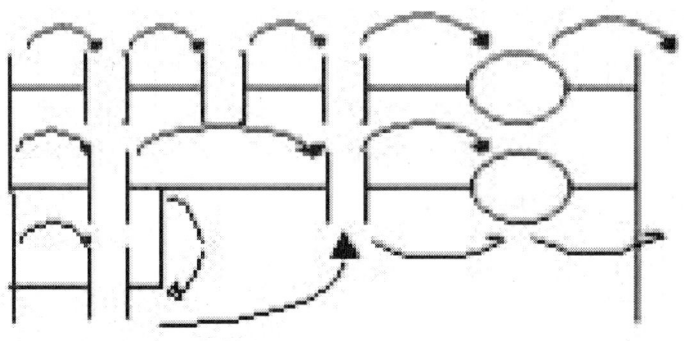

[그림 1-9] 병렬 처리방식

4. 사용 접점수의 제한

릴레이는 일반적으로 1개당 가질 수 있는 접점 수에 한계가 있습니다. 따라서 릴레이 시퀀스를 작성할 때에는 사용하는 접점 수를 가능한 한 줄여야 합니다.
이에 비하여 PLC는 동일 접점에 대하여 사용 횟수에 제한을 받지 않습니다. 이는 동일 접점에 대한 정보(ON/OFF)를 정해진 메모리에 저장해 놓고, 연산할 때 메모리에 있는 정보를 읽어서 처리하기 때문입니다.

5. 접점이나 코일 위치의 제한

PLC 시퀀스에는 릴레이 시퀀스에는 없는 약속 사항이 있습니다. 그 중 하나는 코일 이후 접점을 금지하는 사항입니다.
즉, PLC시퀀스에서는 코일을 반드시 오른쪽 모선에 붙여서 작성해야 합니다.
또, PLC시퀀스에서는 항상 신호가 왼쪽에서 오른쪽으로 전달되도록 구성되어 있습니다.
따라서 PLC시퀀스는 릴레이 시퀀스와는 다르게 오른쪽에서 왼쪽으로 흐르는 회로나, 상하로 흐르는 회로 구성을 금지하고 있습니다.

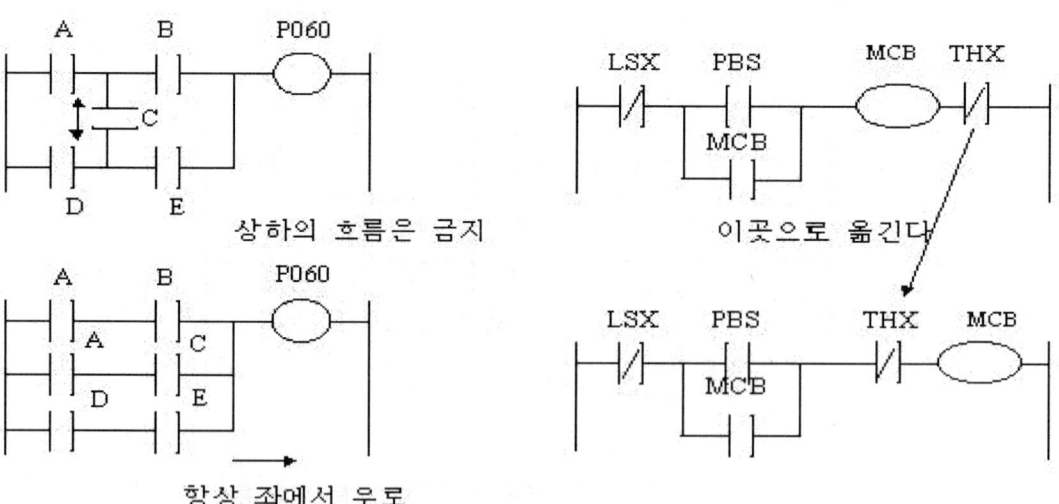

[그림1-10] PLC 접점사용의 요구사항

1-5 PLC CPU의 연산방식

PLC의 연산 처리 방법은 입력 리프레시 과정을 통해 입력의 상태를 PLC의 CPU가 인식하고, 인식된 정보를 조건 또는 데이터로 이용하여 프로그램 처음부터 마지막~까지 순차적으로 연산을 실행하고 출력 리프레시를 합니다.

이러한 동작은 고속으로 반복되는데 이러한 방식을 반복연산이라 하며 한 바퀴를 실행하는데 걸리는 시간을 1SCAN TIME이라 합니다.

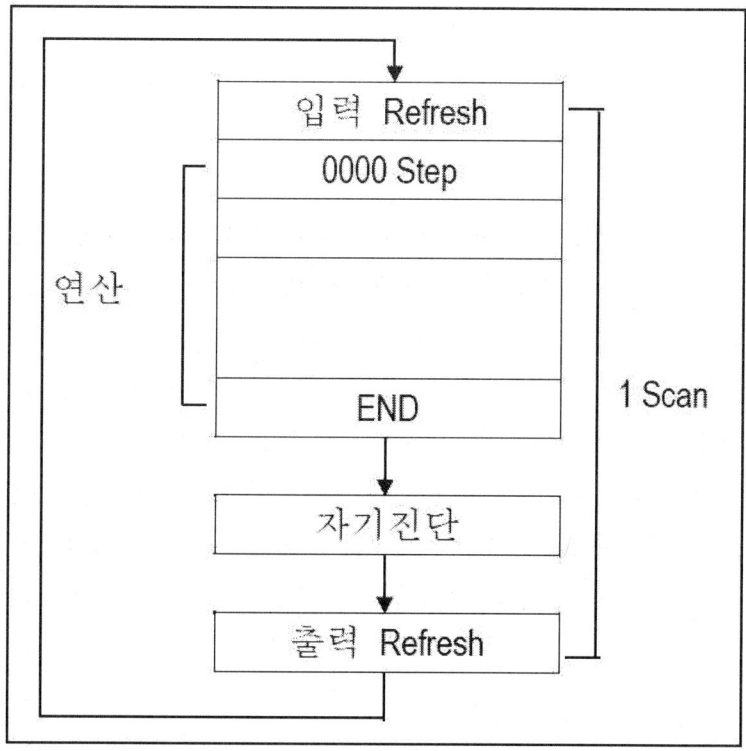

입력 이미지 리프레시

PLC는 운전이 시작되면 입력 모듈을 통해 입력되는 정보들을 메모리의 입력 영역으로 받고, 이 정보들은 다시 입력 이미지 영역으로 복사되어 연산이 수행되는 동안의 입력 데이터로 이용됩니다. 이렇게 입력 영역의 데이터를 입력하여 이미지 영역으로 복사하는 것을 입력 리프레시라고 하며 입력 리프레시는 운전이 시작될 때뿐만 아니라 매 스캔 END 처리가 끝나면 그 순간의 입력 정보를 입력 이미지 영역으로 복사하여 연사의 기본 데이터 또는 연산의 조건으로 활용하게 됩니다.

 연산

입력 리프레시 과정에서 읽어 드린 입력 점점의 정보를 조건 또는 데이터로 이용하여 사전에 입력된 프로그램에 따라 연산을 수행하고 그 결과를 내부 메모리 또는 출력 메모리에 저장하게 됩니다. MELSEC PLC에서 프로그램은 크게 스캔 프로그램과 태스크 프로그램의 두 가지로 나눌 수 있는데, 스캔 프로그램이란 PLC의 CPU가 RUN상태면 무조건 수행하는 프로그램이고, 태스크 프로그램이란 특정 조건을 만족해야만 동작하는 프로그램입니다.
스캔 프로그램 연산을 수행하는 도중에 태스크 프로그램의 실행 조건이 만족되면 스캔 프로그램의 연산을 멈추고, 태스크 프로그램을 수행한 후 태스크 프로그램으로 전이하기 직전에 연산이 수행되던 스캔 프로그램의 위치로 복귀하여 스캔 프로그램의 연산을 계속하게 됩니다.

③ 출력 리프레시

스캔 프로그램 및 태스크 프로그램의 연산 도중에 만들어진 결과는 바로 출력으로 보내어지지 않고 출력 이미지 영역에 저장되게 됩니다.
이 과정을 출력 이미지 리프레시라고 합니다.

4 자기 진단

연산의 과정에서 만들어진 결과는 바로 출력으로 내보내지 않고 출력 이미지 영역에 저장되게 됩니다. 그렇게 하는 이유는 프로그램의 마지막 스템 연산이 끝나고 나면 PLC의 CPU는 시스템 상에 오류가 있는지를 검사하고 오류가 없을 때만 출력을 내보내기 때문입니다.
만일 연산이 성공적으로 끝나서 그 결과가 출력 이미지 영역에 저장되었다고 해도 PLC의 CPU는 자기 시스템을 진단하여 시스템 상에 오류가 있다면 출력을 내보내지 않고 에러 메시지를 발생시키게 됩니다. 이것을 자기 진단이라고 합니다.

5 END 처리

연산이 성공적으로 수행되고 자기 진단 결과 시스템에 오류가 없으면 출력 이미지 영역에 저장된 데이터를 출력 영역으로 복사함으로서 실질적인 출력을 내보내게 됩니다.
이 과정을 END 처리라 하며 END 처리가 끝나면 다시 입력 리프레시를 실시함으로서 PLC는 반복적인 연산을 수행하게 됩니다.

6 스캔

프로그램을 수행하기 전에 입력 모듈에서 입력데이터를 읽어 들여 데이터 메모리의 입력용 영역에서 일괄 저장 후 프로그램 0번 스텝부터 END까지 수행하고 자기진단, 타이머, 카운터 등의 처리를 한 후 데이터 메모리의 출력용 영역의 데이터를 출력하는 일련의 동작이다.
여기서, 입력영역을 X, 출력영역을 Y로 표현한다.

1-6 PLC 프로그램 구성

프로그램은 특정한 제어를 실행하는데 필요한 모든 기능요소로 구성되며 CPU모듈의 내장 RAM 또는 메모리 모듈의 플래시 메모리에 프로그램이 저장된다. 전원을 투입하거나 CPU모듈의 키 스위치가 RUN 상태인 경우에 실행하는 프로그램 수행방식은 메인루틴 프로그램, 인터럽트 프로그램, 서브루틴 프로그램으로 나뉜다.

 메인루틴 프로그램

스캔마다 일정하게 반복되는 신호를 처리하기 위하여 프로그램이 작성된 순서대로 0번 스텝에서 마지막 스텝까지 반복적으로 연산을 수행한다.
스캔 프로그램의 실행 중 정주기 인터럽트 또는 인터럽트 모듈에 의한 인터럽트는 인터럽트의 실행조건이 성립한 경우는 현재 실행 중인 프로그램을 일단 중지하고 해당되는 인터럽트의 프로그램을 수행한다.

 인터럽트 프로그램

인터럽트 프로그램은 인터럽트 포인터로부터 IRET명령까지의 프로그램이다. 인터럽트 프로그램은 인터럽트 발생요인에 따라 실행되는 인터럽트 프로그램이 다르다.
비주기적으로 발생하는 내·외부 신호를 처리하기 위하여 스캔 프로그램의 연산을 일단 중지 시킨 후 해당되는 기능을 우선적으로 처리한다.

① 정주기 인터럽트
시간 조건 처리가 요구되는 경우에 설정된 시간 간격에 따라 프로그램을 수행하는 것을 정주기 인터럽트라 하며 1스캔 평균처리 시간보다 빠른 처리 혹은 긴 시간간격의 처리가 필요한 경우에 사용하거나 지정된 시간간격으로 처리해야하는 경우에도 사용한다.

② 외부 인터럽트
외부 인터럽트 신호에 대해서 신속한 처리를 수행하고자 할 때 필요하다.

 서브루틴 프로그램

서브루틴 프로그램은 포인터로부터 RET명령까지의 프로그램이다. 서브루틴 프로그램은 메인 루틴 프로그램 내에서 서브루틴 프로그램의 콜 명령으로 CALL한 경우에만 실행되는 프로그램이다. 이러한 서브루틴 프로그램은 1SCAN 중에 여러 차례 반복되어 실행되는 프로그램 부분을 서브루틴으로 프로그램 처리하면 스캔 시간을 줄일 수 있다.

제 2 장 멜섹 Q PLC (GX Works2)

2-1　멜섹 Q PLC 주요 기능

1　프로그램 작성

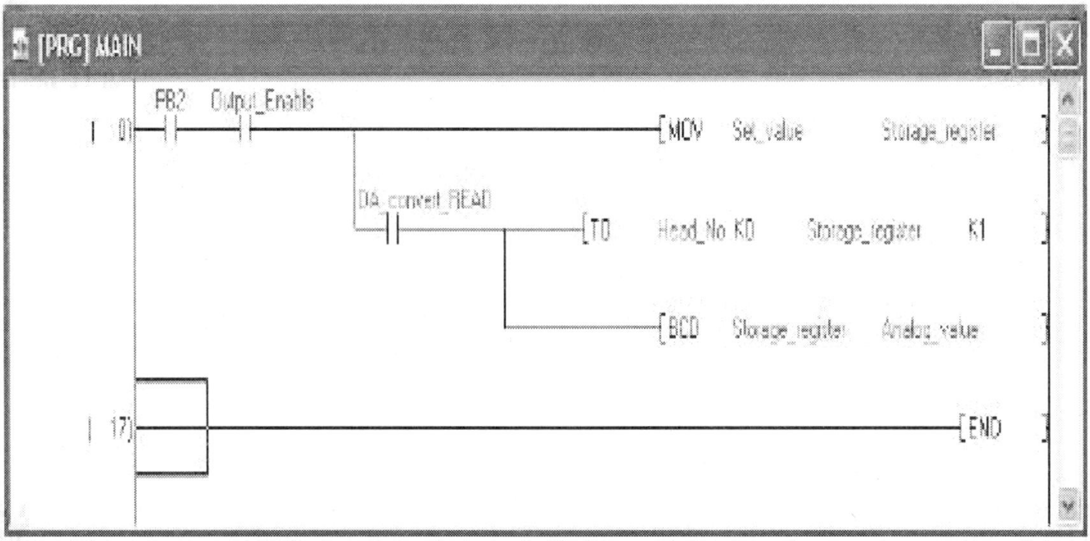

[그림 2-1] 프로그램 작성

심플 프로젝테에 의한 기존의 GX Developer와 같은 프로그래밍이나 구조화 프로젝트에 의한 구조환 프로그램을 작성할 수 있습니다.

※ 현재 생산자동화 산업기사 실기시험을 보는 여러 기관에서는 GX Developer보다는 GX Works2를 많이 사용합니다.

2 파라미터 설정

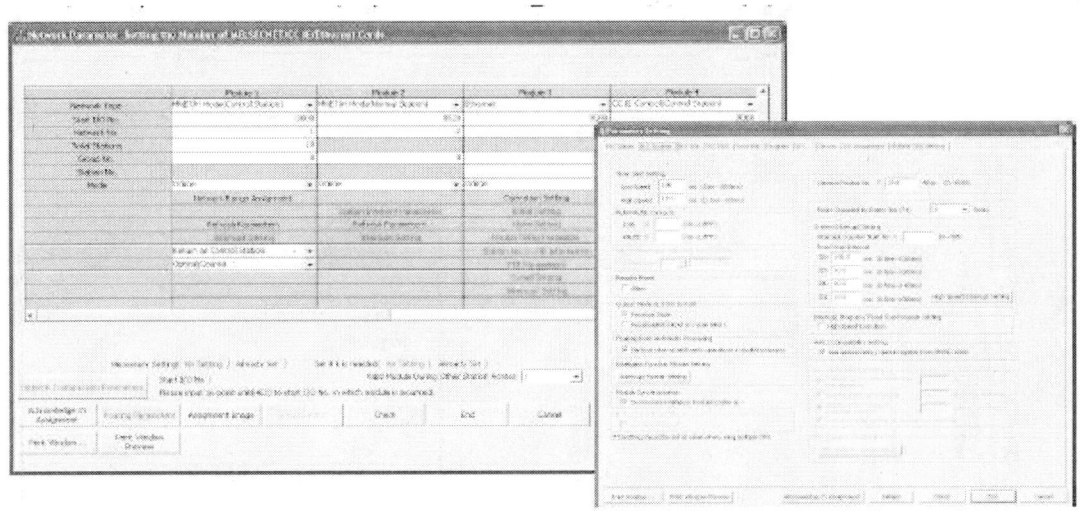

[그림 2-2] 파라미터 설정

3 PLC CPU에 대한 읽기/쓰기 기능

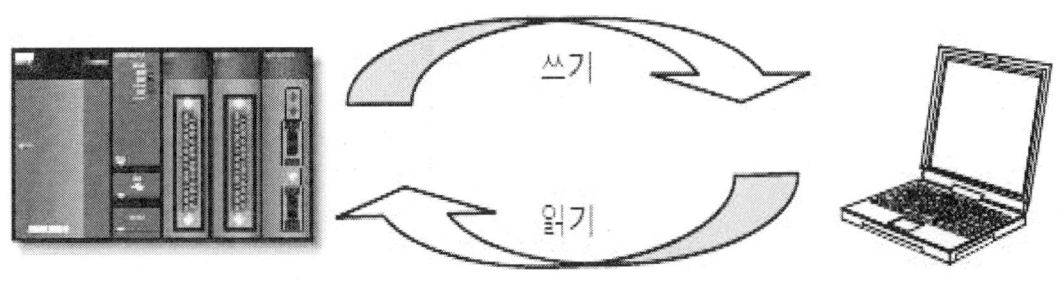

[그림 2-3] PLC CPU의 읽기/쓰기

PLC 읽기/쓰기 기능으로 작성한 시퀀스 프로그램을 PLC CPU에 읽기/쓰기 할 수 있습니다. RUN 중 쓰기 기능으로 PLC CPU가 RUN 중에 시퀀스 프로그램을 변경 할 수 있습니다.

4 모니터 디버그

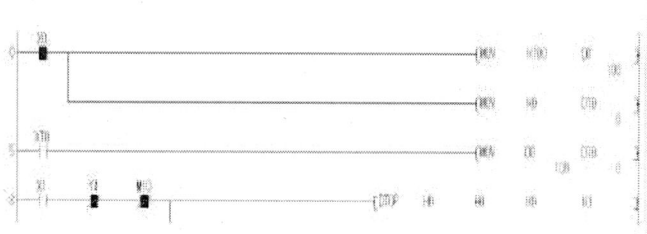
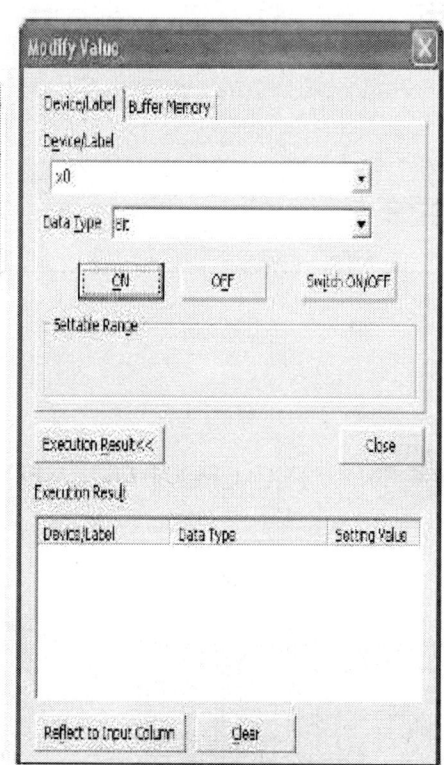

프로그램의 모니터나 디버그가 가능합니다.

[그림 2-4] PLC프로그램 모니터

작성한 시퀀스 프로그램을 PLC CPU에 쓰기 하여 동작시켰을 때의 디바이스 값 등을 오프라인/온라인 중에 모니터를 할 수 있습니다.

5 진단

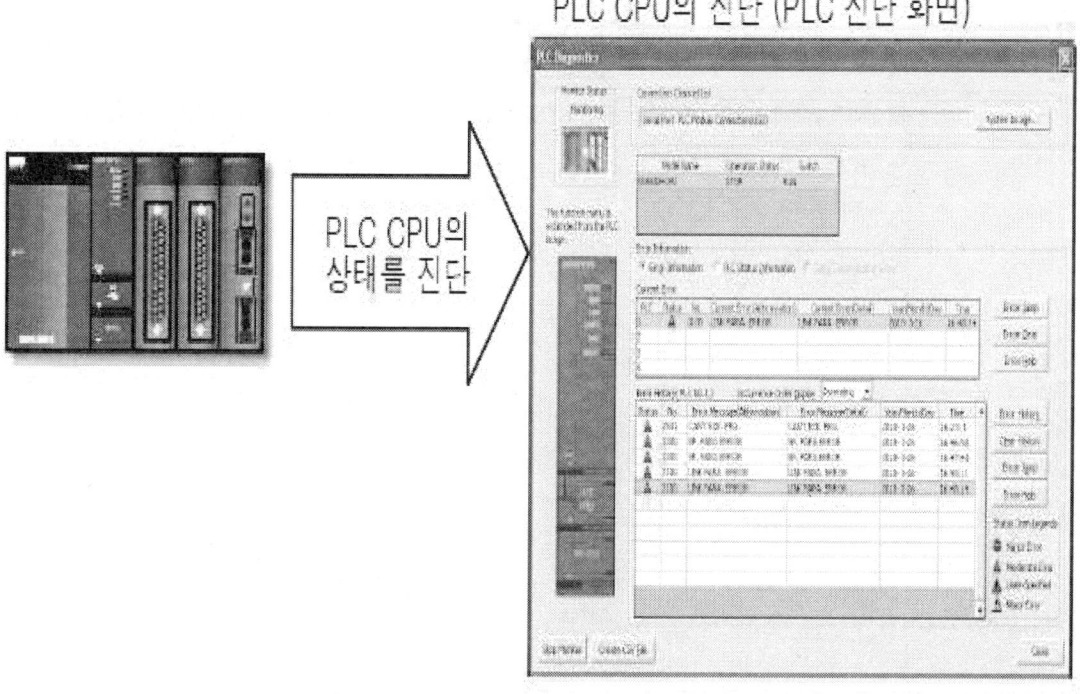

[그림 2-5] 진단과정

PLC CPU의 현재의 에러 상태나 고장 이력 등을 진단할 수 있습니다. 진단 기능으로 단기간에 복구 작업을 할 수 있습니다.
또한, 시스템 모니터에 의해 인텔리전트 기능 모듈 등에 관한 상세한 정보를 확인할 수 있습니다.
따라서 에러가 발생한 경우의 복구 작업을 더욱 빠르게 실행 할 수 있습니다.

2-2 멜섹 Q PLC 구성 및 사용법

 전체화면구성

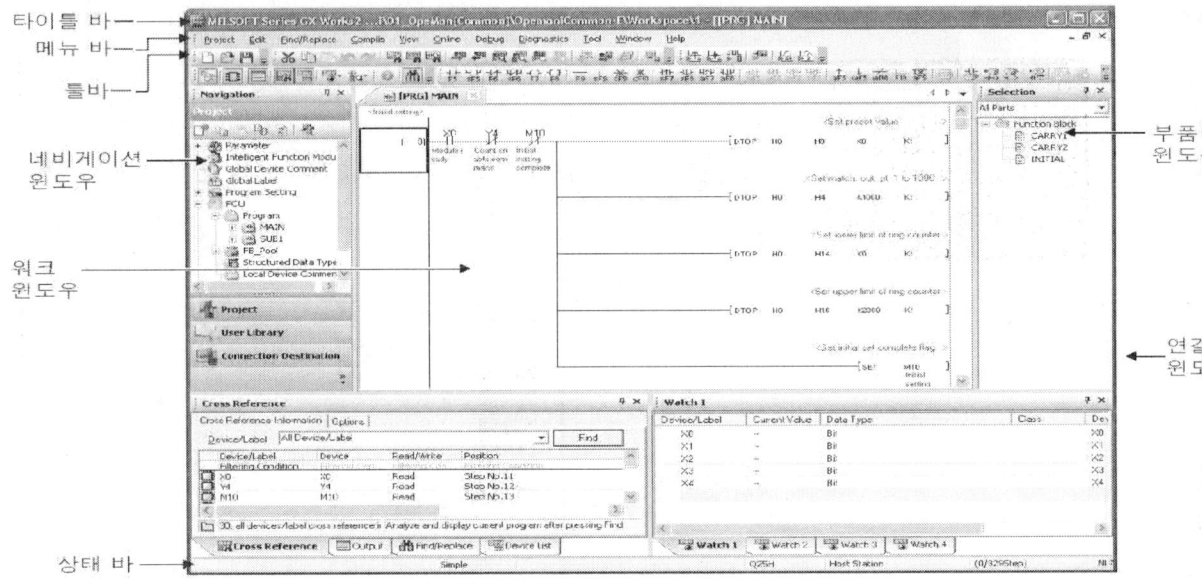

[그림 2-6] 전체화면 구성

명칭	내용
타이틀 바	프로젝트명 등이 표시됩니다.
메뉴 바	각 기능을 실행하는 메뉴가 표시됩니다.
툴바	각 기능을 실행하는 툴 버튼이 표시됩니다.
워크 윈도우	프로그래밍, 파라미터 설정, 모니터 등을 실행하는 메인이 되는 화면입니다.
연결 윈도우	워크 윈도우에서 실행하는 작업을 지원하기 위한 화면입니다.
네비게이션 윈도우	프로젝트의 내용이 트리 형식으로 표시됩니다.
상태 바	편집 중인 프로젝트에 관한 정보가 표시됩니다.

2 프로젝트 새로 만들기

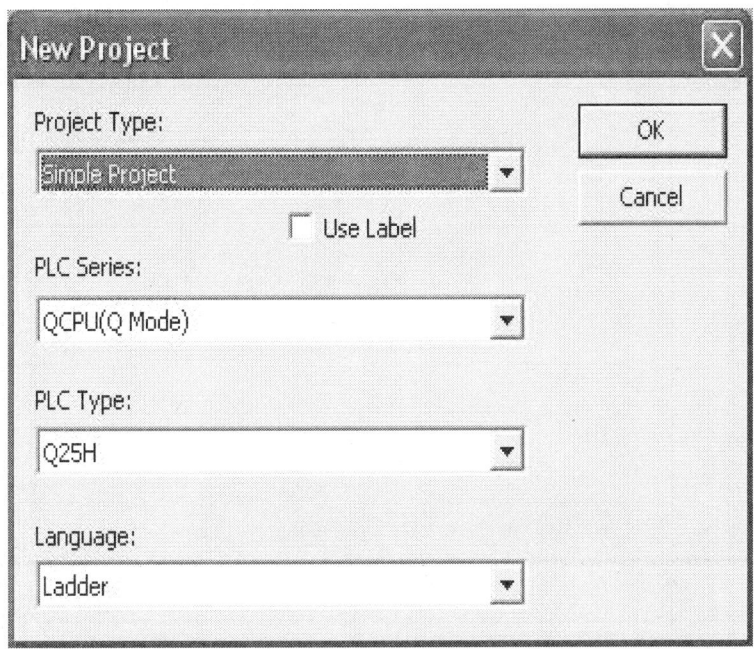

[그림 2-7] NEW프로젝트

항목	내용
Project Type	새로 작성하는 프로젝트의 종류를 선택합니다.
Use Label	심플 프로젝트에서 라벨을 사용하여 프로그래밍을 하는 경우에 체크합니다.
PLC Series	프로젝트의 PLC 시리즈를 선택합니다.
PLC Type	프로젝트에서 사용하는 PLC타입(PLC CPU의 형명)을 선택합니다.
Language	프로젝트 새로 만들기 시에 작성하는 프로그램 데이터의 프로그램 언어를 선택합니다.

3. 래더 편집화면

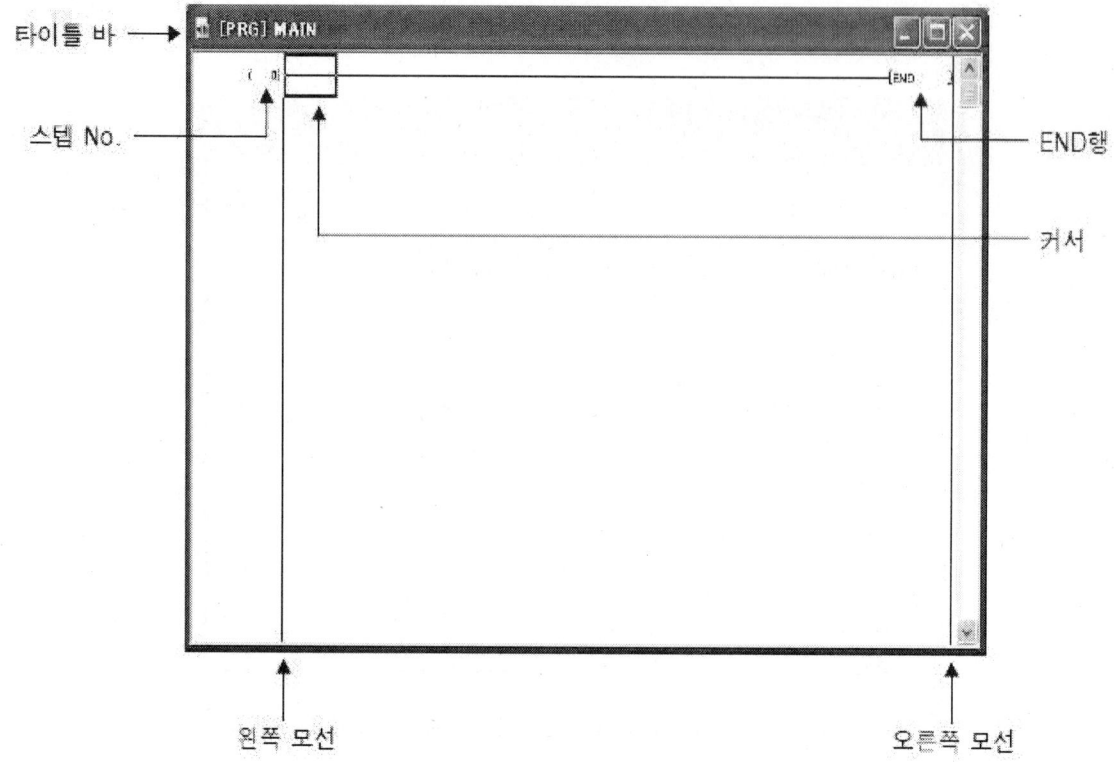

[그림 2-8] 래더 편집화면

명칭	내용
타이틀 바	열려 있는 데이터의 데이터형, 데이터명, 상태 등이 표시됩니다.
스텝 No.	래더 블록의 선두 스텝 No.가 표시됩니다.
커서	커서의 위치가 편집의 대상이 됩니다.
왼쪽 모선	래더 프로그램의 모선입니다.
오른쪽 모선	
END 행	래더 프로그램의 최후를 나타냅니다. END행 아래로는 프로그램을 작성할 수 없습니다.

4 접점명령

편 집		툴바	단축 키
래더 기호	a 접점	⊢⊣ F5	F5
	a 접점 OR	⊢⊣ sF5	Shift + F5
	b접점	⊢/⊣ F6	F6
	b접점 OR	⊢/⊣ sF6	Shift + F6
	코일	( ) F7	F7
	응용 명령	{ } F8	F8
	상승펄스[*1]	⊢↑⊣ sF7	Shift + F7
	하강펄스[*1]	⊢↓⊣ sF8	Shift + F8
	상승펄스 OR[*1]	⊢↑⊣ aF7	Alt + F7
	하강펄스 OR[*1]	⊢↓⊣ aF8	Alt + F8
	상승펄스 부정[*2]	⊢↑/⊣ saF5	Shift + Alt + F5
	하강펄스 부정[*2]	⊢↓/⊣ saF6	Shift + Alt + F6
	상승펄스 부정 OR[*2]	⊢↑/⊣ saF7	Shift + Alt + F7
	하강펄스 부정 OR[*2]	⊢↓/⊣ saF8	Shift + Alt + F8
	연산 결과 상승펄스화[*3]	↑ aF5	Alt + F5
	연산 결과 하강펄스화[*3]	↓ caF5	Alt + Ctrl + F5
	연산 결과 반전[*1]	/ aF10	Alt + Ctrl + F10

그림 2-9 접점명령 표

※ 생산자동화 산업기사 실기 PLC프로그래밍 작업을 위해서 사용하는 주요 접점명령은 A접점, B접점, 코일, 응용명령, 상승펄스, 하강펄스 정도입니다.
　단축키로 따지자면 F5, F6, F7, F8, SHIFT+F7, SHIFT+F8 정도이므로 빠른 프로그래밍 작업을 위해서는 위의 단축키들에 대해서 익숙해져야 합니다.

5 외곽선 작화

1. **외곽선을 작성하는 위치로 커서를 이동합니다.**
   외곽선은 커서의 왼쪽을 기준으로 작성됩니다.

2. **[Edit] ⇒ [Edit Line](F10)를 선택합니다.**

3. **커서를 외곽선의 작성 방향으로 드래그합니다.**

   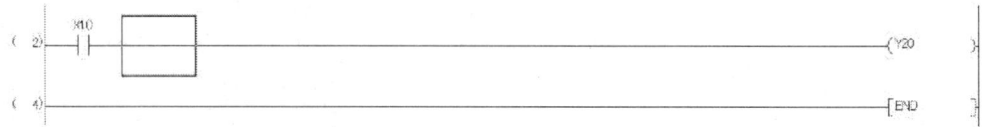

4. **드래그를 종료하면, 외곽선이 작성됩니다.**

5. **외곽선의 작성을 종료하는 경우, [Edit] ⇒ [Edit Line](F10)을 한번 더 선택합니다.**
   외곽선 쓰기 모드가 해제됩니다.

6 세로선/가로선 입력

1. 세로선 또는 가로선을 입력하는 위치로 커서를 이동합니다.

세로선은 커서의 왼쪽을 기준으로 입력됩니다.

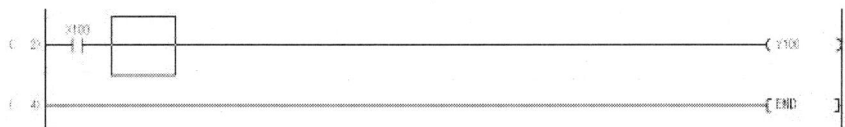

2. [Edit] ⇒ [Ladder Symbol] ⇒ [Vertical Line]( )을 선택합니다.

세로선 입력 화면이 표시됩니다.

가로선을 입력하는 경우, [Edit] ⇒ [Ladder Symbol] ⇒ [Horizontal Line](F9)을 선택하십시오.

연속 입력 선택 버튼   입력수 입력란

3. 화면의 항목을 설정합니다.

명칭	내용
연속 입력 선택 버튼	설정을 변경하면 연속해서 세로선 또는 가로선을 입력할 수 있습니다. 연속 입력 비연속 입력
입력수 입력란	입력하는 행수 또는 열수를 입력합니다. 커서 위치에서 아래 방향/오른쪽 방향으로 입력 가능한 행수 또는 열수가 입력된 상태로 되어 있습니다. 필요에 따라 변경합니다.

4. OK 를 클릭합니다.

입력된 세로선/가로선이 편집 화면에 표시됩니다.

접점/코일/응용명령 및 범위설정 및 래더블럭 삭제

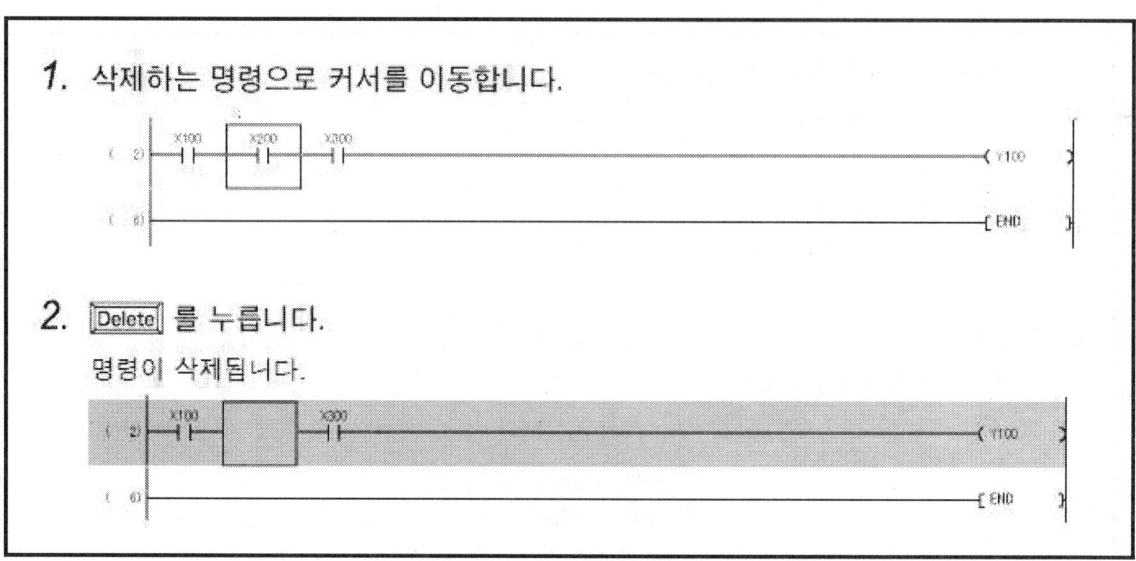

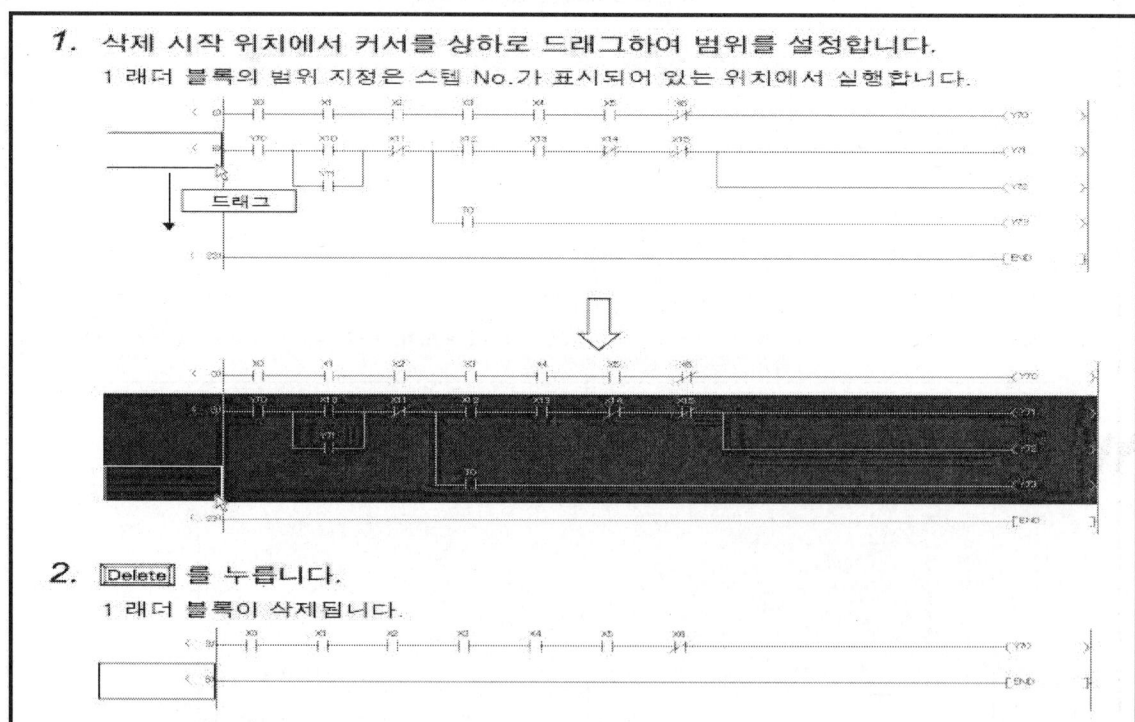

8. 외곽선 삭제

1. 외곽선을 삭제하는 위치로 커서를 이동합니다.

외곽선은 커서의 왼쪽을 기준으로 삭제됩니다.

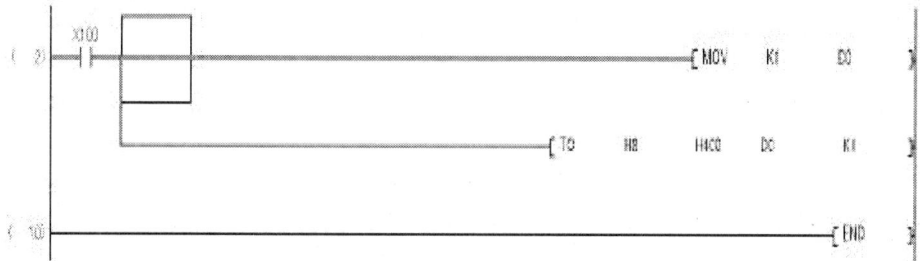

2. [Edit] ⇒ [Delete Line](🗲)를 선택합니다.

3. 커서를 외곽선의 삭제 방향으로 드래그합니다.

선택된 외곽선은 노랑으로 표시됩니다.

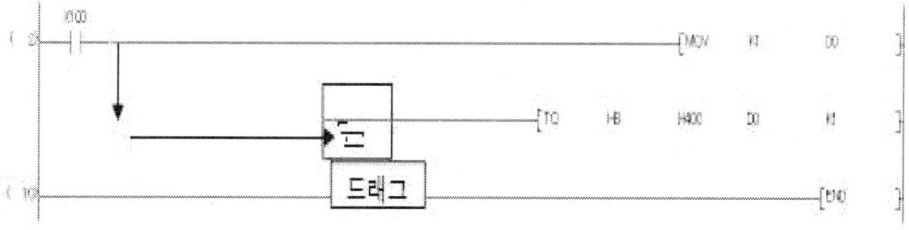

4. 드래그를 종료하면, 외곽선이 삭제됩니다.

5. 외곽선의 삭제를 종료하는 경우, [Edit] ⇒ [Delete Line](🗲)을 한번 더 선택합니다.

외곽선 삭제 모드가 해제됩니다.

9 세로선/가로선 삭제

1. 삭제하는 세로선 또는 가로선의 선두로 커서를 이동합니다.

   세로선은 커서의 왼쪽을 기준으로 삭제됩니다.

2. [Edit]⇒[Ladder Symbol]⇒[Delete Vertical Line](✂)을 선택합니다.

   세로선 삭제 화면이 표시됩니다.

   가로선을 삭제하는 경우, [Edit]⇒[Ladder Symbol]⇒[Delete Horizontal Line](✂)를 선택하십시오.

   연속 입력 선택 버튼   삭제수 입력란

3. 화면의 항목을 설정합니다.

명칭	내용
연속 입력 선택 버튼	설정을 변경하여 연속해서 세로선을 삭제할 수 있습니다. 📇 연속 입력 📇 비연속 입력
삭제수 입력란	삭제하는 행수 또는 열수를 입력합니다. 커서 위치에서 아래 방향/오른쪽 방향으로 삭제 가능한 행수 또는 열수가 입력된 상태로 되어 있습니다. 필요에 따라 변경합니다.

4. OK 를 클릭합니다.

   세로선/가로선이 삭제됩니다

   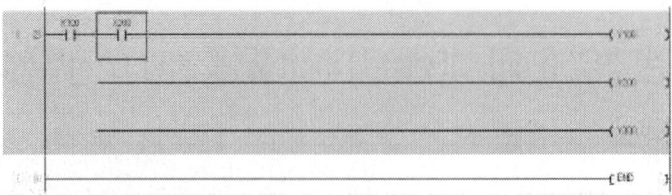

10 행 삽입

1. 삽입하는 위치로 커서를 이동합니다.

2. 복수행을 삽입하는 경우, 커서를 드래그하여 삽입하고자 하는 행수만큼을 설정합니다.

설정된 범위의 행수만큼이 삽입됩니다.
1행을 삽입하는 경우, 범위를 설정할 필요가 없습니다.
아래 화면에서는 3행분을 설정하고 있습니다.

3. [Edit] → [Insert Row]를 선택합니다.

커서 위치에서 위쪽으로 행이 삽입됩니다.
아래 화면에서는 3행분이 삽입되어 있습니다.

11 행 삭제

1. 삭제하는 행으로 커서를 이동합니다.

2. 복수행을 삭제하는 경우, 커서를 드래그하여 삭제하고자 하는 행의 범위를 설정합니다.
설정된 범위의 행이 삭제됩니다.
1행을 삭제하는 경우, 범위를 설정할 필요가 없습니다. 이 때는 커서가 위치한 행이 삭제됩니다.

3. [Edit] ⇒ [Delete Row]를 선택합니다.
행이 삭제됩니다.

12 열 삽입

1. 삽입하는 위치로 커서를 이동합니다.

커서 위치의 앞에 열이 삽입됩니다.

2. 복수열을 삽입하는 경우, 커서를 드래그하여 삽입하고자 하는 열수분을 설정합니다.

범위를 설정한 열몇분이 삽입됩니다.
아래 화면에서는 3열분을 설정하고 있습니다.

3. [Edit] → [Insert Column]을 선택합니다.

열이 삽입됩니다. 아래 화면에서는 3열분이 삽입되어 있습니다.

13 열 삭제

1. 삭제하는 열로 커서를 이동합니다.

2. 복수열을 삭제하는 경우, 커서를 드래그하여 삭제하고자 하는 열을 설정합니다.

설정된 범위의 열이 삭제됩니다.
1열을 삭제하는 경우, 범위를 설정할 필요가 없습니다. 이 때는 커서가 위치한 열이 삭제됩니다.

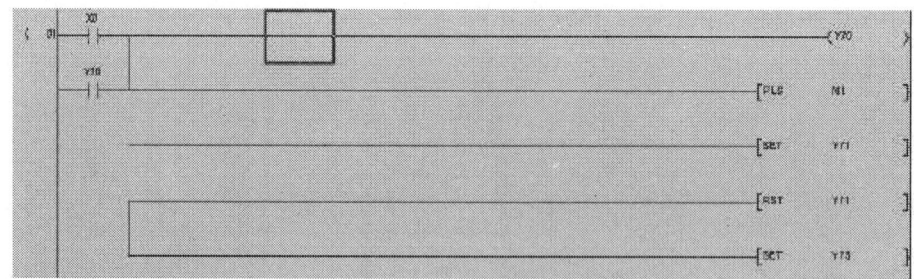

3. [Edit] ⇒ [Delete Column]을 선택합니다.

열이 삭제됩니다. 아래 화면에서는 3열분이 삭제되어 있습니다.

래더 잘라내기/복사

1. 명령을 잘라내기/복사하는 위치로 커서를 이동합니다.

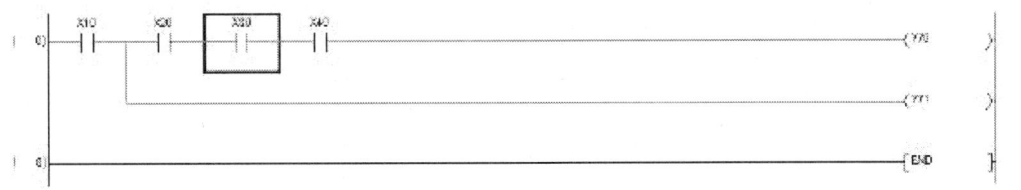

2. [Edit] ⇒ [Cut](✂) 또는 [Copy](📄)를 선택합니다.
  [Cut] (✂)를 선택한 경우, 커서가 위치한 명령은 삭제됩니다.

3. 붙여넣는 위치로 커서를 이동합니다.

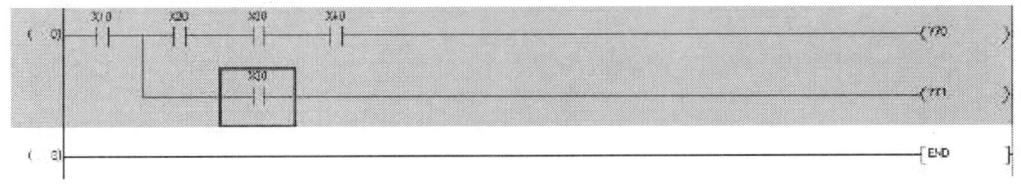

4. [Edit] ⇒ [Paste](📄)를 선택합니다.
  명령이 붙여집니다.

15 범위설정하여 래더 잘라내기/복사

1. 복사/잘라내기 시작 위치에서 커서를 드래그하여 범위를 설정합니다.

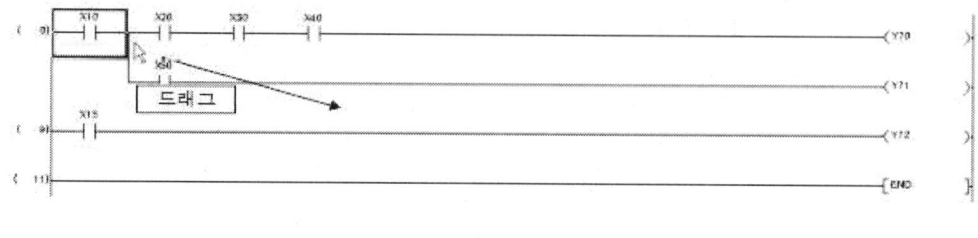

2. [Edit] ⇒ [Cut](✂) 또는 [Copy](📋)를 선택합니다.
[Cut](✂)를 선택한 경우, 범위 내의 래더는 삭제됩니다.

3. 붙여넣는 기점이 되는 위치로 커서를 이동합니다.

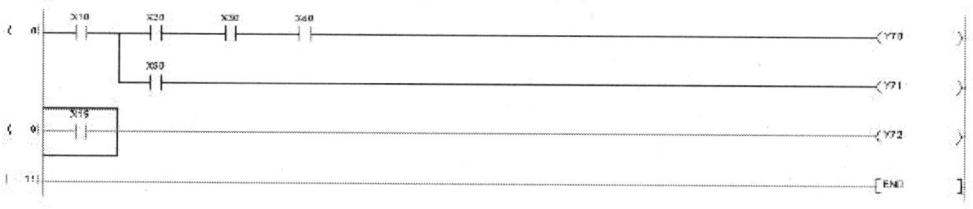

4. [Edit] ⇒ [Paste](📋)를 선택합니다.
래더가 붙여집니다.

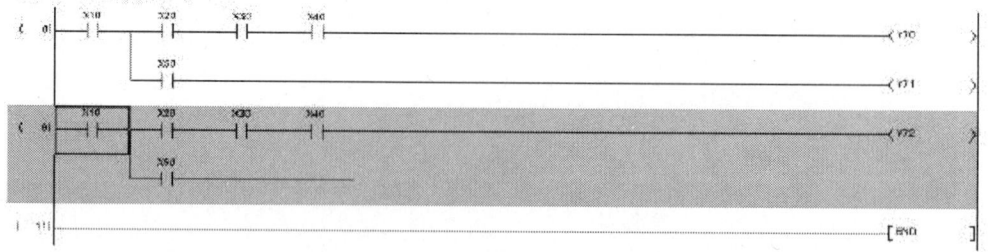

래더블록을 이용한 잘라내기/복사

1. 복사/잘라내기 시작 위치에서 커서를 상하로 드래그하여 범위를 설정합니다.
   1 래더 블록의 범위 지정은 스텝 No.가 표시되어 있는 위치에서 실행합니다.

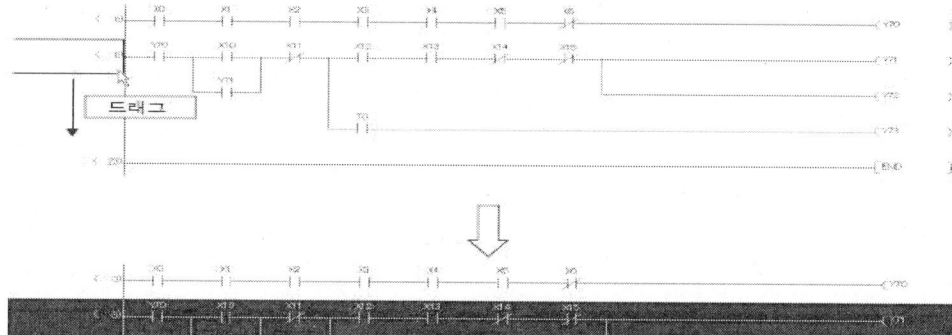

2. [Edit]→[Cut](✂) 또는 [Copy](📋)를 선택합니다.
   [Cut](✂)를 선택한 경우, 범위 내의 래더는 삭제됩니다.

3. 붙여넣는 기점이 되는 위치로 커서를 이동합니다.

4. [Edit]→[Paste](📋)를 선택합니다.
   래더가 붙여집니다.

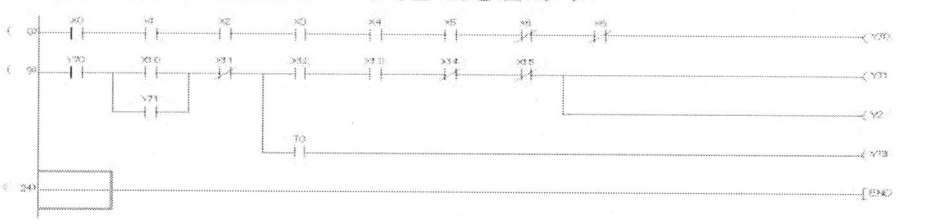

17 프로그램 빌드

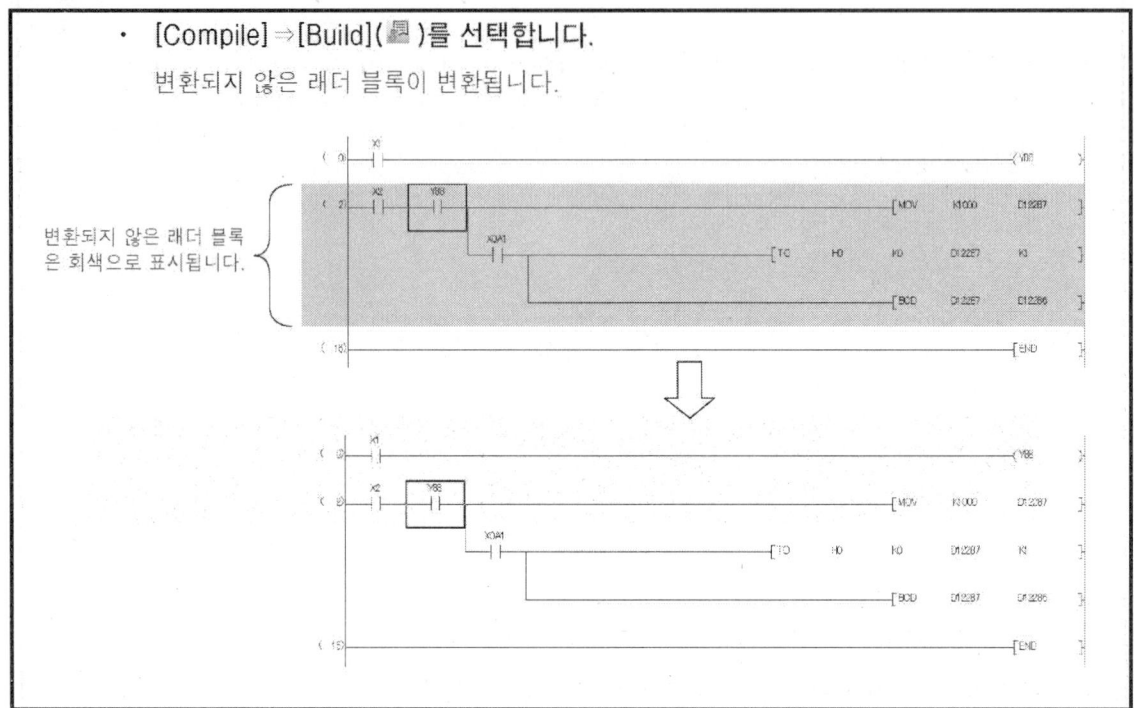

※ 빌드를 하는 이유는 작성자가 래더를 이용하여 프로그래밍 한 것을 구축하는 것으로 보시면 됩니다. 구축을 하지 않았다면 프로그램을 수정하거나 래더 프로그램을 CPU로 전송시키는 과정에서 작성한 프로그램이 소실되는 경우가 발생하기 때문에 항상 프로그래밍을 한 후에는 빌드를 해주시기 바랍니다.

프로그램 읽고/쓰기

[Online] ⇒ [Write to PLC]( )/[Read from PLC]( )
< 라벨 미사용 프로젝트의 PLC 쓰기 화면 >

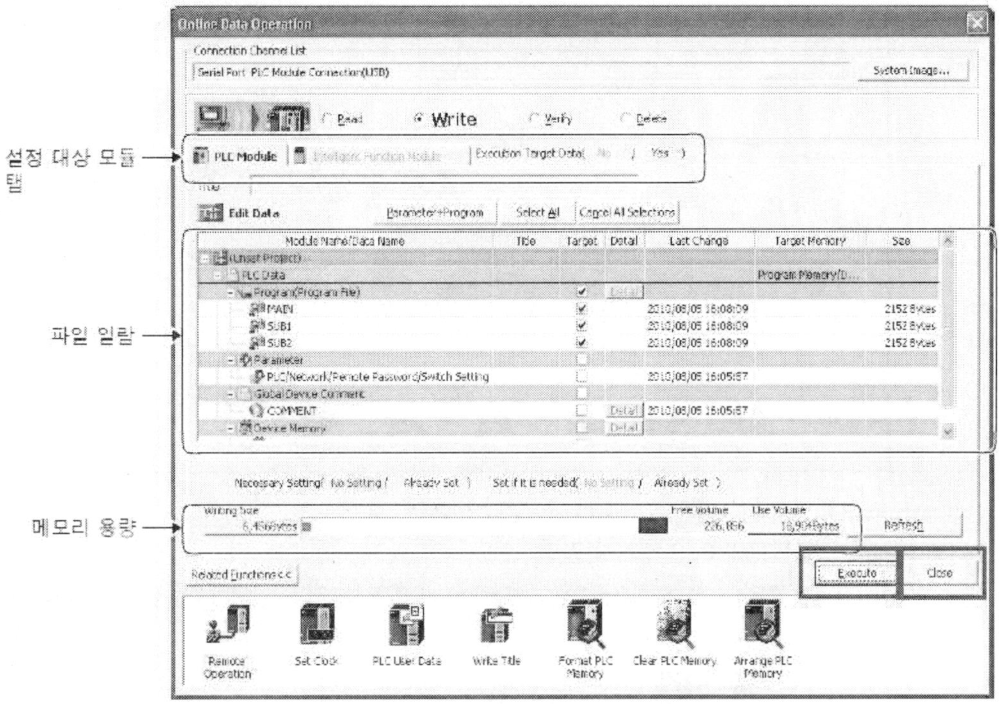

항목	내용
설정 대상 모듈 탭	설정 대상 모듈을 전환하는 것으로 읽기/쓰기의 대상 데이터가 있는 경우, 탭의 문자색이 파랑으로 표시됩니다.
파일 알람	CPU모듈로 전송 혹은 삭제 할 항목을 설정합니다.
메모리 용량	PLC 쓰기 시 프로그램 크기, 프로그램 용량을 표시합니다.
Execute	전송을 실행합니다.
close	쓰기창을 닫습니다.

19 인텔리전트 모듈 프로그램 읽고/쓰기

[Online] ⇒ [Write to PLC] (📇)/[Read from PLC](📇) ⇒ 《Intelligent Function Module》

PLC 쓰기의 설정에 대해 설명합니다. PLC 읽기도 동일하게 조작합니다.
< PLC 쓰기 화면 >

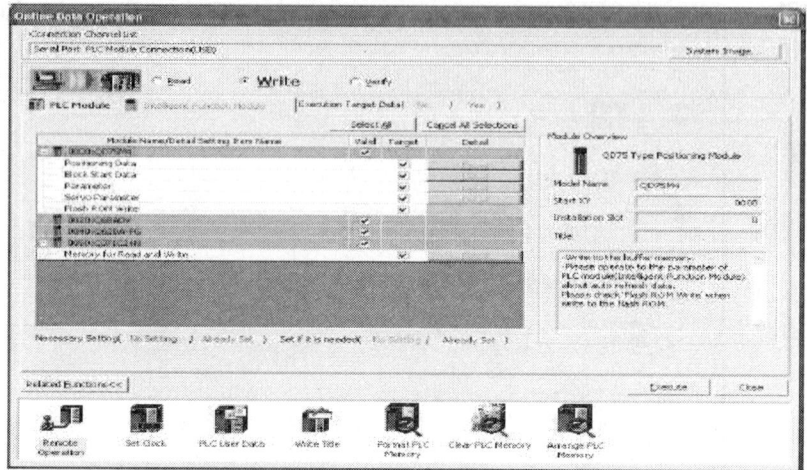

[Online] ⇒ [Write to PLC](📇)/[Read from PLC](📇)
< 라벨 미사용 프로젝트의 PLC 쓰기 화면 >

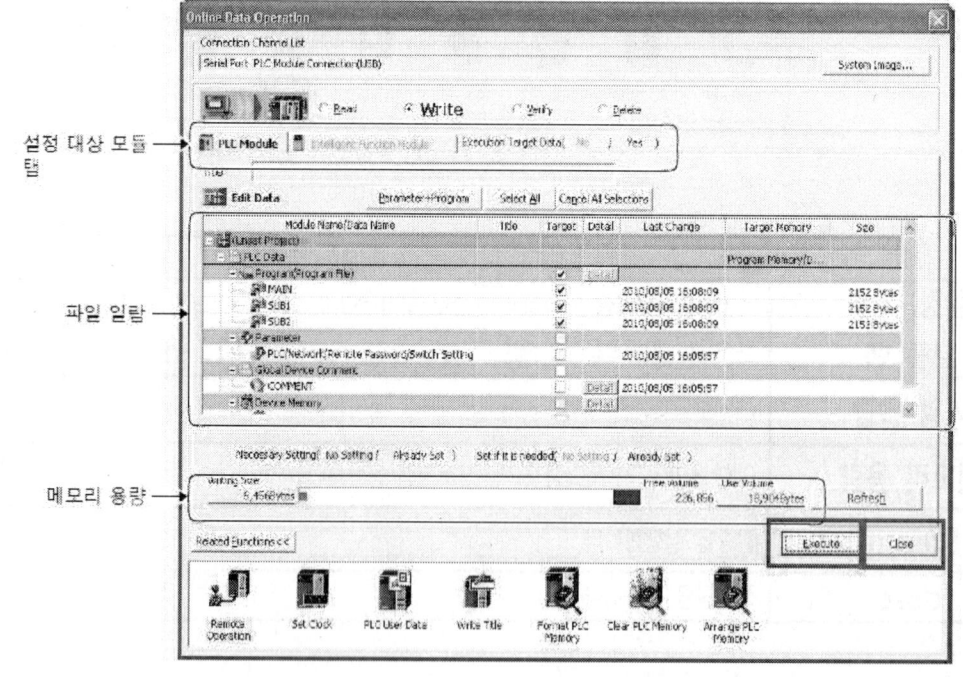

20 프로그램 작성순서

1. 프로젝트 새로 만들기

순서
GX Works2를 기동합니다.
심플 프로젝트를 새로 만듭니다. 기존의 심플 프로젝트를 유용하는 경우, 기존의 심플 프로젝트를 엽니다.

2. 파라미터 설정

순서
파라미터를 설정합니다.
파라미터를 체크합니다.

3. 라벨 설정(라벨을 사용하는 경우)[1]

순서
글로벌 라벨을 정의합니다.
로컬 라벨을 정의합니다.

[1] : FX CPU의 경우, 라벨 사용 프로젝트에서는 SFC에 대응합니다.

4. 프로그램 편집과 변환/컴파일(래더 프로그램의 경우)

순서
래더 프로그램을 편집합니다.
프로그램을 변환합니다.(라벨 미사용 프로젝트의 경우)
프로그램을 체크합니다.(라벨 미사용 프로젝트의 경우)
변환+컴파일/변환+모두 컴파일 합니다.(라벨 사용 프로젝트의 경우)

5. 프로그램의 편집과 변환/컴파일(SFC 프로그램의 경우)

순서
SFC도를 편집합니다. FX CPU의 경우, 초기화 스텝을 ON 하기 위한 래더를 래더 블록으로 입력합니다.
동작 출력 프로그램을 편집하여 변환합니다.
이행 조건 프로그램을 편집하여 변환합니다.
SFC 프로그램, SFC 블록의 속성을 설정합니다.
프로그램을 체크합니다.(라벨 미사용 프로젝트의 경우)
변환＋컴파일/변환＋모두 컴파일 합니다.(라벨 사용 프로젝트의 경우)

6. PLC CPU에 대한 접속

순서
PC를 PLC CPU에 접속합니다.
접속 대상을 설정합니다.

7. PLC CPU에 대한 쓰기

순서
PLC CPU에 파라미터를 씁니다.
PLC CPU에 시퀀스 프로그램을 씁니다.

8. 동작 확인

순서
시퀀스 프로그램의 실행 상태를 모니터합니다.

9. 프로젝트 종료

순서
프로젝트를 저장합니다.
GX Works2를 종료합니다.

제 3 장 XTOP터치패드
(XDesignerPlus4)

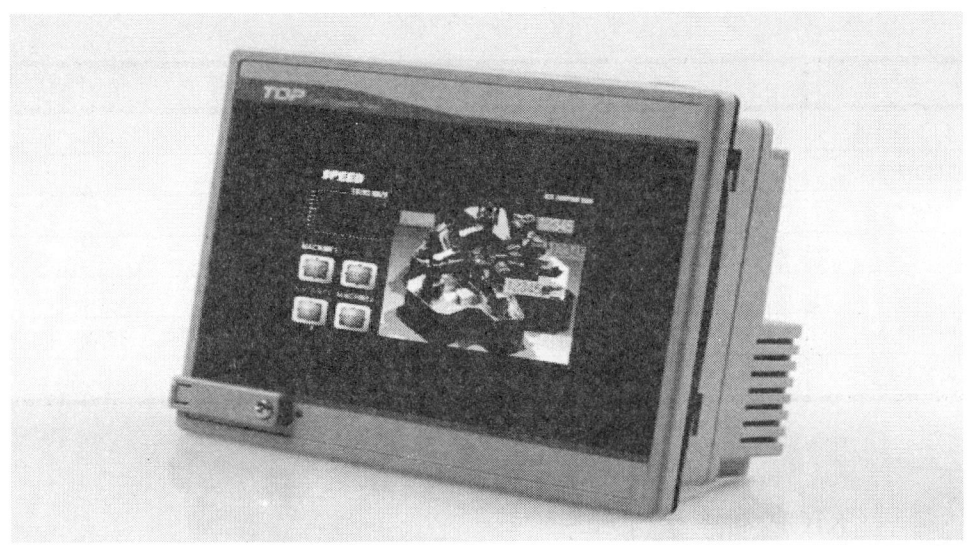

[그림 3-1] XTOP 터치패드

3-1 XTOP 터치패드

XTOP는 첨단 FA장비의 복잡한 기능을 그래픽으로 처리해 줌으로써, PLC 등 다양한 컨트롤러와

 XTOP의 적용분야

통신하여 작업자가 장비를 시각적으로 모니터링하고 실시간으로 제어하기 위한 제품입니다.

분야	세부 분야
디스플레이	물류 장비, 감시 장비, 세척 장비, 리턴 장비 등
화학/철강	제약, 플라스틱, 화장품, 화학공정, 제강, 제철 등
식품/음료	라면, 국수, 스프, 과자, 쌀, 아이스크림, 우유, 포장기, 창고 관리 등
섬유	염색, 인쇄, 드라이클리닝, 편물, 회전 기계 등
에너지	정유, 전지, 발전, 수자원 등
반도체/전자	가스캐비넷, VMB, 냉각 장비, 스크러버 장비, 로더/언로더, 챔버, 리드프레이머, 레이저마커 등
자동차/조선	도색, 용접, 프레싱 조립 등

XTOP 제품 통신 포트

통신 포트	내용
전원	모델에 따라 AC 85~264V, DC 24V(20~28V) 전원을 제공합니다.
시리얼(Serial)	COM1과 COM2 두 개의 포트가 있습니다. [COM1] 포트는 6핀으로 되어 있고, RS-232C 통신만 지원합니다. [COM2] 포트는 9핀 혹은 15핀으로 되어 있고, RS-232C/422/485 통신을 지원합니다. [COM1] 포트는 PC와 제어기 모두 연결이 가능합니다. [COM2] 포트는 제어기와 연결이 가능합니다.
이더넷(Ethernet)	제어기 혹은 PC와 연결하여 이더넷 통신을 합니다.
USB device	제품의 전면에 위치하고 있으며, USB 케이블을 이용하여 PC와 통신을 합니다.
USB host	USB 메모리 저장 장치 혹은 프린터를 연결하는 포트입니다.
CF 카드	CF 메모리 카드를 장착하는 포트입니다.
Fieldbus	Profibus 모듈(Option)을 장착하여, Profibus 통신을 하거나, CC-Link 모듈(Option)을 장착하여 CC-Link 통신을 합니다.

3. XTOP의 첫 페이지

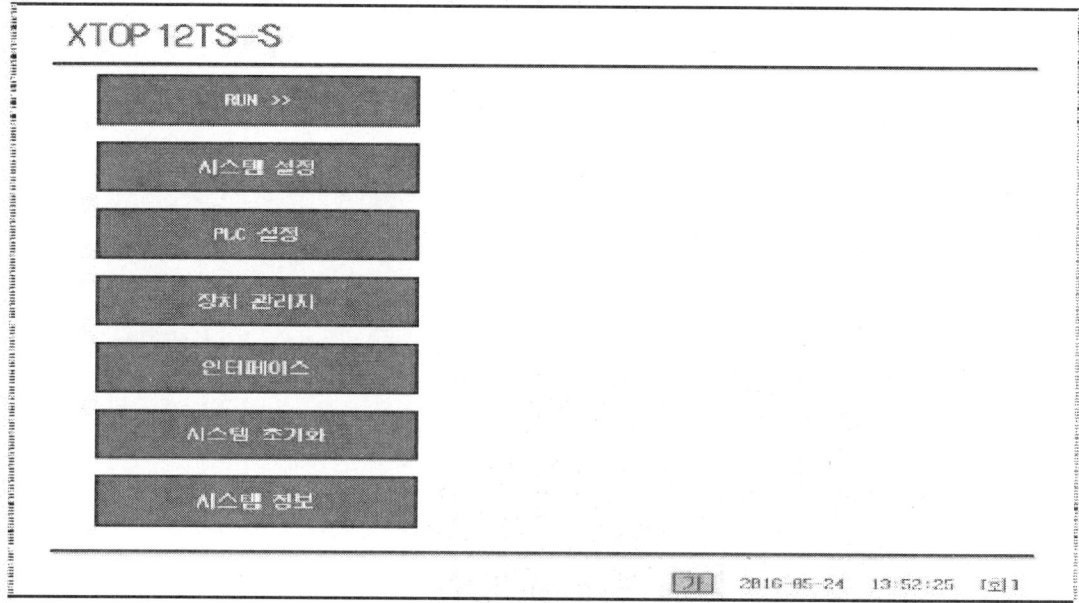

[그림 3-2] XTOP 첫 페이지 화면

메뉴 화면의 첫 페이지로서 메뉴 화면의 각 페이지로 이동하는 버튼이 등록되어 있습니다. 아래의 표는 첫 페이지의 기능들에 대한 설명입니다.

No	메뉴	설명
1	RUN	RUN 버튼을 터치하면, 메뉴 화면에서 운전 화면으로 전환됩니다.
2	시스템 설정	시스템 설정 화면으로 이동합니다.
3	PLC 설정	PLC 설정 화면으로 이동합니다.
4	장치 관리자	장치 관리자 화면으로 이동합니다.
5	인터페이스	인터페이스 화면으로 이동합니다.
6	시스템 초기화	시스템 초기화 화면으로 이동합니다.
7	시스템 정보	시스템 정보 화면으로 이동합니다.
8	[A] - 언어	[메뉴화면]을 표시하는 현재 언어를 표시하고, 터치하여 국문, 영문 중에서 언어를 선택합니다.
9	날짜 / 시간	현재 날짜와 시간을 표시하고, 터치하여 변경할 수 있습니다.

[그림 3-3] XDesignerPlus4의 기본화면

3-2 XDesignerPlus4의 구성

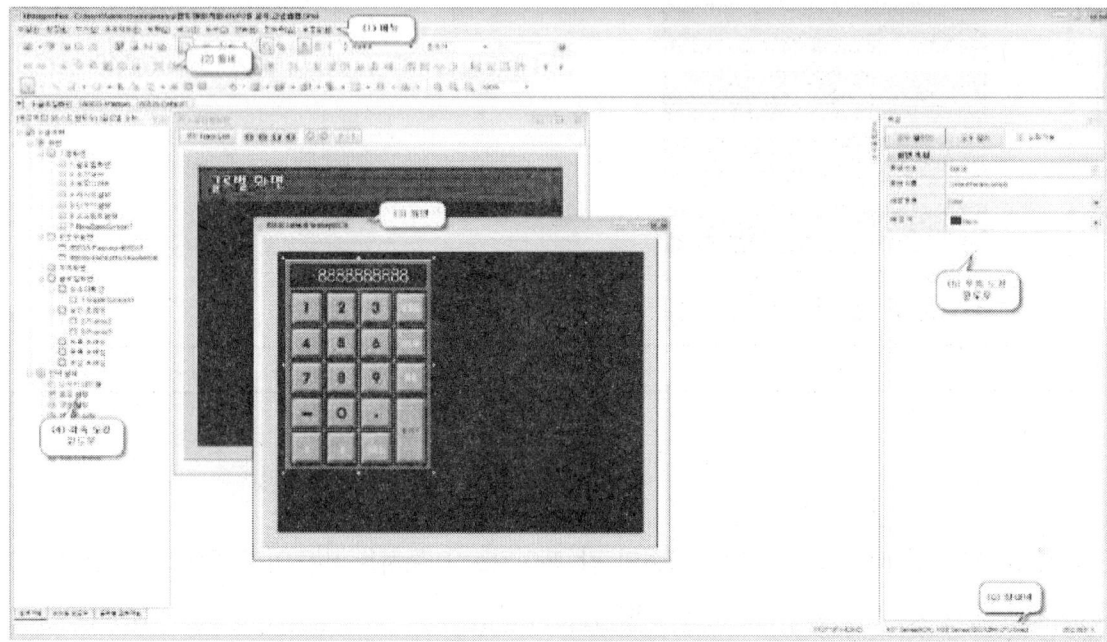

위의 [그림 3-3]은 XDesignerPlus4의 기본 화면입니다. 기본화면에는 메뉴, 툴바, 도킹윈도우, 화면, 상태바 등이 표현되어 있습니다.

메뉴화면

메뉴 화면에서는 새로운 프로젝트를 생성/저장/열기/닫기/종료 등의 작업을 합니다. 또한, 기본화면/윈도우화면/보조화면의 생성과 [프로젝트 추가] 메뉴를 이용하여, 다중 프로젝트 기능이 제공됩니다.

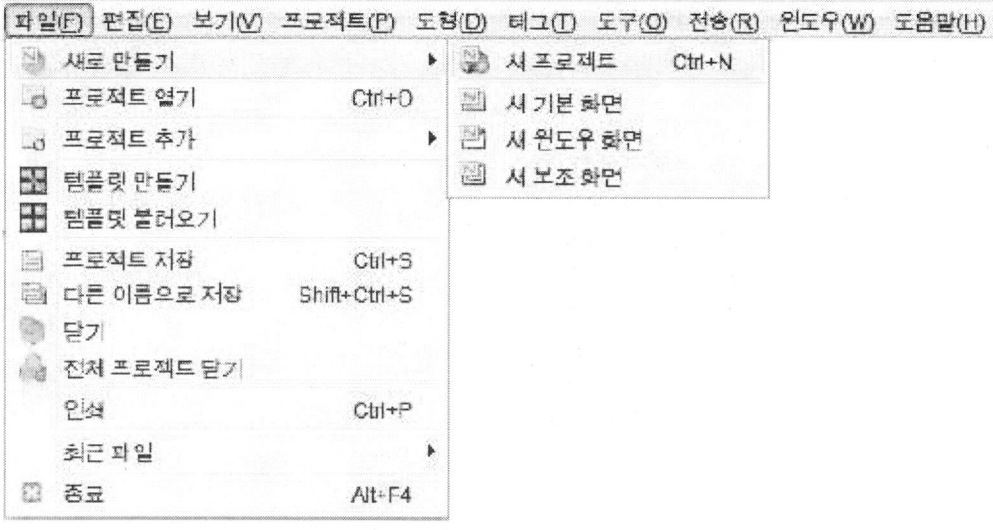

[그림 3-4] 메뉴 화면

아래에는 메뉴화면에서 실질적으로 사용빈도가 높은 메뉴들에 대한 설명입니다.

① 새로 만들기 (Ctrl +N)
프로젝트와 각 화면을 생성합니다.

메뉴	설명
새 프로젝트	새 프로젝트를 생성합니다.
새 기본 화면	기존 기본 화면에 추가하여, 기본 화면을 1개를 생성합니다.
새 윈도우 화면	기존 윈도우 화면에 추가하여, 윈도우 화면 1개를 생성합니다.
새 보조화면	기존 보조 화면에 추가하여, 보조 화면 1개를 생성합니다.

② 프로젝트 열기 (Ctrl +O)

XDesignerPlus4로 작성하여 [*.DPX4] 파일로 저장된 작화 프로젝트 파일을 불러옵니다.

③ 프로젝트 추가

이 메뉴는 다중 프로젝트 기능을 제공합니다.

다중 프로젝트는 하나의 XDesignerPlus4 프로그램 안에 최대 4개의 작화 프로젝트를 열어서 편집을 할 수 있는 기능입니다. 이 기능으로 다른 작화 프로젝트를 동시에 편집할 수 있을 뿐만 아니라, 다른 프로젝트 상호간의 화면복사 등의 기능을 쉽게 이용할 수 있습니다.

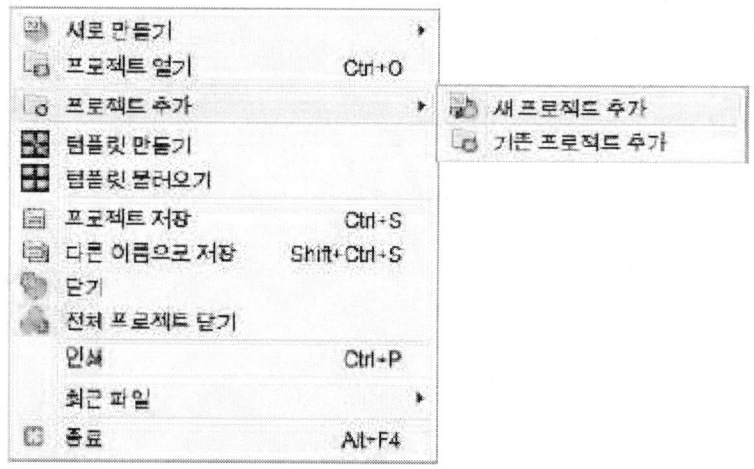

[그림 3-5] 프로젝트 화면

메뉴	설명
새 프로젝트 추가	새 프로젝트를 생성하여, [프로젝트 관리자]의 가장 하단에 추가합니다
기존 프로젝트 추가	기존에 저장된 프로젝트를 열어서, [프로젝트 관리자]의 가장 하단에 추가합니다.

④ 프로젝트 저장 (Ctrl + S)

현재 열려 있는 작화 프로젝트를 저장합니다. 한번도 저장하지 않은 작화 프로젝트인 경우에는 저장할 경로와 [파일 이름]을 지정하여 [*.DPX4]파일로 저장하게 해줍니다.

⑤ 다른 이름으로 저장 (Shift + Ctrl + S)

현재 열려있는 작화 프로젝트를 다른 이름으로 지정하여, 별도의 파일로 저장합니다.

편집메뉴

편집메뉴는 화면에 등록된 도형과 태그된 것들에 대한 편집을 합니다.

[그림 3-6] 편집메뉴

편집메뉴의 기능들은 대부분 마우스와 키보드를 이용한 단축키방식으로 실행하는 경우가 대부분입니다.

다음 표는 편집에 필요한 단축키와 그에 대한 설명들에 대한 표입니다.

메뉴	설명
실행 취소 (Ctrl + Z)	편집 중 가장 최근에 편집한 부분을 한 단계씩 취소합니다. 실행 취소는 각 화면마다 최대 50번까지 가능합니다.
실행 반복 (Ctrl + R)	편집 중 실행 취소한 부분을 한 단계씩 되돌려 줍니다. 실행 반복은 각 화면마다 최대 50번까지 가능합니다.
전체 선택 (Ctrl + A)	현재 활성화 된 화면에 등록된 모든 도형과 태그가 선택 됩니다.
잘라내기 (Ctrl + X)	선택된 도형이나 태그 혹은 그룹을 잘라냅니다.
복사 (Ctrl + C)	선택된 도형이나 태그 혹은 그룹을 복사합니다.
다중 복사 (Ctrl + T)	선택된 도형이나 태그 혹은 그룹을 X축/Y축으로 설정된 개수만큼 설정된 간격으로 복사합니다.
붙여넣기 (Ctrl + V)	복사나 잘라내기 된 도형이나 태그 혹은 그룹을 마우스로 클릭한 위치에 붙여 넣습니다.
원래 위치에 붙여넣기 (Shift + Ctrl + V)	복사나 잘라내기 된 도형이나 태그 혹은 그룹을 같은 위치에 붙여 넣습니다.
삭제 (Del)	선택된 도형이나 태그 혹은 그룹을 삭제합니다.
그룹 (Ctrl + G)	두 개 이상 선택된 도형이나 태그를 그룹으로 묶어 줍니다.
그룹 해제 (Ctrl + U)	그룹을 해제합니다.
왼쪽 회전	선택된 도형이나 태그 혹은 그룹을 왼쪽으로 회전 시킵니다.
오른쪽 회전	선택된 도형이나 태그 혹은 그룹을 오른쪽으로 회전 시킵니다.
회전 취소	회전된 도형이나 태그 혹은 그룹을 원위치 시킵니다.
세로 대칭	선택된 도형이나 태그 혹은 그룹을 상하방향으로 180도 뒤집어 줍니다.
가로 대칭	선택된 도형이나 태그 혹은 그룹을 좌우방향으로 180도 뒤집어 줍니다.
상속 해제	글로벌 오브젝트와 관련된 기능으로, 상속된 태그의 상속을 해제합니다.
속성 (Enter)	선택된 도형이나 태그 혹은 그룹의 속성 창이 열립니다.
정렬	선택된 도형이나 태그 혹은 그룹을 정렬합니다.

정렬메뉴

정렬메뉴는 편집메뉴 안에 있는 부가적인 기능으로서 사용자가 작성한 터치,램프,디스플레이 등에 대한 화면수정입니다.

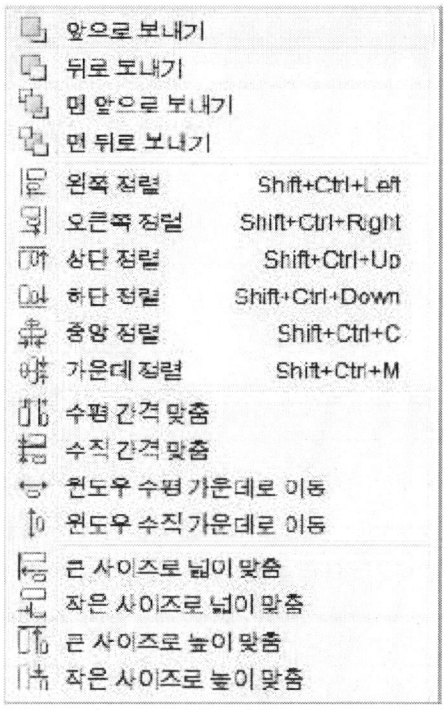

[그림 3-7] 정렬메뉴

정렬메뉴도 편집메뉴와 같이 아이콘을 이용하여 사용하기 보다는 마우스와 키보드를 이용하여 실행하는 경우가 대다수입니다.

다음 표는 정렬기능의 단축키와 내용에 대한 표입니다.

메뉴	설명
앞으로 보내기	도형이 겹쳐져 있는 경우, 선택된 도형을 한단계 앞에 그려줍니다.
뒤로 보내기	도형이 겹쳐져 있는 경우, 선택된 도형을 한단계 뒤에 그려줍니다.
맨 앞으로 보내기	도형이 겹쳐져 있는 경우, 선택된 도형을 가장 앞에 그려줍니다.
맨 뒤로 보내기	도형이 겹쳐져 있는 경우, 선택된 도형을 가장 뒤에 그려줍니다.
왼쪽 정렬 (Shift + Ctrl + Left)	두 개 이상 선택된 도형이나 태그 혹은 그룹을 왼쪽으로 정렬합니다.
오른쪽 정렬 (Shift + Ctrl + Right)	두 개 이상 선택된 도형이나 태그 혹은 그룹을 오른쪽으로 정렬합니다.
상단 정렬 (Shift + Ctrl + Up)	두 개 이상 선택된 도형이나 태그 혹은 그룹을 상단에 맞춰 일렬로 정렬합니다.
하단 정렬 (Shift + Ctrl + Down)	두 개 이상 선택된 도형이나 태그 혹은 그룹을 하단에 맞춰 일렬로 정렬합니다.
중앙 정렬 (Shift + Ctrl + C)	두 개 이상 선택된 도형이나 태그 혹은 그룹을 세로의 중앙 지점에 맞춰 정렬합니다.
가운데 정렬 (Shift + Ctrl + M)	두 개 이상 선택된 도형이나 태그 혹은 그룹을 가로의 중앙 지점에 맞춰 정렬합니다.
수평 간격 자동	두 개 이상 선택된 도형이나 태그 혹은 그룹 간의 수평 간격을 같게 맞춰 줍니다.
수직 간격 자동	두 개 이상 선택된 도형이나 태그 혹은 그룹 간의 수직 간격을 같게 맞춰 줍니다.
윈도우 수평 가운데로 이동	선택된 도형이나 태그 혹은 그룹을 화면의 가로 중앙으로 이동해 줍니다.
윈도우 수직 가운데로 이동	선택된 도형이나 태그 혹은 그룹을 화면의 세로 중앙으로 이동해 줍니다.
큰 사이즈로 넓이 맞춤	두 개 이상 선택된 도형이나 태그 혹은 그룹 중 넓이가 가장 큰 사이즈에 맞춰 넓이를 같게 맞춰 줍니다.
작은 사이즈로 넓이 맞춤	두 개 이상 선택된 도형이나 태그 혹은 그룹 중 넓이가 가장 작은 사이즈에 맞춰 넓이를 같게 맞춰 줍니다.
큰 사이즈로 높이 맞춤	두 개 이상 선택된 도형이나 태그 혹은 그룹 중 높이가 가장 큰 사이즈에 맞춰 높이를 같게 맞춰 줍니다.
작은 사이즈로 높이 맞춤	두 개 이상 선택된 도형이나 태그 혹은 그룹 중 높이가 가장 작은 사이즈에 맞춰 높이를 같게 맞춰 줍니다.

보기메뉴

보기 메뉴는 프로그램의 왼쪽과 오른쪽에 제공되는 여러 도킹 윈도우들을 보이거나, 안보이게 합니다. 또한, 화면에서 풍선도움말, ON/OFF 상태, 확대/축소, 사용언어 등의 보기 방법을 선택합니다.

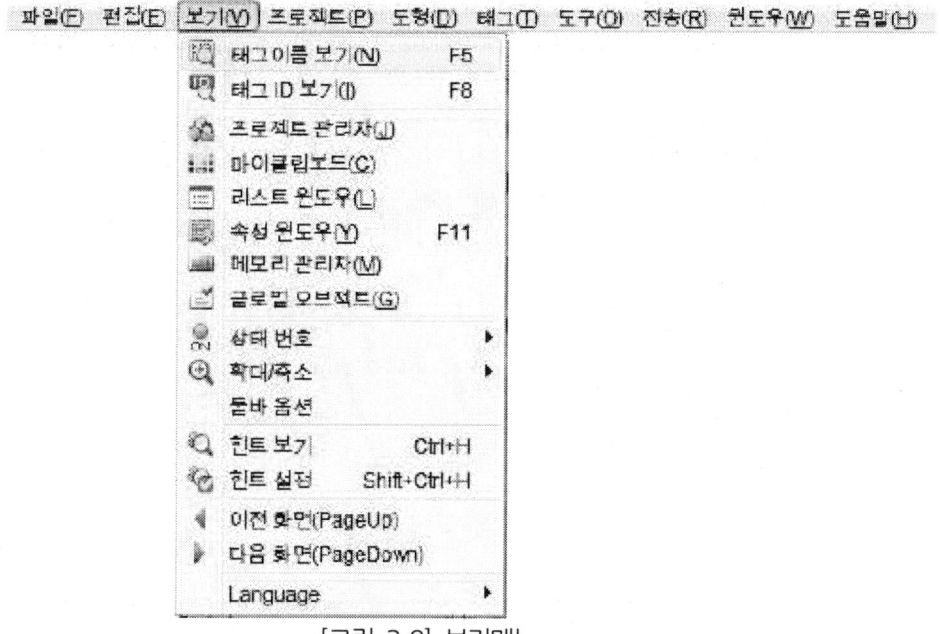

[그림 3-8] 보기메뉴

보기메뉴에서 사용하는 핵심적인 명령을 확대와 축소입니다. 다른 기능들은 생산자동화 산업기사 시험에서 사용을 하지 않습니다.

다음 표는 편집메뉴에서 사용하는 기능들에 대한 설명 표입니다.

메뉴	설명
태그 이름 보기 (F5)	화면에 등록된 태그의 좌측 상단에 표시되는 [풍선 도움말]에 [태그 이름]이 표시되게 합니다.
태그 ID 보기 (F6)	화면에 등록된 태그의 좌측 상단에 표시되는 [풍선 도움말]에 [태그 ID]가 표시되게 합니다.
프로젝트 관리자	왼쪽 도킹 윈도우로, 작화 프로젝트 화면과 전역 설정의 상황을 한 눈에 파악하고 관리하는 윈도우입니다.
마이 클립보드	오른쪽 도킹 윈도우로, 빈번하게 사용하는 도형, 태그, 그룹을 등록하여 반복 작업을 할 때 편리하게 가져다 사용할 수 있는 기능입니다.
리스트 윈도우	왼쪽 도킹 윈도우로, 현재 열려 있는 화면에 등록된 도형, 태그, 그룹의 목록을 리스트 형태로 보여줍니다.
속성 윈도우 (F11)	오른쪽 도킹 윈도우로, 화면에 등록되어 선택된 도형과 태그의 속성을 보여줍니다.
메모리 관리자	왼쪽 도킹 윈도우로, 현재 열려 있는 화면에 사용된 주소들의 메모리 사용 현황을 램프 형태로 보여줍니다.
글로벌 오브젝트	왼쪽 도킹 윈도우로, 드래그&드랍으로 도형, 태그, 그룹을 넣어두고, 꺼내서 화면에 등록하는 기능입니다. 화면에 등록하면 속성이 상속됩니다. 글로벌 오브젝트에 등록된 도형, 태그, 그룹의 속성을 변경하면 상속받은 모든 도형, 태그, 그룹의 속성이 동시에 변경됩니다. 상속은 일부만 받거나, 해제할 수 있습니다.
상태번호	태그의 ON/OFF 상태와 0~15 비트의 상태에 따라 태그의 모양을 확인해 볼 수 있습니다.
확대/축소	화면을 확대하거나, 축소하여 봅니다. 40~400%까지 지원합니다.
툴바 옵션	툴바를 편집합니다. 자주 사용하는 툴바만 선택하여 등록할 수 있습니다.
힌트 보기 (Ctrl + H)	태그에 붙는 [풍선 도움말]의 사용 여부를 설정합니다.
힌트 설정 (Shift + Ctrl + H)	[도구]-[편집 옵션]-[풍선 도움말]과 같으며, 풍선 도움말의 [글자색/배경색/크기]를 설정합니다.
이전 화면 (PageUp)	열려있는 기본화면, 윈도우화면, 보조화면, 글로벌화면에서 이전 번호의 화면으로 이동합니다.
다음 화면 (PageDown)	열려있는 기본화면, 윈도우화면, 보조화면, 글로벌화면에서 다음 번호의 화면으로 이동합니다.
Language (표시 언어)	XDesignerPlus4 프로그램의 언어를 선택합니다. 기본은 영어로 되어 있고, [영어, 한국어, 중국어, 아랍어] 중에 선택할 수 있습니다.

5. 프로젝트 메뉴

프로젝트 메뉴는 작화 프로젝트 전체에 적용되는 설정을 하는 부분입니다.

[그림 3-9] 프로젝트 메뉴

프로젝트 메뉴에서 생산자동화 산업기사 실기시험에서 사용하는 것은 메시지테이블입니다. 메시지 테이블은 터치패드항목의 디스플레이에 연관이 있습니다. 어떠한 메시지를 터치패드 상에서 표현하고 싶을 때는 메시지테이블에 표현할 항목들을 정한 후 데이터주소에 지정한 데이터 값을 넣으면 터치패드에 표현됩니다. 아래의 표는 프로젝트메뉴의 기능들에 대한 표입니다.

메뉴	설명
마스터 화면 편집	글로벌 화면인 마스터 화면을 열어서 편집 합니다.
마스터 화면 속성	글로벌 화면인 마스터 화면의 [화면 속성] 창을 보여줍니다.
다국어 테이블	다국어를 사용하는 경우, 다국어 테이블 데이터를 설정합니다.
로깅 설정	로깅 데이터를 설정합니다.
경보 설정	경보 데이터를 설정합니다.
레시피 설정	레시피(파라미터) 데이터를 설정합니다.
스크립트 설정	글로벌 스크립트를 설정합니다.
메시지 테이블	메시지 테이블 데이터를 입력합니다.
이벤트로그	이벤트로그 데이터를 설정합니다.
암호 설정	레벨에 따라 비밀번호를 설정하고, 화면별 보안 레벨을 설정합니다.
심볼 관리자	심볼 리스트를 설정합니다.
프로젝트 설정 (Shift + Ctrl + P)	프로젝트의 전체 설정 부분으로, TOP 모델, PLC 기종 등을 설정합니다.

6 도형메뉴

도형 메뉴는 작화를 꾸미는 데 필요한 여러 가지 도형을 제공합니다.

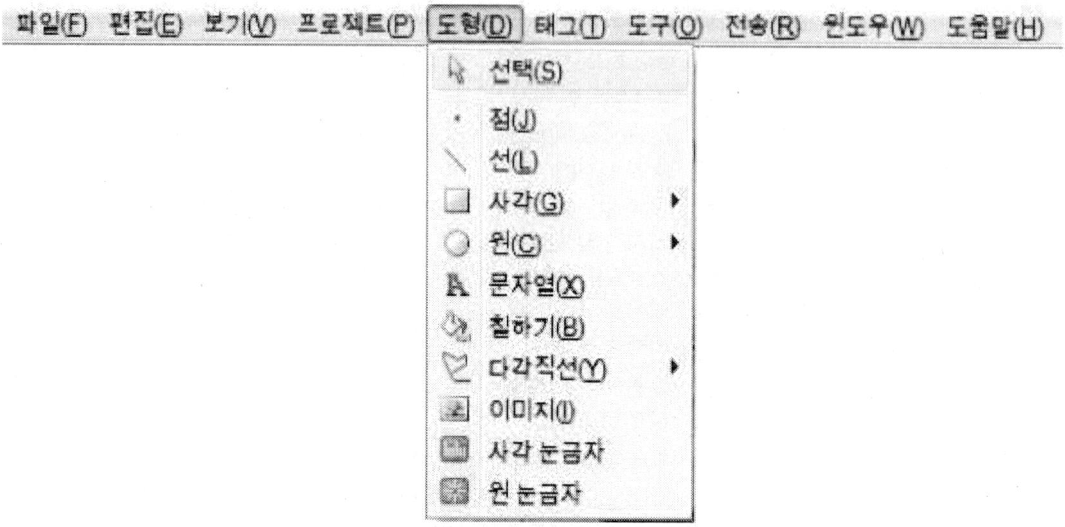

[그림 3-10] 도형메뉴

도형메뉴에서 사용하는 기능들의 부분을 사용한다고 생각하시면 됩니다. 생산자동화 산업기사 실기시험의 터치패드 과목에서 표현해야 할 항목들 중에는 네모,동그라미,세모 등의 도형들의 표현도 해주어야 하기 때문에 도형메뉴의 기본적인 사용법을 필히 숙지하셔야 합니다.
아래의 표는 도형메뉴에서 사용하는 기능들에 대한 표입니다.

메뉴	설명	세부 종류
선택	선택 모드일 때 화면에 등록된 도형과 태그를 선택할 수 있습니다.	
점	점을 그립니다.	
선	선을 그립니다.	
사각	사각형을 그립니다.	사각, 둥근 사각
원	원을 그립니다.	원, 호, 파이, 현
문자열	문자를 씁니다.	
칠하기	폐영역에 색을 칠합니다.	
다각직선	여러 각인 도형을 그립니다.	다각직선, 다각형
이미지	비트맵, jpg 등의 이미지를 등록합니다.	
사각 눈금자	사각 눈금을 그립니다.	
원 눈금자	원 눈금을 그립니다.	

태그메뉴

태그 메뉴는 동작을 지정하거나, 컨트롤러의 데이터를 표시하고, 제어하는 여러 가지 태그를 제공합니다.

[그림 3-11] 태그메뉴

태그메뉴는 생산자동화 산업기사 시험을 보기위해서 터치패드를 작화할 때 가장 중요한 메뉴라고 볼 수 있습니다. 태그메뉴에는 터치, 램프, 숫자, 메시지 등 실질적으로 PLC와 연동하여 신호를 주고받을 수 있도록 해주는 기능들이 있기 때문에 도형메뉴와 마찬가지로 필히 숙지하셔야 합니다.

아래의 표는 태그메뉴에서 사용하는 기능들에 대한 표입니다.

메뉴	설명	세부 종류
터치	터치 버튼을 등록합니다. 지정된 동작을 수행하고, 데이터 변화를 표시합니다.	비트램프, 워드램프, N 램프, 터치, 터치+비트램프, 터치+워드램프, 터치+N램프
숫자&문자열	데이터를 숫자나 문자로 표시하거나, 숫자나 문자 값을 입력합니다.	숫자, 문자, 숫자 키표시, 문자 키표시
메시지	조건에 따라 등록된 메시지를 호출하여 표시합니다.	비트 메시지, 워드 메시지
윈도우	윈도우 화면을 조건에 따라 호출합니다.	비트 윈도우, 워드 윈도우
부품	이미지나 보조화면을 조건에 따라 호출합니다.	비트 부품, 워드 부품
경보	발생된 경보를 표시합니다. 로그테이블은 로깅 데이터를 표시합니다.	경보, 경보 확장, 로그 테이블, 이벤트 로그 뷰어
그래프	데이터를 그래프로 표시합니다.	막대/꺾은선 그래프, 확장 그래프, 레코드, X/Y 차트 A, X/Y 차트 B
연산	조건에 따라 지정된 동작이 수행됩니다.	
통신	컨트롤러와 TOP 사이에 데이터를 이동합니다.	
시계	날짜와 시간을 표시합니다.	
파일리스트	TOP 내부, CF 메모리 카드, USB 메모리 저장 장치에 저장된 데이터를 보여주고, 이동해 줍니다.	

8 도구메뉴

도구 메뉴는 프로젝트의 화면을 구성하고 관리하는데 필요한 편의 기능들을 제공합니다.

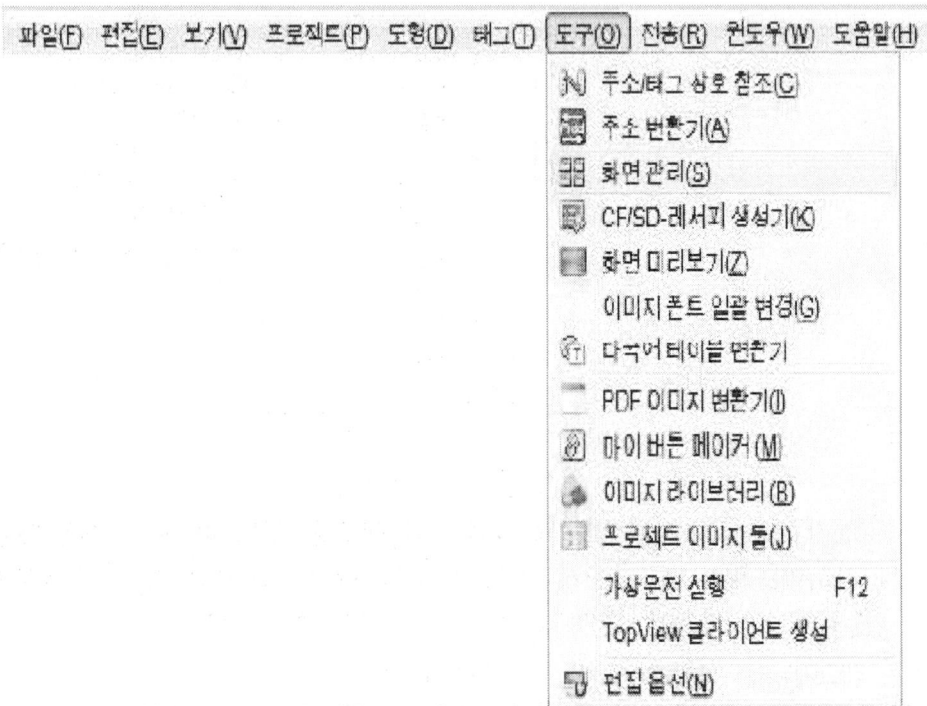

[그림 3-12] 도구메뉴

도구메뉴에서 가장 중요한 기능은 가상운전 실행입니다. 사용자가 작성한 작화프로그램이 어떠한 방식으로 신호전달을 하며 표현되는지에 대한 모니터링을 할 수 있기 때문에 가상운전 실행에 대한 기능을 필히 숙지하시기 바랍니다.

다음 표는 도구메뉴에서 사용하는 기능들에 대한 표입니다.

메뉴	설명
주소/태그 상호 참조	프로젝트에서 사용하는 주소 현황을 조회합니다.
주소 변환기	프로젝트에 사용한 주소를 조건에 따라 일괄적으로 변환해 줍니다.
화면 관리	프로젝트의 화면을 한 눈에 볼 수 있습니다. 화면을 일괄적으로 복사, 삭제, 이름 변경이 가능합니다.
CF-레시피 생성기	CF 메모리 카드에 레시피 데이터를 생성하고 저장하고 관리해 줍니다.
화면 미리보기	편집 중인 화면을 TOP의 실제 화면처럼 보여주고, 미리 보기 화면을 이미지로 저장하는 기능을 합니다.
이미지 폰트 일괄 변경	프로젝트 화면에서 사용하는 이미지 폰트의 종류를 화면별/ 화면 범위 별로로 일괄 변경하게 해줍니다.
다국어 테이블 변환기	프로젝트 화면 내에 도형과 태그에 등록된 모든 문자열/문자를 자동으로 다국에 테이블로 지정하여 줍니다. (☞ 다국어 테이블 변환기는 [chapter 7]의 [7.3.5]을 참조하세요.)
PDF 이미지 변환기	PDF 파일을 이미지로 변환해 주어, [문서뷰어] 태그에서 사용할 수 있도록 해 줍니다.
마이 버튼 메이커	버튼 이미지를 직접 생성합니다.
이미지 라이브러리	램프나 터치 버튼의 이미지로 사용됩니다. 프로그램에서 제공하는 이미지를 보여줍니다. 이미지는 사용자가 추가/삭제 할 수 있습니다.
프로젝트 이미지 툴	프로젝트에 사용한 모든 이미지를 세부 정보와 함께 리스트로 보여줍니다. 이미지를 변환하거나, 필요한 이미지만 선택하여 PC에 저장할 수 있습니다.
가상운전 실행 (F12)	TOP과 컨트롤러 없이, 가상적으로 현재 편집중인 작화를 PC에서 가상적으로 운전해 볼 수 있는 기능입니다.
TopView 클라이언트 생성	PC와 TOP이 이더넷으로 연결되어 있을 때, TOP의 운전중인 화면을 PC에서 모니터링 할 수 있는 기능입니다.
편집 옵션	XDesignerPlus4 프로그램 옵션을 사용자에게 맞게 설정할 수 있습니다.

9 전송메뉴

전송 메뉴는 프로젝트/OS/Font 등의 파일을 TOP으로 전송하거나, TOP의 데이터를 PC로 업로드 할 때 사용합니다.

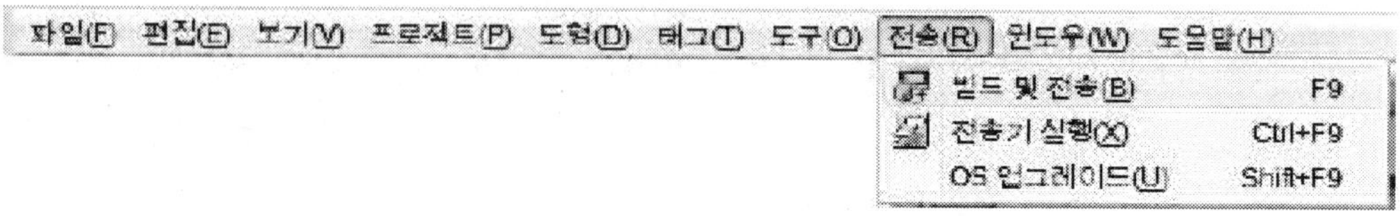

[그림3-13] 전송메뉴

전송 메뉴에서는 빌드 및 전송, 전송기 실행이 주로 이용하는 기능입니다. 빌드 및 전송 같은 경우에는 PC에서 작화한 터치패드파일을 구축하여 터치패드로 전송시켜주는 기능이며, 전송기 실행은 업로드뿐만 아니라 다운로드까지 가능하게 해주는 기능으로 터치패드에 표현되어 있는 작화 프로그램을 PC로 다시 불러들여 올 때 사용합니다.

메뉴	설명
빌드 및 전송 (F9)	작화를 빌드(컴파일)한 후 전송기를 실행시켜 전송합니다. 작화 프로젝트를 전송하는 경우 사용합니다.
전송기 실행 (Ctrl + F9)	바로 전송기를 실행 시킵니다. 작화 빌드(컴파일)가 필요 없는 경우, 즉 OS 전송, 업로드 등의 작업을 하는 경우 사용합니다.
OS 업그레이드 (Shift + F9)	XTOP의 OS를 V4로 버전 업그레이드를 합니다. (OS 업그레이드 진행시 작화를 비롯한 모든 데이터는 지워집니다.)

3-3 XDesignerPlus4 프로젝트 생성 순서

1 새 프로젝트 생성

메뉴에서 [파일] -> [새로만들기] -> [새 프로젝트]를 선택합니다.

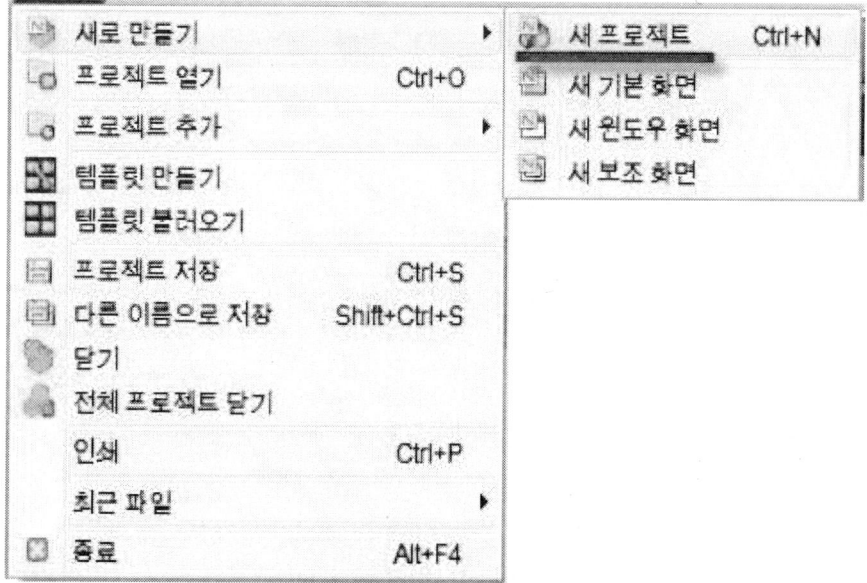

[그림. 메뉴에서 새 프로젝트 선택]

[그림 3-14] 새 프로젝트

2 프로젝트 설정

새 프로젝트를 누르게 되면 프로젝트 생성창이 나옵니다. 여기서는 터치패드와 PLC의 기종을 선택하고 터치패드와 PLC의 연결방식에 대한 설정을 해주어야 합니다.
보통 시험장에서 사용하는 PLC 기종으로는 MELSEC Q 시리즈의 모델을 사용하며 연결방식으로는 CPU Direct를 사용합니다.

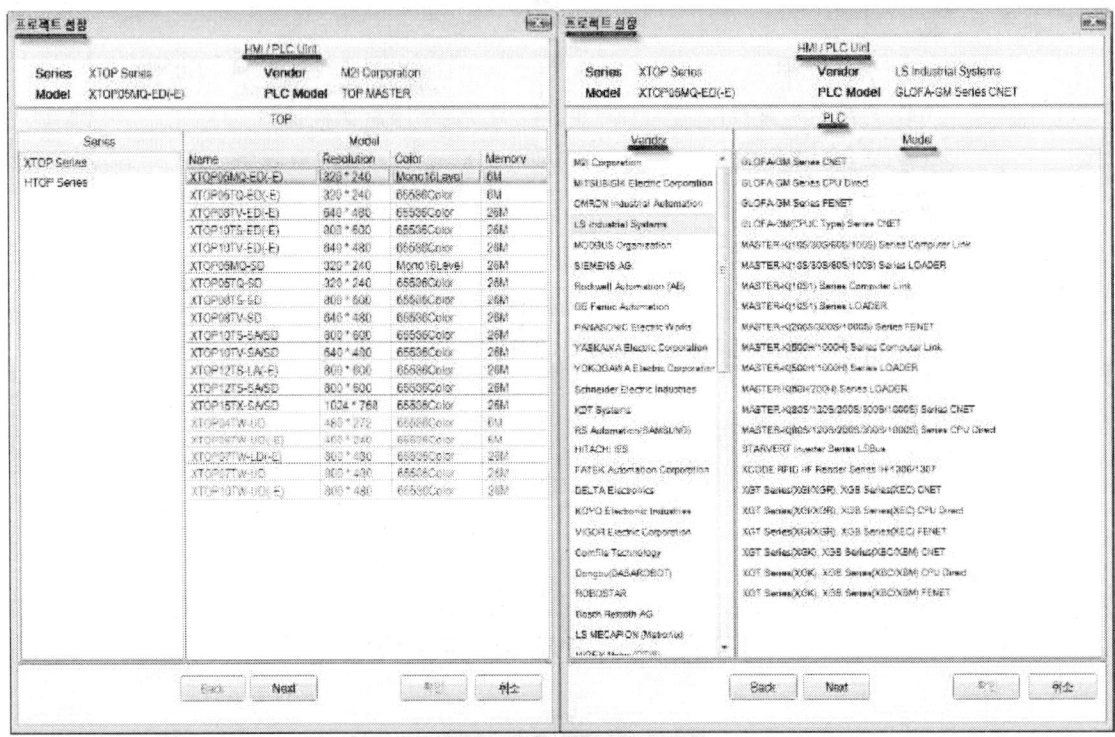

[그림 3-15] 프로젝트 설정

① XTOP 모델명 설정

TOP의 시리즈를 XTOP, HTOP 중에 선택하고 Model에서 정확한 제품 모델명을 선택합니다. 모델명을 틀리게 선택하여 프로젝트를 전송하면, 전송이 되지 않습니다.

② PLC 기종 설정
[PLC 기종]은 먼저, [제조사]를 선택하고, 선택한 제조사에 따라 [PLC 모델]을 정확하게
선택합니다. 컨트롤러(PLC)의 기종을 잘못 선택하면, 프로젝트에서 해당 PLC의 주소를
입력할 수 없고, PLC와 통신도 되지 않습니다.

③ 생성된 프로젝트
TOP의 모델명과 PLC의 기종 선택을 마친 후, [확인] 버튼을 누릅니다.
생선된 새로운 프로젝트는 아래 그림과 같습니다. 프로젝트는 [NEWPROJECT]라는
임시 이름을 가집니다. 이 이름은 프로젝트를 저장하면서 변경이 가능합니다.
[기본화면] 1번과 [윈도우화면] 65535번을 자동으로 생성하고, 기본화면 1번을 열어 보여줍니다.

[그림 3-16] 프로젝트 생성화면

프로젝트가 생성되었다면 [그림 3-16]의 기본화면에 태그를 작성하시면 기본화면이 터치패드로
전송되어 적용됩니다.

3-4 비트램프 태그

비트 램프 태그는 설정한 비트 주소의 ON/OFF 상태를 원/사각 모양의 색상이나 이미지로 표시해 주는 태그입니다.

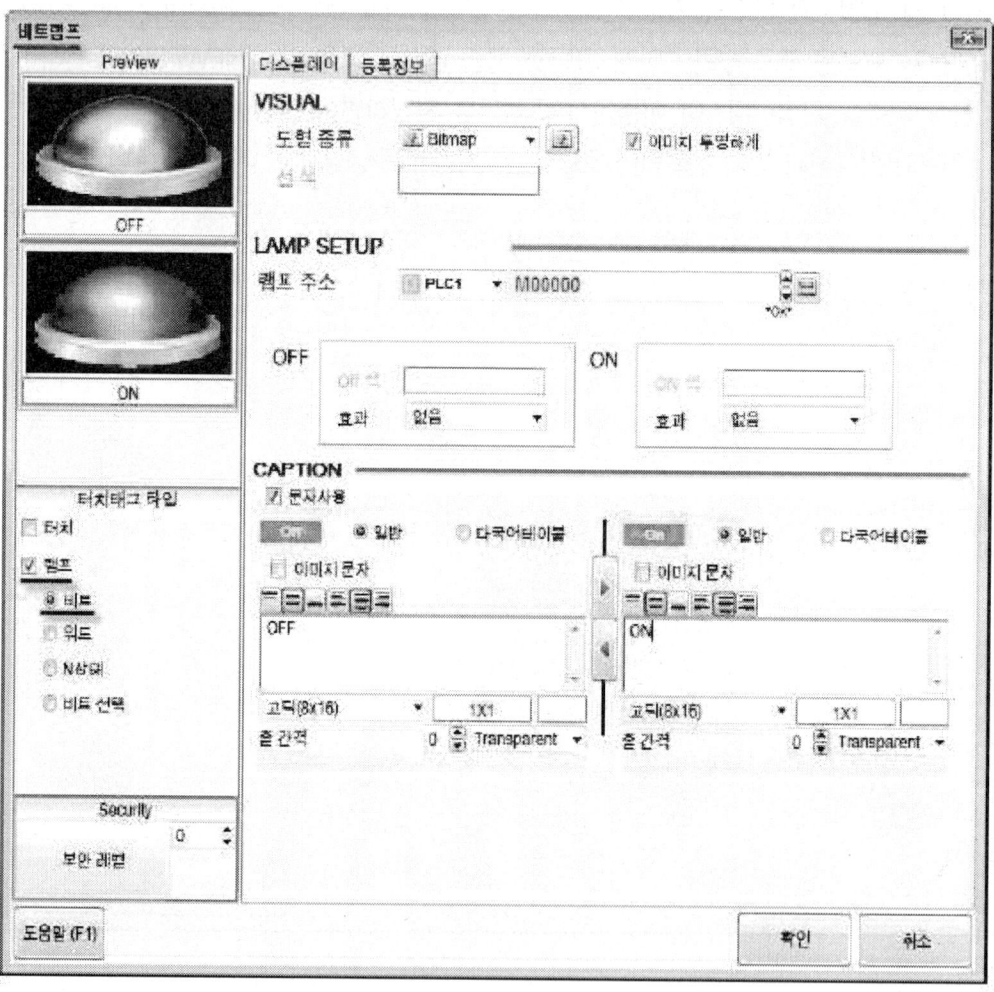

[그림 3-17] 비트램프 태그화면

디스플레이 페이지

램프의 모양과 주소, 그리고 캡션을 설정하는 페이지입니다.

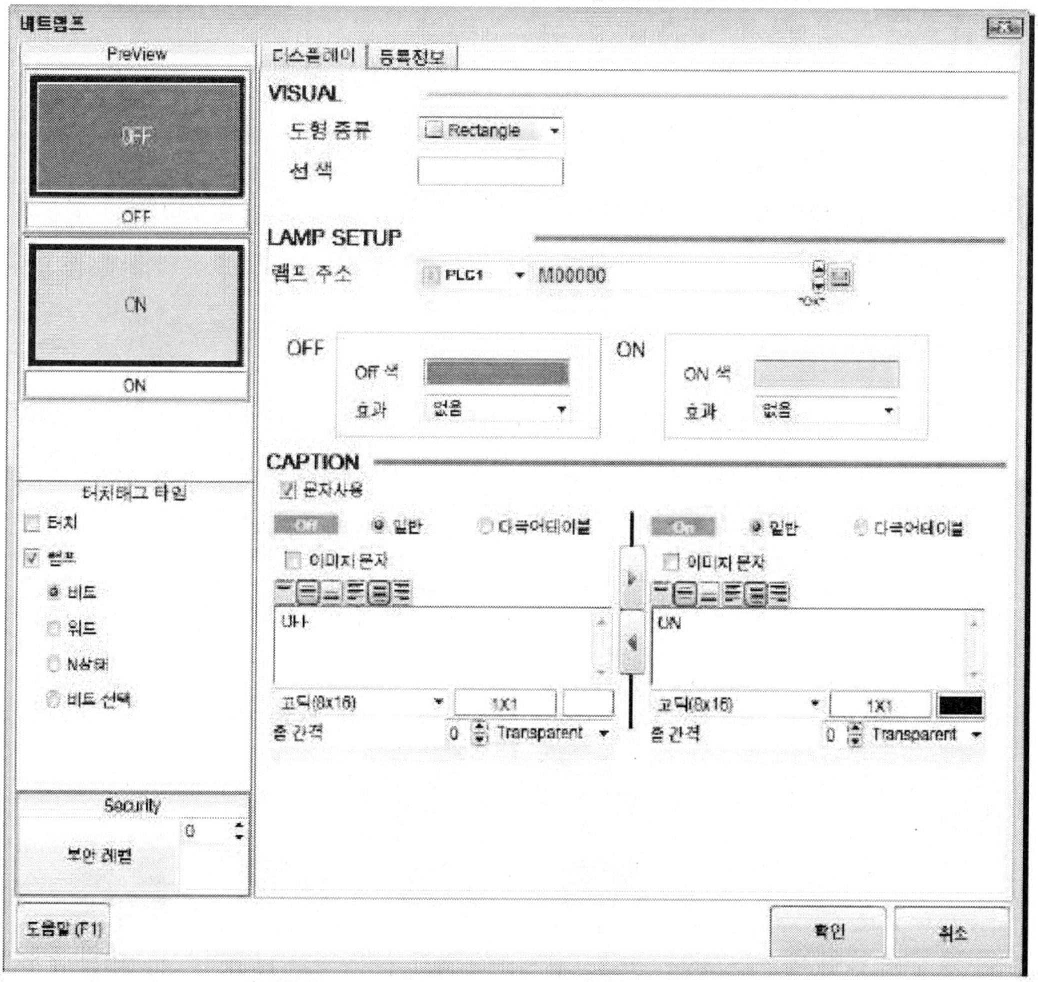

[그림 3-18] 비트램프태그 디스플레이 페이지

① 표시설정(VISUAL)
도형 종류를 선택하여 램프의 모양을 설정합니다.

도형 종류	설명
None Edge	테두리가 없는 사각형의 램프입니다.
Rectangle	테두리가 있는 사각형의 램프입니다.
Circle	원 모양의 램프입니다.
Paint	이미 그려진 폐영역의 도형에 색상만 채울 수 있는 램프입니다.
Bitmap	이미지 램프입니다.

▶도형램프 : BITMAP을 제외한 나머지 도형들을 설정한 것을 도형램프라고 합니다.
　　　　　선 색은 도형의 외곽선의 색상을 의미하고, 도형 램프 중 사각형과 원형은 선색을 설정하지만 [None Edge]와 [Paint]는 외곽선이 없으므로 선 색을 설정하지 않습니다.

▶이미지램프 : BITMAP을 사용한 램프로서 XDesignerPlius4를 설치할 때 같이 설치되는 라이브러리의 이미지들을 불러와서 사용하는 것을 말한다.
　　　　　　이미지램프의 경우 도형 램프와는 다르게 3D스러운 모습을 하고 있는 것이 특징이다.

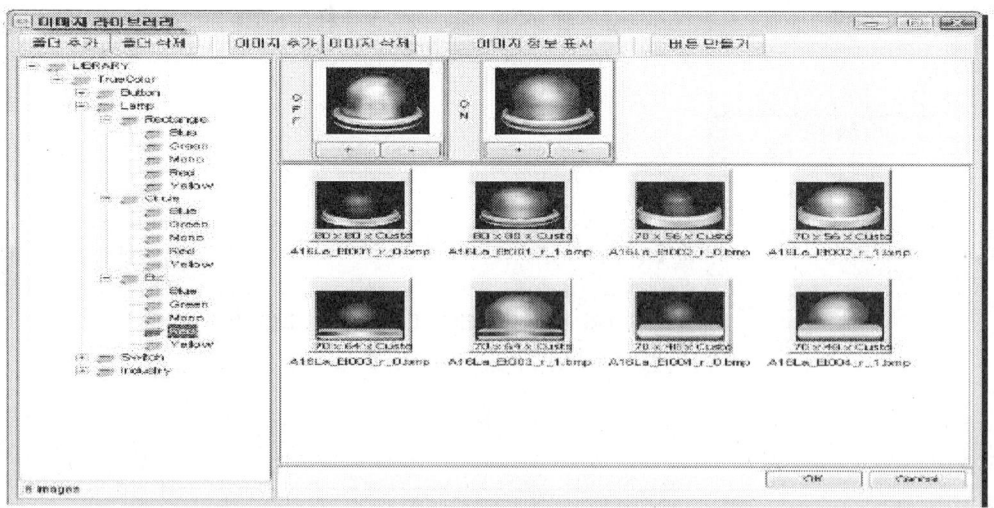

[그림 3-19] 이미지(BITMAP)램프

② 램프설정

비트 주소와 도형 램프의 ON/OFF색, 그리고 반전/점멸/숨김의 표시 효과를 설정합니다.

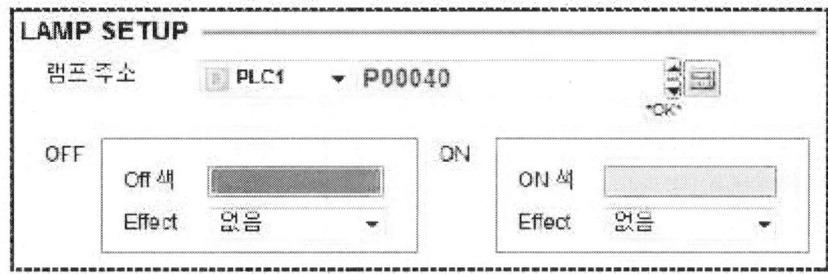

[그림 3-20] 램프설정

아래의 표는 램프설정에서 해당되는 기능에 대한 표입니다.

램프 설정		설명
램프 주소		ON/OFF 상태를 표시할 비트 주소를 입력합니다.
Off 색		램프 주소의 데이터가 [OFF]일 때 표시하는 램프의 색입니다. 도형 램프인 경우 설정하고, 이미지 램프인 경우에는 비활성화됩니다.
ON 색		램프 주소의 데이터가 [ON]일 때 표시하는 램프의 색입니다. 도형 램프인 경우 설정하고, 이미지 램프인 경우에는 비활성화됩니다.
Effect (효과)		표시하는 램프에 강조 효과를 주는 기능입니다. [점멸], [숨김], [반전] 효과가 있습니다. [그림. OFF 효과] [그림. ON 효과] [OFF시 효과]에는 반전 기능이 없습니다. [점멸], [숨김] 효과는 ON/OFF시 동시에 사용할 수 없습니다.
	없음	효과 기능을 사용하지 않습니다.
	점멸	해당 램프가 0.5초 주기로 나타났다가 사라지는 현상(점등/소등)을 반복합니다. OFF시에 체크하면 OFF시 [OFF 램프]가 나타났다가 사라지는 현상을 반복합니다. ON시에 체크하면 ON시 [ON 램프]가 나타났다가 사라지는 현상을 반복합니다.
	숨김	램프를 표시하지 않는 기능입니다. OFF시에 체크하면 OFF시 [OFF 램프]가 표시되지 않습니다. ON시에 체크하면 ON시 [ON 램프]가 표시되지 않습니다.
	반전	ON 상태를 강조하기 위한 기능으로, ON시 ON 램프와 OFF 램프를 0.5초 주기로 번갈아 가면서 표시해줍니다.

③ 캡션

캡션은 ON/OFF 램프 위에 문자를 쓰는 기능입니다.

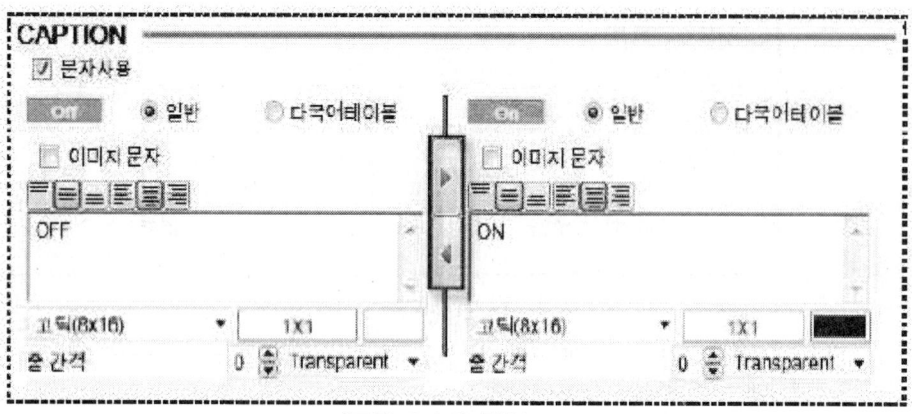

[그림 3-21] 캡션

왼쪽에는 OFF 램프에 표시한 문자이고, 오른쪽 ON 램프에 표시할 문자입니다. 각각 설정할 수 있으며, 한 쪽에 설정한 내용은 가운데의 화살표 버튼을 이용하여 다른 쪽에 그대로 반영할 수 있습니다.

3-5 터치 태그

터치 태그는 터치 영역을 설정하여 그 영역을 터치하면 설정된 동작이 수행되는 버튼입니다. 터치 태그가 수행하는 동작은 다음과 같습니다.

1. 비트 주소의 ON/OFF 데이터를 변경합니다.
2. 워드 주소의 데이터를 변경합니다.
3. 숫자키, 문자키로 숫자나 문자가 입력되게 해 줍니다.
4. 화면 전환, 메뉴 화면으로 이동 등 특수 기능을 수행합니다.

[그림 3-22] 터치태그 속성화면

터치 태그는 자유롭게 타입을 설정할 수 있습니다. 속성 화면의 [터치태그 타입]에서 사용 용도에 따라 타입을 설정합니다.

터치 기능만 사용하려면 [터치]만 체크하고, 램프 기능만 사용하려면 [램프]만 체크합니다. 두 기능을 모두 사용하려면 [터치]와 [램프] 모두 체크합니다. 램프 기능을 체크한 경우는 [비트, 워드, N상태, 비트선택]의 선택에 따라, [비트램프/워드램프/N램프/비트 선택]가 됩니다. 터치 태그는 [터치]만 체크합니다.

 디스플레이 페이지

터치의 모양과 주소를 설정하는 페이지입니다.

[그림 3-23] 터치태그 디스플레이 페이지

① 표시설정(VISUAL)

도형 종류를 선택하여 터치의 모양을 설정합니다.

도형 종류	설명
None Edge (테두리 없음)	테두리가 없는 사각형의 터치 버튼입니다.
Rectangle (사각형)	테두리가 있는 사각형의 터치 버튼입니다.
Circle (원형)	원 모양의 터치 버튼입니다.
Bitmap (비트맵 이미지)	이미지로 된 터치 버튼입니다.

▶ 도형터치 : BITMAP을 제외한 나머지 도형들을 설정한 것을 도형터치라고 합니다.
　　　　　 선 색은 도형의 외곽선의 색상을 의미하고, 도형 터치 중 사각형과 원형은 선
　　　　　 색을 설정하지만 [None Edge]와 [Paint]는 외곽선이 없으므로 선 색을
　　　　　 설정하지 않습니다.

▶ 이미지터치 : BITMAP을 사용한 램프로서 XDesignerPlius4를 설치할 때 같이 설치되는
　　　　　　 라이브러리의 이미지들을 불러와서 사용하는 것을 말한다. 이미지램프의 경우
　　　　　　 도형 램프와는 다르게 3D스러운 모습을 하고 있는 것이 특징이다.

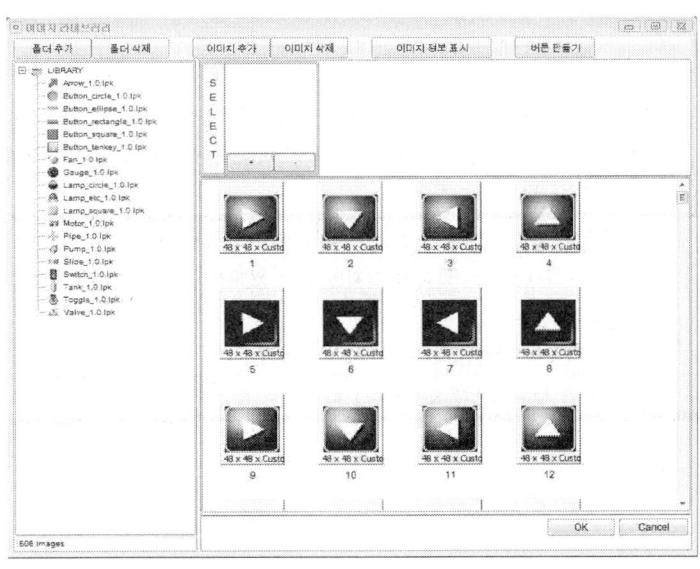

[그림 3-24] 이미지(BITMAP)터치

② 터치음 사용안함/터치 누름시 부저음

터치 소리	설명
터치음 사용안함	터치 버튼을 터치하면 짧게 "삑"하는 소리가 납니다. 이 소리를 제거하려면 [터치음 사용안함]을 체크합니다.
터치 누름시 부저음	터치 버튼을 터치하면 다른 터치 버튼을 터치하기 전까지 "삑~"하는 긴 부저음을 내 줍니다.

③ 터치 색상

[그림 3-25] 터치 색상

터치 색상	설명
채움 속성	[NoPaint(칠하지 않음)]와 [Solid(채움)] 중에 선택합니다. [NoPaint]는 터치 버튼의 내부의 색이 비어 있는 속성입니다. 따라서, 이 속성을 선택하면, [채움색]은 비활성화됩니다. [Solid]는 터치 버튼의 내부의 색이 채워 지는 속성입니다.
채움색	터치 버튼의 내부 색을 설정합니다.
터치시 채움	터치 버튼을 터치하는 동안 표시 여부를 설정합니다. NoPaint는 터치시 표시를 하지 않습니다. XOR Color는 터치시 터치의 색과 XOR색에 설정한 색이 XOR 처리되어 표시됩니다. Image는 터치시 설정한 이미지로 표시합니다.
XOR 색	터치 버튼을 터치시 버튼의 색상과 XOR되는 색입니다.

④ 캡션

캡션은 터치 버튼 위에 문자를 쓰는 기능입니다. 캡션을 사용하기 위해서는 문자사용 체크란을 체크해야 합니다,

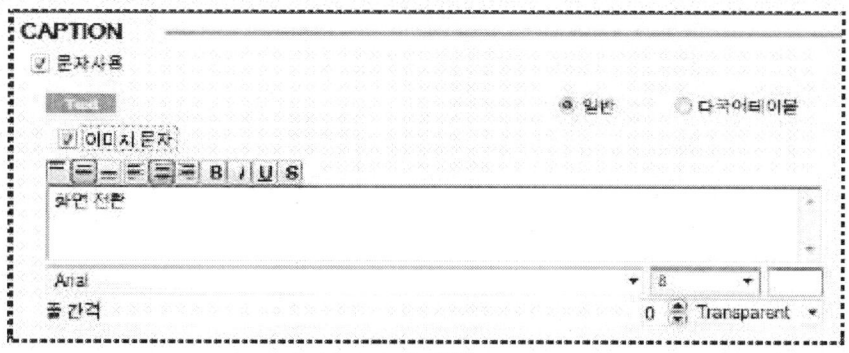

[그림 3-26] 캡션

2 연산 페이지

터치 버튼이 수행할 동작을 설정하는 페이지입니다. 연산 페이지는 상단에 [동작 목록 부분]이 있고, 하단에는 [동작을 설정하는 부분]이 있습니다. 동작 설정 부분에서 터치 버튼이 수행할 동작을 설정하여, 동작 목록에 추가해 줍니다. 터치 버튼이 한 번에 수행할 수 있는 동작은 최대 10개이므로. [동작 목록]에는 10개까지 리스트를 추가할 수 있습니다.

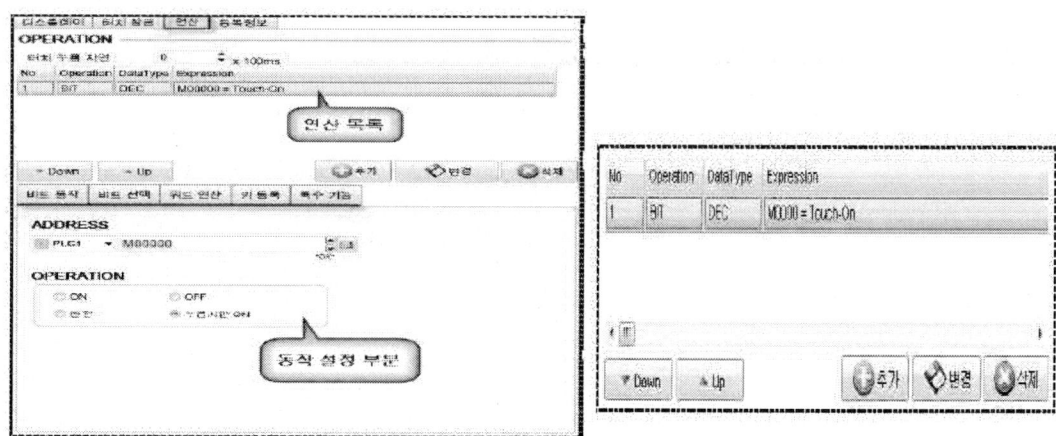

[그림 3-27] 연산페이지

① 동작 목록 부분

터치 버튼이 수행할 동작의 목록을 보여줍니다.

동작 목록	설명
No (번호)	수행할 동작이 추가될 때마다 순차적으로 매겨지는 번호입니다. 터치 버튼을 터치하면, 이 번호 순서대로 동작이 수행됩니다. 번호는 [Down] [Up] 버튼을 이용하여 변경할 수 있습니다.
Operation (연산)	[비트 동작(BIT)], [워드 연산(WORD)], [키 등록(KEY)], [특수 기능(SPECIAL)]로 분류되는 동작을 표시합니다.
Data Type (데이터 타입)	설정된 데이터 타입을 표시해 줍니다. [DEC]는 부호 십진수, [UDEC]는 무부호 십진수, [HEX]는 16진수, [BCD]는 16진수이나, 십진수처럼 동작하는 데이터 타입입니다.
Expression (계산식)	설정된 동작이 계산식으로 표시됩니다.

[그림 3-28] 동작 목록 부분

하단의 [동작 설정 부분]에서 터치 버튼이 수행할 동작을 설정한 후, 반드시 [추가], [변경], [삭제] 버튼을 이용하여 [동작 목록 부분]에 등록해 주어야 합니다.

버튼	설명
추가	설정된 동작을 등록해 줍니다.
변경	이미 등록된 동작의 내용을 변경합니다.
삭제	이미 등록된 동작을 삭제합니다.

② 동작 설정 부분

동작 설정 부분은 [비트 동작], [워드 연산], [키 등록], [특수 기능]의 4가지로 분류 됩니다.
이 중에서 주요하게 사용할 설정은 [비트 동작]과 [특수 기능]입니다.
비트 동작의 경우에는 비트 주소의 데이터를 ON/OFF 시키는 동작으로서 비트 주소의
데이터는 0과 1의 데이터만 가집니다. 0일 때는 OFF, 1일 때를 ON이라고 합니다.

비트 동작		설명
ADDRESS		동작 시킬 비트 주소를 입력합니다.
OPERATION	ON	터치 버튼을 누르면 비트 주소의 데이터가 [ON]이 됩니다.
	OFF	터치 버튼을 누르면 비트 주소의 데이터가 [OFF]가 됩니다.
	반전	터치 버튼을 누르면 비트 주소의 데이터가 현재 [ON]이면 [OFF]가 되게 하고, [OFF]이면 [ON]이 됩니다.
	누름시만 ON	터치 버튼을 누르는 동안 비트 주소의 데이터는 [ON]이 되고, 터치를 떼면 [OFF]가 됩니다.

[그림 3-29] 비트 동작

특수 기능은 아래와 같은 기능들을 가지고 있다.

분류	설명
SCREEN	화면과 관련된 특수 기능입니다.
PRINT	프린트와 관련된 특수 기능입니다.
USB/CF	USB 메모리 저장 장치나 CF 메모리 카드와 관련된 특수 기능입니다.
MEMORY	메모리와 관련된 특수 기능입니다.
Extended TAG	태그와 관련된 특수 기능입니다.
ETC	위의 분류 외에 제공되는 특수 기능입니다.

특수 기능들 중에 주목해야할 기능은 SCREEN 기능이다. 스크린 기능에 Screen Change라는 기능이 있는데 이 기능은 2017년 3회차 생산자동화 산업기사 실기시험에 출제되었던 기능이다.

SCREEN	설명
EXIT	운전화면을 종료하고 메인화면으로 이동합니다.
Previous Screen	현재 화면 이전에 열렸던 화면으로 이동합니다.
Screen Change	화면 번호를 지정하면 지정된 화면 번호로 화면을 전환합니다. 화면번호 1
Window Move	윈도우화면에 등록하여 터치 버튼을 터치한 후, 기본화면을 터치하면 기본화면에 터치된 좌표로 윈도우화면이 이동합니다.
Window Popup (Toggle)	[윈도우 화면 번호] 혹은 등록된 [윈도우 태그 ID]를 지정합니다. [윈도우 태그 ID]는 등록된 윈도우 태그의 [등록정보] 페이지에 표시되어 있습니다. 해당 윈도우 태그는 속성에서 [터치 태그 사용]이라고 설정되어 있어야 합니다. [윈도우 태그 ID]로 선택하여 지정하면, 그 윈도우 태그에 설정된 윈도우 화면이 호출됩니다. 한번 터치하면 지정된 윈도우화면이 팝업 되고, 다시 한번 터치하면 그 윈도우화면이 사라집니다. ⦿ 윈도우번호 ○ 윈도우태그ID No. 1 (☞ 윈도우 태그의 속성은 [chapter 23~24]를 참조하세요.)
Security Level	패스워드 윈도우화면을 호출해 줍니다. 패스워드 윈도우화면에서는 비밀번호를 입력할 수 있습니다. [패스워드 윈도우화면]은 [프로젝트]메뉴에서 [암호 설정]을 하면 자동으로 생성되고, [프로젝트 관리자]에서 [윈도우화면]에서 마우스 오른쪽 버튼을 클릭하여 나타나는 팝업 메뉴에서 수동으로 생성할 수 있습니다. (☞ 암호 설정(보안 레벨 설정) 기능은 [chapter 7]의 [7.10]을 참조하세요.)

3-6 터치+비트램프 태그

터치 태그와 비트 램프 태그의 기능이 통합된 태그입니다. 속성 화면은 터치 태그와 동일한 [잠금 조건]과 [연산] 페이지, 비트 램프 태그와 동일한 [디스플레이] 페이지로 구성되어 있습니다.

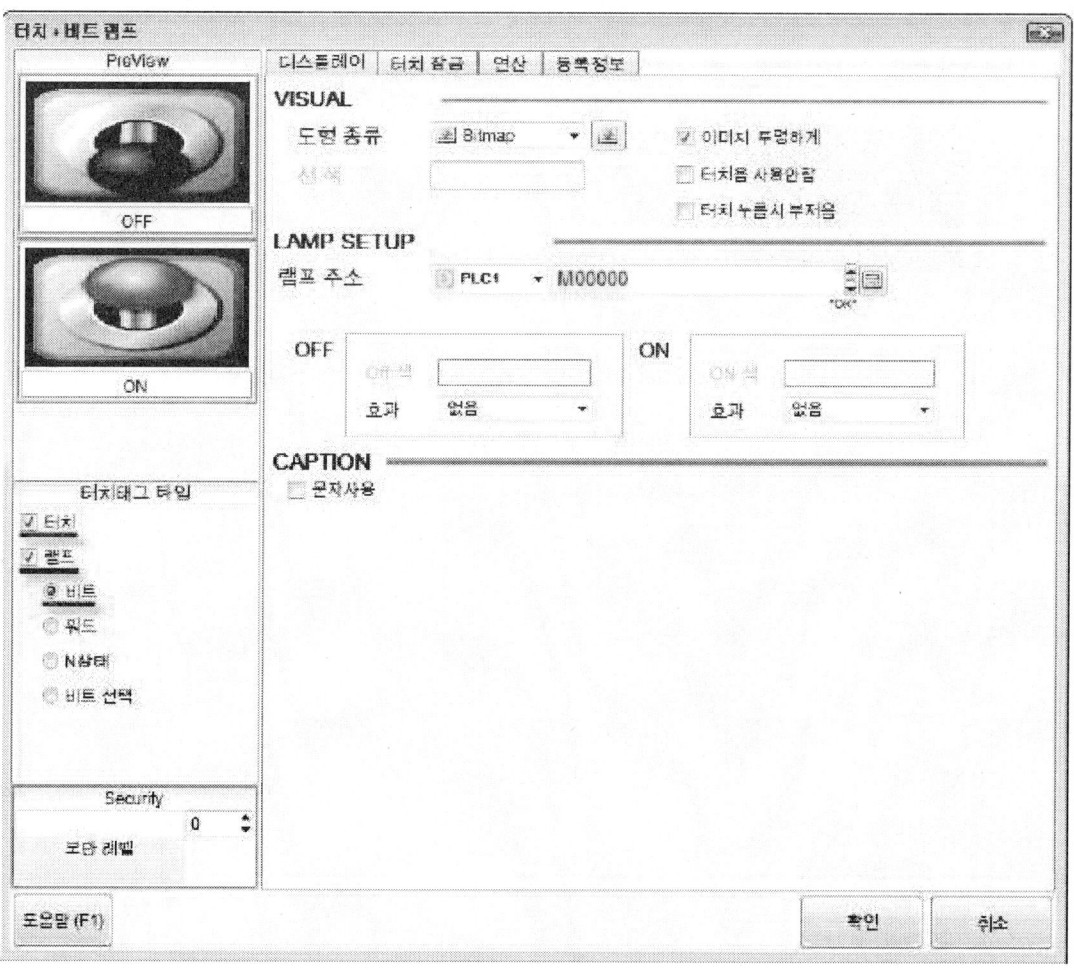

[그림 3-30] 터치 + 비트램프 태그

터치 + 비트램프는 보통 반전스위치를 사용하거나 버튼자체에서 램프기능을 요구할 때 사용합니다. 일반 터치와는 다르게 램프의 기능이 포함되어 있기 때문에 버튼의 ON/OFF 신호에 따른 색변화를 뚜렷하게 나타낼 수 있을뿐더러 반전명령에 대한 수행능력이 뛰어난 기능이다.

3-7 숫자 태그

숫자 태그는 주소에 저장되어 있는 데이터를 숫자로 표시해 줍니다. 데이터에 추가적인 연산을 하여 결과를 표시하거나, 조건을 설정하여 숫자의 글자색과 배경색을 다르게 표시할 수 있습니다.

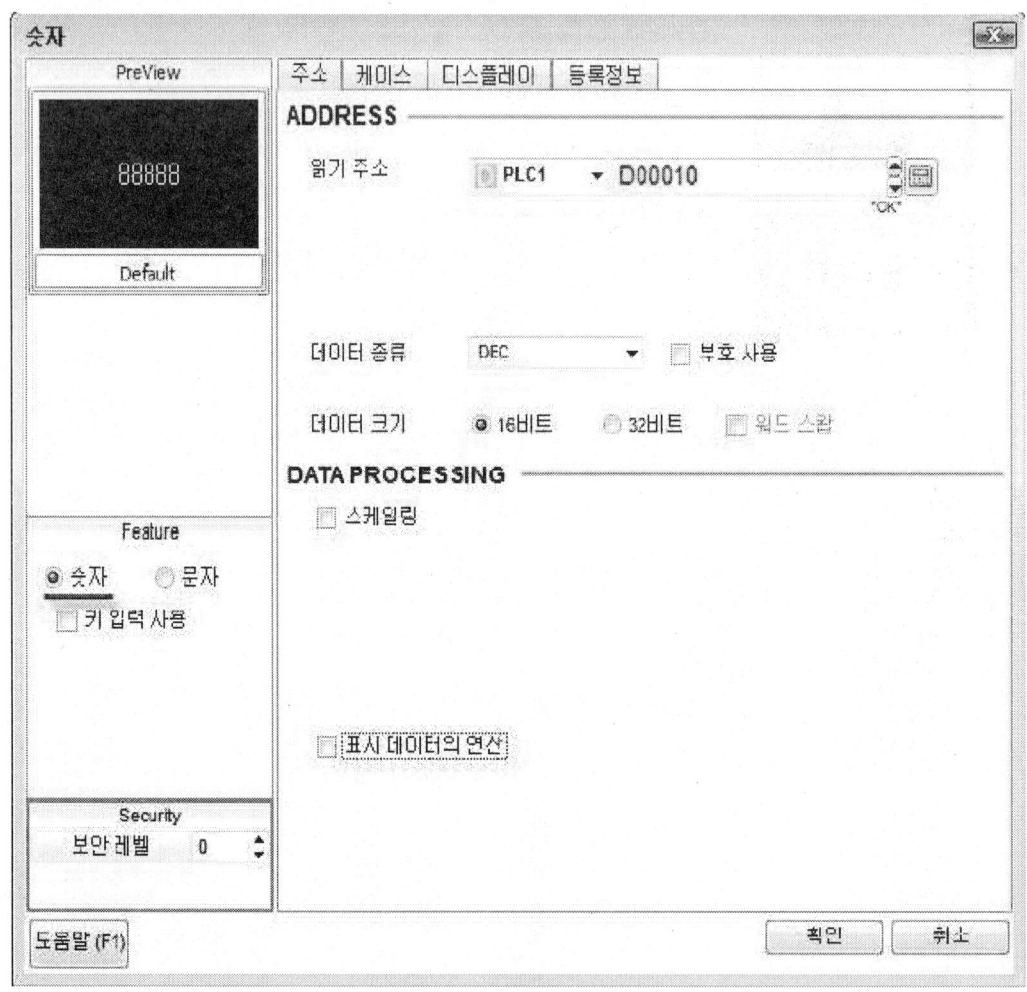

[그림 3-31] 숫자 태그

아래의 표는 숫자 태그에서 사용하는 기능들에 대한 설명입니다.

3-8 숫자 태그 속성 화면의 페이지 구성

① 주소 페이지

표시할 주소를 입력하고, 데이터의 종류와 크기를 설정합니다. 또한 주소의 데이터에 추가적인 연산을 하여 그 결과를 표시하게 해 줍니다.

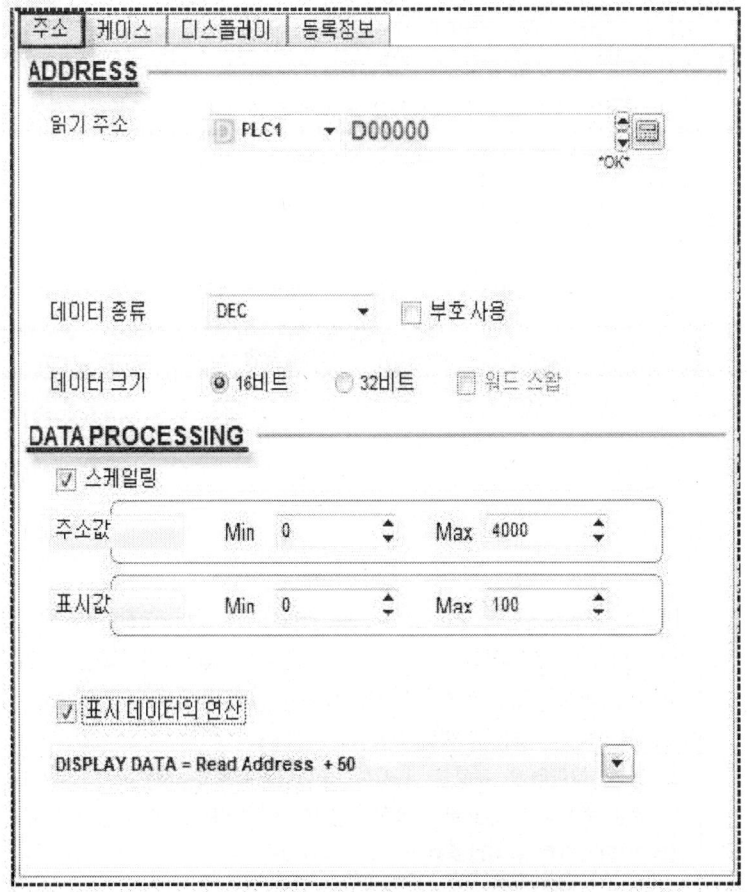

[그림 3-32] 주소 페이지

주소페이지에서는 숫자를 표현하기 위한 데이터주소와 데이터크기에 대한 설정을 하는 곳입니다.

아래의 표는 주소설정을 하는 곳의 기능들에 대한 설명입니다.

속성 페이지	설명
주소 페이지	표시할 주소를 입력하고, 데이터 종류와 크기를 설정합니다. 또한 주소의 데이터에 추가적인 연산을 하여 그 결과를 표시하게 해 줍니다.
케이스 페이지	비트/워드주소의 상태를 조건으로 사용하여, 조건에 따라 숫자의 색과 배경색을 다르게 표시하기 위한 페이지입니다.
디스플레이 페이지	표시되는 숫자의 폰트와 색을 지정하고 형식을 설정하는 페이지 입니다.
등록정보 페이지	숫자 태그의 정보를 표시하는 페이지입니다. 등록된 화면의 번호, 태그ID, 생성 시간과 수정 시간, 위치와 크기 정보를 표시하고, 위치와 크기 정보는 수정할 수 있습니다.

주소 설정		설명
읽기 주소		읽어올 주소를 입력합니다.
데이터 종류		데이터의 종류를 아래의 목록에서 선택합니다. DEC HEX BCD FLOAT BIN [DEC]는 십진수입니다. [HEX]는 16진수입니다. [BCD]는 이진화십진법으로 이진수 4자리를 묶어 십진수 한자리로 사용하는 기수법입니다. 실제로는 16진수이지만, A~F가 포함된 데이터는 표시하지 않아 십진수처럼 사용하는 데이터입니다. [FLOAT]는 소수점을 사용할 수 있는 데이터, [BIN]는 2진수입니다.
부호 사용		표시되는 데이터에 부호를 표시해 줍니다. 부호를 사용하지 않는 경우에는 데이터를 양수로만 표시하고, 부호를 사용하는 경우에는 데이터를 양수/음수로 표시합니다. 음(-)의 데이터를 표시하려면 반드시 [부호 사용]을 체크해야 합니다.
데이터 크기	16비트	표시하는 데이터의 크기를 16비트로 사용합니다.
	32비트	표시하는 데이터의 크기를 32비트로 사용합니다. 16비트의 데이터보다 더 큰 데이터를 표시하거나, 더블 워드의 주소인 경우에 사용합니다.
워드 스왑		[데이터 크기]가 32비트일 때, [상위 워드(16비트)]와 [하위 워드(16비트)]의 위치를 바꾸어 표시합니다.

② 디스플레이 페이지

숫자의 폰트와 색을 설정하고 표시 형식을 설정하는 페이지입니다.

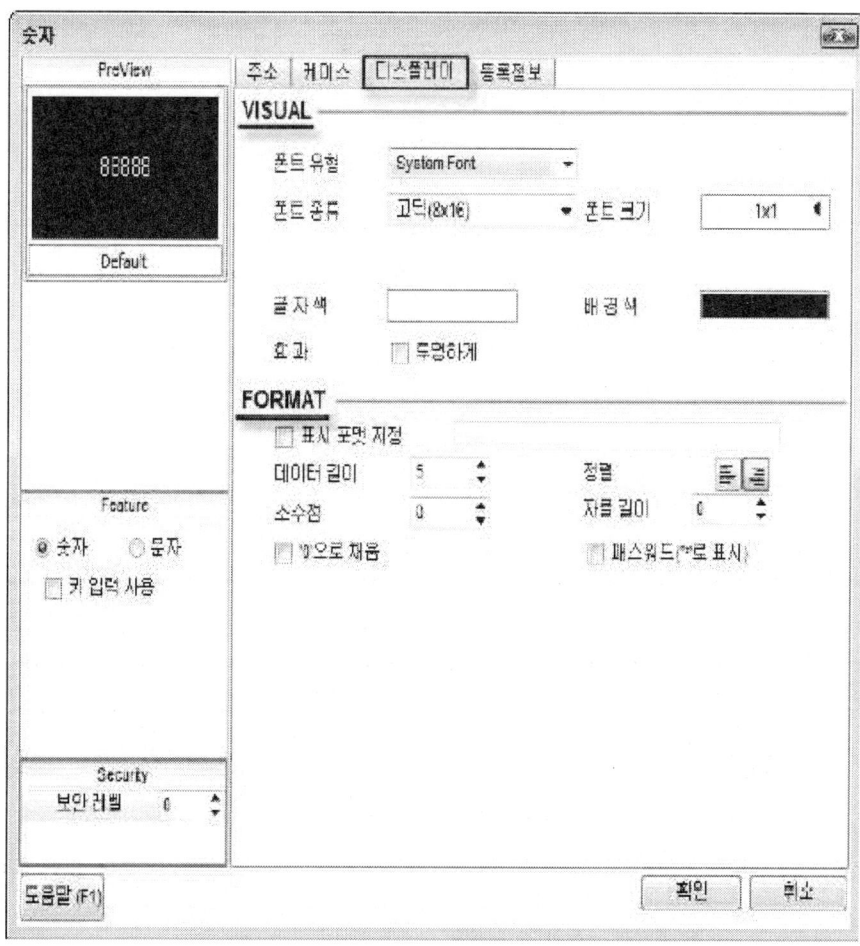

[그림 3-33] 디스플레이 페이지

디스플레이 페이지에서는 표시설정(VISUAL)과 포맷(FORMAT)설정 두 가지를 다룹니다.
표시설정의 경우에는 글자의 종류나 크기 및 색 등을 설정하는 구간이며, 포맷설정의 경우에는 터치패드에 표현될 숫자의 상태를 설정하는 것입니다.

아래에는 표시설정과 포맷설정에 대한 기능의 설명입니다.

표시 설정	설명
폰트 종류(픽셀)	표시되는 숫자의 폰트를 지정합니다. 명조(8x16) 고딕(8x16) 고딕(16x32) ASCII(6x6) ASCII(8x8) ASCII(12x12)
폰트 배각	폰트에서 선택한 폰트를 폰트 배각만큼 가로/세로 크기를 확대합니다. 3x3
글자색	수치를 표시하는 숫자의 색을 설정합니다.
배경색	수치를 표시하는 숫자의 배경색을 설정합니다.
효과	[투명하게]를 체크하면, 수치를 표시하는 숫자의 배경을 투명하게 표시합니다.

포맷 설정	설명
표시 포맷 지정	표시되는 숫자의 형식을 설정합니다. 숫자와 함께 중간에 문자를 삽입할 수 있습니다. 데이터는 [*]로 입력하고, 함께 표시할 문자를 입력합니다. 예를 들어, [**/***버전]라고 입력하고 데이터가 12345이면, 숫자 태그는 [12/345버전]이라고 표시해 줍니다.
데이터 길이	표시할 데이터의 길이를 설정합니다.
정렬	왼쪽 정렬과 오른쪽 정렬 중에서 선택합니다.
소수점	표시할 소수점을 설정합니다. 예를 들어, [소수점]이 [3]이고 데이터가 [12345]이면, 숫자 태그는 [12.345]을 표시합니다.
자를 길이	표시되는 숫자를 설정된 자를 길이만큼 낮은 자리부터 잘라냅니다. 예를 들어, [자를 길이]가 2이고 데이터가 [12345]이면, [123]이 표시됩니다.
'0'으로 채움	빈 자릿수를 0으로 표시합니다. [데이터 길이]가 [3]이고 데이터가 [3]이면, [003]이 표시됩니다.
패스워드('*'로 표시)	데이터를 *로 표시합니다.

3-9 숫자 키표시 태그

숫자 키표시 태그는 설정한 주소에 데이터를 입력하고, 입력한 데이터를 숫자로 표시합니다. 키패드를 이용하여 데이터를 입력하고,
ENTER키가 입력되면, 해당 주소에 입력된 데이터를 기록해 줍니다.

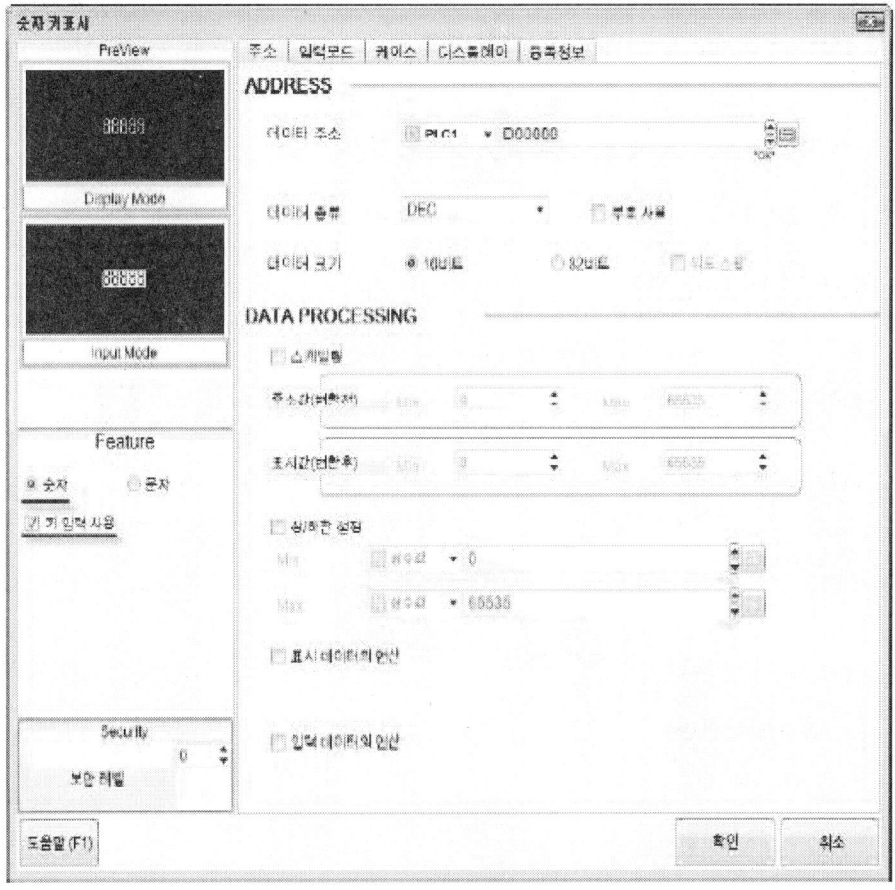

[그림 3-34] 숫자 키표시

숫자키 표시는 생산자동화 산업기사 실기시험에서 2017년 1회부터 나온 기능입니다. 이 기능은 PLC의 데이터주소에 임의 값을 넣어 그 값에 따른 제어동작을 할 수 있도록 해주는 기능입니다.
숫자키 표시에서는 사용자가 설정 하는 부분이 많지 않습니다. 시험을 대비하는 학생이라면 ADDRESS와 디스플레이 부분만을 설정하시면 됩니다.

아래에는 주소페이지와 디스플레이 부분에 대한 기능설명 입니다.

① 주소페이지
주소와 데이터 연산을 설정하는 페이지로서 숫자 태그와 같은 방식으로 설정합니다.

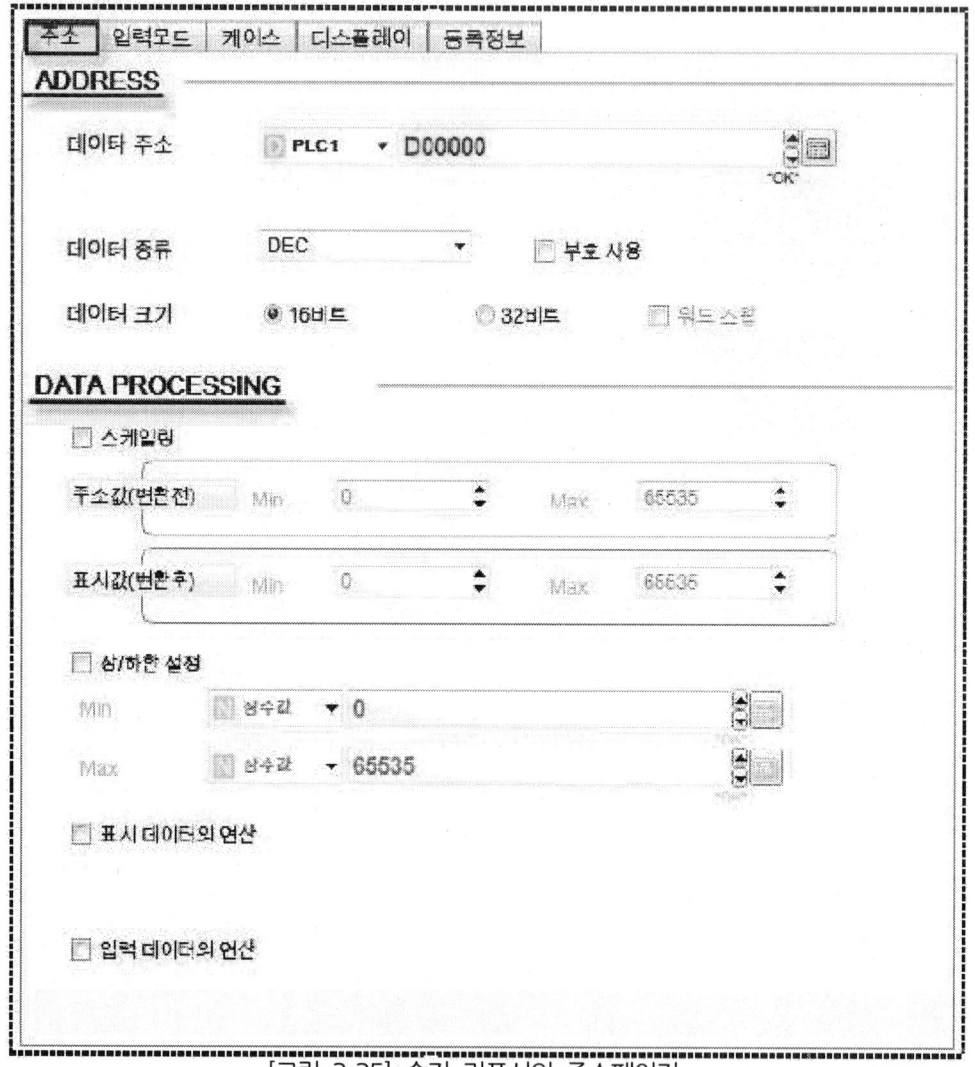

[그림 3-35] 숫자 키표시의 주소페이지

주소페이지의 경우 주소 설정부분은 숫자 태그와 같습니다. 하지만 DATA PROCESSING는 따로 설정을 해주실 필요는 없습니다. 기본적으로 터치패드를 처음 생성하였을 때 사용자가 편하게 사용할 수 있도록 설정되어 있어 설정을 해주실 필요가 없습니다.

아래에는 주소설정에 대한 기능의 내용입니다.

주소 설정		설명
읽기 주소		데이터를 입력할 주소를 설정합니다.
데이터 종류		데이터의 종류를 아래의 목록에서 선택합니다. DEC ▼ DEC HEX BCD FLOAT BIN [DEC]는 십진수, [HEX]는 16진수, [BCD]는 실제로는 16진수이지만, A~F가 포함된 데이터는 표시하지 않아 십진수처럼 사용하는 데이터, [FLOAT]는 소수점을 사용할 수 있는 데이터, [BIN]는 2진수입니다.
부호 사용		데이터에 부호를 표시해 줍니다. 부호를 사용하지 않는 경우에는 데이터를 양수로만 입력하고, 부호를 사용하는 경우에는 양수/음수의 데이터 모두를 입력할 수 있습니다. 음(-)의 데이터를 입력하려면 반드시 [부호 사용]을 체크합니다.
데이터 크기	16비트	데이터의 크기를 16비트로 사용합니다.
	32비트	데이터의 크기를 32비트로 사용합니다. 16비트의 데이터보다 더 큰 데이터를 입력하거나, 더블 워드의 주소인 경우에 사용합니다.
워드 스왑		[데이터 크기]가 32비트일 때, [상위 워드(16비트)]와 [하위 워드(16비트)]의 위치를 바꾸어 줍니다.

② 디스플레이 페이지

숫자의 폰트와 색을 설정하고 표시 형식을 설정하는 페이지입니다.

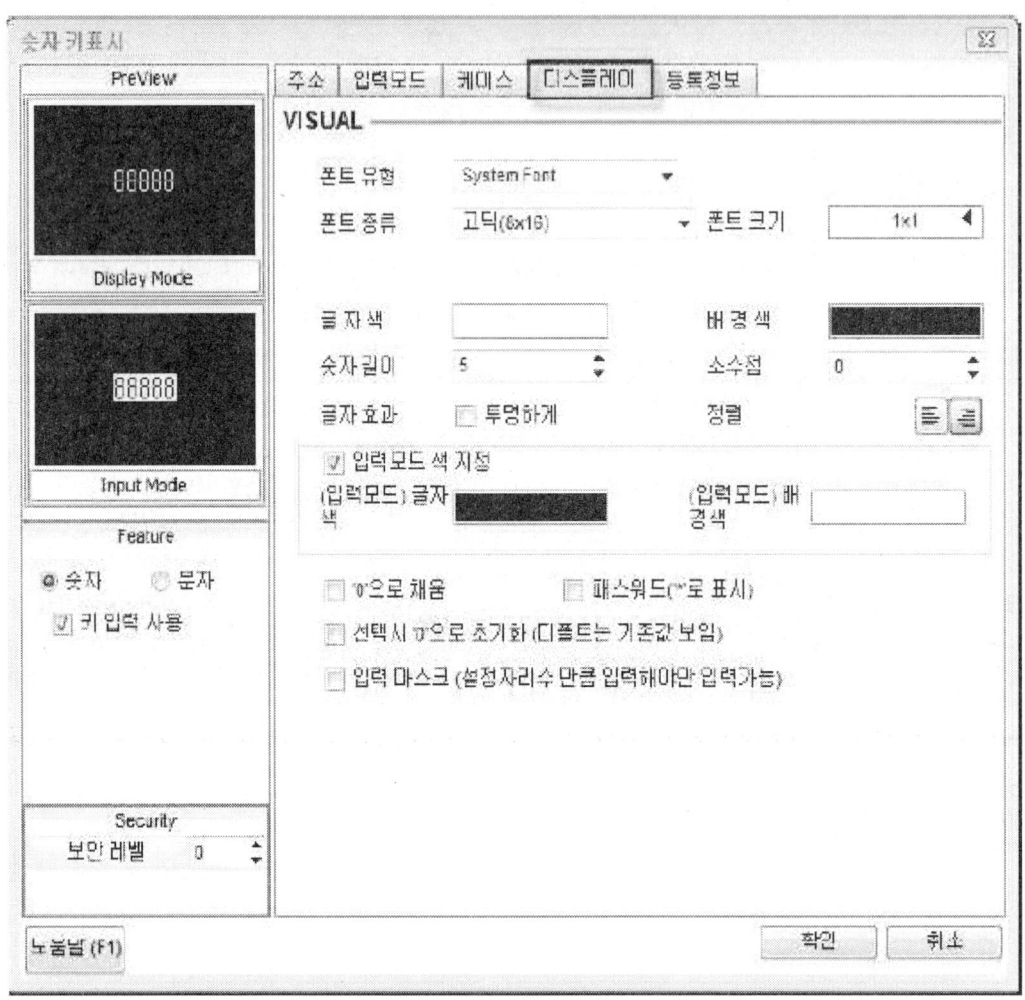

[그림 3-36] 디스플레이 페이지

디스플레이 페이지는 기본적으로 숫자 태그의 디스플레이 페이지와 같습니다. 그러므로 설정하는 부분도 동일하게 적용되기 때문에 앞서 배운 숫자 태그의 방식 그대로 사용하시면 됩니다. 다른 점은 입력모드 색 지정인데 이것은 숫자 키표시는 터치기능을 가지고 있기 때문에 터치 시에 숫자 키표시태그의 변화를 설정하는 것으로 시험에 별다른 요구사항이 없다면 체크를 하지 않으셔도 됩니다.

아래에는 숫자키표시의 디스플레이에서 사용하는 기능들에 대한 설명입니다.

표시 설정	설명
폰트 종류(픽셀)	숫자의 폰트를 선택합니다. 명조(8x16) 고딕(8x16) 고딕(16x32) ASCII(6x6) ASCII(8x8) ASCII(12x12)
폰트 배각	폰트에서 선택한 폰트를 폰트 배각만큼 가로/세로 크기를 확대합니다.
글자색	수치를 표시하는 숫자의 색을 설정합니다.
배경색	수치를 표시하는 숫자의 배경색을 설정합니다.
숫자 길이	표시할 숫자의 전체 자리수를 설정합니다.
소수점	표시할 소수점을 설정합니다. [소수점]이 3이고 워드 값이 12345이면 12.345가 화면에 표시됩니다.
글자 효과	수치를 표시하는 숫자의 배경을 투명하게 표시합니다.
정렬	왼쪽 정렬과 오른쪽 정렬 중에서 선택합니다.
입력모드 색 지정	입력모드 상태일 때 숫자의 글자색과 배경색을 설정합니다.
(입력모드)글자색	입력모드로 전환되었을 때의 글자색을 설정합니다.
(입력모드)배경색	입력모드로 전환되었을 때의 배경색을 설정합니다.
'0'으로 채움	빈 자릿수를 0으로 채워줍니다. 데이터가 [3]이면 [00003]이라고 표시합니다.
패스워드('*'로 표시)	데이터를 [*]로 표시합니다.
선택시 '0'으로 초기화	입력모드로 되었을 때, [0]으로 표시합니다.

3-10 워드 메시지 태그

워드 메시지 태그는 워드 주소의 데이터에 따라 메시지 테이블에 등록된 메시지를 호출하여 표시하는 기능입니다. 다수의 메시지를 설정한 조건에 따라 호출할 때 사용합니다.

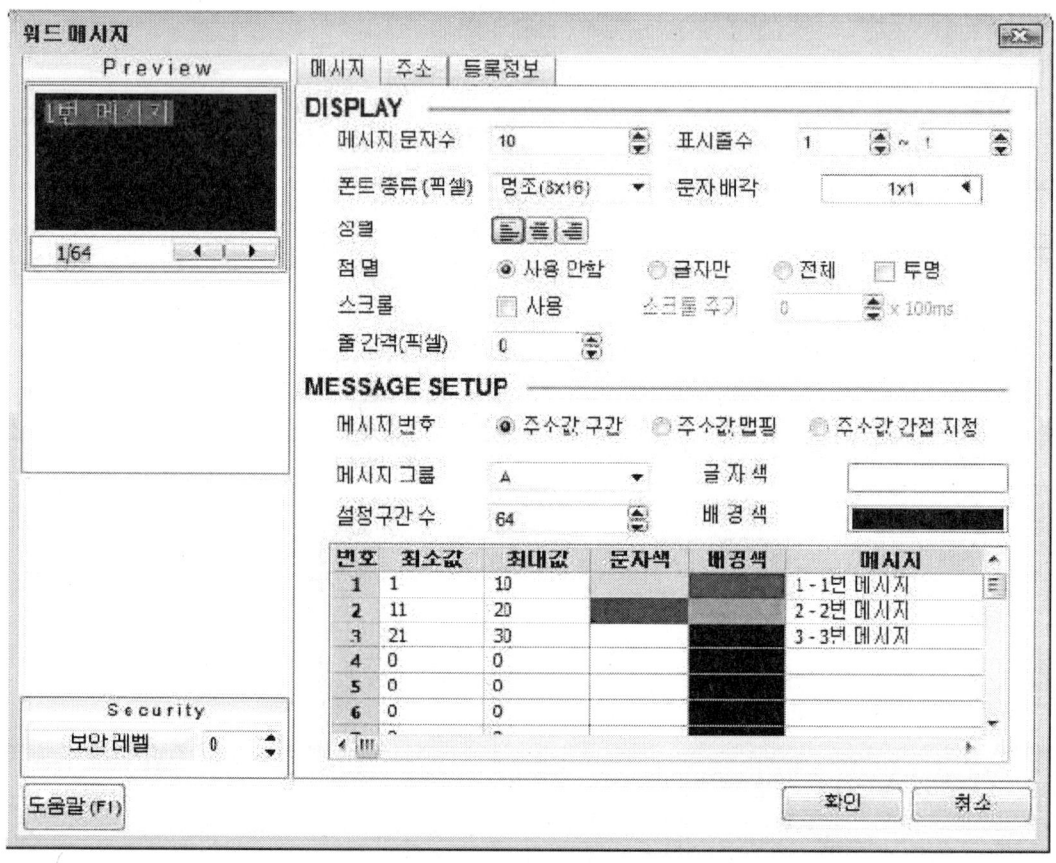

[그림 3-37] 워드 메시지

워드 메시지는 생산자동화 산업기사 실기시험에서 공정작업을 수행할 때 현재 금속 혹은 비금속 작업을 하고 있는지에 대한 현재 공정상황을 사용자에게 표현해주기 위해 사용되는 경우가 많습니다. 예를 들어 비금속에 대한 분류작업을 하고 있다면 터치패드에 "비금속공정 중" 이라는 메시지를 터치패드에 표현하기 위해 사용하는 기능입니다.. 이 기능을 사용하기 위해서는 보통 주소값맵핑 기능을 주로 이용하며 메시지 테이블 기능을 이용하여 자신이 표현하고자 하는 메시지에 대한 설정을 해주어야만 적용이 가능합니다.

아래에는 워드 메시지에서 사용하는 기능들에 대한 내용입니다.

① 표시설정 페이지
표시설정 페이지에서는 터치패드에서 표현되는 메시지의 크기,모양,색 등을 설정하며, 메시지 셋업 기능을 이용하여 주소 값에 들어가는 데이터에 따라 어떠한 메시지를 표현할 것인지에 대한 설정을 할 수 있습니다.

표시 설정		설명
메시지 문자수		표시할 메시지의 문자 수를 설정합니다. 메시지의 각 문자의 수는 [메시지 테이블]에 표시되어 있습니다. 사용하는 메시지 중 가장 긴 메시지의 문자 수를 입력합니다. 문자수는 영문은 한 글자에 [1]이고, 한글은 한 글자에 [2]로 계산합니다.
표시줄수		표시할 메시지의 라인 수를 설정합니다. 표시할 메시지 중 가장 많은 라인의 수만큼 설정합니다.
폰트종류(픽셀)		메시지의 폰트를 선택합니다.
문자배각		폰트에서 선택한 폰트를 폰트 배각만큼 가로/세로의 크기를 확대해 줍니다.
정렬		[좌], [중앙], [우] 정렬 중에서 선택합니다.
점멸	점멸	점멸은 [ON상태]의 메시지 강조 효과로 0.5초 간격으로 메시지가 나타났다 사라집니다.
	사용 안함	점멸 기능을 사용하지 않습니다.
	글자만	글자만 점멸하고, 설정된 배경색은 점멸하지 않습니다.
	전체	글자와 배경색 모두 점멸합니다.
스크롤		오른쪽에서 왼쪽으로 메시지가 한 글자씩 이동합니다. 점멸 기능과 동시에 사용할 수 없습니다.
스크롤 주기		[스크롤] 기능을 사용할 때, 이동 주기를 100ms(0.1초)단위로 설정합니다.

※ 메시지테이블

메시지테이블은 MESSAGE SETUP에서 주소값 맵핑을 사용하기 위해 설정해주는 기능으로 ₩ [프로젝트] -> [메시지테이블]을 통해 설정 할 수 있습니다.

[그림 3-38] 메시지 테이블

위의 [그림 3-38]은 메시지 테이블창입니다. 먼저 사용자가 표현하고자 하는 메시지의 개수를 정하여 추가 버튼을 눌러 Contents항목의 개수를 늘려줍니다. 그 후 Group을 정하는데 생산자동화 산업기사 실기시험에서는 3~4개의 메시지만을 다루기 때문에 그룹을 추가할 필요는 없기 때문에 수정할 필요가 없습니다. 그리고 Contents에서 사용자가 표현하고 싶은 메시지를 항목별로 입력하고 적용버튼을 누르면 메시지 테이블의 설정이 완료됩니다.

② 주소값 맵핑

주소값 맵핑은 위의 메시지테이블에서 설정한 메시지들에 대해서 불러올 데이터 값과 표현할 문자 색을 정하고 각각의 데이터 값마다 터치패드에 표현해줄 메시지를 설정하는 것으로서 주소 값 맵핑을 사용하기 위해서는 위의 메시지테이블 설정을 먼저 해주어야 합니다.

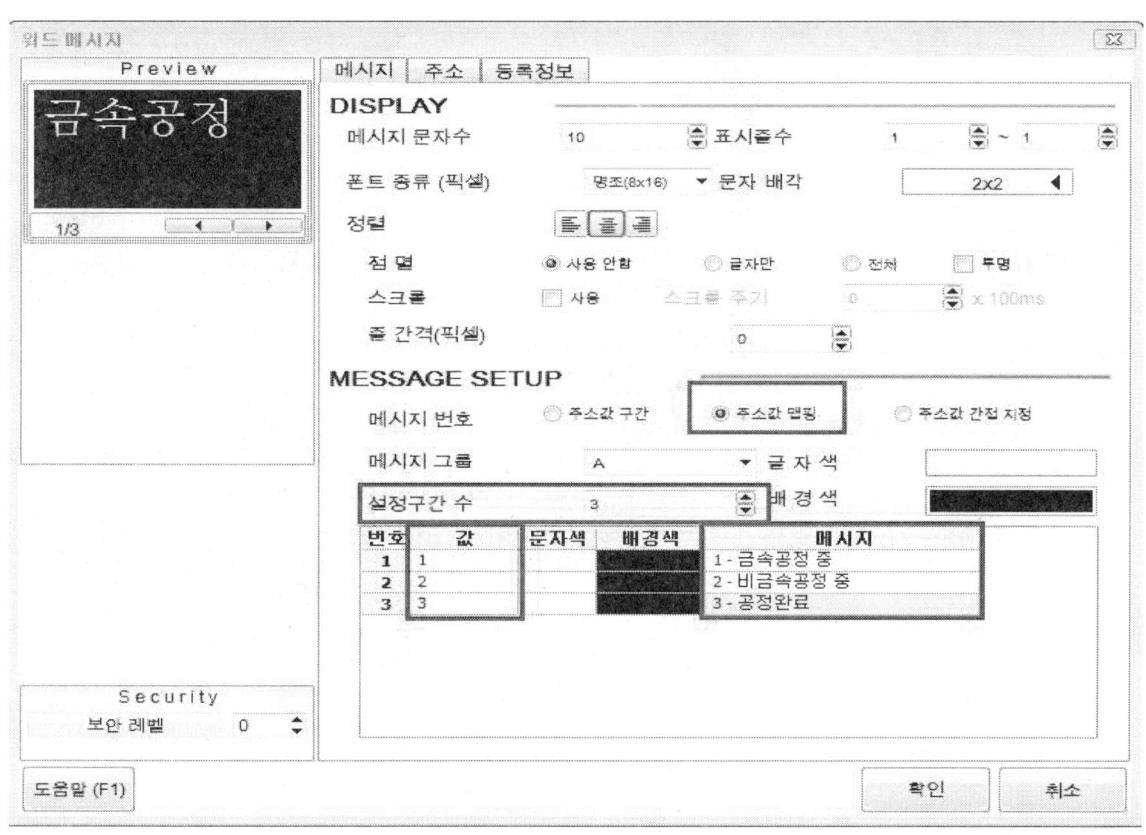

[그림 3-39] 주소값 맵핑

주소값 맵핑을 설정할때는 MESSAGE SETUP에서 주소값 맵핑을 체크한 후에 사용자가 표현해야 할 메시지 개수가 몇 개인지 설정구간 수에서 설정해줍니다. 그리고 값 항목에 데이터주소에 넣을 데이터값을 정해주고 데이터값에 따른 메시지를 메시지항목에서 정해주면 됩니다. 메시지항목에서 나오는 메시지들은 메시지테이블에서 설정한 항목들이 나옵니다.
[그림 3-39]의 설정처럼 워드메시지를 설정하였다면 워드메시지의 데이터주소에 1이라는 데이터값을 넣으면 금속공정 중이라는 메시지가 터치패드 화면에 표현됩니다.

제 4 장 생산자동화산업기사

실습장비 (MPS)

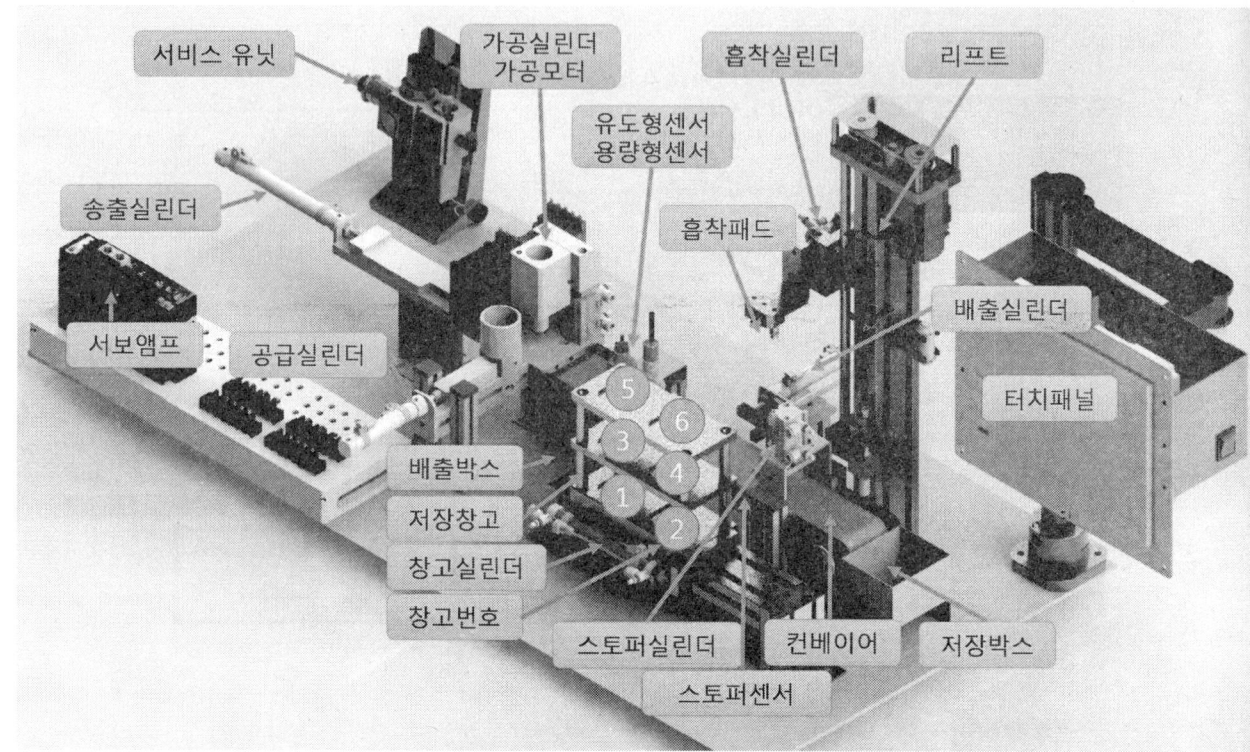

[그림 4-1] mps 실습장비

MPS 실습장비는 실린더, DC모터, 센서, 서보모터, 터치패드 등의 장치들을 공압의 동력과 전기 및 펄스 값을 이용하여, 가공공정, 분류공정, 적재공정을 실습하는 자동화실습장비입니다.
생산자동화 산업기사 실기 PLC과목의 시험장비로서 PLC프로그램을 코딩하고 터치패드를 작화하여 가공, 분류, 적재 공정에 대한 제어 동작을 보여주면 됩니다.

4-1 서비스유닛

서비스 유닛은 MPS장비내의 실린더 및 흡착패드에 대한 동력을 전달 및 조절해주는 장치로서 MPS장비 내 실린더들의 힘을 제어 합니다.
보통 시험에서 설정하는 압력의 수치는 0.5Mpa 정도이며 bar단위로 환산하면 5bar 정도의 압력으로 설정하여 공급하여야 한다.

4-2 PLC 키트

PLC가 장착되는 키트로서 PLC와 키트내부의 접점들이 연결되어 있어 MPS장비의 솔레노이드, 모터, 센서들과의 1:1 배선을 하거나, 케이블을 이용한 연결을 하기 위한 장비이다.

4-3 터치패널

MPS장비 내에는 버튼, 램프, FND, 디스플레이 등이 부가적으로 설치되어 있지 않기 때문에 터치패널를 이용하여 버튼, 램프, FND, 디스플레이 등을 작화하여 사용하여야 한다.

4-4 공급실린더

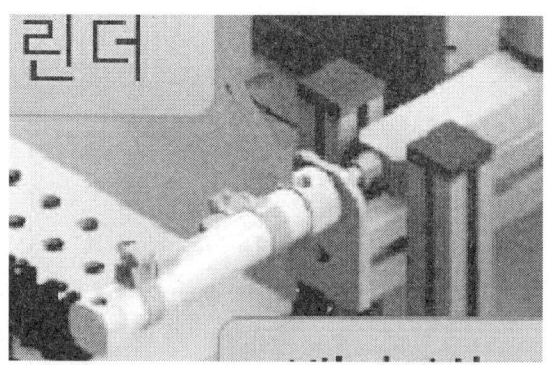

공급실린더는 MPS장비에서 두 가지 역할을 합니다. 첫 번째는 매거진의 워크를 공급하는 일을 하고, 두 번째는 공급된 워크가 가공될 때 흔들리지 않도록 클램핑을 해주는 역할이 있습니다. 보통 MPS장비에서의 공급실린더는 양 솔레노이드를 사용하며 공급실린더의 앞부분의 링크는 클램핑을 할 수 있도록 워크의 모양과 일치하게 되어있습니다.

4-5 매거진 및 공급워크감지센서

위의 그림에서 보이는 워크를 채워주는 공간을 매거진이라고 합니다. 매거진에는 금속과 비금속 제품이 들어가며 재질 구분 없이 임의로 공급해야 합니다. 매거진 옆의 홈에는 공급워크감지센서를 설치하여 현재 매거진에 워크에 대한 유무를 판단할 수 있도록 하였습니다.

4-6 가공실린더 및 가공모터

가공실린더의 경우 공급실린더가 전진하여 워크를 클램핑 해주면 가공실린더가 상하 운동을 하여 드릴모터가 가공작업을 할 수 있도록 해주는 역할이 있습니다.
가공실린더의 경우에는 편 솔레노이드를 쓰는 경우가 대다수이며 시험문제의 정지조건에서의 가공실린더에 대한 제어문제가 자주 나옵니다. 가공모터는 가공실린더의 상하 운동에 의해 클램핑되어 있는 워크에 가공작업을 실질적으로 해주는 장치로서 DC모터를 사용하기 때문에 코일에 신호만 준다면 정해진 방향으로만 회전하는 장치입니다.

4-7 송출실린더

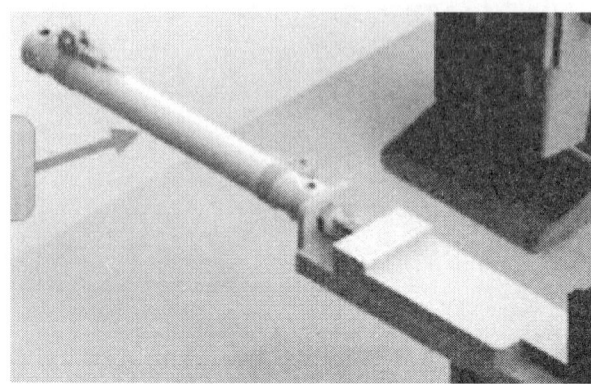

송출실린더는 공급실린더와 가공실린더에 의해 가공작업이 완료된 워크를 컨베이어로 이송시켜주는 장치로서 편 솔레노이드를 쓰는 경우가 대다수입니다.

송출실린더를 제어할 때 조심해야 하는 것은 공급실린더가 전진되어 있는 상태에서는 절대 전진하여서는 안 됩니다.

4-8 컨베이어

컨베이어는 가공공정을 통해 가공되어 온 금속 혹은 비금속을 분류공정을 위해 이송시켜주는 장치로서 가공모터와 마찬가지로 DC모터를 사용하기 때문에 코일에 신호만 준다면 정해진 방향으로만 회전합니다.

4-9 용량형 센서 및 유도형 센서

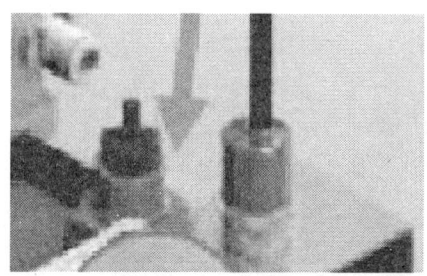

용량형 센서와 유도형 센서는 근접 센서로서 가공공정을 통해 컨베이어로 이송되는 워크의 금속과 비금속 재질에 대한 분류를 위해 있는 장치입니다.

용량형 센서의 경우 모든 것을 감지하고, 유도형 센서의 경우 금속만 감지하는 성질을 이용하여 PLC프로그램의 분류회로를 통해 구분합니다.

용량형 센서와 유도형 센서의 배치는 위의 그림에서 왼쪽에 있는 센서가 보통은 용량형 센서로 해두는 곳이 많습니다. 그 이유는 용량형 센서가 먼저 감지되는 배치를 하면 분류회로를 구성하기에 간편하기 때문입니다.

하지만 무조건 적인 것은 아니기 때문에 분류회로에 대한 공부가 필요합니다.

4-10 배출실린더

배출실린더는 용량형 센서와 유도형 센서를 통해 분류되어 온 워크를 배출박스에 분류하는 작업을 하도록 도와주는 실린더입니다. 사용자가 지정한 물품이 배출실린더 앞으로 왔을 때 배출실린더의 전진, 후진을 통해 배출박스로 배출시킵니다.

4-11 저장박스와 배출박스

저장박스는 컨베이어 끝단에 있는 박스로서 배출박스에 배출되지 않는 워크들이 저장되는 박스입니다. 배출박스는 배출실린더를 이용하여 옆으로 배출되는 워크들이 저장되는 박스입니다.

4-12 스토퍼실린더와 스토퍼워크감지센서

스토퍼실린더의 역할은 컨베이어를 통해 이송되는 금속 혹은 비금속의 이송을 차단하여 서보모터를 이용한 적재공정을 할 수 있도록 해주는 일종의 칸막이입니다.
스토퍼워크감지센서는 스토퍼실린더 앞 부분 링크에 연결되어 있는 센서로 이송중인 워크가 스토퍼실린더 링크에 오게 되면 반응하여 PLC로 신호를 전달해주는 역할을 합니다.
보통 스토퍼워크감지센서에 감지되는 순간부터 적재공정이 시작됩니다.

4-13 리프트와 서보모터

리프트는 서보모터와 연결되어 상하운동을 하는 장치로서 적재공정을 위해서 있는 장치입니다. 서보모터가 회전을 하면 상단의 벨트와 연결되어 있는 리프트의 기어가 회전하여 동력을 전달하고 리프트는 서보모터의 정, 역회전에 따라 상하운동을 하는 것입니다.
리프트를 구성하는 장치에는 리드 스크류를 이용한 상하운동 메커니즘을 대부분 사용한다.

4-14 흡착실린더와 흡착패드

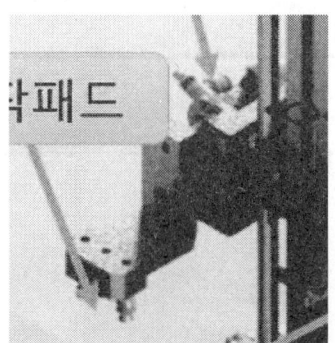

흡착실린더는 컨베이어를 통해 이송된 워크를 흡착패드를 통해 들어올리기 위한 보조 장치로서 흡착실린더 앞부분에는 흡착패드가 장착되어 있습니다. 그리고 또 다른 기능은 전, 후진 운동을 통해 적재 창고에 옮기거나 혹은 배출해내는 역할을 합니다. 흡착패드는 이송된 워크를 빨아들여 리프트와 흡착실린더의 동작으로 적재 창고에 적재하기 위한 워크 고정 장치로서 흡착이 되면 흡착센서를 통해 흡착 유무를 판단할 수 있습니다.

4-15 저장창고(적재창고)와 창고실린더

적재 창고는 흡착실린더와 리프트를 이용하여 들어 올려진 공작물은 저장하는 곳으로서 각각의 번호가 있다. 예전의 시험에서는 6개 창고 모두 적재하는 문제가 나왔었지만, 검사 시간 등을 고려하여 현재는 1~2개 정도의 적재공정 문제만 나오는 추세이다. 창고실린더는 적재창고의 좌우 움직임을 담당하는 실린더로서 초기에는 흡착실린더가 ①, ③, ⑤라인에 있지만 ②, ④, ⑥라인에 적재를 하고 싶다면 창고실린더를 전진 혹은 후진하여 적재위치가 바뀌어야 한다. 왜냐하면 흡착실린더는 좌우 이동을 못하기 때문이다.

4-16 서보앰프

서보앰프는 서보와 컨트롤러의 중개인 역할을 하는 것으로서 모터의 직접적인 변경사항 등을 조정할 수 있도록 되어있다.
모터에 가해지는 전압과도 관련이 크기 때문에 서보앰프가 없다면 PLC와의 연동은 불가능하다.

제 5 장 명령어 및 명령회로

5-1 자기유지회로 및 인터록 명령회로

자기유지회로는 다음 시퀀스 회로와 같이 릴레이 X 자신의 A접점으로 다른 여자회로를 만들어 푸쉬버튼 스위치의 손을 떼더라도 시퀀스 회로가 연속적으로 동작하게 만든 회로이다.

인터록회로는 자기 릴레이 b접점이 상대편이 동작하지 못하게 만든 회로이다. 인터록 회로를 다른 말로 상대동작 금지회로라고 하고, 산업현장의 안전과 관련된 회로, 모터의 정역회로 변경 또는 퀴즈대회의 회로에 응용된다.

5-2 마스터컨트롤 명령회로 및 순차제어(SET,RST)명령회로

마스터컨트롤 명령은 MC의 입력 조건이 OFF하면 MC 번호(n)와 동일한 번호의 MCR까지의 프로그램을 실행하고, 입력조건이 ON이면 실행하지 않는다.

MC의 입력조건이 ON되어 있는 경우, MC 명령과 MCR 명령사이의 연산은 다음과 같이 된다.

① 타이머 : 코일이 OFF되어 현재 값 및 접점 모두 OFF된다.
② 적산타이머, 카운터 : 코일은 OFF되지만 현재 값 및 접점 모두 현재 상태를 유지한다.
③ 출력코일 : 모두 OFF 된다.
④ SET명령, 기본 및 응용명령 중의 디바이스 : 현재 값을 유지한다.

순차제어(SET,RST)명령은 동일 조 내에서 바로 이전의 스텝 번호가 ON된 상태에서 현재 스텝 번호의 입력조건이 ON되어지면 현재 스텝 번호의 출력을 ON 상태로 유지한다. 같은 조 내 입력 조건이 동시에 ON되더라도 이전 스텝 번호의 출력이 OFF상태였다면 출력을 ON시키지 않으며, 한 조 내에서는 반드시 한 스텝 번호만을 ON시킨다.

RST 명령은 SET 되어 있는 릴레이를 리셋시켜 출력을 ON에서 OFF로 변환 시켜주는 명령이다.

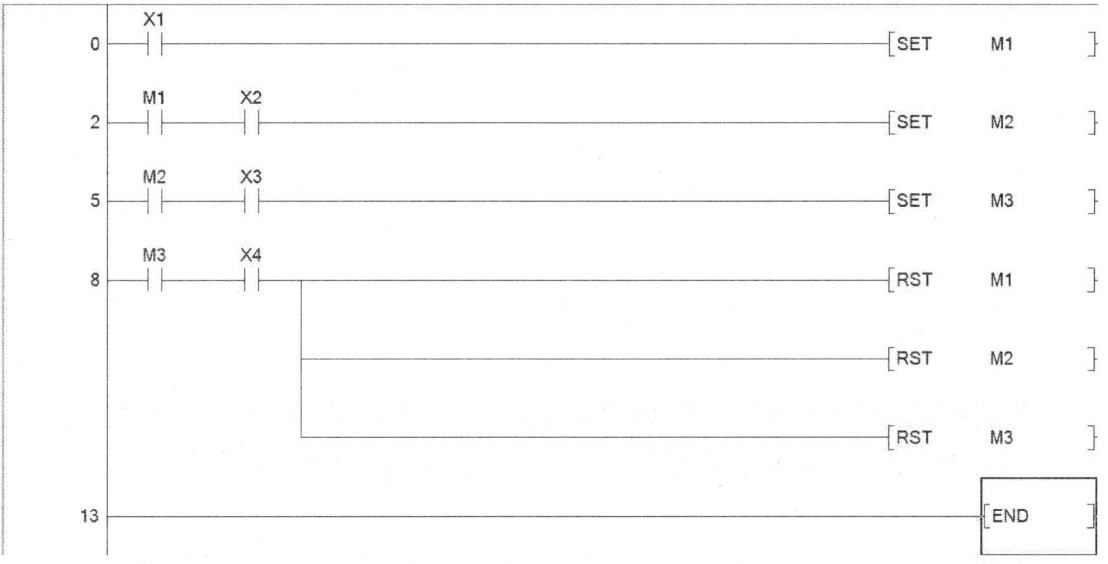

5-3 타이머 명령회로 및 카운터 명령회로

PLC 타이머는 1ms, 10ms, 100ms 등의 클록 펄스를 가산 계수하고, 이것이 소정의 설정 값에 도달했을 때 출력 접점을 동작 시키는 것으로 동작형태에 따라 ON딜레이 타이머, 적산타이머 등이 있고, 기타 특수 타이머가 내장된 PLC기종도 있으며, 타이머의 수도 수백여 개가 내장되어 있기 때문에 시간제어 회로에 유용하게 이용할 수 있다.

① ON딜레이 타이머

```
0  --| X1 |--|/T0|------------------------------( M1 )
   |        |
   --| M1 |--

4  --| M1 |--------------------------------K10
                                          ( T0 )

9                                         [ END ]
```

X1이 ON되면, M1을 여자시켜 자기유지를 만듭니다. 그리고 M1을 이용하여 타이머를 여자시켜 설정된 시간 이후에 출력이 나가, M1의 자기유지를 끊어주는 회로입니다.

적산타이머는 입력조건이 ON되면 현재 값이 증가하고, OFF상태로 변환되면 현재 값은 그 값을 유지한 상태로 정지되고, 다시 입력조건이 ON되면 현재 값은 누적되어 설정시간에 도달하면 출력 접점을 ON시킨다.

```
0  --| X1 |--|/ST0|-----------------------------( M1 )
   |         |
   --| M1 |--

4  --| M1 |--------------------------------K10
                                          ( ST0 )

9  --| X2 |-------------------------[ RST  ST0 ]

14                                         [ END ]
```

X1이 ON되면, M1을 여자시켜 자기유지를 만듭니다. 그리고 M1을 이용하여 적산타이머를 여자시켜 설정된 시간 이후에 출력이 나가, M1의 자기유지를 끊어주는 회로이지만 X2로 중간에 끊어주면 타이머의 경과된 시간은 그대로 유지하고 X2를 다시 OFF 시키면 타이머의 설정시간이 흘러 M1을 끊어주는 회로입니다. 하지만 M1의 자기유지를 끊어주었다 하여 타이머의 시간이 초기화 되는 것이 아닙니다. 적산타이머는 내부적으로 SET명령이 들어있기 때문에 타임을 초기화해야 한다면 RST명령을 해주어야 합니다.

PLC 파라미터 셋팅에서 Retentive Timer(적산타이머)를 0k->1k로 변환 해주며 Timer를 2k->1k로 변환해줘야 적산타이머를 사용할 수 있다.

카운터는 기계 동작의 횟수 누계나 생산 수량의 계수 목적으로 사용되는 신호처리 기기로서 PLC 내에는 이러한 카운터가 수십 개에서 수백 개까지 내장되어 있다.

또한 카운터의 종류에도 가산 카운터, 감산 카운터, 가감산 카운터의 기능이 기본적으로 제공되고 그밖에도 링카운터와 같은 특수 용도의 카운터가 있는 기종도 있다.

X1을 한번 누를 때마다 카운터의 계수가 1씩 올라가고 10이 되었을 때 출력이 발생한다. 그리고 X2를 누르면 리셋명령으로 인해 카운터가 0으로 리셋된다.

5-4 플리커회로 및 플리커회로 응용

플리커회로란, ON->OFF->ON 신호를 반복하는 회로로서 보통은 램프를 반복적으로 ON->OFF 하는 것에 있어서 사용하였지만, 근래에는 FND 및 디스플레이에서 사용하는 데이터전송에서도 많은 사용을 하고 있으며 연산 작업에서도 사용을 하고 있다.
다음은 플리커회로 입니다.

```
     M100
0 ───┤├──┬──────────────────────────────────( M0 )
     M0  │
     ───┤├┘

     M0    T1
3 ───┤├───┤/├─────────────────────────────────( M1 )

     M0    T2                                   K10
6 ───┤├───┤/├─────────────────────────────────( T1 )

     T1                                         K10
12 ──┤├──────────────────────────────────────( T2 )

17                                            [ END ]
```

위의 플리커회로는 M100(시작스위치)를 누르면 M0릴레이가 자기 유지됩니다. M0가 여자되면 밑에 있는 M0 A접점 두 개가 B접점이 되고 M1과 T1을 여자 시킵니다. 여기서 M1이 여자되면 ON신호가 출력되고 OFF가 되면 출력이 사라집니다.

원리는, M1과 T1이 동시에 여자되고 T1에서 출력이 나오면 M1의 출력이 사라지는 것과 동시에 T1 A접점이 B접점이 되어 T2를 여자 시킵니다. T2에서 출력이 나오면 T1의 출력이 사라지고 M1은 다시 여자되며 T2는 T1 A접점과 연결되어 있었기 때문에 T1이 죽으면 T2의 출력이 사라지므로 초기상태로 돌아와 다시 M1 반복적인 ON->OFF 신호를 내보내는 것입니다.

플리커회로를 램프 뿐만 아니라 데이터전송과 연산에서도 활용할 수 있습니다. 데이터전송의 경우에는 어떠한 데이터를 반복적으로 교차하고 싶을 때 사용하며, 연산의 경우 순차적으로 1씩 더하거나 빼거나 하는 연속적인 연산을 하고 싶을 때 응용 할 수 있습니다.

다음은 플리커 회로를 이용한 데이터전송 교차회로입니다.

위의 회로는 M1과 T1의 출력이 서로 교차하는 것을 응용하여 D100이라는 데이터주소에 상수 1과 2를 교차하여 전송시켜 데이터값을 변경하는 회로입니다. 이 회로를 이용하면 터치패드에서 문자를 반복적으로 표현할 수 있습니다.

다음은 플리커회로를 이용한 연산입니다.

```
 0 ┤├M100─────────────────────────────────( M0 )
   │
   ├┤├M0
   │
 3 ┤├M0  ┤/├T1────────────────────────────( M1 )
                                             K10
 6 ┤├M0  ┤/├T2────────────────────────────( T1 )
                                             K10
12 ┤├T1────────────────────────────────────( T2 )
17 ┤↑├M1──────────────────────[ +  D100  K1  D100 ]
22 ────────────────────────────────────────[ END ]
```

위의 회로는 M1의 반복적인 출력신호를 이용하여 D100이라는 데이터주소에 1씩 더하여 전송하는 회로로서 현재 위의 회로 상으로는 2초마다 1씩 증가하는 회로입니다. 1초마다 1씩 더하는 회로를 구성하고 싶다면 T1과 T2의 설정시간을 각각 K5로 해주시면 됩니다.

5-5 데이터 전송, 연산비교, 사칙연산 명령회로

데이터 전송명령은 입력조건이 On되면 S로 지정된 영역의 데이터를 지정된 D영역으로 전송하는 명령이다. 데이터의 크기는 기본 1워드이고, 2워드의 데이터를 전송시킬 때는 DMOV, DMOVP 명령을 사용한다.

```
     X0
0 ───┤├──────────────────────────[MOV   K1    D100]
3 ───────────────────────────────[END]
```

연산비교명령은 S1과 S2의 대소를 비교하여 연산기호의 등호조건이 성립하면 이후의 접점 또는 코일을 활성화한다.

```
     X0                                            K10
0 ───┤↑├──────────────────────────────────────────(C0)
5 ──[= C0  K1]────────────────────────────────────(M2)
9 ──[>= C0 K1]────────────────────────────────────(M3)
13 ──────────────────────────────────────────────[END]
```

사칙연산명령은 S1과 S2를 +,-,*,/ 등을 하여 나온 값을 D영역에 저장하는 것으로 데이터전송명령과 같이 사용하는 경우가 많다.

```
     M0
0 ───┤├──────────────────────────[MOV   K100   D300]
     M1
3 ───┤├──────────────────────[-   D100   K10    D200]
7 ───────────────────────────────[END]
```

5-6 일시정지와 초기화정지

일시정지란, 어떠한 동작을 수행하고 있을 때 현재의 동작 상태에서 정지하여 그 상태를 유지하는 것을 일시정지라 합니다. 일시정지의 대표적인 예로는 일시정지 후 기동이 있습니다. 일시정지 후 기동이란, 일시정지 버튼을 눌러 멈춘 후 멈춘 동작부터 다시 실행하는 것을 일시정지 후 기동이라고 합니다.

그럼 먼저, 일시정지 후 기동은 어떠한 과정을 거쳐 회로를 구성해야 하는지 알아보도록 하겠습니다. 일시정지 후 기동을 위해서는 먼저 일시정지를 해야 하는데 일시정지에서 꼭 필요한 요소들이 있습니다.

① 일시정지 신호는 유지 될 것
② 자기유지는 유지하되 다음 신호로 전송되지 않아야 할 것
③ 모터와 흡착패드는 출력을 차단할 것
④ 회로상의 모든 타이머신호는 차단하며 적산타이머로 변경해줄 것
⑤ 일시정지 신호가 유지될 때 신호를 차단해줄 장치를 마련할 것

위의 다섯 가지를 충분히 수행하였다면 일시정지가 실행되실 겁니다. 다음은 일시정지 회로를 보면 설명을 드리도록 하겠습니다.

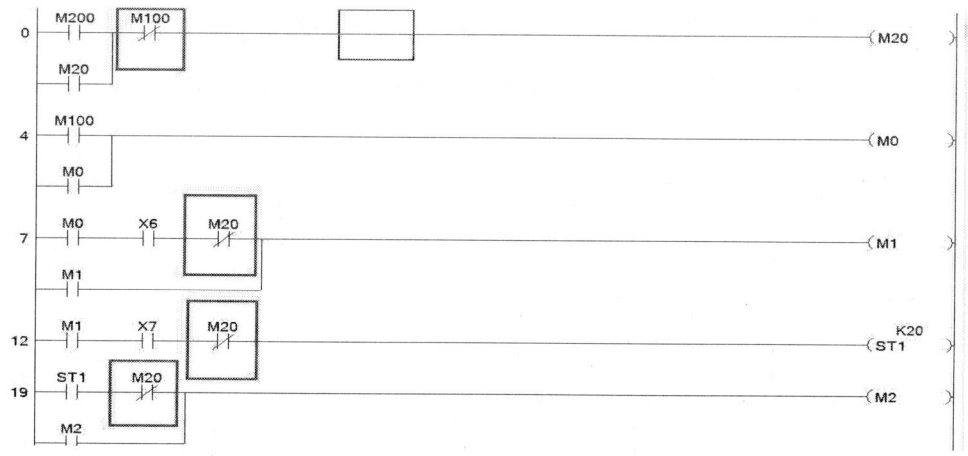

위의 회로는 M100(시작스위치)를 누르면 M0가 여자가 되고 M0와 X6(공급후진센서)가 모두 B접점이 되면 M1(공급전진명령)이 실행되어 전진하고, M1과 X7(공급전진센서)의 A접점이 모두 B접접이 되면(실린더가 전진완료되면) ST1(적산타이머)가 여자되어 2초뒤에 M2(공급후진명령)을 여자시켜 공급실린더를 후진시키는 회로입니다.

위의 회로에 M20 B점점의 위치를 보시면 M1이 여자되고 M200(일시정지버튼)을 누르면 M20이 여자되어 자기유지가 되고 회로내의 M20 B접점들이 A접점으로 변환되어 더 이상 신호전달을 할 수 없도록 하여 다음 시퀀스로 진행을 할 수 없게 하였습니다.

또한 ST1으로 가는 신호도 차단하여 타이머의 진행을 멈추어 시간에 대한 일시정지도 실행하였습니다.
위의 회로에서 적용한 방식대로 회로 전체에 적용한다면 어느 구간에서라도 일시정지가 가능 할 것입니다. 그리고 일시정지 후 기동을 위해서는 M20의 출력신호가 차단되어야 하므로 M100(시작스위치)를 이용하여 기동명령을 주었습니다.
초기화정지의 경우에는 마스터컨트롤 명령을 이용하시면 됩니다. 하지만 마스터컨트롤명령을 이용하여 신호를 모두 차단하였다 하더라도 초기화라는 것 자체가 PLC CPU에서 RUN을 하였을 때를 말하는 것이기 때문에 실린더, 램프, FND 등의 초기 값이 어떠하였는지를 고려하셔야 합니다.

예를 들어 공급실린더가 양솔레노이드를 사용하는 실린더라면 동작 중 전진하였을 때 초기화정지를 실행하였다면 후진솔레노이드에 신호를 주어야만 초기상태로 돌아갈 수 있으며, 또한 데이터전송명령을 실행 중에 초기화정지를 하셨다면 마찬가지로 데이터 값 자체도 초기 값으로 돌려줘야합니다.

이렇게 초기화 정지를 하려면 여러 가지를 신경 쓰셔야 하는데 몇까지 정리를 해보자면 다음과 같습니다.
① 실린더는 모두 후진하여야 하며, 양솔레노이드를 사용하는 실린더의 경우 초기 실린더의 위치를 파악하여 초기위치로 변경할 수 있도록 신호를 주어야 합니다.
② 램프의 경우 초기상태에 ON 되어있다면 초기신호로 ON신호를 줄 수 있도록 해주어야 합니다.
③ 데이터의 경우 초기의 데이터 값이 0이었다면 0을 보내줄 수 있는 데이터전송 신호를 보내주어야 합니다.

다음은 위의 세 가지 사항에 대한 예를 들어 표현한 회로입니다.
(단, 마스터컨트롤 명령을 통해 회로내의 신호가 모두 차단되었을 경우의 상황입니다.)

먼저, 1번의 회로의 경우 양솔의 실린더를 초기화 할 때 초기화 신호를 병렬로 연결하여 강제로 후진신호를 전달하는 회로입니다. M1은 시퀀스 상에서 실린더를 후진시키는 신호이지만 마스터컨트롤 명령으로 인해 차단되었으므로 초기화 신호인 M10을 이용하여 실린더의 후진솔레노이드와 연결되어 있는 Y24에 신호를 전달함으로써 초기화시에 실린더의 후진명령을 내린 것입니다.

2번의 경우 램프가 초기에 점등 되어 있을 때 M1(시작신호)로 차단하였다가 마스터컨트롤로 M1의 신호를 차단함으로써 다시 초기의 SM400(상시ON)신호를 이용하여 점등시키는 회로입니다.

3번의 경우에는 데이터를 초기 값으로 하는 회로로서 M10의 초기화 신호를 이용하여 D100이라는 데이터주소에 0값을 전송시켜 데이터 값을 초기화 하는 것입니다.

제 6 장 QD75 위치결정제어

[그림 5-1] 서보모터

서보모터란, 서보기구에 있어서 최종 제어요소에서 입력신호에 응답해 조작부의 기계적 부하를 구동(驅動)하는 동력원의 총칭을 말한다. 예를 들면, 노(爐)의 온도제어에 대해서 노 온도를 열전대(thermocouple)에 의해 검출하고, 이것을 목표치와 비교해 그 편차신호에 의해서 서보 모터가 구동되며, 연료조절밸브를 개폐해서 노 온도를 목표치에 일치시키는 등과 같이 사용된다. 이렇게 기계적 위치를 명령과 같이 실행시키는 동력원을 말하는 것으로서 아래와 같은 성능이 요구된다.

※ 서보 모터는 기본적으로 다음 성능이 요구된다.

(1) 회전력/관성 비가 클 것(가감속 특성, 응답성이 좋아진다).
(2) 파워 비가 클 것(응답성이 좋아진다).
(3) 자리 잡기 정밀도가 높을 것. 이 때문에 속도제어범위가 넓고, 극 저속이라도 매끄럽게 회전하며 또 정역전이 동일할 것.
(4) 시동 정지가 빈번해서 가혹한 용도에도 견딜 수 있을 것.
(5) 소형 경량이며 높은 출력일 것.
(6) 강성(剛性)이 높을 것.
(7) 브러시 수명이 길 것.
(8) 서보 모터는 자동제어계에 있어서 반드시 피드백해서 사용되는 높은 성능의 속도검출기 (TG)나, 높은 정밀도의 위치검출기(펄스 제너레이터 또는 부호기)를 구비할 것.

생산자동화 산업기사 실기 PLC과목에서의 서보모터 제어는 1축 제어를 기본으로 합니다. 그러므로 수강생 분들이 제어하셔야할 서보모터도 1개이므로, 난이도가 높은 제어라고 보기는 힘듭니다. 실질적으로 시험에서 제어 해야 할 항목은 원점복귀제어, JOG운전제어, 위치결정제어 크게 3가지 정도입니다.

다음으론 수강생 분들이 제어해야 할 위의 3가지 항목에 대한 설명과 실습에 대한 내용입니다.

6-1 파라미터 설정 및 전송

파라미터 설정의 경우 서보모터를 구동하기 위한 서보모터의 기본 값 설정이라고 보시면 됩니다. 이동속도, 구동방식, 이동량 등을 설정하는 구간으로시 다양한 설정항목이 있지만 시험에 꼭 필요한 항목들만 설명을 드리도록 하겠습니다.
아래에는 서보모터와의 통신 및 파라미터 설정을 하는 과정에 대한 내용입니다.

① GX WORKS2의 Project 네비게이터에서 intelligent Function Module을 마우스 오른쪽 클릭하여 New Module을 클릭합니다.

② New Module창이 나오면 Module type을 QP75 Type Positioning Module을 정하고 Module name을 QD75P1N으로 정합니다.

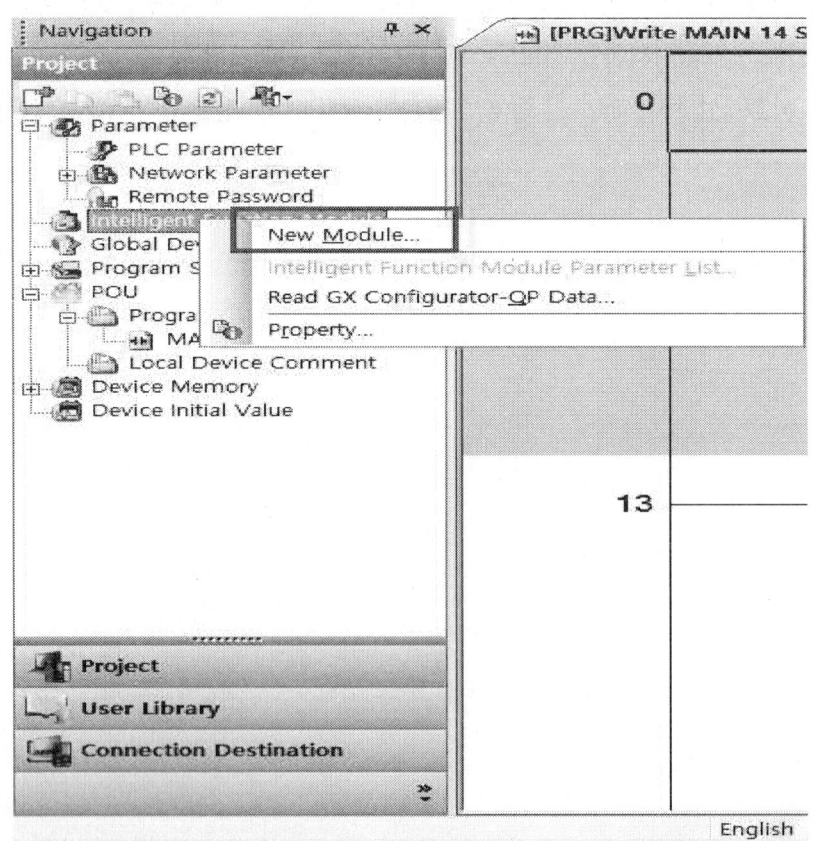

※ Module Type과 Module Name을 정할 때는 PLC의 슬롯에 끼워 져있는 인텔리전트카드를 확인하여 설정합니다.

다음은 Mount Position을 설정하여야 하는데 Mount Position이라는 것은 PLC의 슬롯에 끼워 져있는 인텔리전트카드의 슬롯번호와 스타팅어드레스 번호가 몇 번인지 파악을 하여야 합니다. Mount Slot No는 PLC의 CPU를 기준으로 오른쪽이 0번부터 시작하여 번호를 매긴다. Specify start XY address는 끼워 져있는 슬롯마다 차지하고 있는 어드레스의 범위가 얼마인지를 계산하여야 한다.

예를 들어 입력카드가 32점, 출력카드가 32점, intelligent 카드가 32점이고 왼쪽부터 순서대로 슬롯에 끼워져 있다면 입력카드는 스타팅어드레스를 00,10번을 차지하고 있으며 출력카드는 20,30, intelligent 카드는 40,50의 스타팅 어드레스는 가지고 있는 것이다.
위의 사항들을 모두 설정하였다면 OK버튼을 누른다.

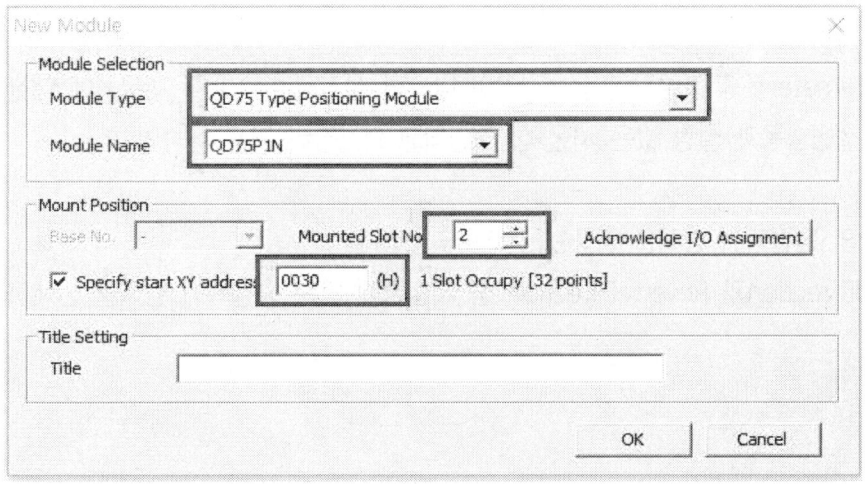

OK버튼을 누르게 되면 네비게이터에서 intelligent Function Module의 항목 아래에 새로운 항목 하나가 생성된 것을 알 수 있습니다.
밑의 항목의 +를 누르면 Parameter, Positioning Axis_#1_Data 등등이 생성되어 있는 것을 알 수 있습니다.

먼저 Parameter를 더블클릭하여 설정창이 나오면 설정해주어야 할 항목들에 대한 설명입니다.
(아래의 설정항목과 설정 값은 서울덕성직업학교 PLC장비 기준 설정입니다.)

서보모터의 원점복귀 방식을 정하는 것으로
ForwardDirection과 ReverseDirection 중 시험장에 맞는 원점복귀 방식을 선택하시면 됩니다.

항목		설정 내용
Basic parameter 1	Unit	펄스 값으로 설정 값을 입력하므로 3:pulse로 지정합니다.
	Pulse per rotation	회전당 펄스 수로서 서보모터의 이동량을 결정하는 곳입니다. 서보모터의 감속비를 계산하여 적용해야 하는 설정구간으로서 시험장 서보모터의 감속비를 알아야만 설정할 수 있습니다. 보통은20000 ~ 4000 pulse로 지정해줍니다.
	Movement amount per rotation	회전당 이동량으로서 서보모터의 이동량을 결정하는 곳입니다. 서보모터의 감속비를 계산하여 적용해야 하는 설정구간으로서 시험장 서보모터의 감속비를 알아야만 설정할 수 있습니다. 보통은20000 ~ 4000 pulse로 지정해줍니다.
Basic parameter 2	Speed limit	기본적인 서보모터의 속도의 한계를 설정하는 곳으로서 속도의 구애를 받지 않기 위해서는 Maximum value로 해주는 것이 좋습니다. 초보자라면 더 낮게 설정하시는 것을 추천드립니다. 이 항목을 마우스 오른쪽 버튼을 눌러 Maximum value로 설정해 줍니다.
Extended parameter 2	JOG speed limit	서보모터의 JOG속도 한계를 설정하는 곳으로서 속도의 구애를 받지 않기 위해서는 Maximum value로 해주는 것이 좋습니다. 초보자라면 더 낮게 설정하시는 것을 추천드립니다. 이 항목을 마우스 오른쪽 버튼을 눌러 Maximum value로 설정해 줍니다.
OPR basic parameter	OPR direction	서보모터의 원점복귀 방식을 정하는 것으로 ForwardDirection과 ReverseDirection 중 시험장에 맞는 원점복귀 방식을 선택하시면 됩니다.
	OPR speed	원점복귀 명령이 실행되어 원점센서까지 가는 속도를 설정하는 구간입니다. 50000pulse/s로 변경합니다.
	Creep speed	원점복귀명령이 실행되어 감속을 시작했을 때의 속도를 설정하는 곳입니다. OPR speed의 1/5로 설정 해주시는게 좋습니다. 10000pulse/s로 변경합니다.

Item	Axis #1
Basic parameters 1	Set according to the machine and applicable motor when system is started up. (This parameter become valid when the PLC READY signal [Y0] turns from OFF to ON)
Unit setting	3:pulse
No. of pulses per rotation	4000 pulse
Movement amount per rotation	4000 pulse
Unit magnification	1:x1 Times
Pulse output mode	1:CW/CCW Mode
Rotation direction setting	0:Increase Present Value by Forward Pulse Output
Bias speed at start	0 pulse/s
Basic parameters 2	Set according to the machine and applicable motor when system is started up.
Speed limit value	200000 pulse/s
Acceleration time 0	1000 ms
Deceleration time 0	1000 ms
Detailed parameters 1	Set according to the system configuration when the system is started up. (This parameter become valid when the PLC READY signal [Y0] turns from OFF to ON)

Deceleration time 2	1000 ms
Deceleration time 3	1000 ms
JOG speed limit value	200000 pulse/s
JOG operation acceleration time selection	0 : 1000
JOG operation deceleration time selection	0 : 1000

OPR basic parameters	Set the values required for carrying out OPR control. (This parameter become valid when the PLC READY signal [Y0] turns from OFF to ON)
OPR method	0:Near-point Dog Method
OPR direction	0:Forward Direction(Address Increase Direction)
OP address	0 pulse
OPR speed	50000 pulse/s
Creep speed	10000 pulse/s
OPR retry	0:Do not retry OPR with limit switch
OPR detailed parameters	Set the values required for carrying out OPR control.

다음은 서보모터에 위에서 설정한 파라미터와 뒤에 나올 위치결정제어 데이터를 전송시키는 방법입니다. 기본적으로 PLC Module의 전송방식과 같지만 위에서 설정한 슬롯과 어드레스가 맞지 않다면 전송이 불가능 합니다.

아래에는 그 예시입니다.

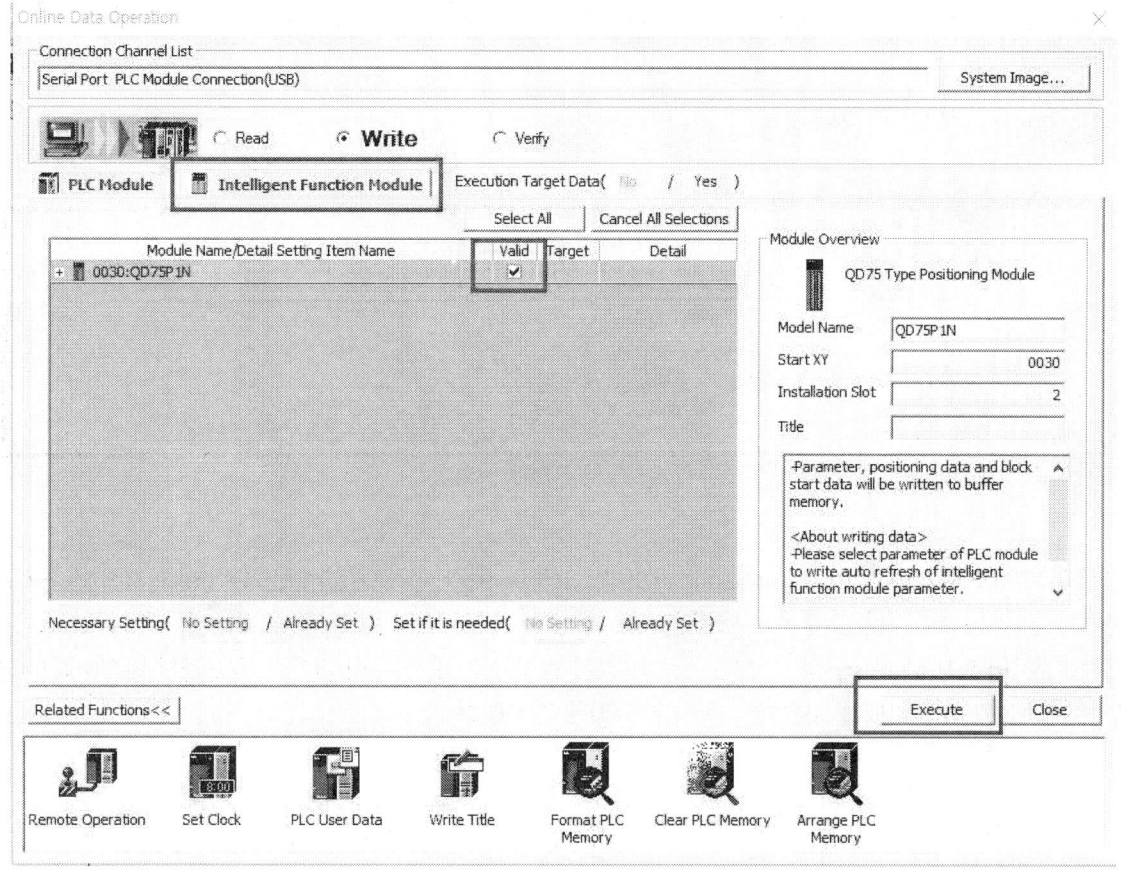

[그림 5-2] 파라미터 설정 전송화면

Online -> Write PLC를 들어가게 되면 위의 사진과 같은 창이 열리고 intelligent Function Module을 클릭하여 파라미터설정한 것을 모듈에 전송할 수 있도록 Valid를 체크해주셔야 합니다. 만약 서보모듈의 Mounted Slot과 Specify start XY address가 맞지 않다면 다음과 같은 화면이 생성되지 않으실 겁니다. Excute를 클릭하여 전송하면 모듈에 사용자가 설정한 파라미터가 전송됩니다.

6-2 원점복귀제어

원점복귀제어는 위치결정 제어를 할 때 기준점이 되는 위치를 확립하여, 그 기점으로 향하여 위치결정을 실행하는 제어입니다.
이외의 위치에 있는 기계를 원점으로 복귀시키고 싶을 때 사용합니다.

 기계 원점복귀

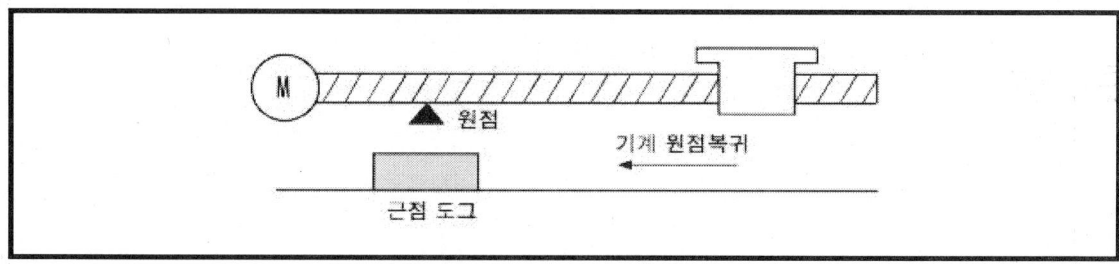

[그림 5-3] 기계원점복귀

기계 원점복귀에서는 위치결정 시스템의 구성이나 용도에 따라 기계 원점의 원점 위치나 기계 원점복귀 완료의 판정 방법을 지정합니다.
기계원점복귀의 방식에는 근점 도그식, 스토퍼 정지 방식(1,2,3), 카운터식(1,2) 총 6가지 방식이 있는데 6가지 중 가장 보편화되어 사용되는 방식은 근점 도그식이다.

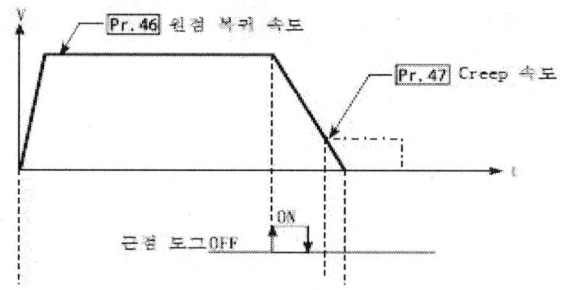

근점 도그식은 기계 원점복귀를 기동한 후 금점 도그가 ON이 되면 감속을 시작합니다. 근점 도그가 OFF가 되면 펄스 출력을 정지하여 원점복귀를 완료합니다.
생산자동화 산업기사 실기를 시행하는 시험장 대부분의 원점복귀 방식이 근점 도그 방식입니다.

고속 원점복귀

고속 원점복귀에서는 기계 원점복귀에 의해 QD75에 저장된 이송 기계 값에 위치결정을 실행하는 것입니다.

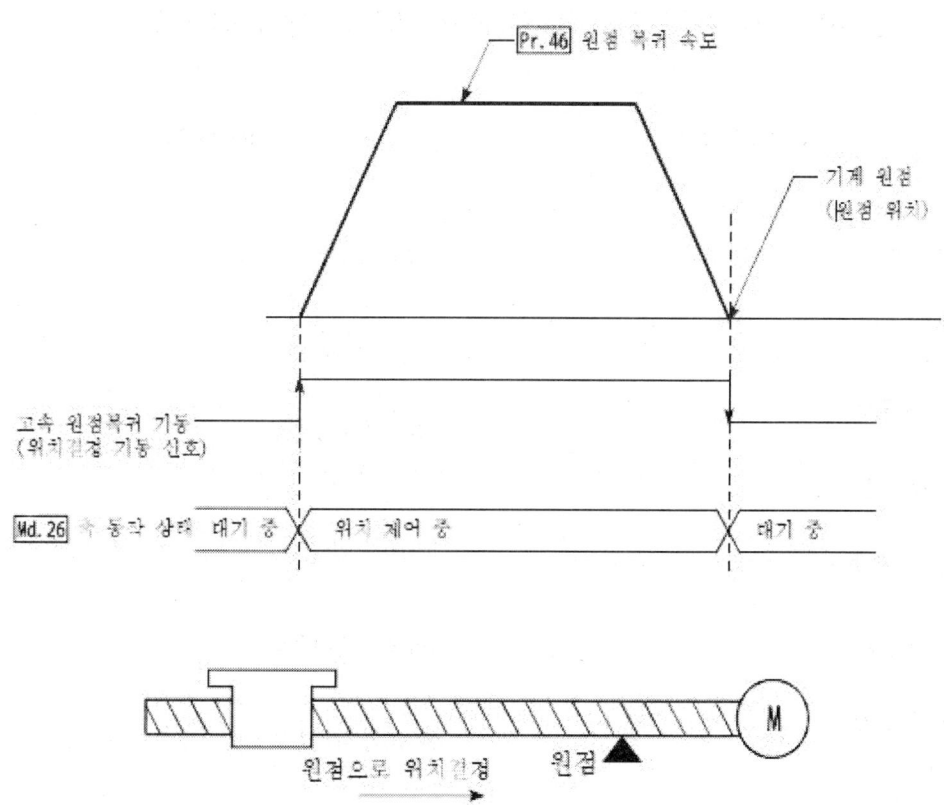

고속 원점복귀의 경우 동작 방식 안에 타이밍처리를 해야 하는 부분이 있기 때문에 보편적으로 사용을 하지 않습니다.

3 원점복귀 실습

위에서 설명한 원점복귀제어를 GX Works2라는 PLC 프로그램으로 코딩하여 동작해보겠습니다. 아래에는 원전복귀제어, JOG제어, 위치결정제어등 서보모터를 구동하기 위해 필요한 할당 디바이스와 버퍼메모리 표입니다.
(아래의 표는 서울덕성직업학교 기준 PLC실습장비 기준의 할당 표입니다.)

할당 디바이스		버퍼메모리	
PLC Ready	Y30	JOG 고속속도	G1518
QD75 Ready	X30	JOG 저속속도	G1519
Servo On	Y31	위치결정이동명령 (K9001은 원점복귀)	G1500
에러검출	X38	Servo의 현재위치	G800
X축 운전중	X3C	Servo의 현재속도	G804
기동완료	X40	Servo의 에러번호	G806
위치결정완료	X44	Servo의 에러리셋	G1502
축 정지	Y34	원점복귀중	G817.3
JOG 정회전	Y38	원점복귀완료	G817.4
JOG 역회전	Y39		
위치결정 기동	Y40		

원점복귀제어 전 먼저 해주어야 할 사항이 있는데 그것은 PLC로부터 서보모터의 준비신호를 받는 것입니다.

아래에는 그 준비신호를 받는 회로를 코딩한 것입니다.

```
     SM403
0    ─┤├──────────────────────────────────(Y30)

     X30
     ─┤├──────────────────────────────────(Y31)

4    ──────────────────────────────────────[END]
```

SM403은 특수릴레이로서 RUN후 1스캔 OFF하고 상시 ON이 될 수 있도록 하는 명령입니다. 그러므로 SM403의 접점은 상시 ON이 되어 있어 B접점 상태를 유지하고, Y30(PLC Ready)에 신호를 전달하여 출력을 내보내고 QD75모듈이 ON되어 있는 상황이라면 X30(QD75 Ready)도 B접점상태가 되어 Y31(Servo ON)에 신호를 보내고 출력을 내보냅니다.

위의 회로가 코딩이 되어 있지 않다면 원점복귀제어, JOG운전, 위치결정제어 모두 동작이 제대로 이루어지지 않을 것입니다.
위의 표에서 원점복귀제어를 위해 필요한 할당 디바이스와 버퍼메모리는
Y40(위치결정기동), U3\G1500(위치결정이동명령), X40(기동완료), X3C(X축 운전중)입니다.

아래에는 위의 할당 디바이스와 버퍼메모리를 이용하여 원점복귀 프로그램을 코딩한 것입니다.

위의 프로그램에서 M100의 접점을 B접점으로 변환하면 데이터전송명령에 의해서 9001의 데이터 값이 G1500의 버퍼메모리로 들어가게 됩니다. 9001이라는 값이 G1500에 들어가게 되면 서보모터는 원점복귀를 하라는 명령으로 인식하여 원점복귀명령을 받아들입니다.

하지만 명령만 받았을 뿐 기동명령은 받지 않았기 때문에 Y40명령을 이용하여 기동명령을 내리면 원점복귀명령과 기동명령이 인식되어 서보모터는 파라미터에서 설정한 값을 토대로 원점복귀를 실행합니다.

X40은 기동완료명령으로 서보모터가 기동중이라면 접점을 변화하여 B접점 상태가 됩니다. 그리고 X3C는 X축 운전중으로 서보모터가 운전중이라면 접점이 변환되어 A접점이 되어 [RST Y40]이 출력되지 않아 서보모터는 원점센서를 만나기 전까지 원점복귀명령을 계속해서 실행합니다. 서보모터가 원점복귀명령을 실행 중 원점센서를 만나게 되면 X3C는 다시 B접점으로 돌아갑니다. 아직 서보모터가 동작을 완료하지 않고 크리프동작을 하고 있기 때문에 X40은 A접점 상태를 유지하고 있어 [RST Y40] 명령이 출력되어 서보모터는 기동명령이 없어져 멈추게 되고 기동을 멈춘 서보모터로 인해 X40은 다시 A접점으로 돌아갑니다.

위의 과정을 통해 원점복귀를 하였다면 서보모터는 현재 위치값이 0펄스가 되어 있을 것입니다. 이것은 [Tool] -> [Intelligent Function module tool] -> [QD75/LD75 Positioning Module] -> [Positioning Monitor]에서 Current value(현재 위치값)의 값을 확인하였을 때 0으로 되어 있다면 원점복귀 명령이 정상적으로 적용된 것입니다.

원점복귀제어가 중요한 것은 응용문제에서 위치결정제어를 할 때 원점복귀명령이 실행 되지 않았다면 서보모터는 기준점이 없기 때문에 어느 곳을 기준으로 값을 선정하여 움직일지 모릅니다.

이러한 경우 사용자가 원하는 위치로 위치결정제어가 안되기 때문에 항상 위치결정제어를 하기 전에 원점복귀제어를 선행 한 후 제어를 해야 합니다.

6-3 JOG 운전(수동제어)

JOG운전은 임의의 이동량만 이동시키는 JOG 기동 신호가 ON되어 있는 동안, 펄스를 계속 발신하는 경우의 제어 방법입니다. 위치결정 시스템의 접속 확인 및 위치결정 데이터의 어드레스 요구, 리미트 신호의 OFF에 의해 운전이 정지된 경우에 리미트 신호가 ON되는 방향으로 워크를 이동시키는 경우에 사용합니다.

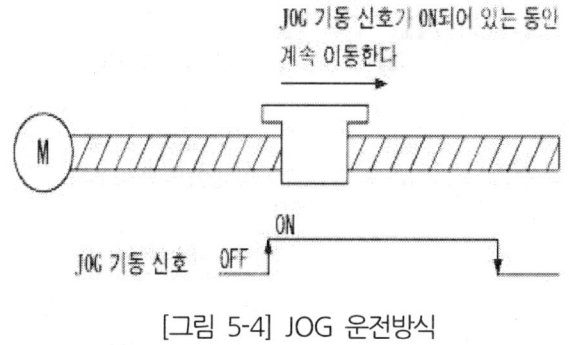

[그림 5-4] JOG 운전방식

JOG 운전에서는 정회전 JOG기동 신호 또는 역회전 JOG 기동신호를 ON하고, ON되어 잇는 동안 QD75에서 드라이브 모듈에 펄스를 출력하여 지정된 방향으로 워크를 이동시킵니다.
JOG 운전의 경우에는 생산자동화 산업기사 실기의 기본문제에 항상 나오는 문제로서 응용문제의 원점복귀 혹은 위치결정제어 전 서보모터를 점검하거나 혹은 원점복귀를 위해 수동으로 서보모터의 위치를 변경하고자 할 때 사용합니다.
기본적으로 원점복귀 혹은 위치결정제어를 위해서는 반드시 JOG운전 명령이 포함되어 있어야 합니다.

JOG운전에 대해 쉽게 생각하기 위해서는 인형 뽑기 기계의 조이 스틱을 생각하시면 됩니다. 조이스틱을 상, 하, 좌, 우 사용자가 움직인 만큼만 움직이고 사용자가 중립위치에 놓았다면 정지해 있는 원리를 생각하시면 쉽게 이해가 되실 겁니다.

지금부터 JOG제어를 위해 PLC 프로그램을 코딩해보도록 하겠습니다.

아래에는 원점복귀제어, JOG제어, 위치결정제어 등 서보모터를 구동하기 위해 필요한 할당 디바이스와 버퍼메모리 표입니다.

(아래의 표는 서울덕성직업학교 PLC실습장비 기준의 할당 표입니다.)

할당 디바이스	
PLC Ready	Y30
QD75 Ready	X30
Servo On	Y31
에러검출	X38
X축 운전중	X3C
기동완료	X40
위치결정완료	X44
축 정지	Y34
JOG 정회전	Y38
JOG 역회전	Y39
위치결정 기동	Y40

버퍼메모리	
JOG 고속속도	G1518
JOG 저속속도	G1519
위치결정이동명령 (K9001은 원점복귀)	G1500
Servo의 현재위치	G800
Servo의 현재속도	G804
Servo의 에러번호	G806
Servo의 에러리셋	G1502
원점복귀중	G817.3
원점복귀완료	G817.4

JOG명령을 실행하기 위해서는 Y38(JOG 정회전), Y39(JOG 역회전), U3₩G1518(JOG 고속속도)의 할당 디바이스와 버퍼메모리를 사용합니다.

(U3₩G1519는 속도가 너무 느려 시험에서는 사용하지 않습니다.)

아래에는 JOG운전을 위해 코딩한 프로그램입니다.

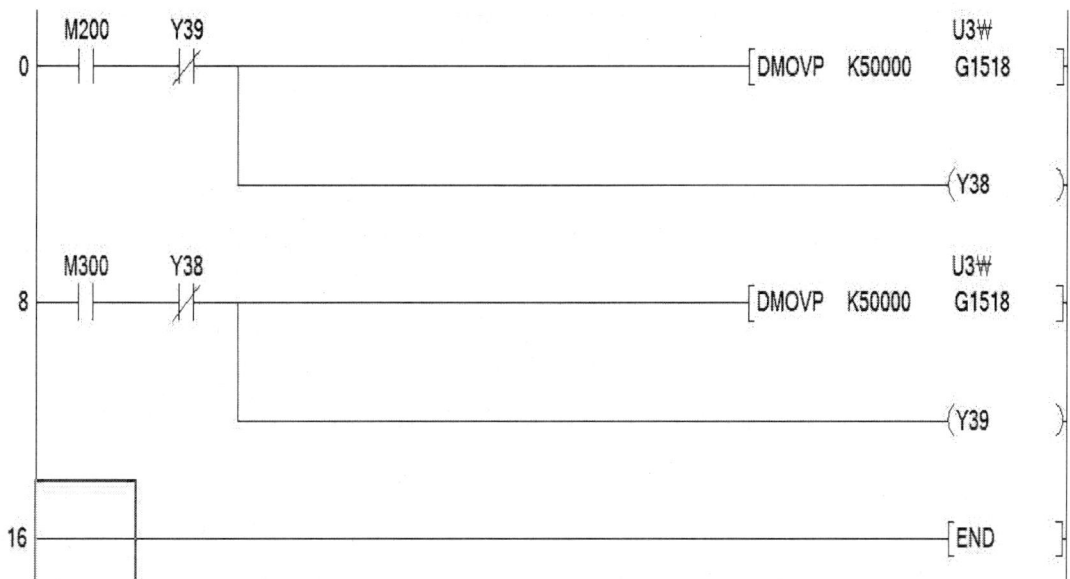

위의 프로그램은 서보모터의 JOG 정회전,역회전에 대한 프로그램입니다.
M200(JOG 정회전스위치), M300(JOG 역회전스위치)입니다. 먼저 M200을 ON 시키면 [DMOVP K50000 U3₩G1518]은 더블워드의 K50000 데이터 값을 G1518에 1스캔동안만 보내는 것으로 JOG 정회전 때의 서보모터 속도를 지정해주는 명령입니다. 그리고 Y39는 JOG역회전 명령이지만 서보모터의 파라미터 데이터 설정에서 원점복귀를 리버스로 설정해놓았기 때문에 Y39를 해야만 조그가 상승을 합니다. 밑의 명령도 마찬가지로 정회전 스위치를 역회전스위치와 Y38의 명령으로 바꾼 것이며 서로 인터록을 걸어 서보모터의 에러를 방지하였습니다.

위에서의 원점복귀명령과 같이 JOG명령도 위치결정제어에서의 꼭 필요한 제어입니다. 원점복귀의 시작 위치를 다시 설정하기 위해서도 필요하지만, 위치결정제어를 위해 적재 창고 각각의 위치를 잡아줄 때도 조그 운전을 통해 잡아줘야 하기 때문에 JOG운전도 위치결정제어에서 꼭 필요한 제어입니다.

6-4 위치결정제어

위치결정제어란, 서보모터의 일정한 펄스 값을 넣어 그 펄스 값만큼을 이동하는 것을 위치결정제어라고 합니다.

위치결정제어는 QD75에 저장되는 위치결정 데이터를 사용하여 실행하는 제어로서 위치 제어나 속도제어 등은 이 위치결정 데이터에 필요한 항목을 설정 후 그 위치결정 데이터를 기동하여 실행합니다.

위치결정은 자신의 원하는 포인트에 서보를 움직이는 것으로서 intelligent Function Module에서 하위항목인 Positioning Axis_#1_Data에서 설정을 해주는 것으로 선택을 하면 다음과 같은 창이 만들어집니다.

표에서 설정해줘야 하는 것들은 Pattern, Ctrl method, Positioning address Command speed 이 네 가지입니다. 다른 것들은 따로 설정해 주지 않아도 됩니다.

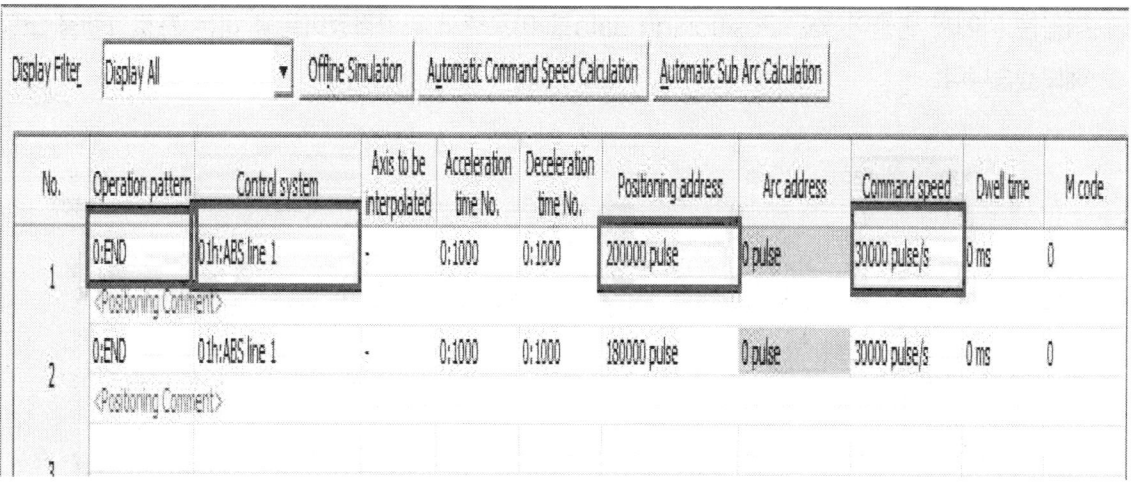

먼저 Pattern은 0,1,2가 있는데 0:END로 설정해줍니다. 왜냐하면 한번 자신이 위치 결정한 부분으로 이동한 뒤 정지해야 다음 실린더 동작 및 흡착동작을 할 수 있기 때문입니다. CTRL method는 1:ABS line1로 해줍니다. 대부분의 시험장에서 사용하는 서보모터의 컨트롤 방식은 앱솔루트 타입이므로 ABS line1으로 해주도록 하겠습니다. 그리고 Positioning address는 위에서 배운 수동조작 및 모니터 기능을 활용해 자신의 원하는 위치의 값을 넣는 것입니다. 그 다음 Command speed는 자신의 원하는 위치로 이동하는 서보모터의 이동속도를 정해주는 것으로 대부분 30000pls로 하며 시험문제에서 주어진 조건이 있다면 그 조건을 넣어서 PLC에 전송하면 됩니다.

다음은 위에서 만들어 놓은 Positioning data를 이용해서 위치결정이동을 하는 프로그램을 코딩해보겠습니다.

```
      X30   X3C   Y31
 0   ─┤├──┤/├──┤├─────────────────────[MOVP  K1   U3₩G1500]
                │
                └────────────────────────────────[SET  Y40]

      X44   X30
 8   ─┤├───┤├──┬──────────────────────────────────(M13)
      M13      │
     ─┤├───────┘
              └───────────────────────────────────[RST  Y40]

13                                                       [END]
```

항목	내용
X30	위치결정명령을 내리기 위한 사용자의 버튼 (X30의 신호는 유지되어야 합니다.)
X3C	X축 운전 중
Y31	SERVO ON
[MOVP K1 U3₩G1500]	1번 위치 위치결정이동명령
[SET Y40]	위치결정기동명령
X44	위치결정기동완료신호
M13	위치결정완료 후 다음 동작을 위한 릴레이
[RST Y40]	위치결정이동정지

X30(위치결정 시작스위치)을 누르게 되면 [MOVP K1 U3₩G1500]과 [SET Y40]에 신호가 입력되어 출력을 내보냅니다. 위치결정이동명령과 위치결정기동명령이 출력되어 서보모터는 사용자가 지정한 어드레스주소까지 이동을 합니다. 이동을 완료하게 되면 X44가 출력되어 M13과 [RST Y40]이 출력되어 서보모터는 정지하고 다음 시퀀스 동작을 실행합니다.

PLC 연습문제

1회	PLC 연습문제
2회	PLC 연습문제
3회	PLC 연습문제
4회	PLC 연습문제
5회	PLC 연습문제
6회	PLC 연습문제
7회	PLC 연습문제
8회	PLC 연습문제

연습문제 1

시퀀스기호

기호	의미	기호	의미
A	공급실린더	B	가공실린더
C	송출실린더	D	배출실린더
+	전진	-	후진

① PB1을 누르면 아래의 시퀀스를 1회 동작하십시오.

A+ -> B+ -> A- -> B-

② PB2를 누르면 아래의 시퀀스를 연속으로 동작하십시오.

A+ -> A- -> B+ ->B-

PB4을 누르면 시퀀스를 마무리 하고 정지합니다.

③ PB3를 누르면 아래의 시퀀스를 1회 동작하십시오.

A+ -> B+ -> B- -> A- -> C+ -> C- -> 컨베이어 ON 3초

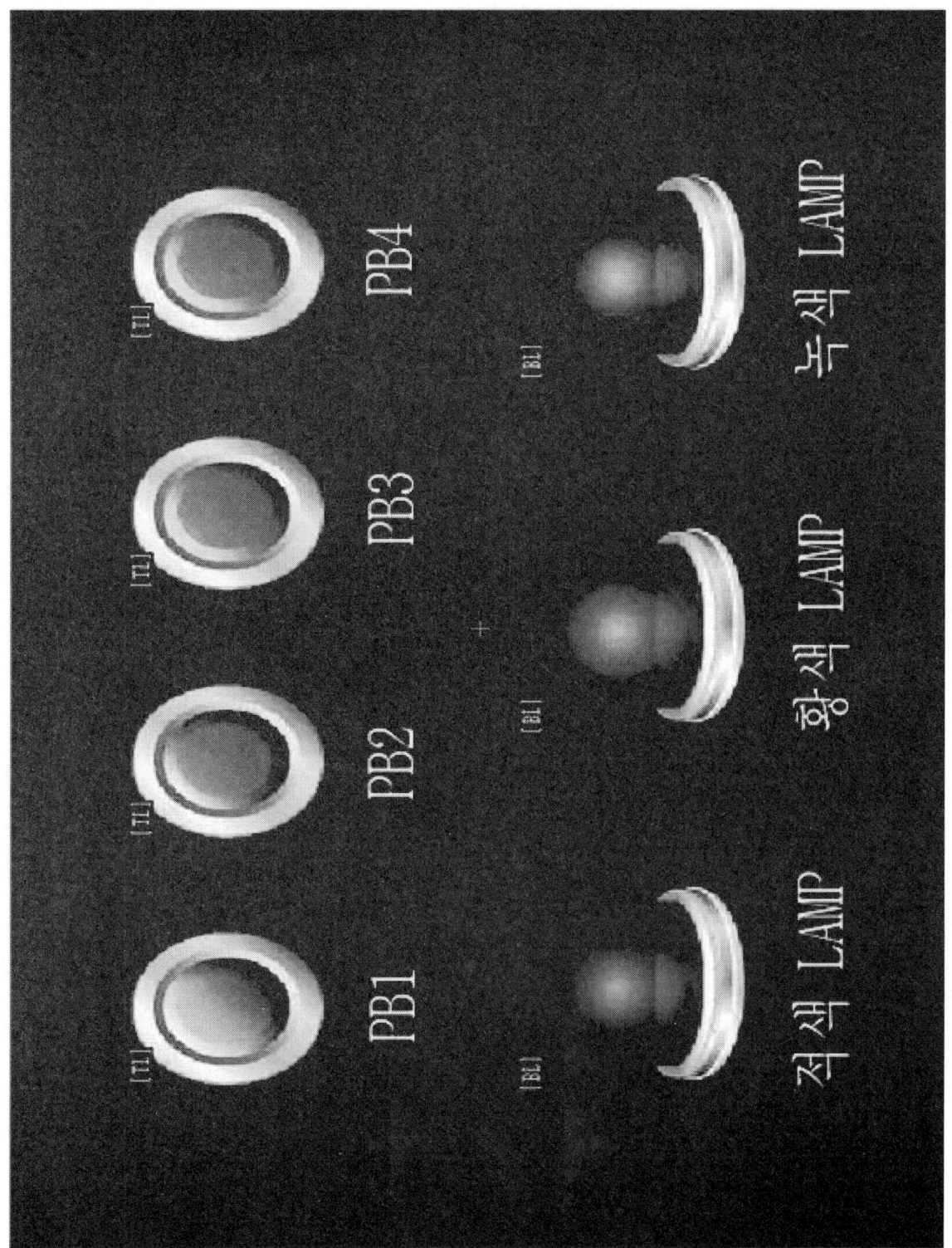

I / O 배선도

입력(X)		출력(Y)	
X0	송출실린더 후진센서	Y25	공급실린더 전진SOL
X1	송출실린더 전진센서	Y24	공급실린더 후진SOL
X2	가공드릴 상승센서	Y27	배출실린더 SOL
X3	가공드릴 하강센서	Y28	송출실린더 SOL
X6	공급실린더 후진센서	Y29	가공실린더 SOL
X7	공급실린더 전진센서	Y2A	가공모터 ON
X9	공급워크 감지센서	Y2B	컨베이어ON
XB	배출실린더 후진센서	Y5C	PL1(적색)
XC	배출실린더 전진센서	Y5D	PL2(황색)
X11	유도형센서(금속)	Y5E	PL3(녹색)
X12	용량형센서(비금속)		
X13	PB1 스위치		
X14	PB2 스위치		
X15	PB3 스위치		
X16	PB4 스위치		

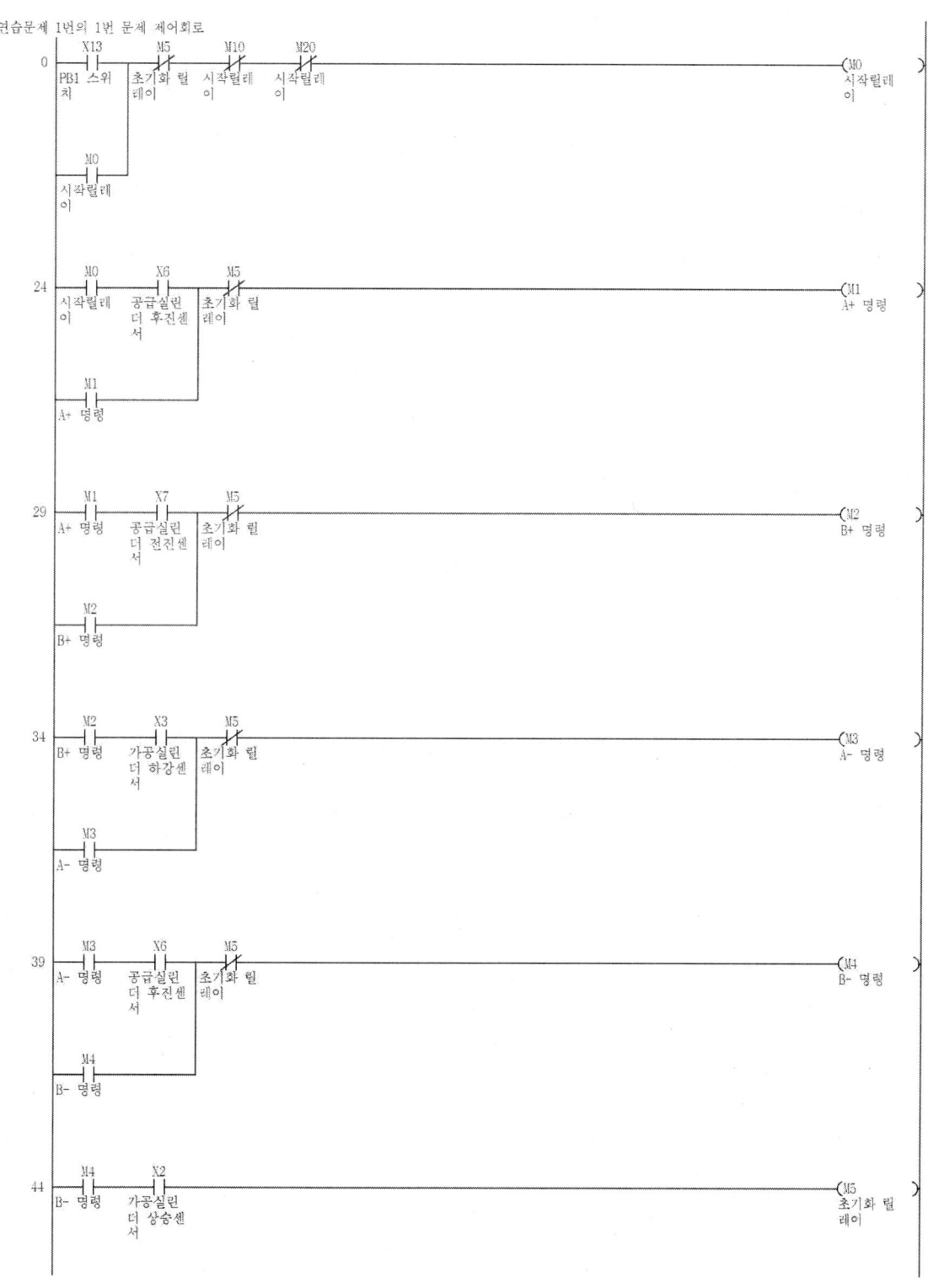

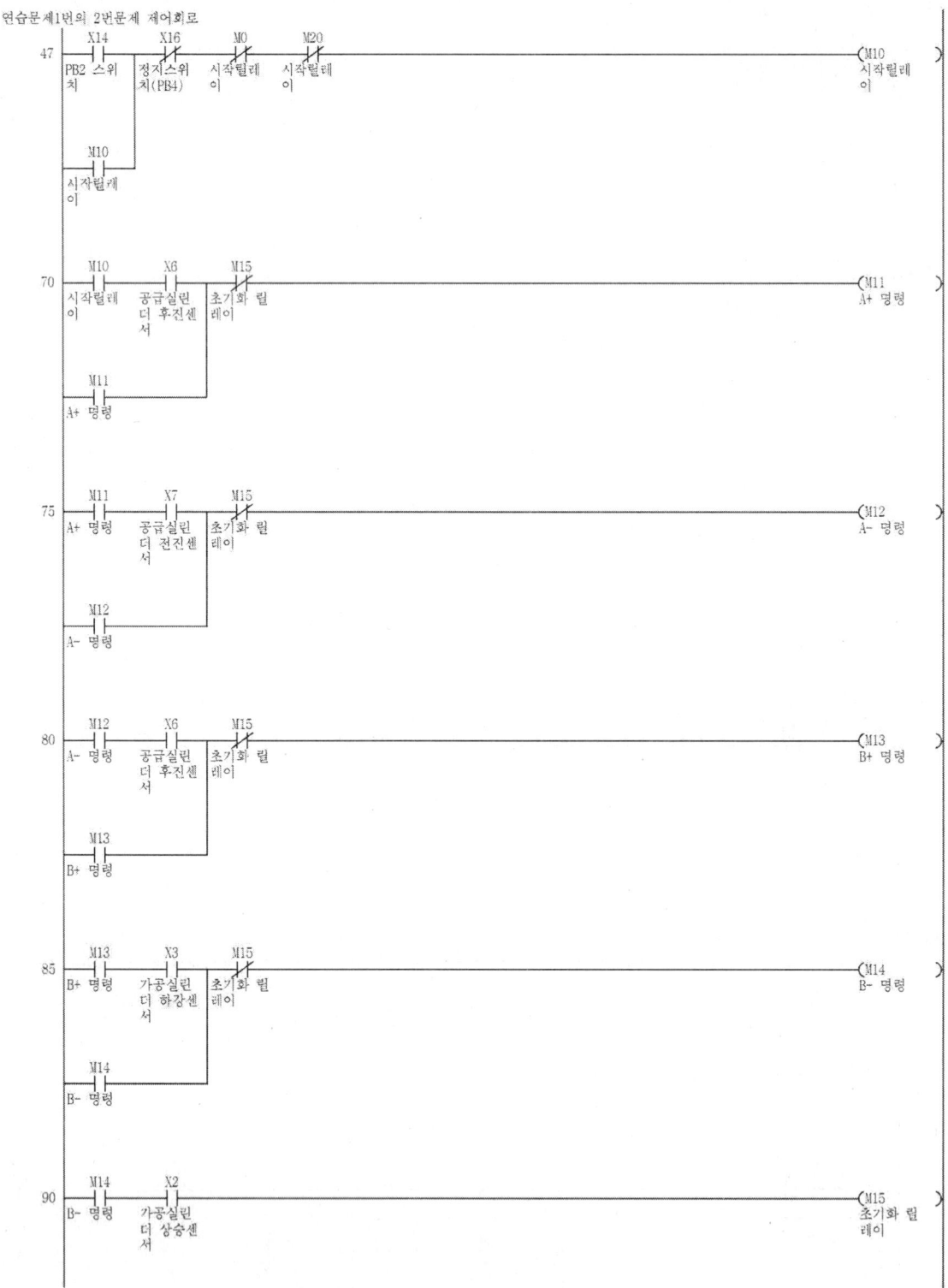

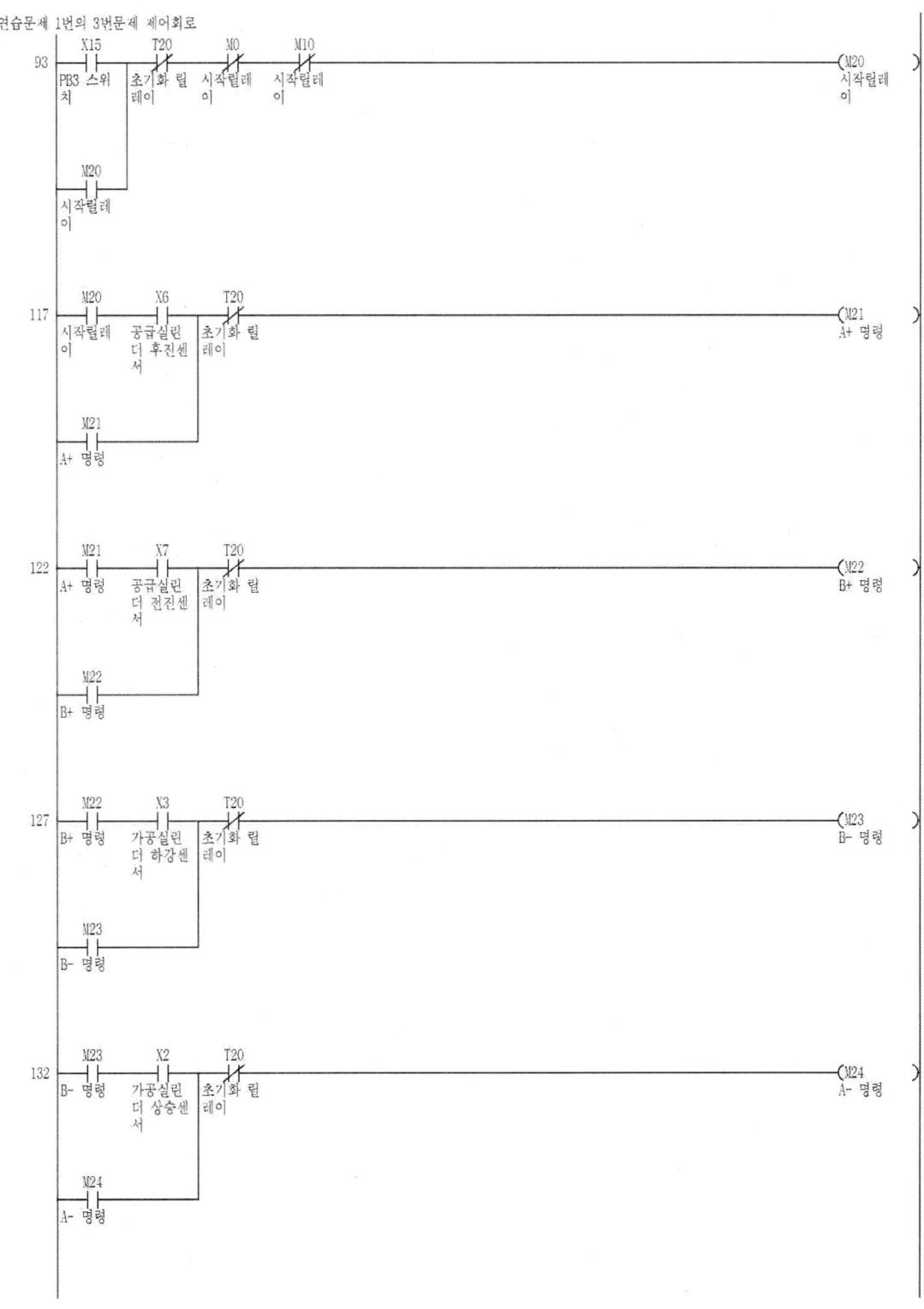

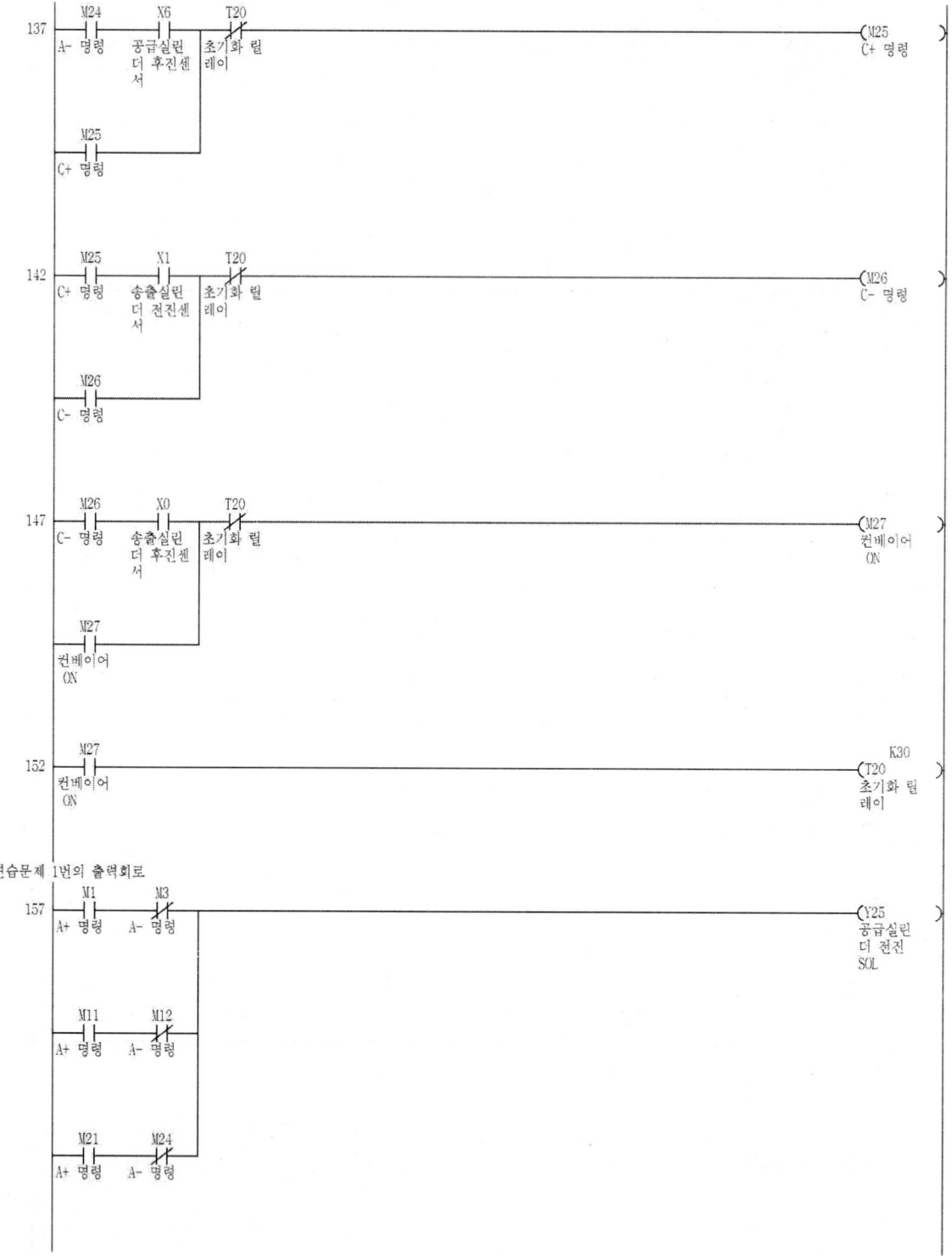

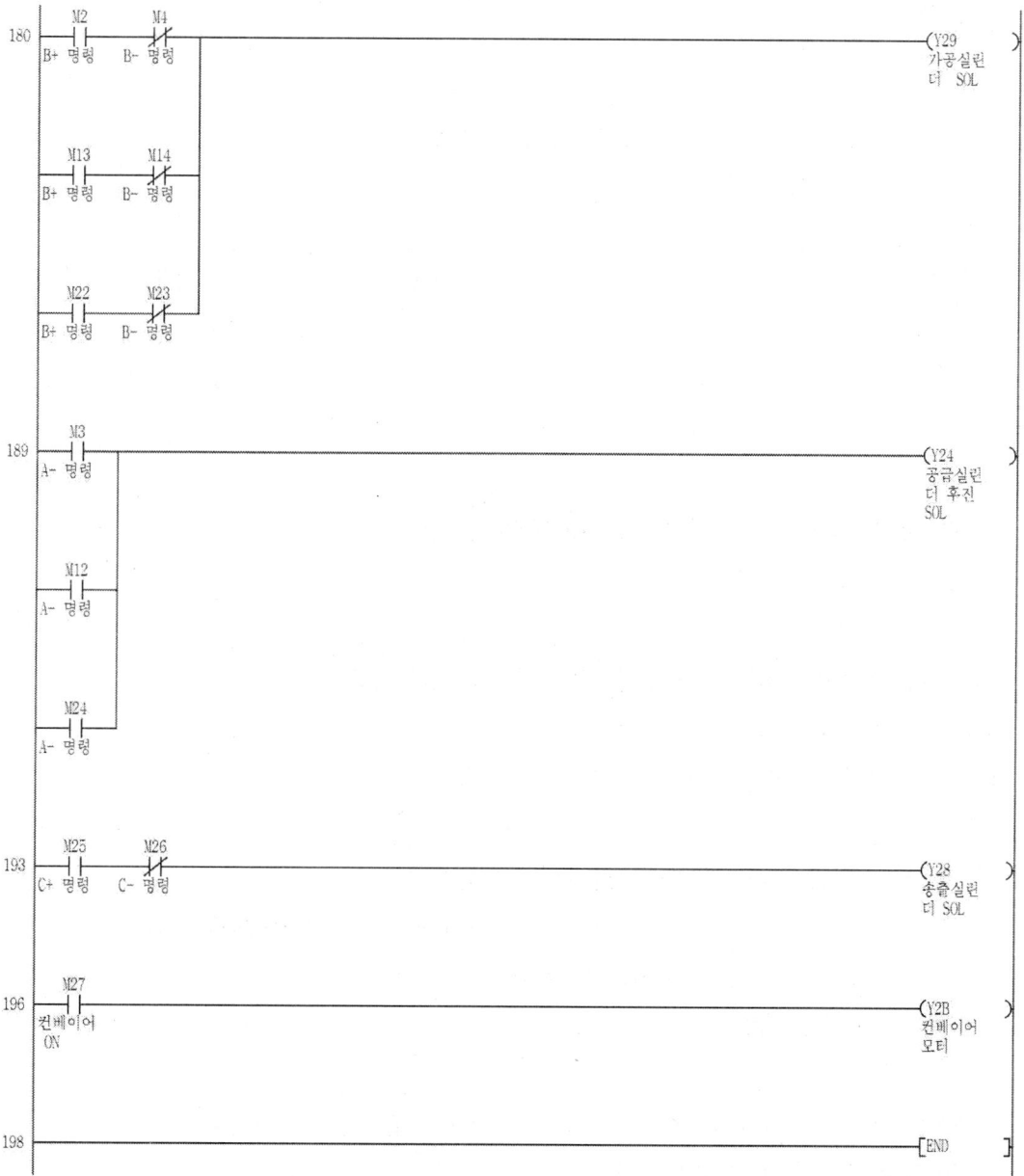

연습문제 2

시퀀스기호

기호	의미	기호	의미
A	공급실린더	B	가공실린더
C	송출실린더	D	배출실린더
+	전진	-	후진

1. PB1을 누르면 아래의 시퀀스를 1회 동작하십시오.
A+B+ -> A-B- -> A+B+ -> A-B-

2. PB2를 누르면 아래의 시퀀스를 연속으로 동작하십시오.
A+B+ -> A-C+ -> B-C- -> A+B+C+ -> A-B-C-
PB4을 누르면 시퀀스를 마무리 하고 정지합니다.

3. PB3를 누르면 아래의 분류작업을 1회만 하십시오.
A+ -> B+ -> 드릴모터ON 2초 -> B- -> A- -> C+ -> C- -> 컨베이어 ON
금속 : 배출실린더를 이용하여 옆으로 배출
비금속 : 끝단으로 배출

- PL1은 시작과 동시에 0.5초 간격으로 점멸하고 배출되면 소등합니다.
- PB4를 누르면 즉시 초기화 한다.

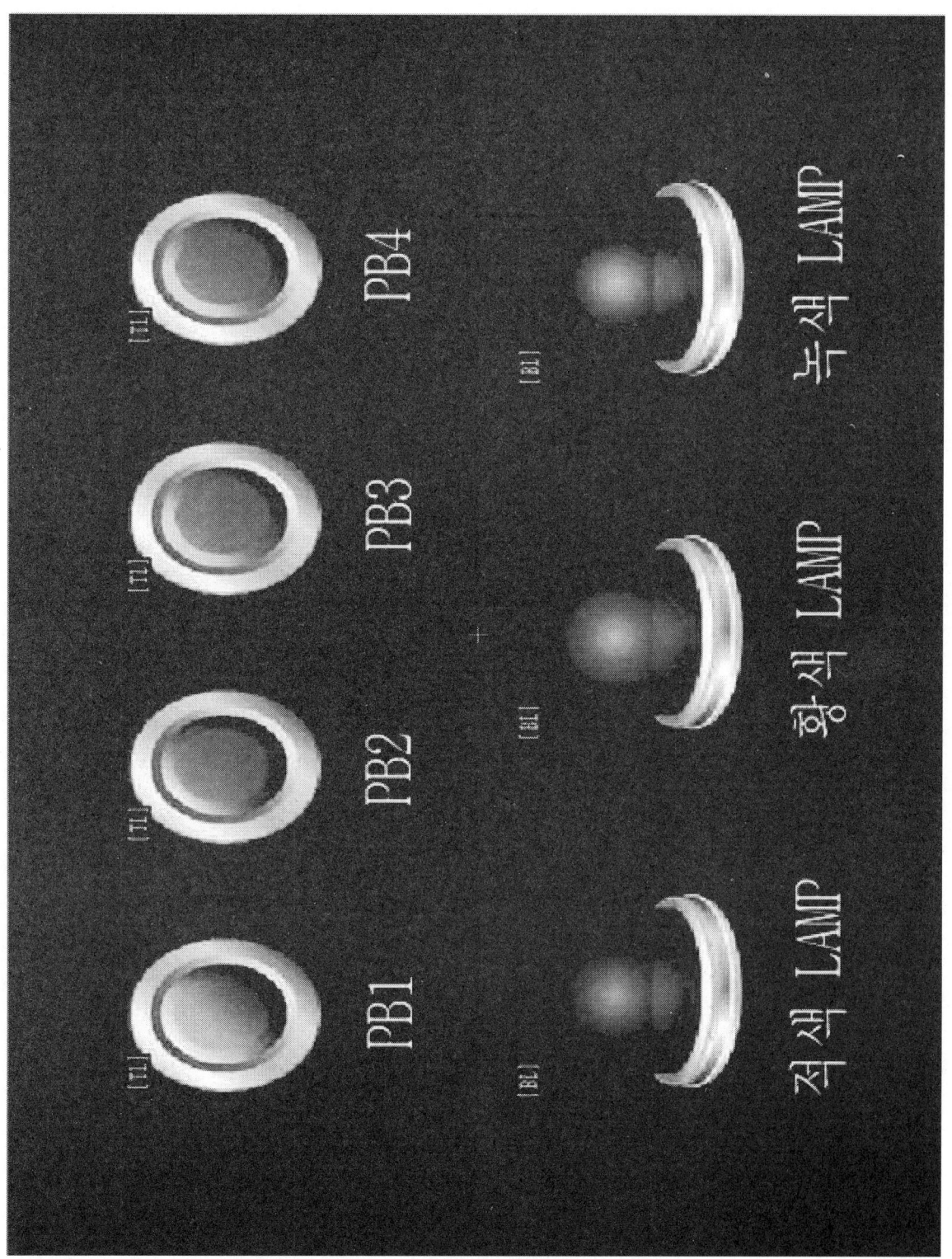

I / O 배선도

입력(X)		출력(Y)	
X0	송출실린더 후진센서	Y25	공급실린더 전진SOL
X1	송출실린더 전진센서	Y24	공급실린더 후진SOL
X2	가공드릴 상승센서	Y27	배출실린더 SOL
X3	가공드릴 하강센서	Y28	송출실린더 SOL
X6	공급실린더 후진센서	Y29	가공실린더 SOL
X7	공급실린더 전진센서	Y2A	가공모터 ON
X9	공급워크 감지센서	Y2B	컨베이어ON
XB	배출실린더 후진센서	Y5C	PL1(적색)
XC	배출실린더 전진센서	Y5D	PL2(황색)
X11	유도형센서(금속)	Y5E	PL3(녹색)
X12	용량형센서(비금속)		
X13	PB1 스위치		
X14	PB2 스위치		
X15	PB3 스위치		
X16	PB4 스위치		

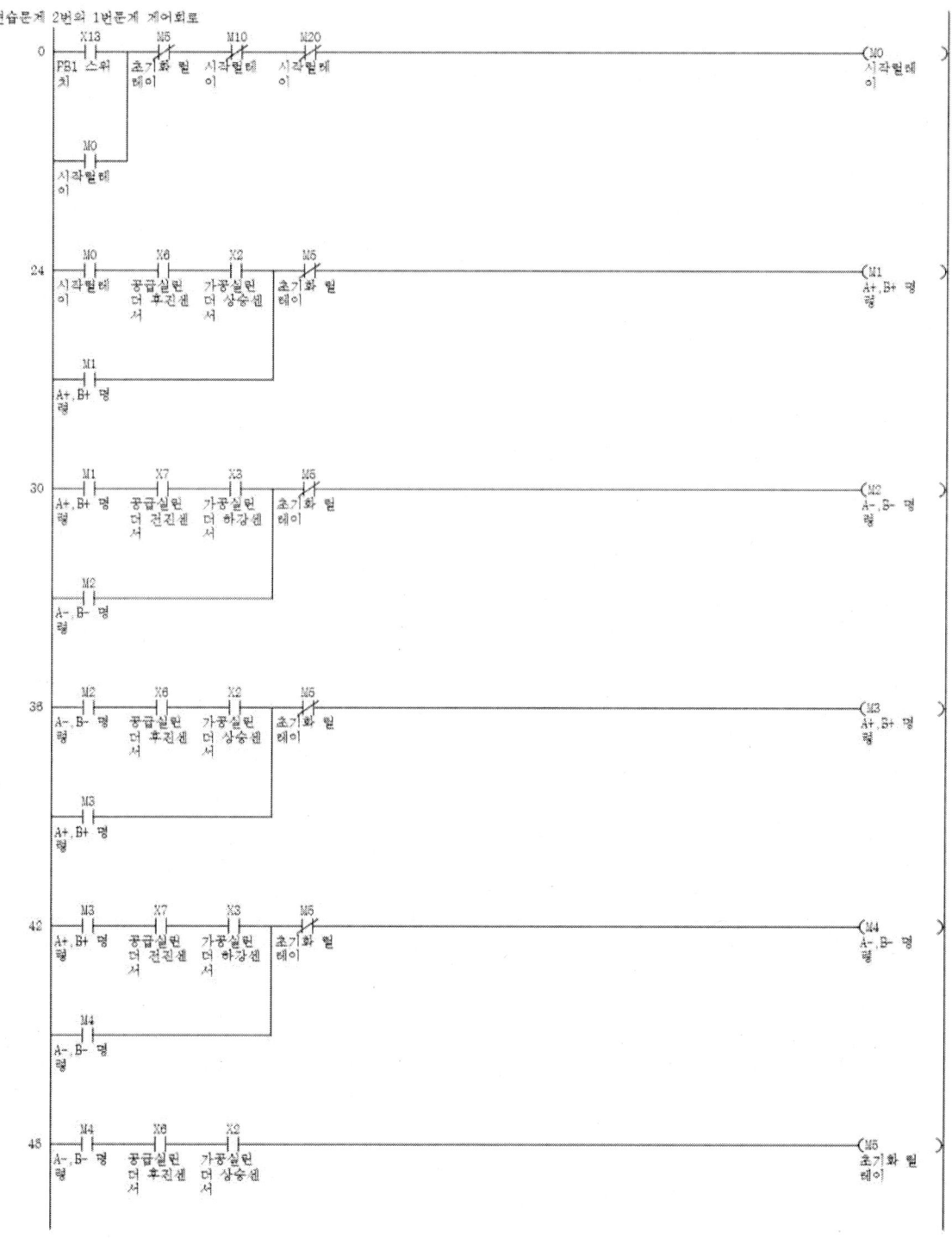

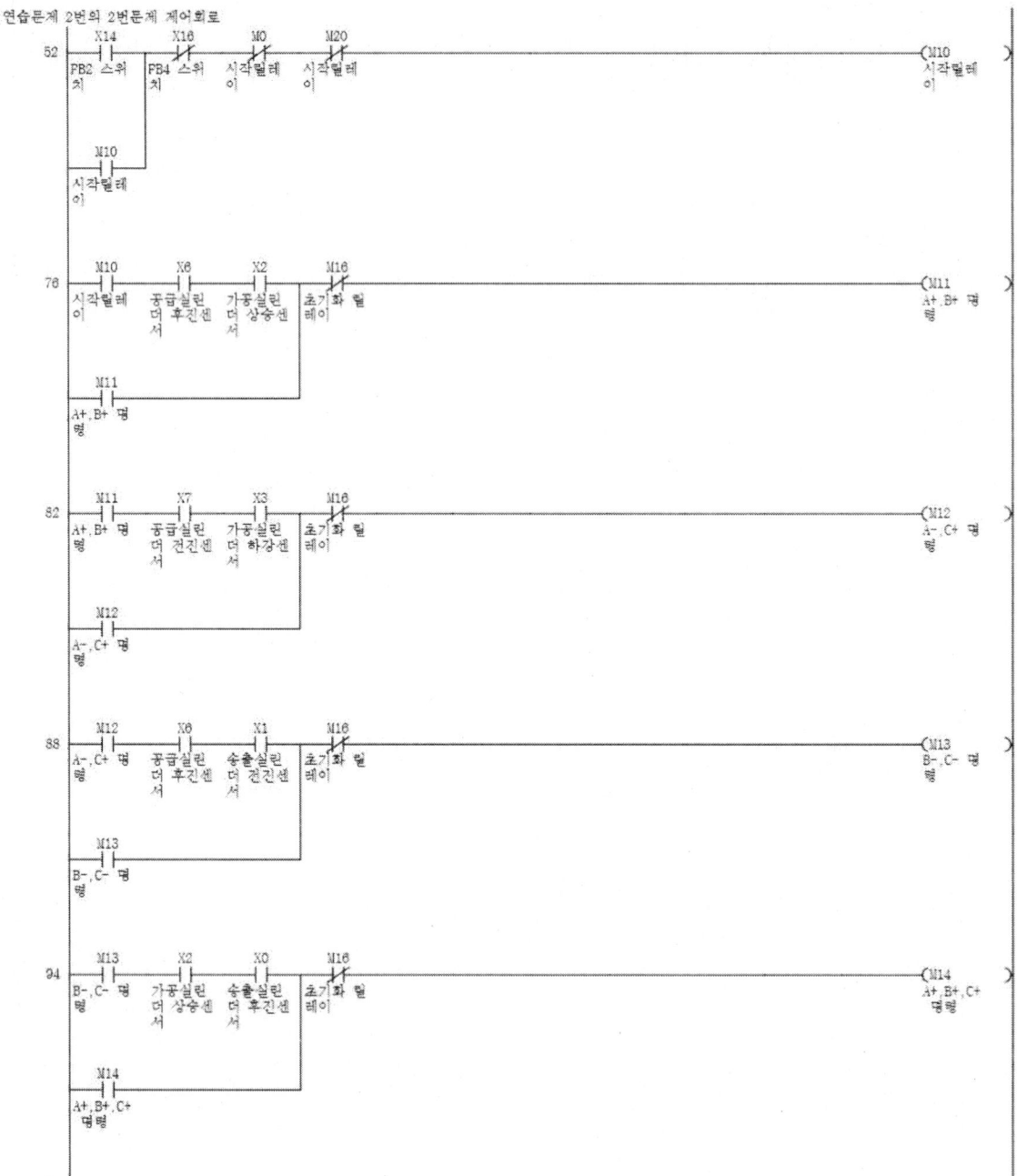

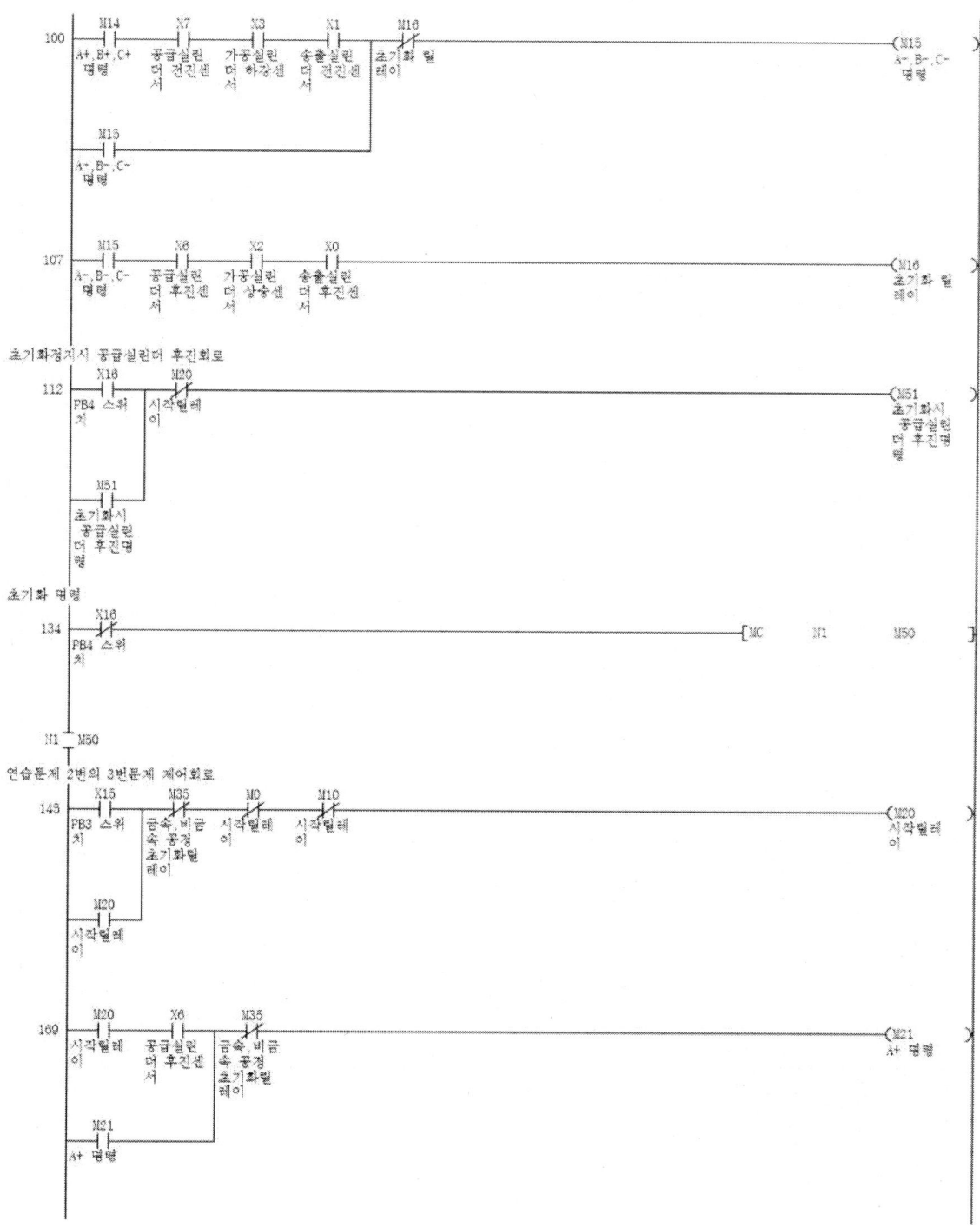

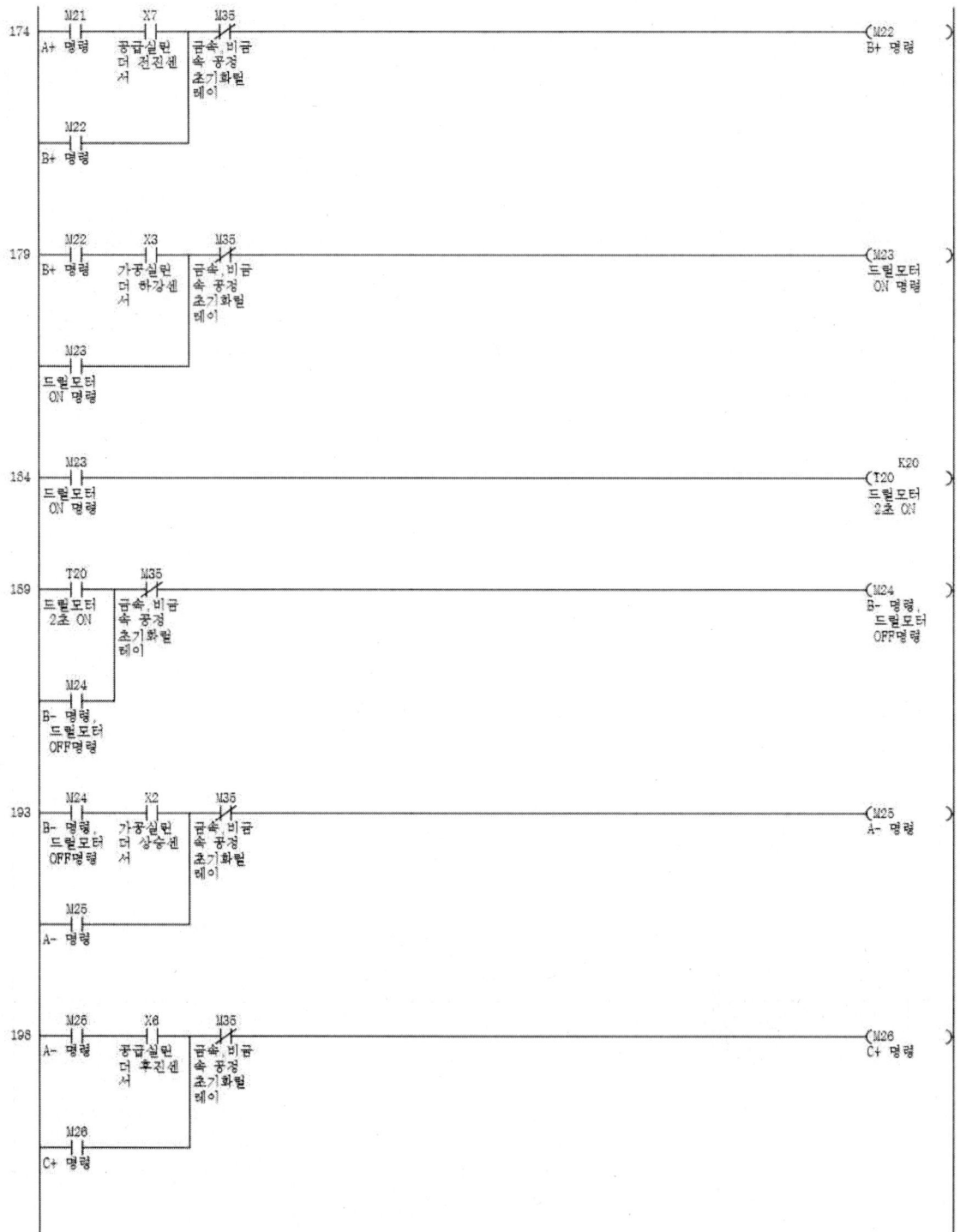

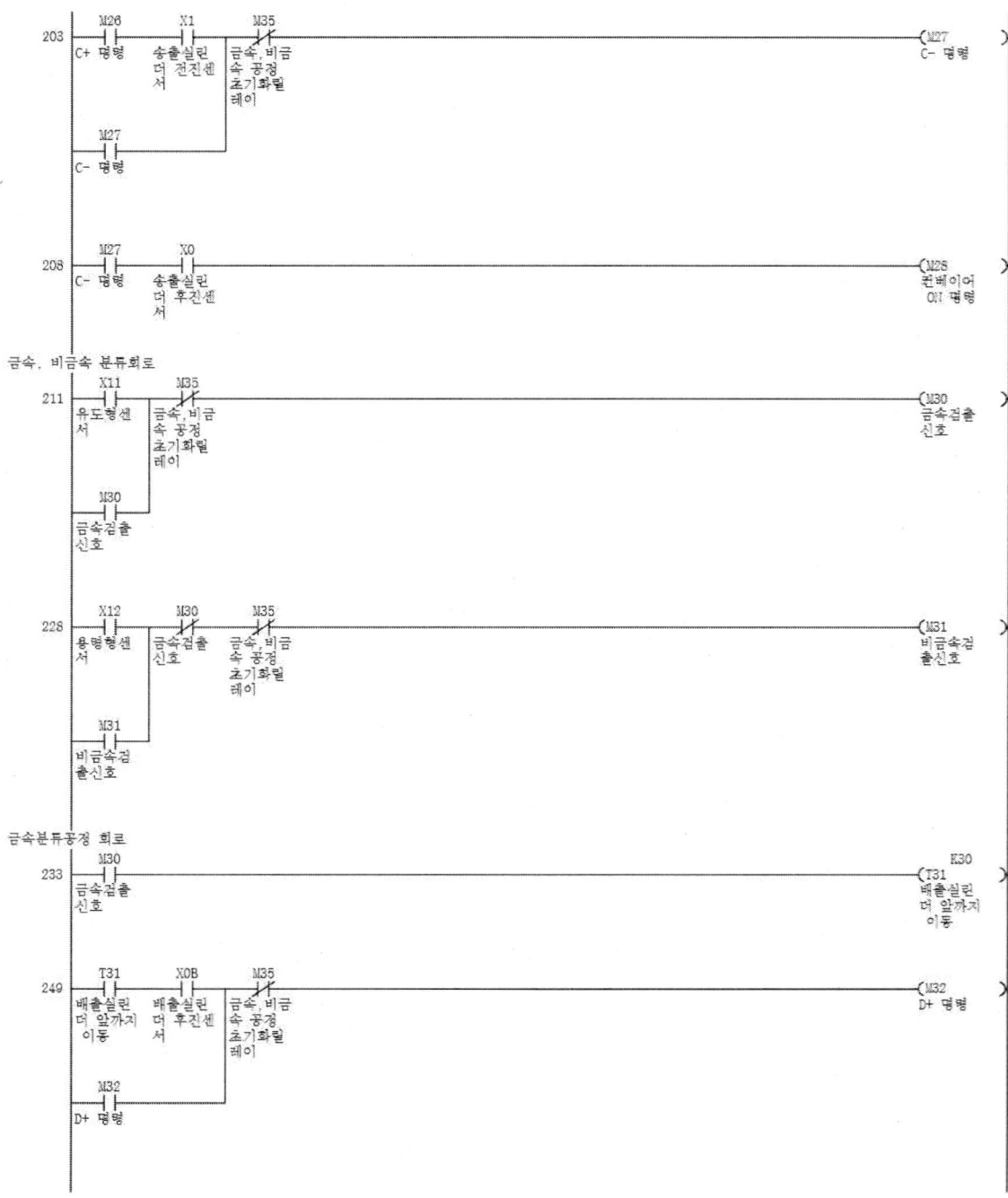

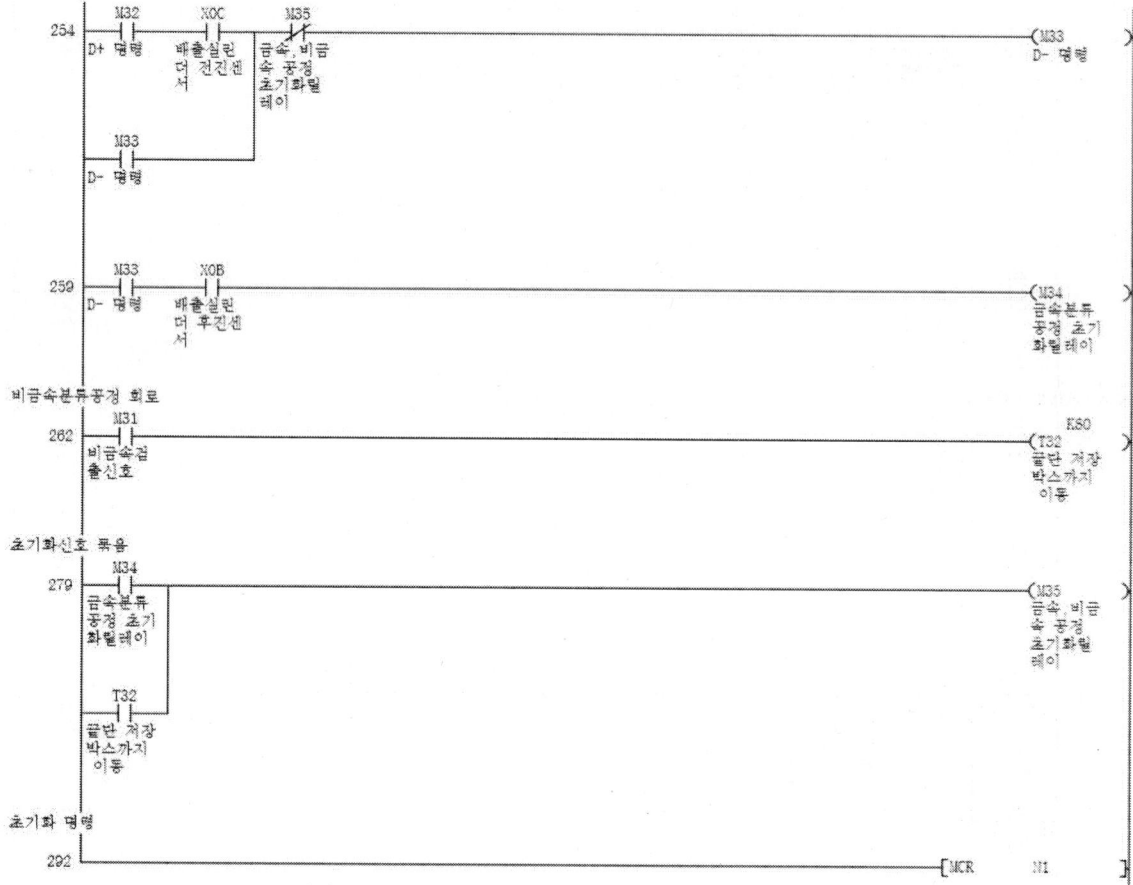

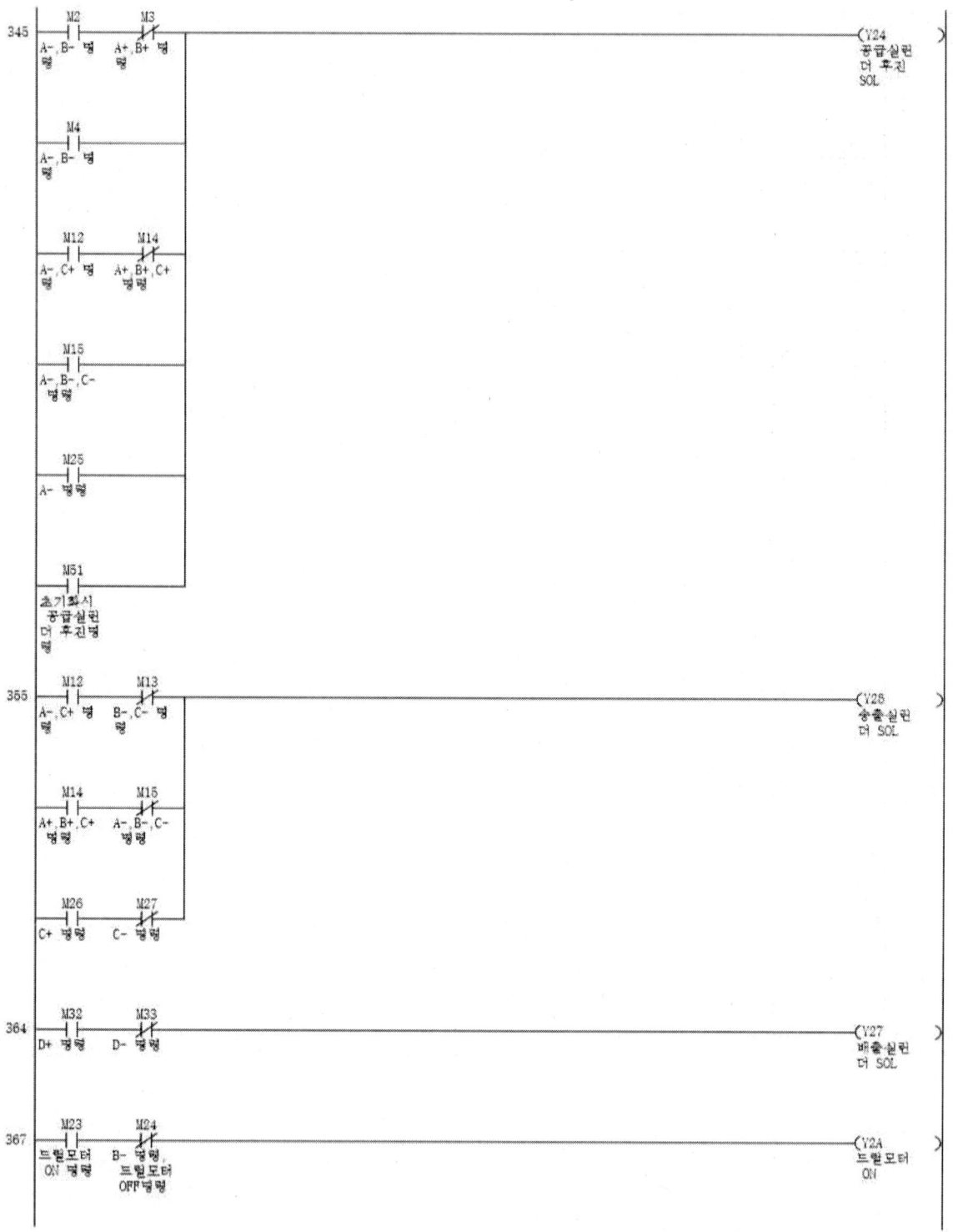

연습문제 3

시퀀스기호

기호	의미	기호	의미
A	공급실린더	B	가공실린더
C	송출실린더	D	배출실린더
+	전진	-	후진

1. PB1을 누르면 아래의 시퀀스를 1회 동작하십시오.(램프포함)
① B+C+D+ -> ② A+C-D- -> ③ A-B-D+ -> ④ D-C+ -> ⑤ C-B+A+ ->
⑥ A-B-

- PL1은 PB1을 누르면 ON이 되고, ③번째 시퀀스가 완료되면 OFF

2. PB2를 누르면 아래의 시퀀스를 3회 동작하십시오.
① A+D+ -> ② B+A- -> ③ C+D- -> ④ 3S -> ⑥ B-C- -> ⑦ 2S ->
⑧ B+C+ -> ⑨ B-C-

- PL2는 2번째 시퀀스가 시작되면 ON이 되며, 4번째 시퀀스가 시작되면 OFF
- PL3는 4번째 시퀀스가 시작되면 ON이 되며, 8번째 시퀀스가 완료되면 OFF

3. PB3를 누르면 아래와 같은 분류작업을 1회 동작 하십시오.

- 매거진의 물품은 구분없이 공급합니다.
A+ -> B+ -> 드릴모터ON 2초 -> B- -> 1S -> B+ -> 드릴모터ON 1초 ->
B- -> A- -> C+ -> C- -> 컨베이어ON

금속 : 끝단으로 배출

비금속 : 배출실린더를 이용하여 옆으로 배출
- PL1은 공정시작과 동시에 1초간격으로 점멸을 하며 공정완료 시 소등
- PL2는 금속이 감지되면 0.5초 간격으로 점멸하고 배출 후 소등
- PL3는 비금속이 감지되면 점등하고 배출 후 소등
- PB4를 누르면 일시정지하고 다시 누르면 멈추었던 동작부터 다시 실행한다.

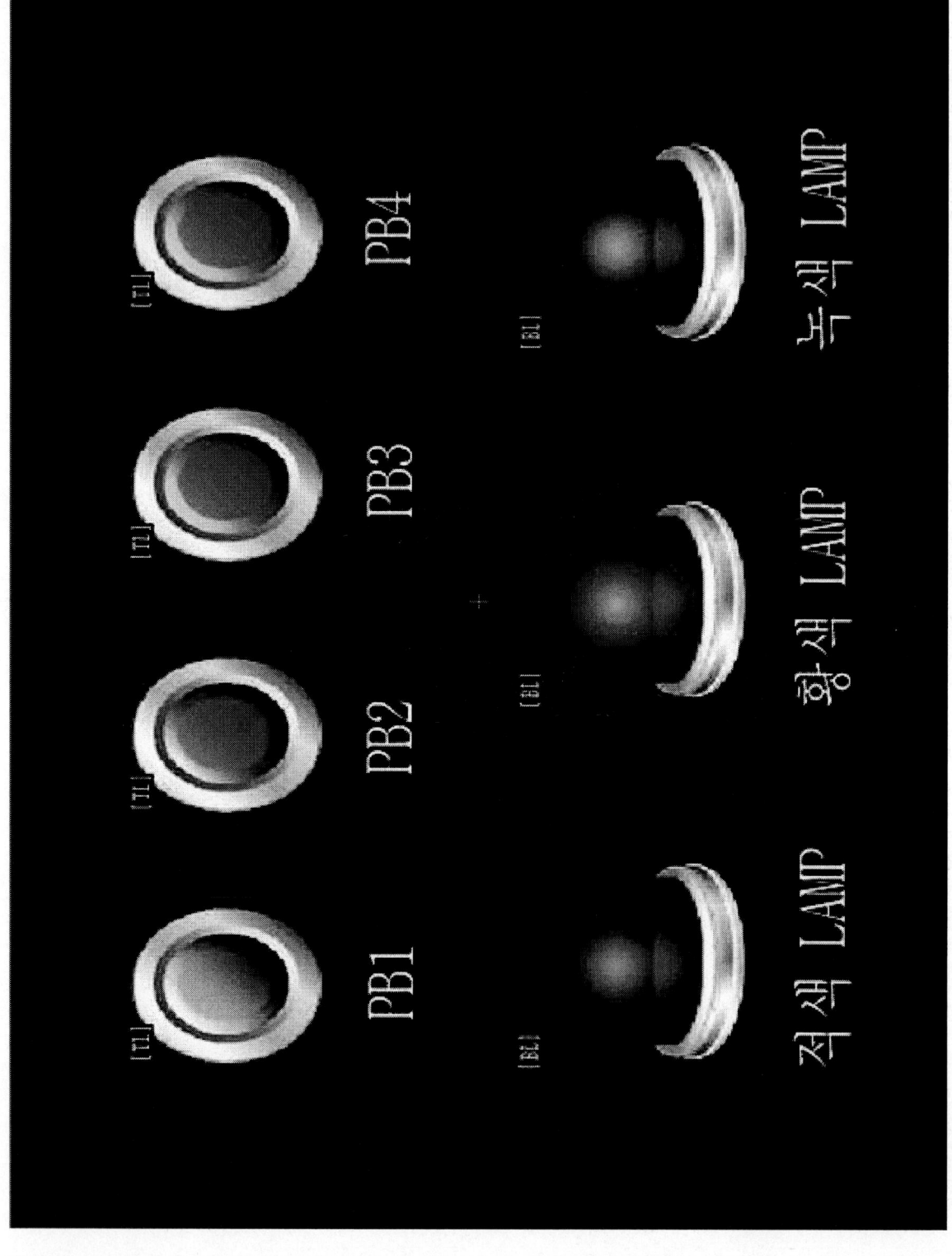

I / O 배선도

입력(X)		출력(Y)	
X0	송출실린더 후진센서	Y25	공급실린더 전진SOL
X1	송출실린더 전진센서	Y24	공급실린더 후진SOL
X2	가공드릴 상승센서	Y27	배출실린더 SOL
X3	가공드릴 하강센서	Y28	송출실린더 SOL
X6	공급실린더 후진센서	Y29	가공실린더 SOL
X7	공급실린더 전진센서	Y2A	가공모터 ON
X9	공급워크 감지센서	Y2B	컨베이어ON
XB	배출실린더 후진센서	Y5C	PL1(적색)
XC	배출실린더 전진센서	Y5D	PL2(황색)
X11	유도형센서(금속)	Y5E	PL3(녹색)
X12	용량형센서(비금속)		
X13	PB1 스위치		
X14	PB2 스위치		
X15	PB3 스위치		
X16	PB4 스위치		

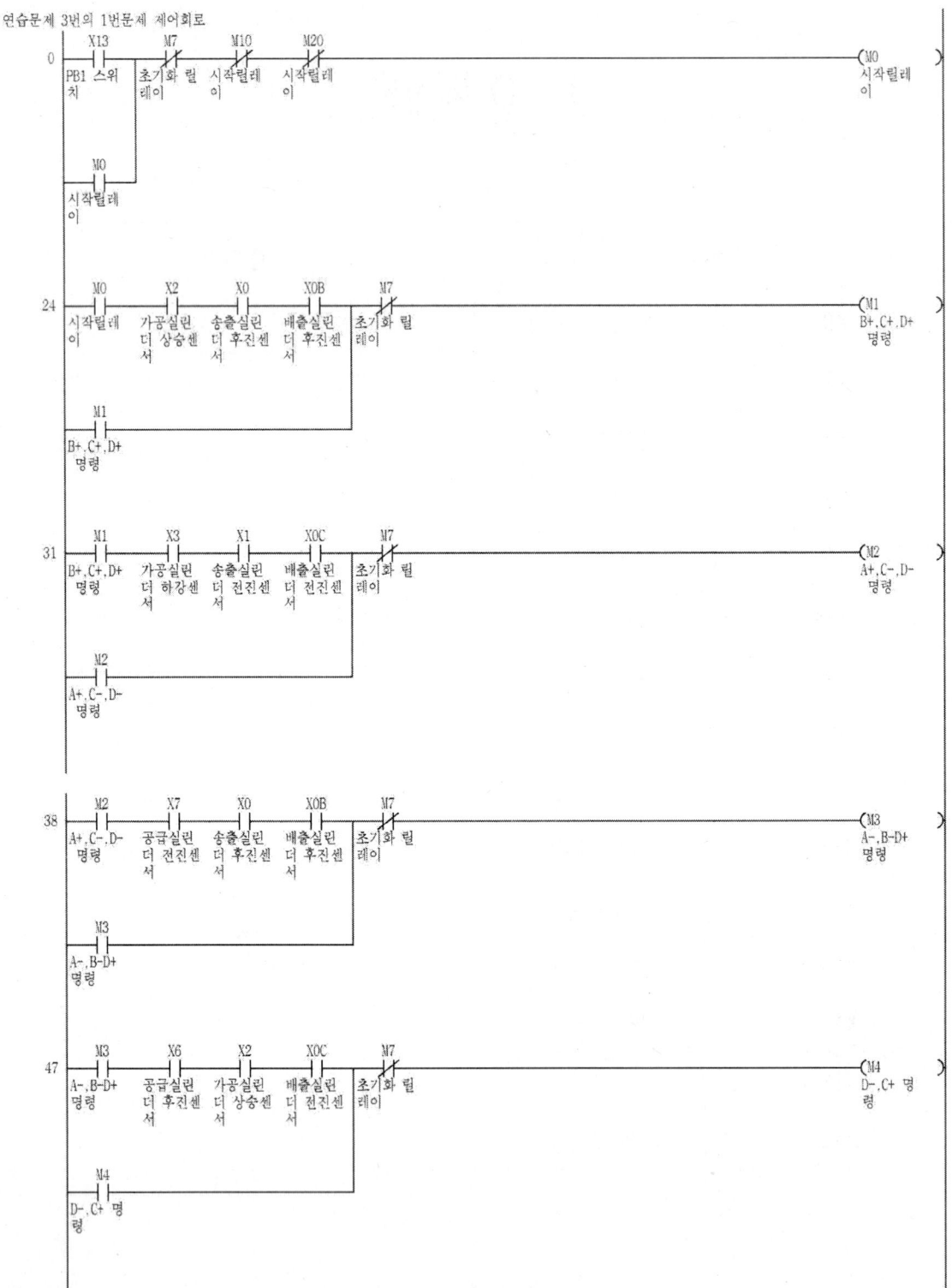

PLC 연습문제 _ 154

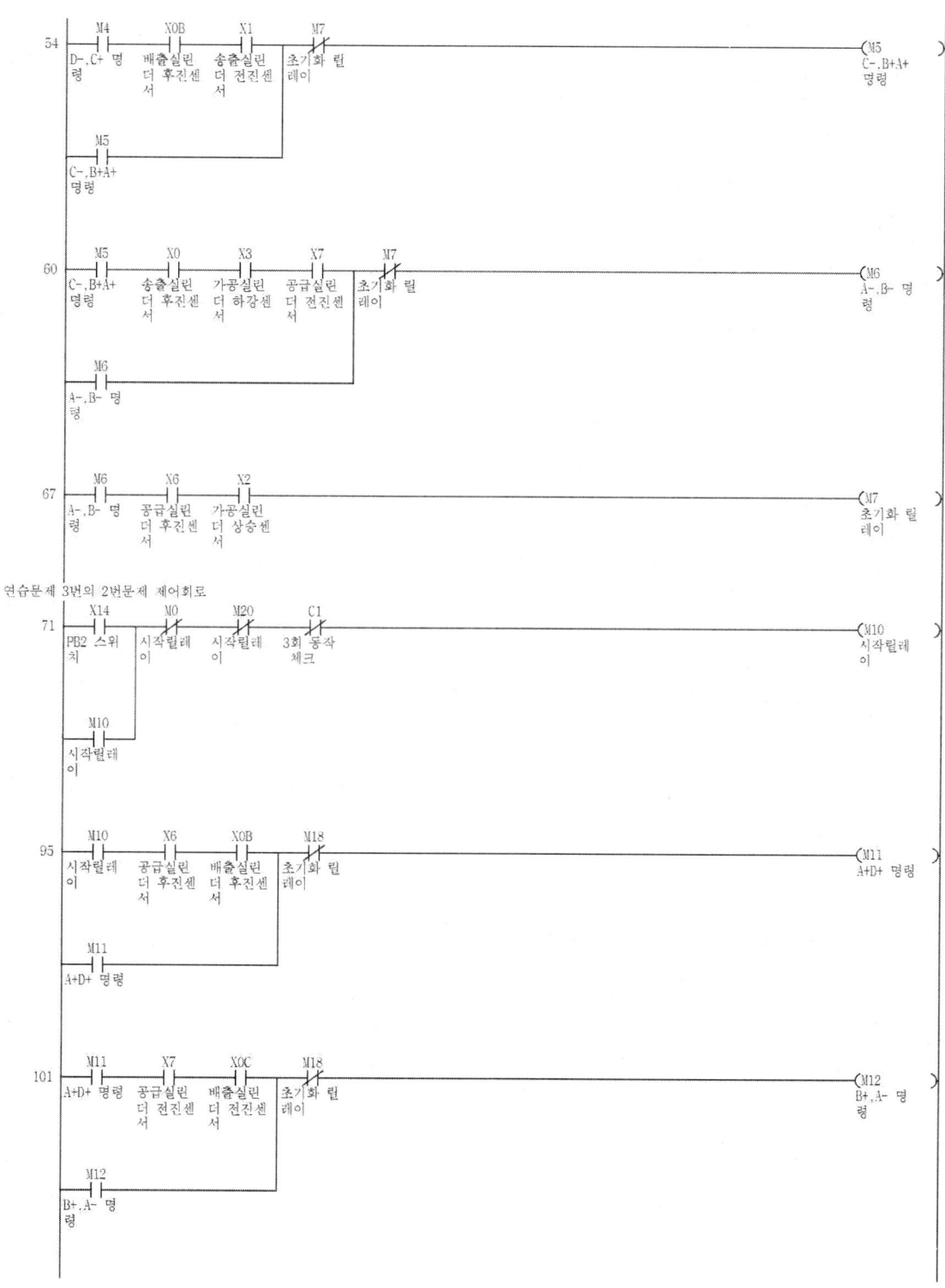

```
107 ──┬─┤M12├──┤X3├──┤X6├──┤/M18├─────────────────────────────(M13)
       │  B+,A-  가공실린 공급실린  초기화 릴                          C+,D- 명
       │  령     더 하강센 더 후진센  레이                            령
       │         서       서
       │
       ├─┤M13├──┤
       │  C+,D- 명
       │  령

113 ──┬─┤M13├──┤X1├──┤X0B├──┤/M18├────────────────────────────(M14)
       │  C+,D- 명 송출실린 배출실린  초기화 릴                        타이머 시
       │  령     더 전진센 더 후진센  레이                            작 및 PL
       │         서       서                                        2 OFF
       │
       ├─┤M14├──┤
       │  타이머 시
       │  작 및 PL
       │  2 OFF

                                                                    K30
119 ───┤M14├──────────────────────────────────────────────────(T10)
       타이머 시                                                      3초 딜레
       작 및 PL                                                       이
       2 OFF

124 ──┬─┤T10├──┤/M18├──────────────────────────────────────────(M15)
       │  3초 딜레  초기화 릴                                          B-,C- 명
       │  이       레이                                               령
       │
       ├─┤M15├──┤
       │  B-,C- 명
       │  령

                                                                    K20
128 ───┤M15├──┤X2├──┤X0├──────────────────────────────────────(T11)
       B-,C- 명 가공실린 송출실린                                      2초 딜레
       령     더 상승센 더 후진센                                      이
              서       서

135 ──┬─┤T11├──┤/M18├──────────────────────────────────────────(M16)
       │  2초 딜레  초기화 릴                                          B+,C+ 명
       │  이       레이                                               령
       │
       ├─┤M16├──┤
          B+,C+ 명
          령
```

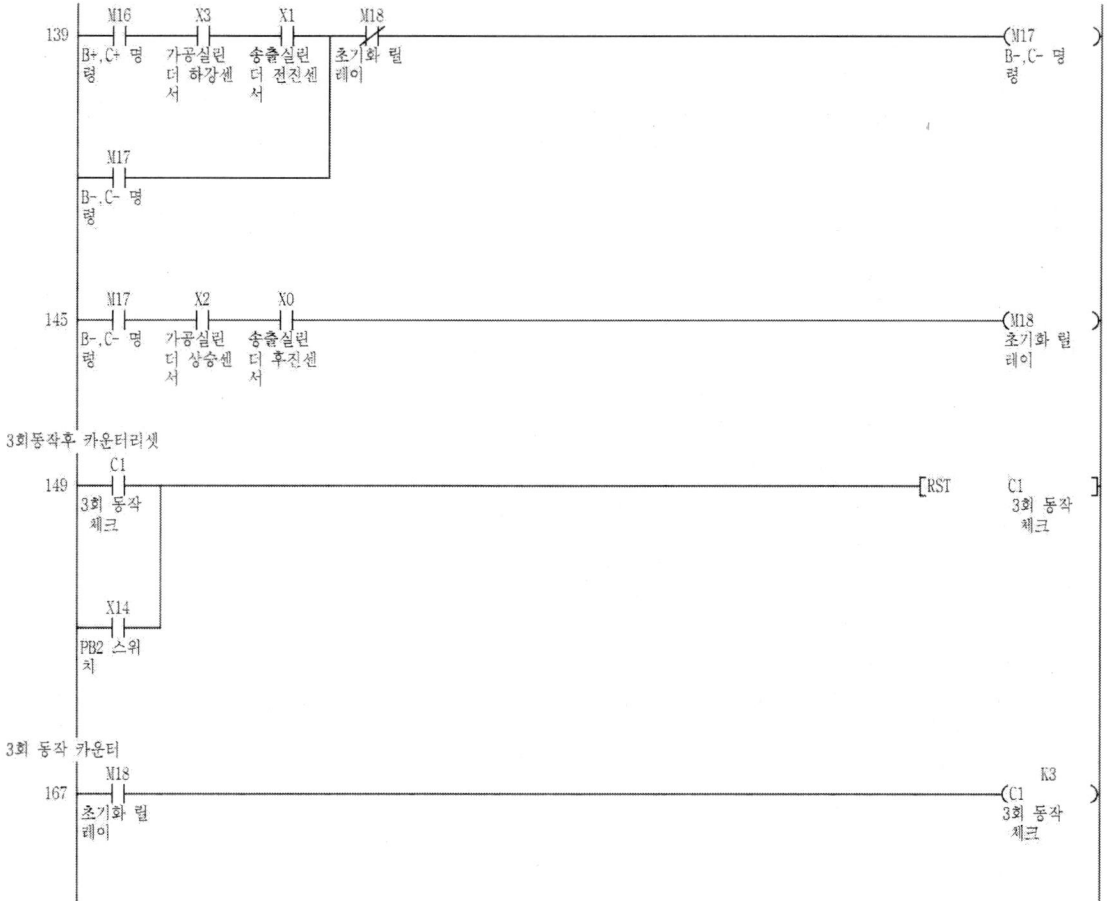

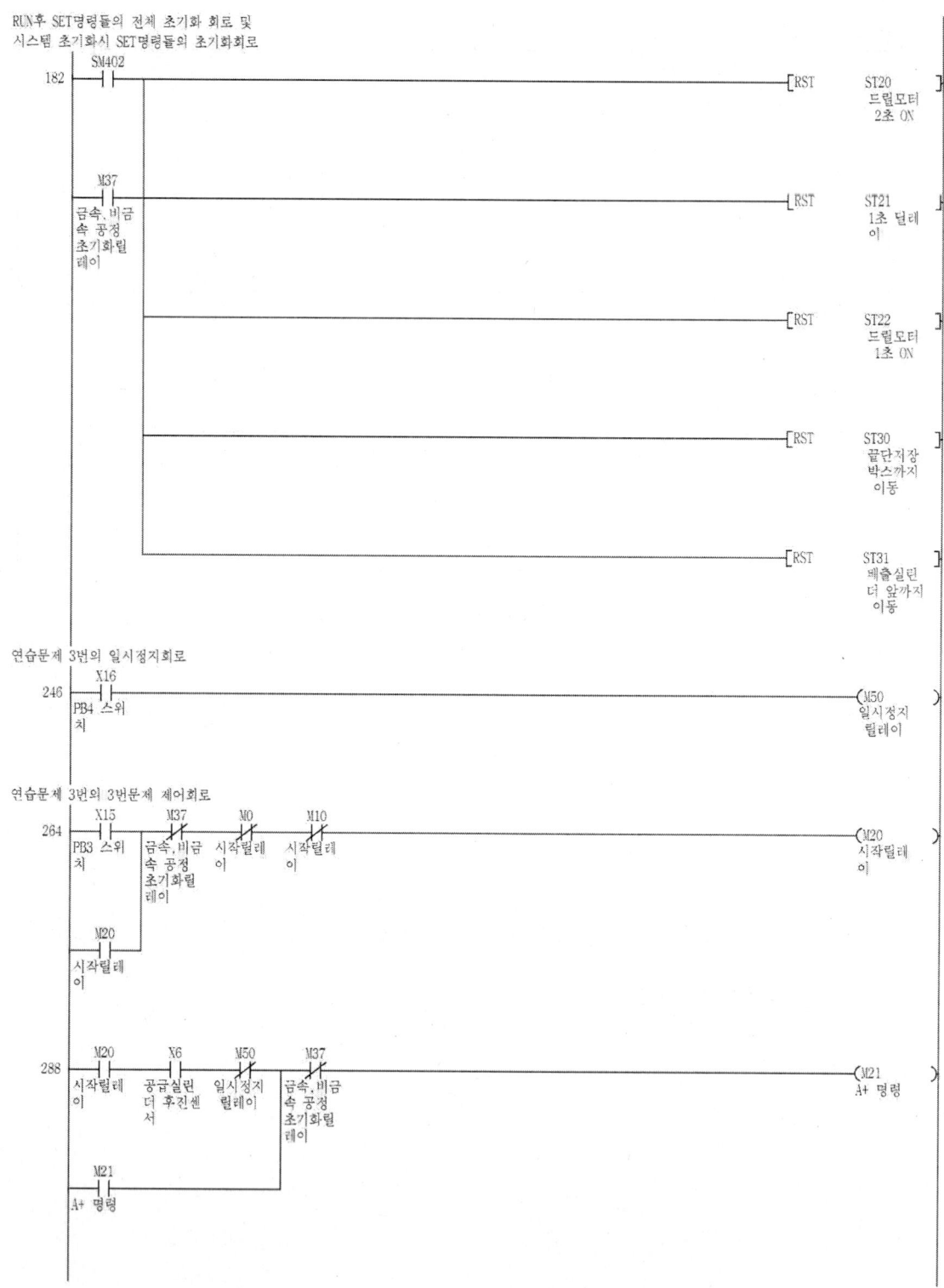

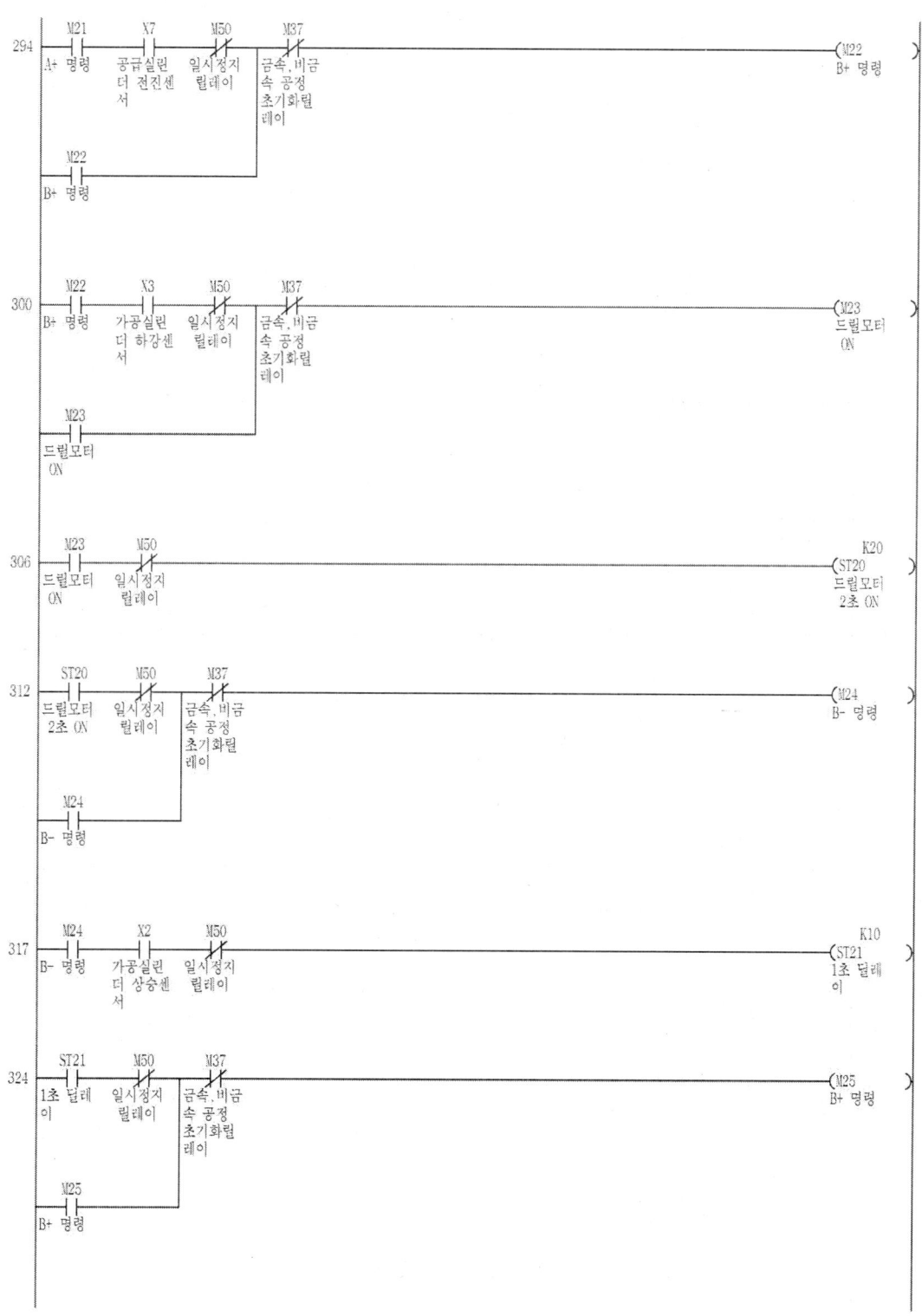

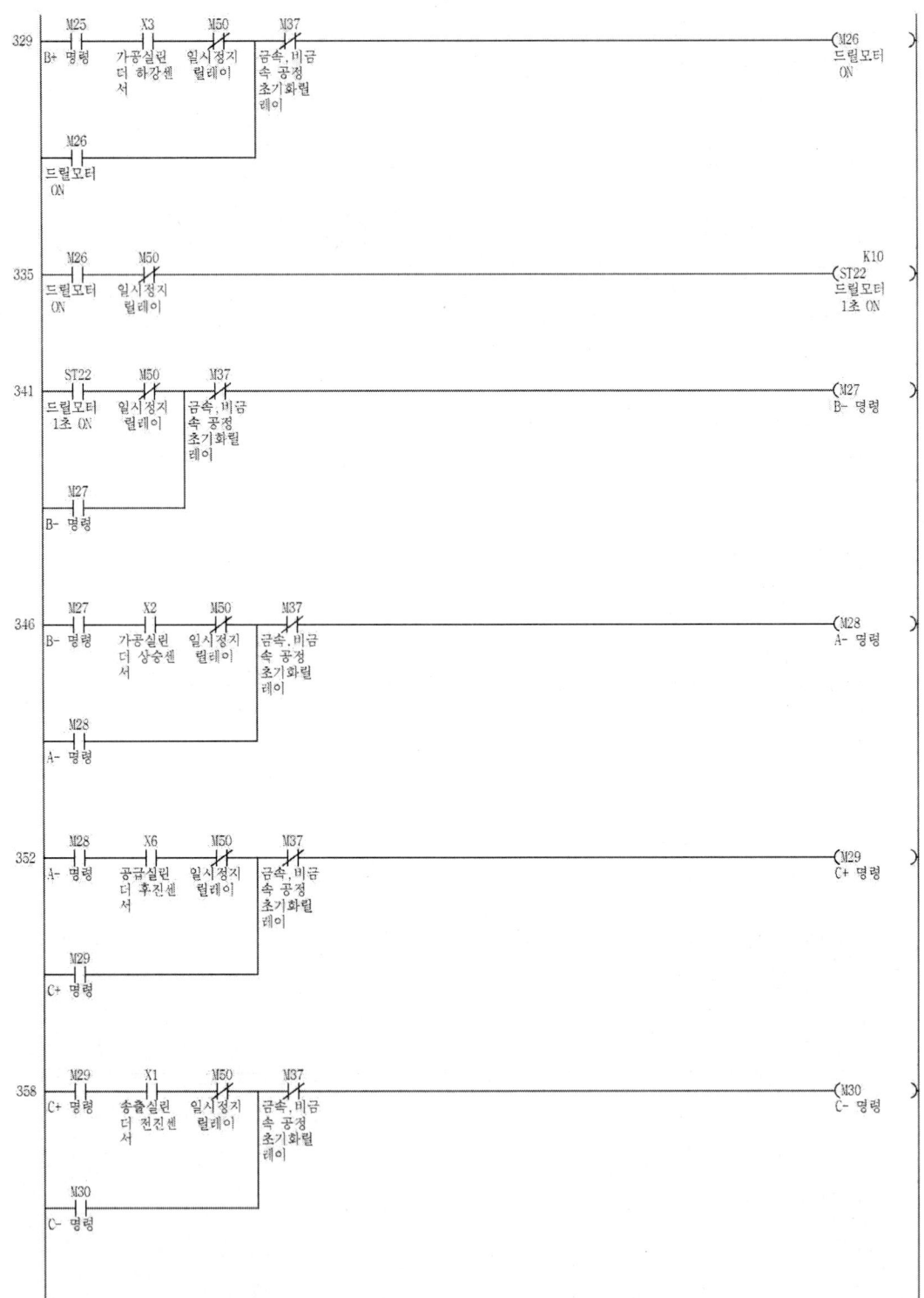

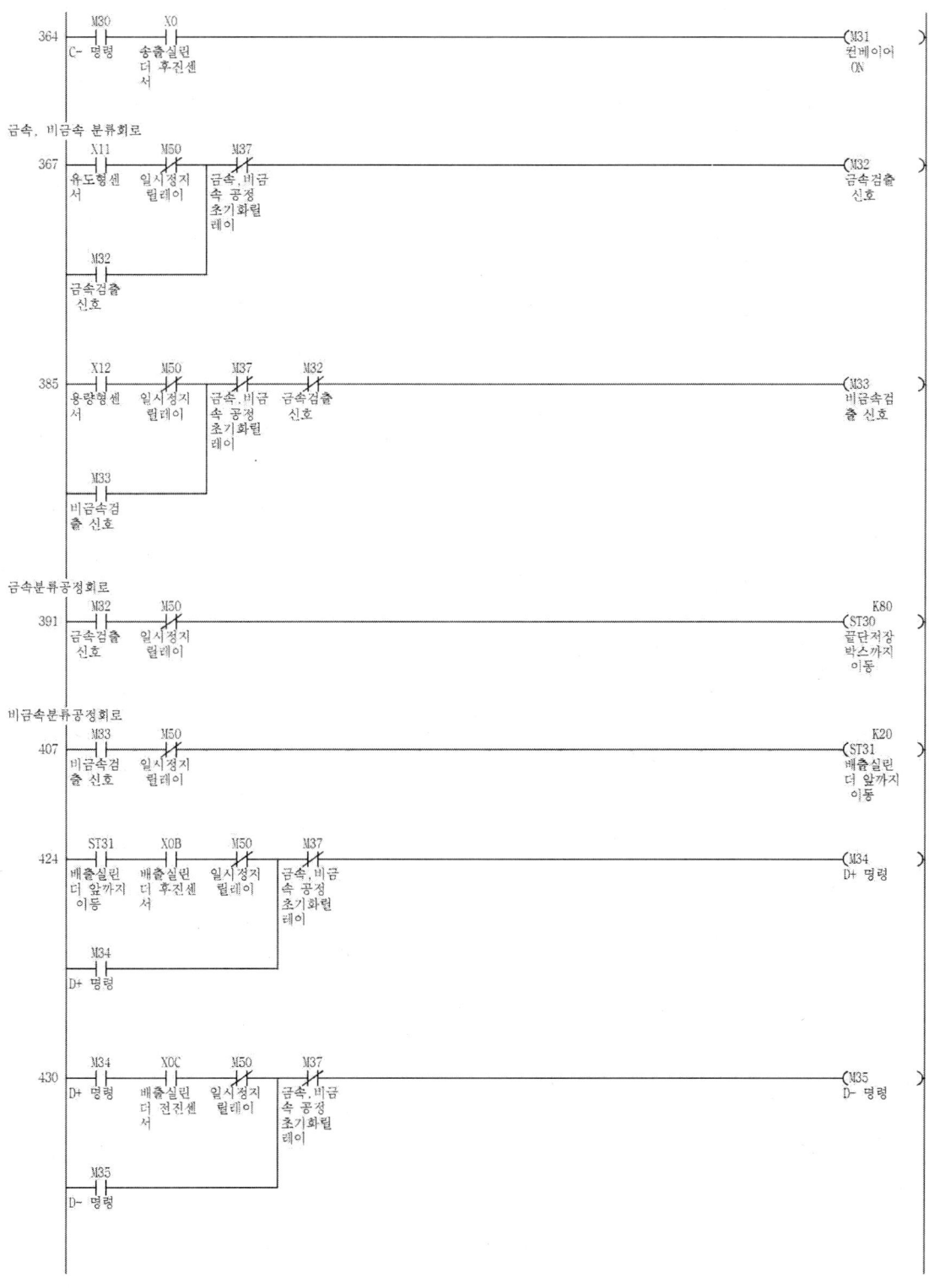

```
        M35      X0B                                                    (M36)
436     ─┤├──────┤├──────────────────────────────────────────────────────
        D- 명령   배출실린                                                  비금속공
                 더 후진센                                                 정 초기화
                 서                                                      릴레이

        ST30                                                            (M37)
439     ─┤├──────────────────────────────────────────────────────────────
        끝단저장                                                            금속,비금
        박스까지                                                            속 공정
        이동                                                              초기화릴
                                                                        레이
        M36
        ─┤├──
        비금속공
        정 초기화
        릴레이

연습문제3번의 출력회로
        M1       M3                                                     (Y29)
442     ─┤├──────┤/├────────────────────────────────────────────────────
        B+,C+,D+ A-,B-D+                                                 가공실린
        명령     명령                                                      더 SOL

        M5       M6
        ─┤├──────┤/├──
        C-,B+A+  A-,B- 명
        명령     령

        M12      M15
        ─┤├──────┤/├──
        B+,A- 명  B-,C- 명
        령       령

        M16      M17
        ─┤├──────┤/├──
        B+,C+ 명  B-,C- 명
        령       령

        M22      M24
        ─┤├──────┤/├──
        B+ 명령   B- 명령

        M25      M27
        ─┤├──────┤/├──
        B+ 명령   B- 명령
```

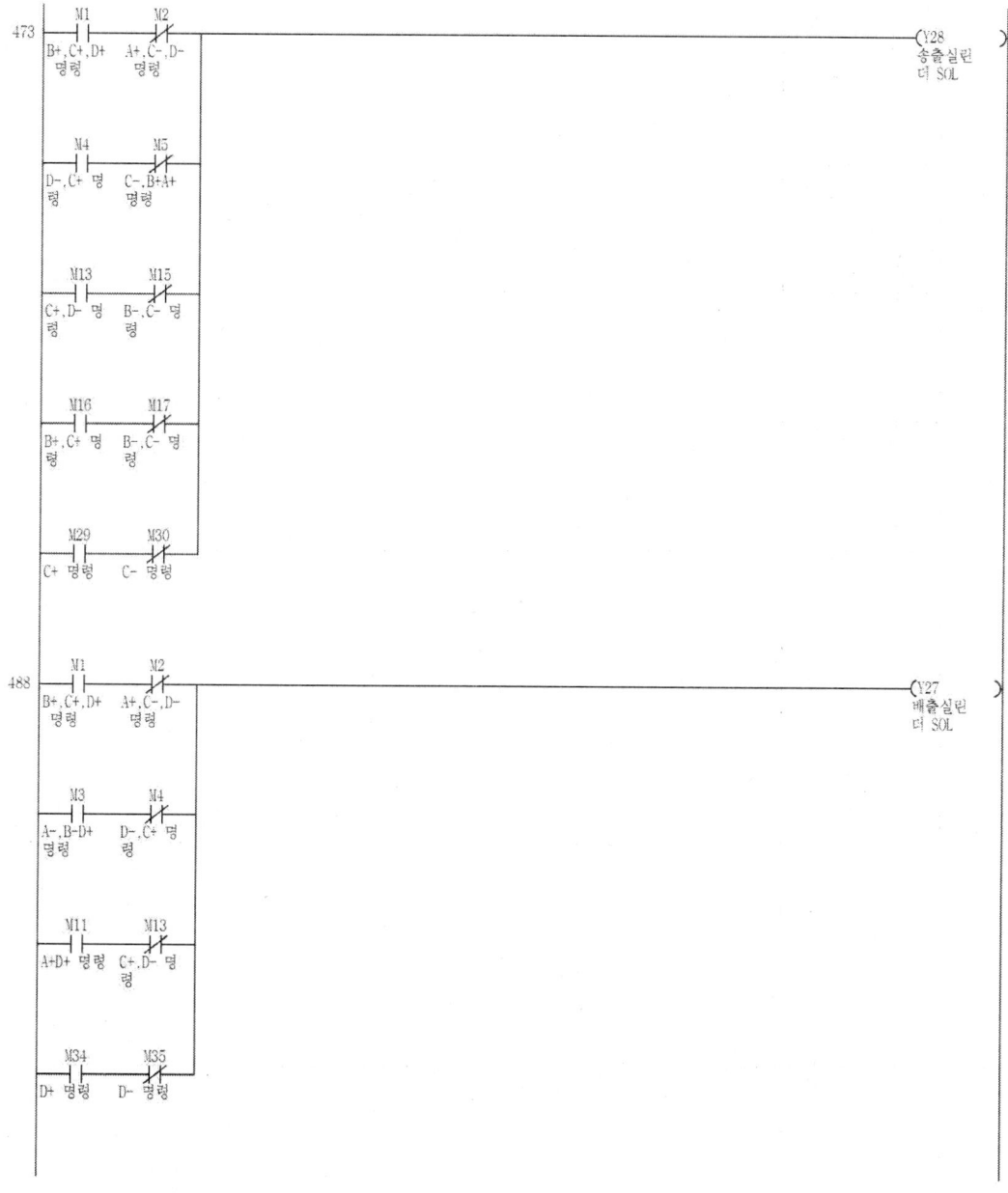

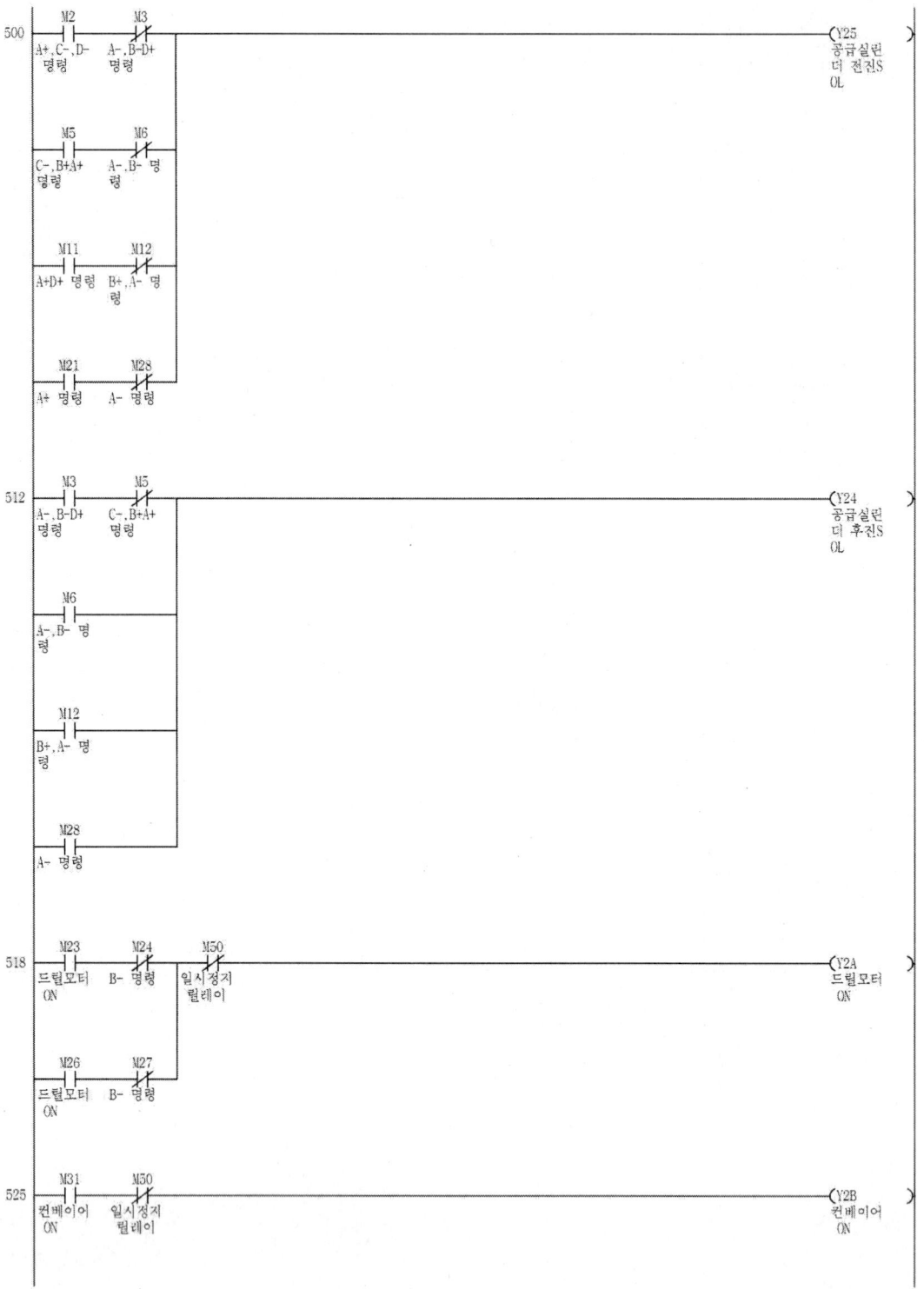

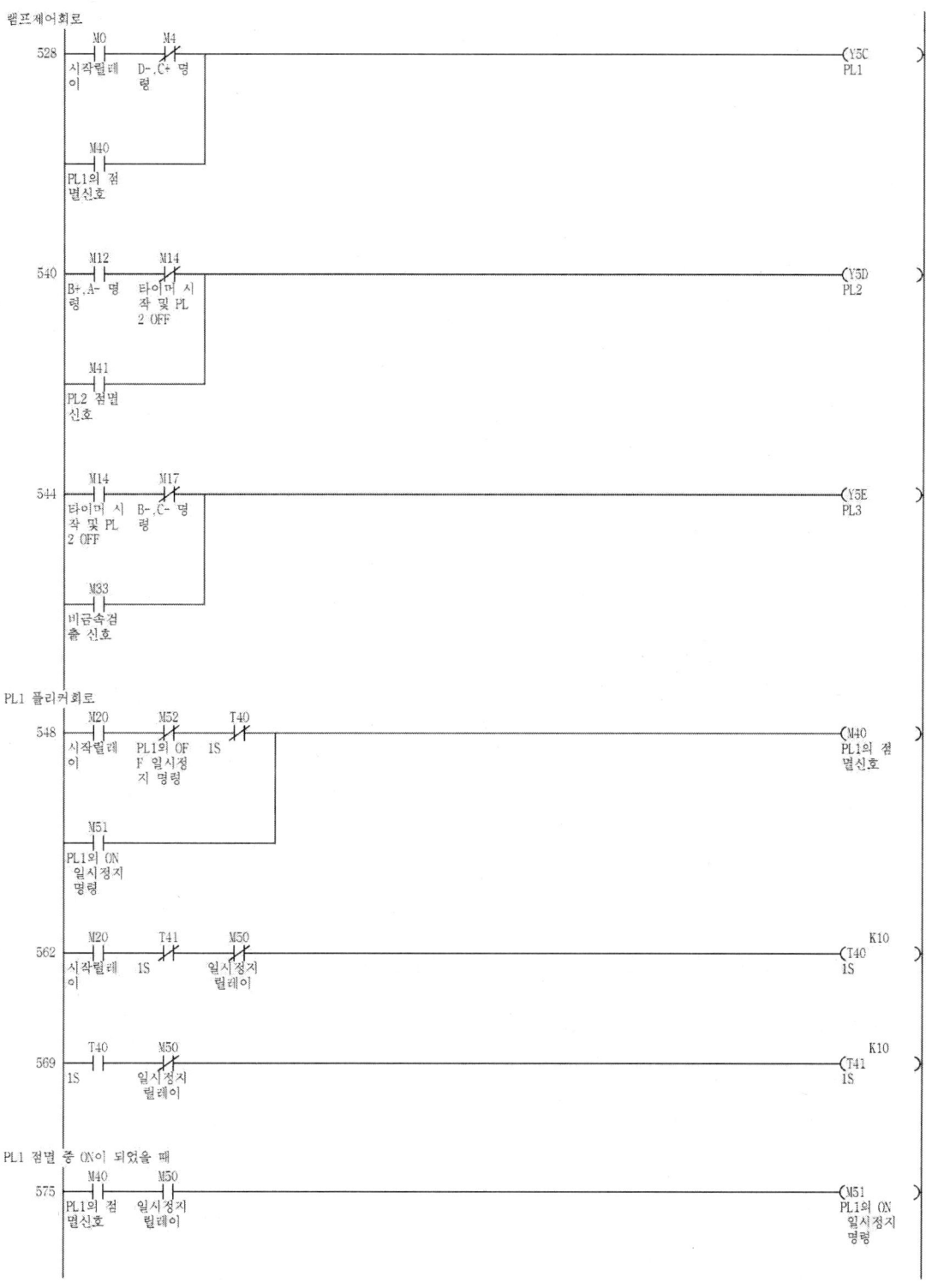

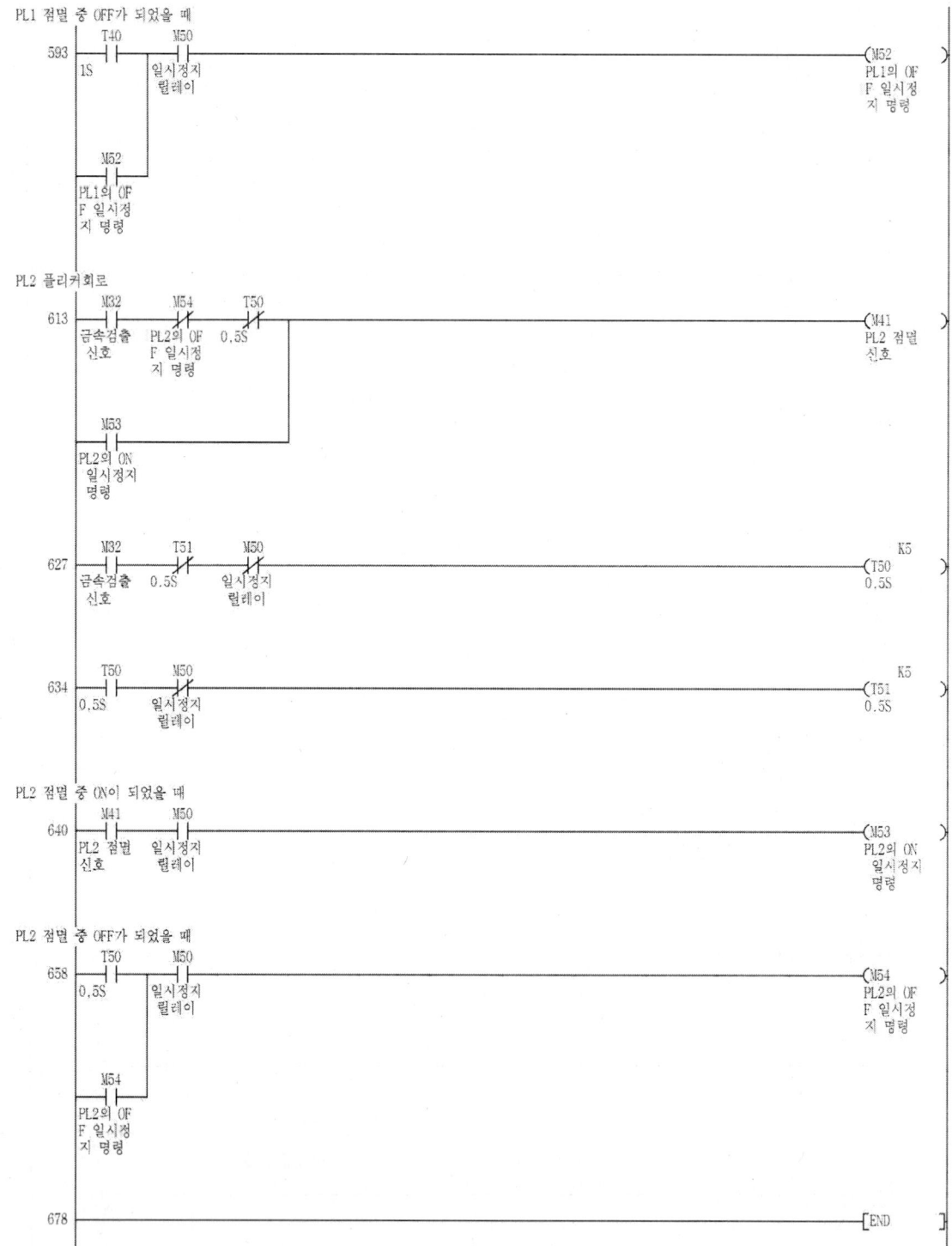

연습문제 4

시퀀스기호

기호	의미	기호	의미
A	공급실린더	B	가공실린더
C	송출실린더	D	배출실린더
+	전진	-	후진

1. PB1을 누르면 아래의 시퀀스를 3회만 동작하십시오.(램프포함)
A+B+ -> 1S -> D+A- -> 1S -> C+D-B- -> 1S -> C-B+D+ -> 1S -> B-D-A+ -> 1S -> C+D+ -> 1S -> A-C-B+ -> 1S -> B-D-

- PL1은 시작과 동시에 0.5초 간격으로 점멸하고 3회 동작이 완료되면 점등을 유지한다. 다시 시작할 경우 다시 점멸해야 한다.
- PL2는 시작과 동시에 점등하고 3회 동작이 완료되면 0.5초 간격으로 점멸한다. 다시 시작할 경우 다시 점등되야 한다.

2. PB2를 누르면 아래의 분류동작을 연속하여 하십시오.
A+ -> B+ -> 드릴모터ON 2초 -> B- -> A- -> C+ -> C- -> 컨베이어 ON

금속 : 끝단으로 배출
비금속 : 배출실린더를 이용하여 옆으로 배출
금속 3번째 물품이 배출되면 정지
비금속 2번째 물품이 배출되면 나머지 비금속 모두 끝단으로 배출

PB3를 누르면 모든시스템이 일시정지하며 5초 후 멈추었던 동작부터 다시 실행한다.
PB4를 누르면 공급실린더를 제외한 모든 실린더가 전진하고 3초후에 후진하며 초기화한다.

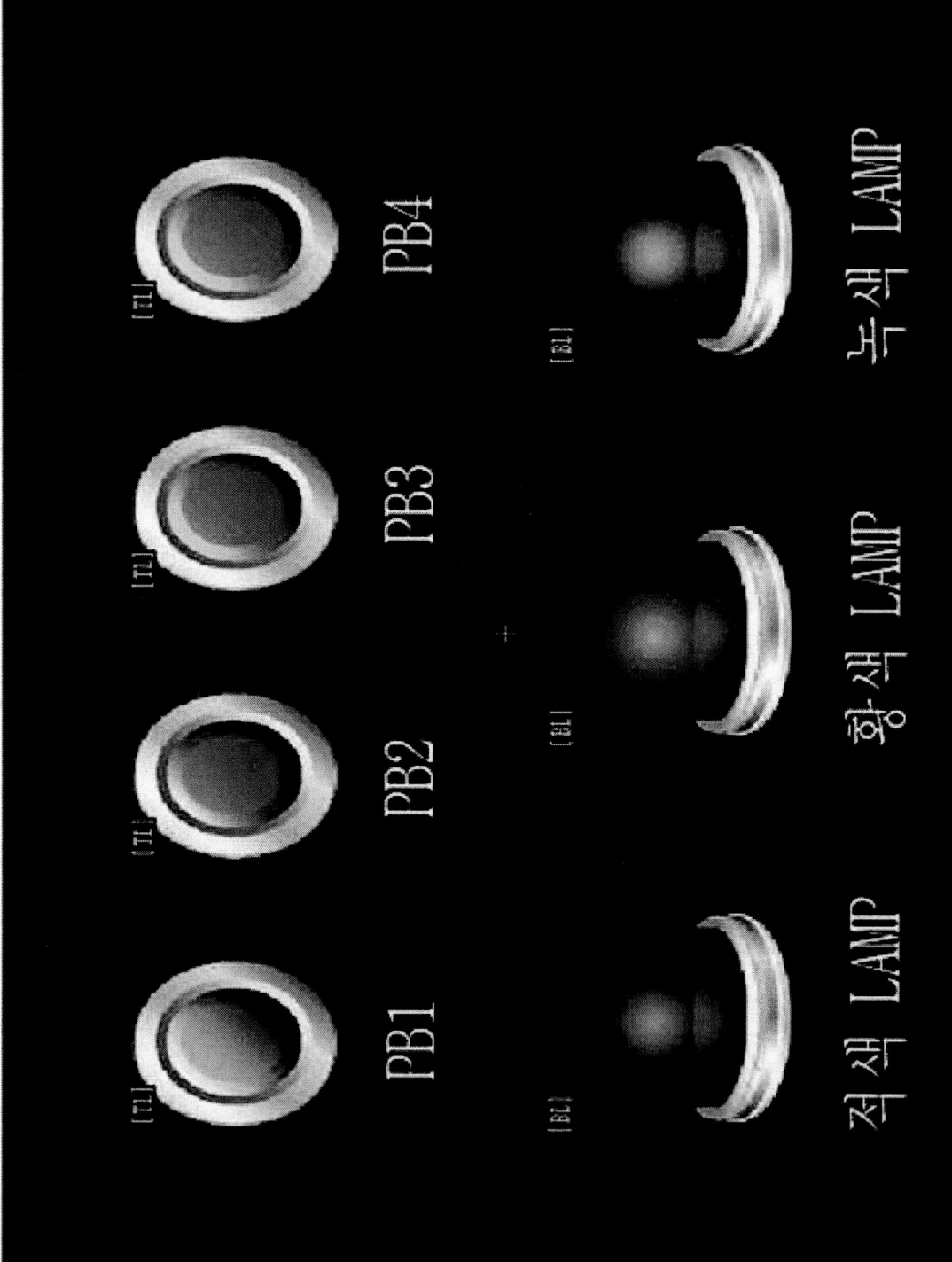

I / O 배선도

입력(X)		출력(Y)	
X0	송출실린더 후진센서	Y25	공급실린더 전진SOL
X1	송출실린더 전진센서	Y24	공급실린더 후진SOL
X2	가공드릴 상승센서	Y27	배출실린더 SOL
X3	가공드릴 하강센서	Y28	송출실린더 SOL
X6	공급실린더 후진센서	Y29	가공실린더 SOL
X7	공급실린더 전진센서	Y2A	가공모터 ON
X9	공급워크 감지센서	Y2B	컨베이어ON
XB	배출실린더 후진센서	Y5C	PL1(적색)
XC	배출실린더 전진센서	Y5D	PL2(황색)
X11	유도형센서(금속)	Y5E	PL3(녹색)
X12	용량형센서(비금속)		
X13	PB1 스위치		
X14	PB2 스위치		
X15	PB3 스위치		
X16	PB4 스위치		

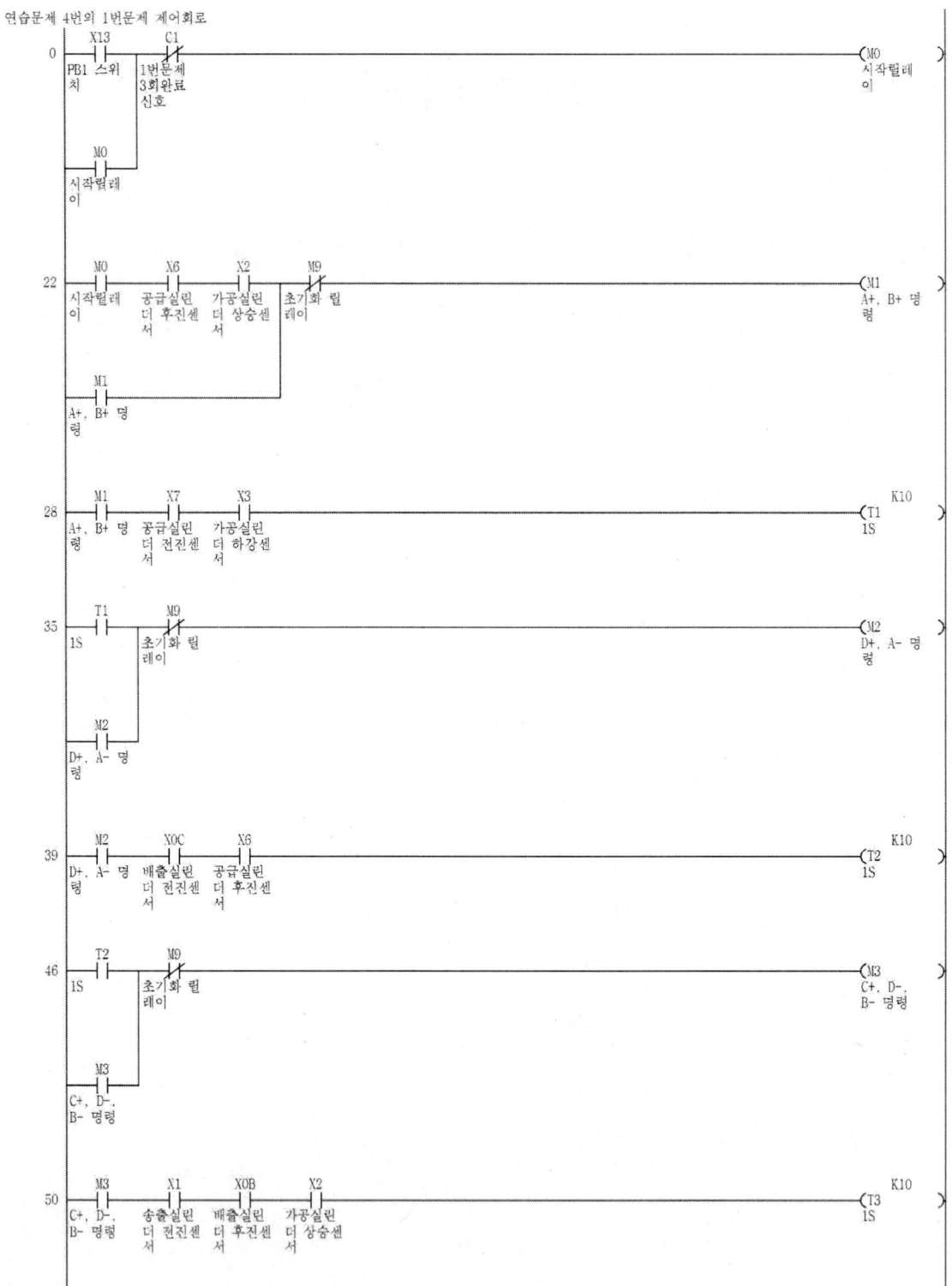

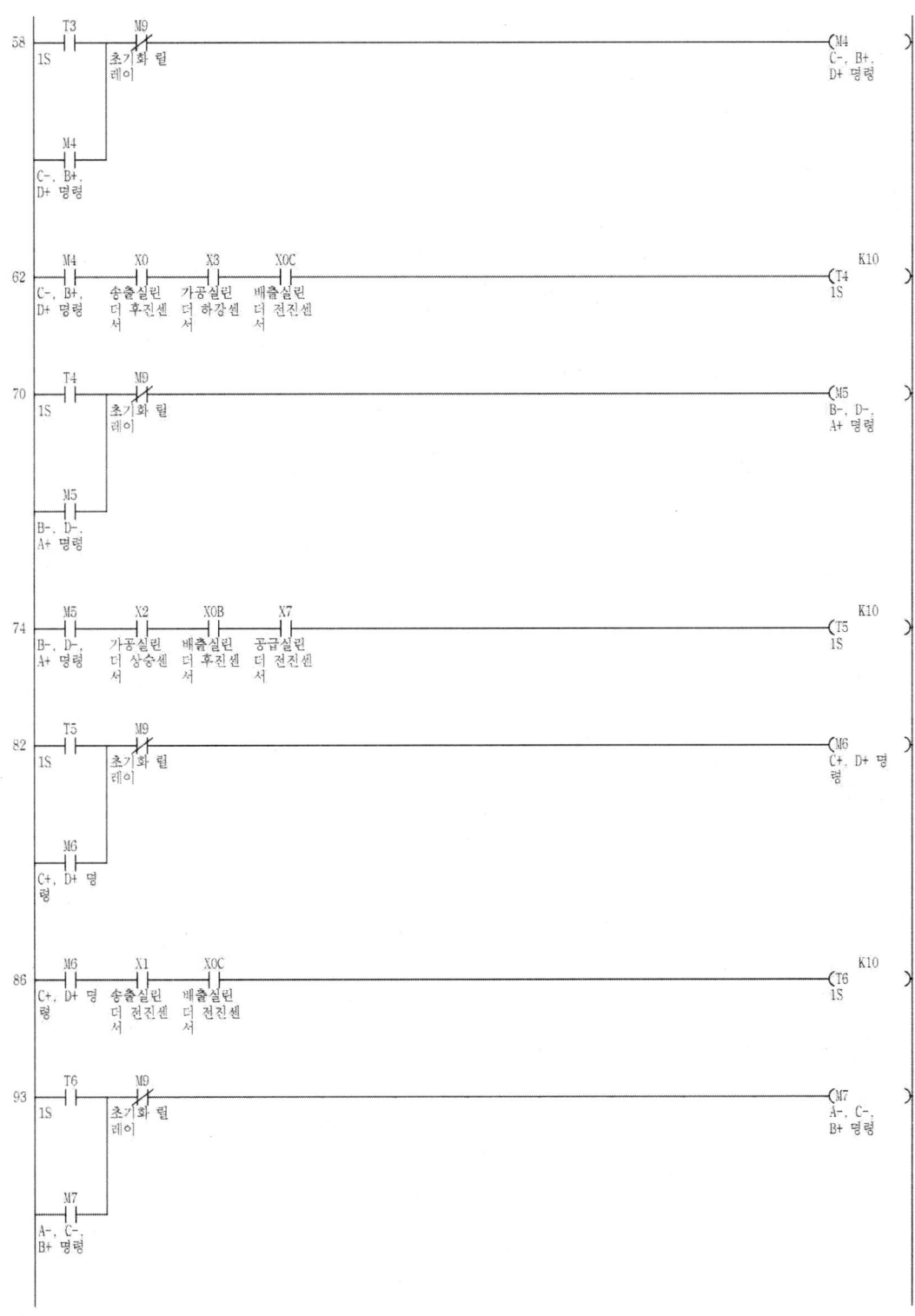

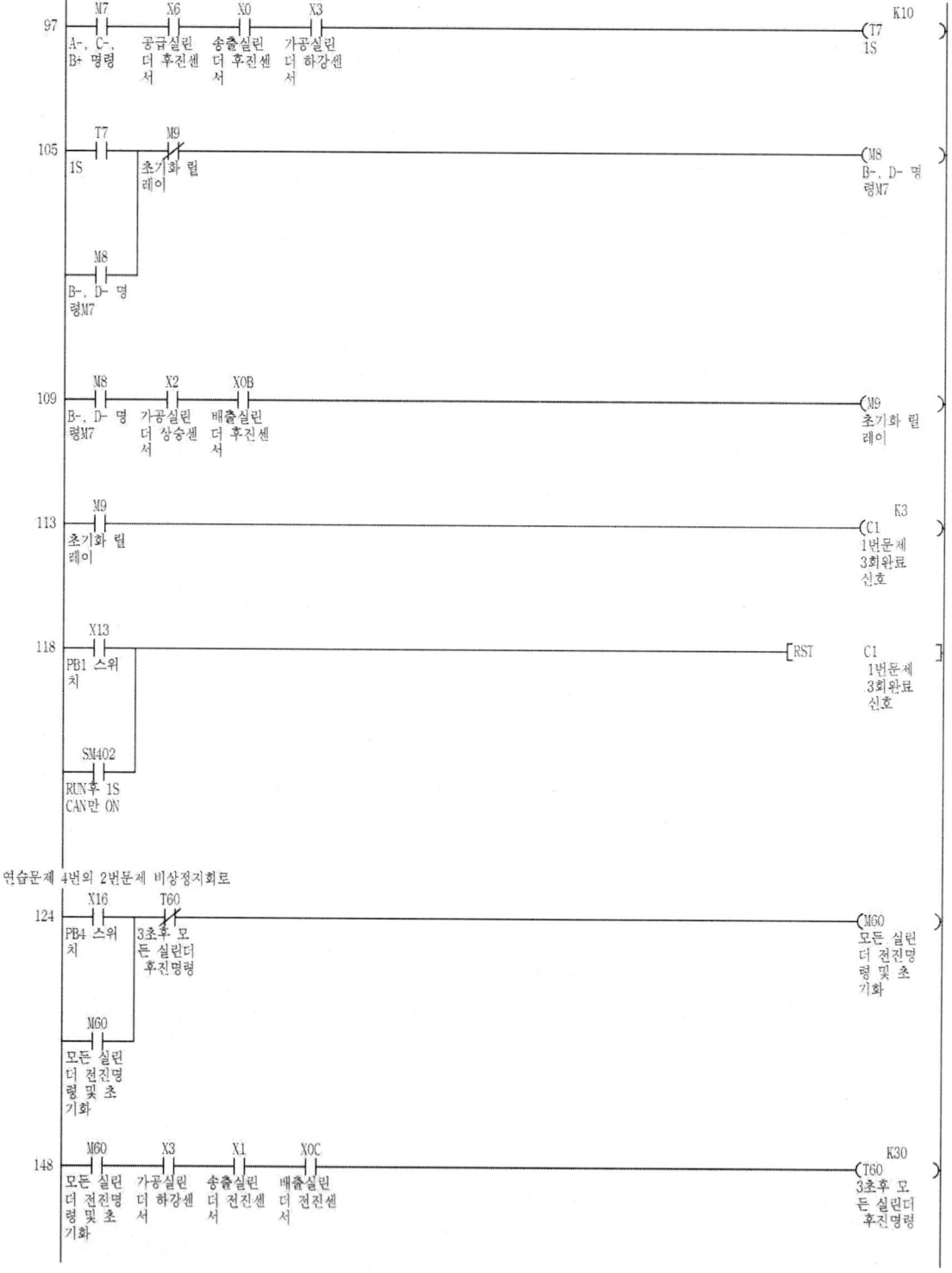

제어회로내의 적산타이머 초기화회로

```
         M25
156  ────┤├──────────────────────────────────[RST  ST10 ]
      금속,비금                                    드릴모터
      속 초기화                                    2초 ON
      릴레이

         M60
     ────┤├──────────────────────────────────[RST  ST20 ]
      모든 실린                                    끝단 저장
      더 전진명                                    박스까지
      령 및 초                                     이동
      기화

        SM402
     ────┤├──────────────────────────────────[RST  ST21 ]
     RUN후 1S                                    배출실린
     CAN만 ON                                    더 앞까지
                                                이동
         X14
     ────┤├──
      PB2
```

마스터컨트롤 명령

```
         M60
191  ────┤├──────────────────────────────[MC    N1    M70]
      모든 실린
      더 전진명
      령 및 초
      기화
```

```
N1 ── M70
```

연습문제 4번의 2번문제 일시정지회로

```
         X15       T50
205  ────┤├───────┤/├────────────────────────────(M50 )
      PB3 스위                                    일시정지
      치                                          릴레이

         M50
     ────┤├──
      일시정지
      릴레이
```

일시정지 후 5초후에 일시정지 해제 회로

```
         M50                                        K50
229  ────┤├──────────────────────────────────────(T50 )
      일시정지
      릴레이
```

연습문제 4번의 2번문제 제어회로

```
         X14       C20
255  ────┤├───────┤├──────────────────────────────(M10 )
      PB2      금속 3번                            시작릴레
                째 물품                            이
                배출신호

         M10
     ────┤├──
      시작릴레
      이
```

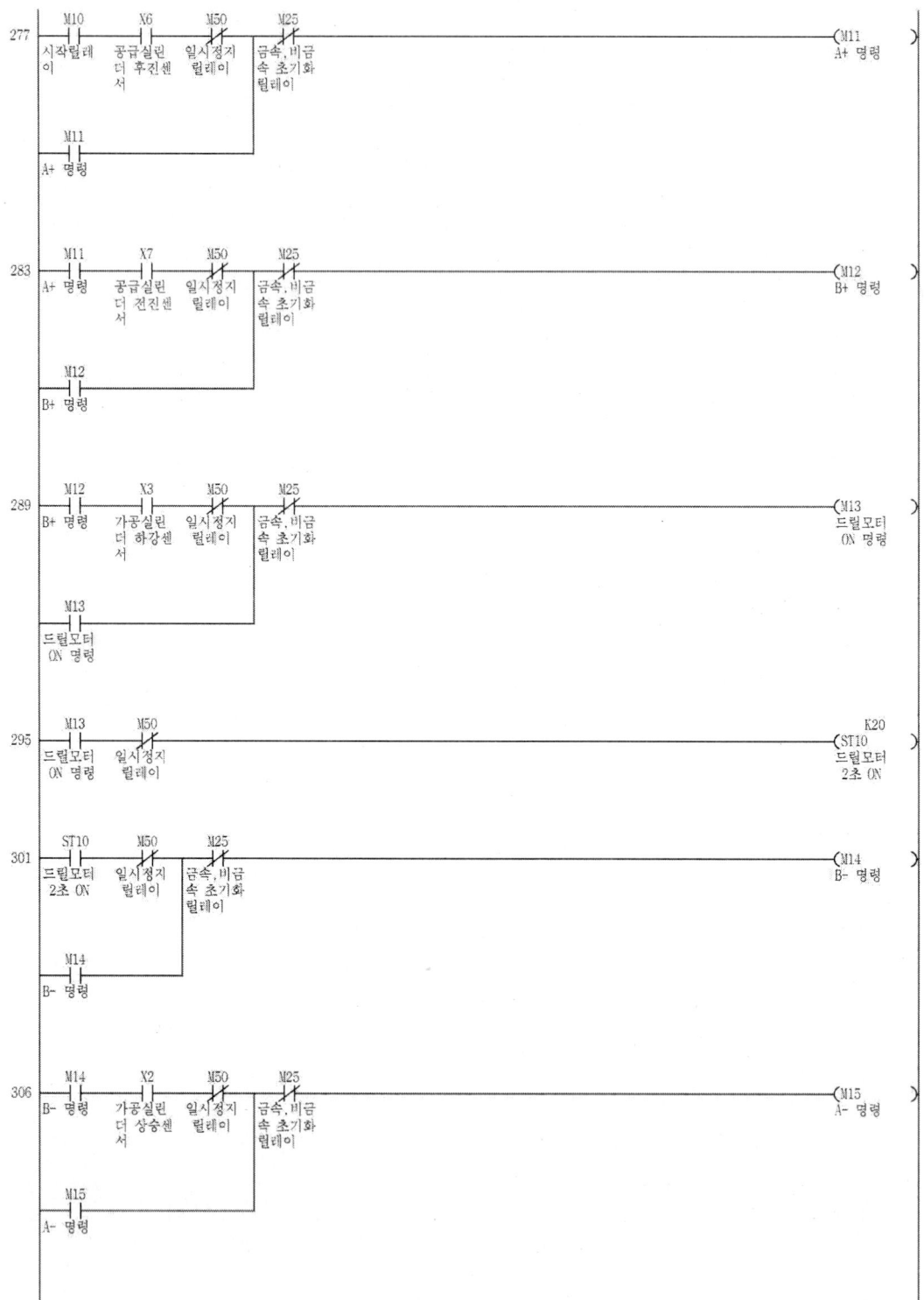

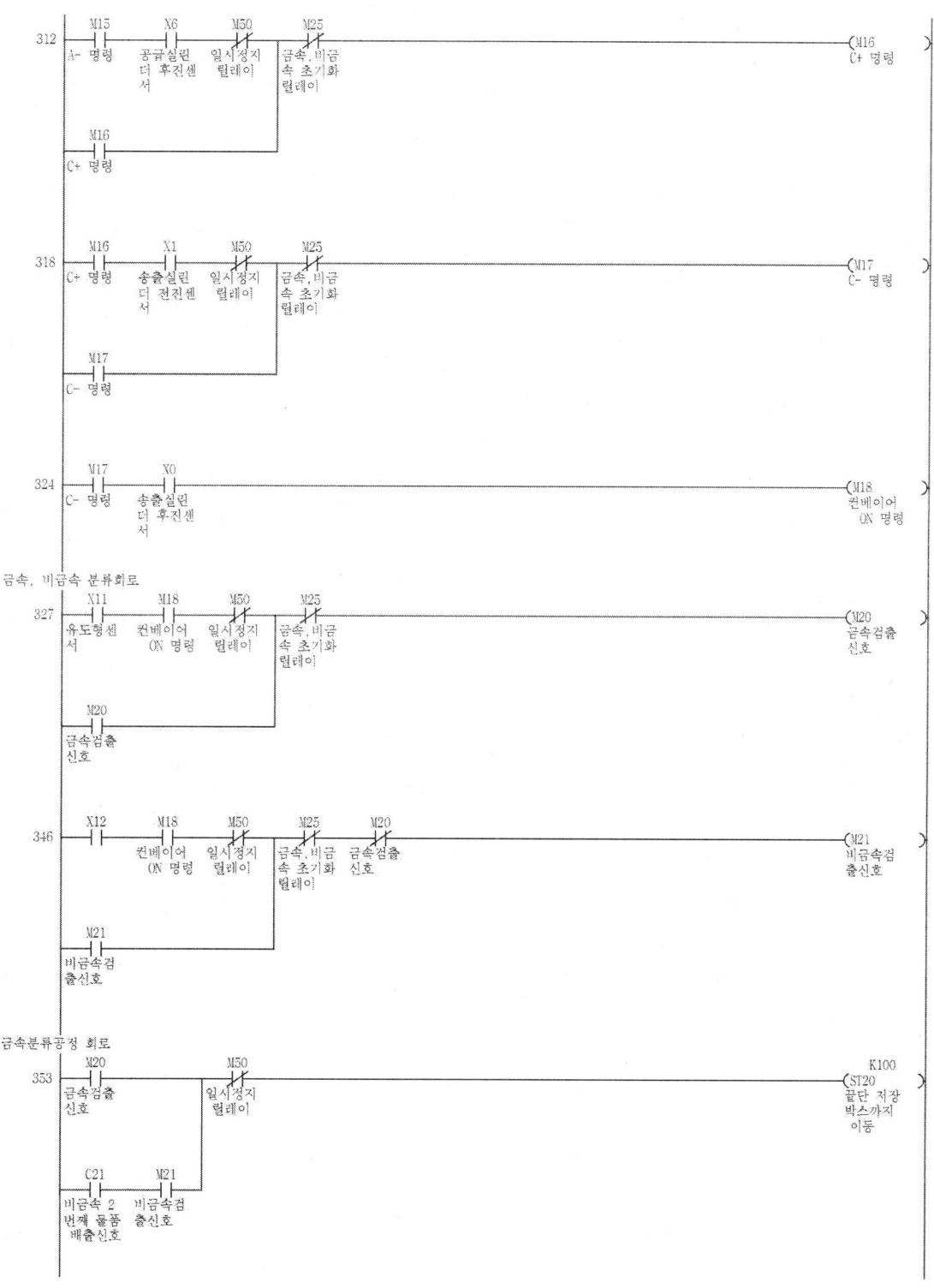

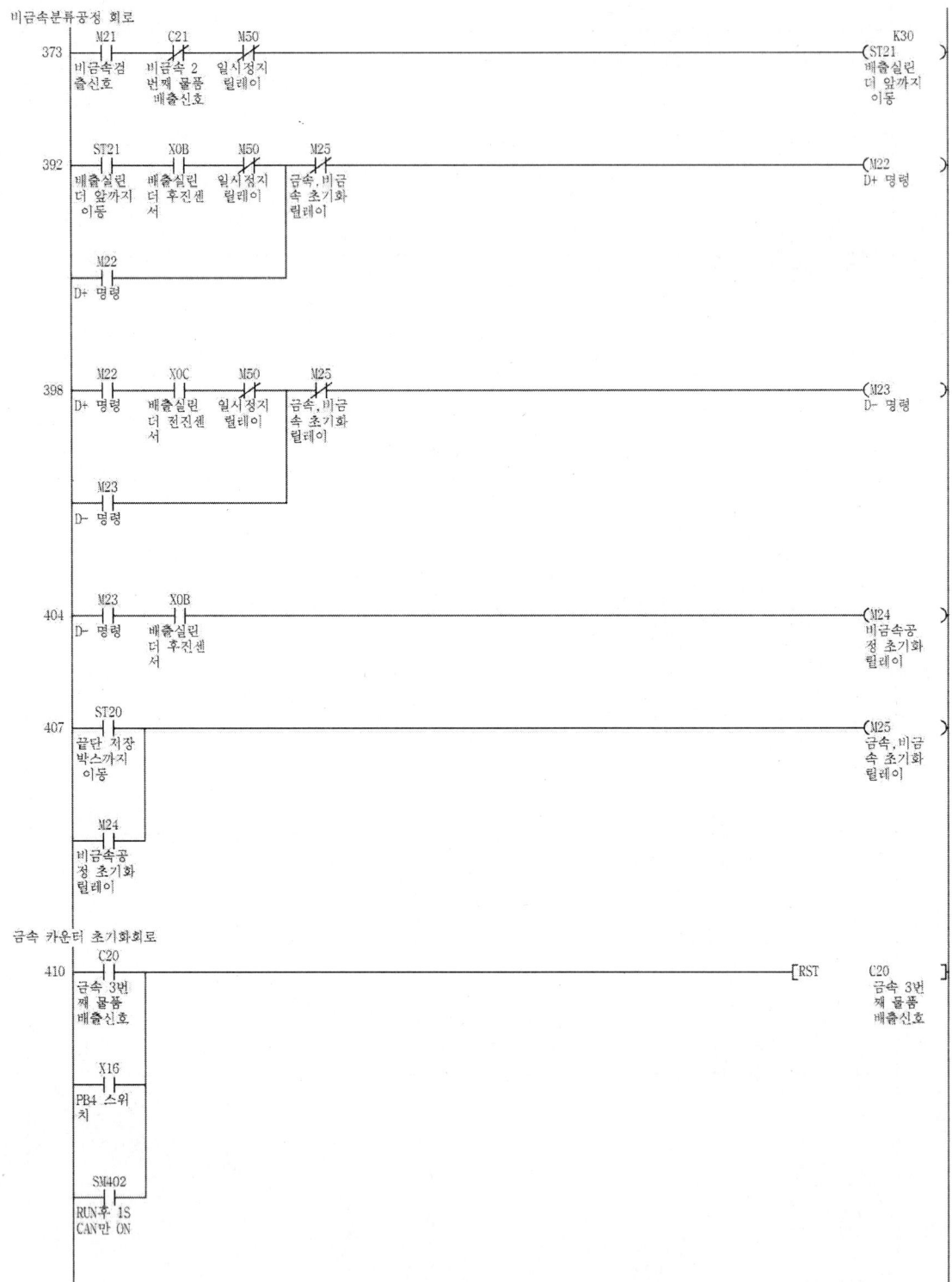

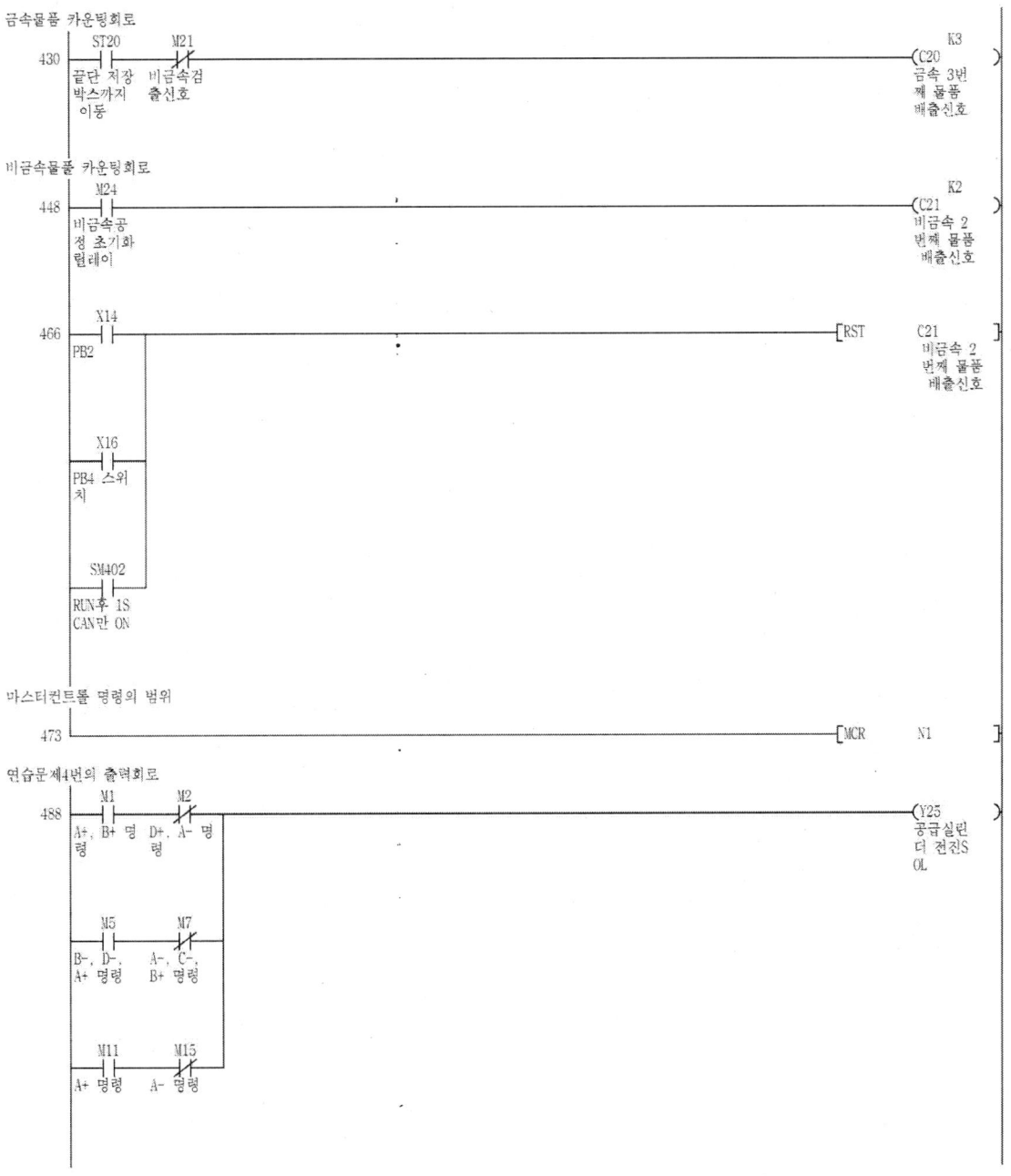

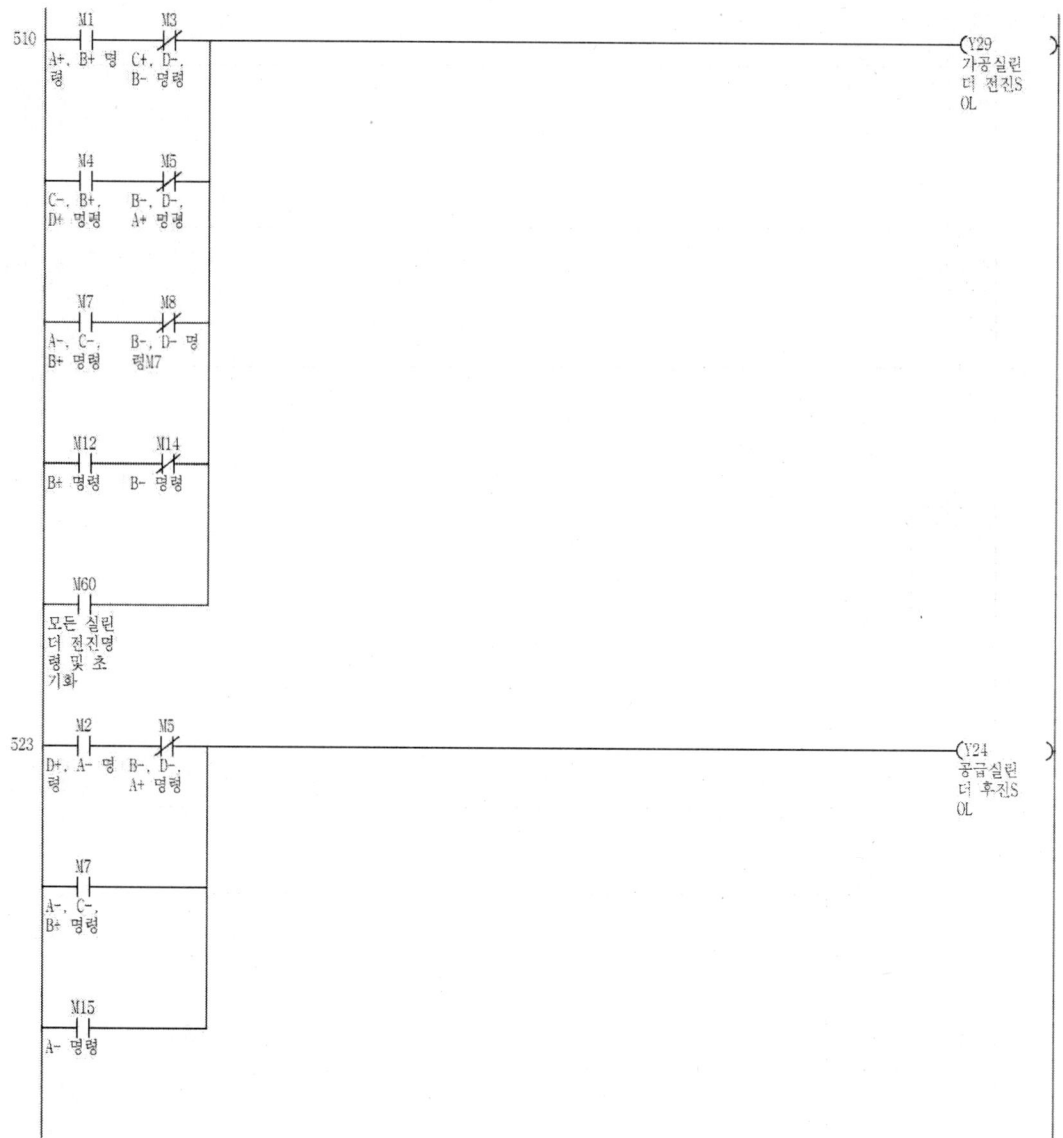

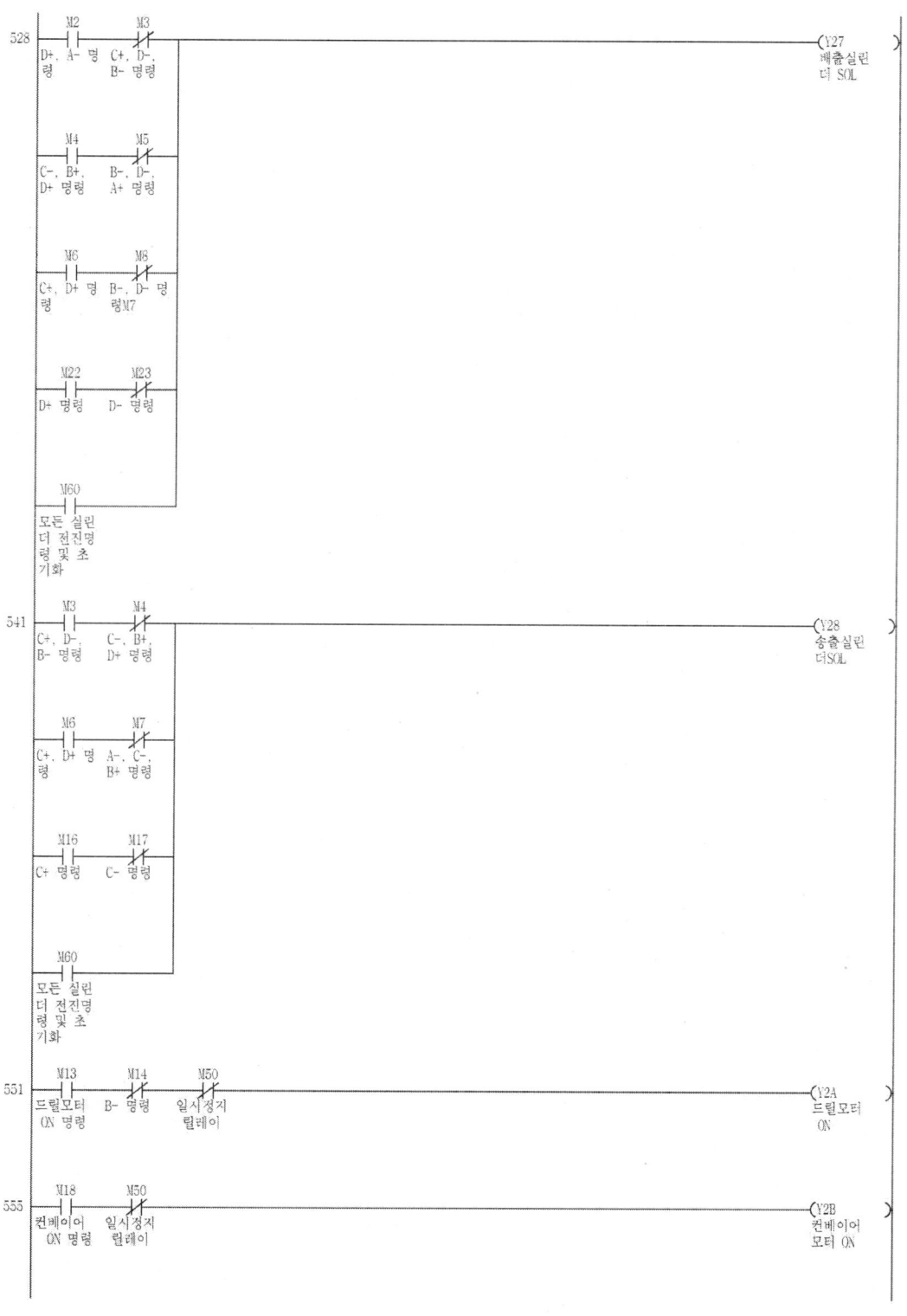

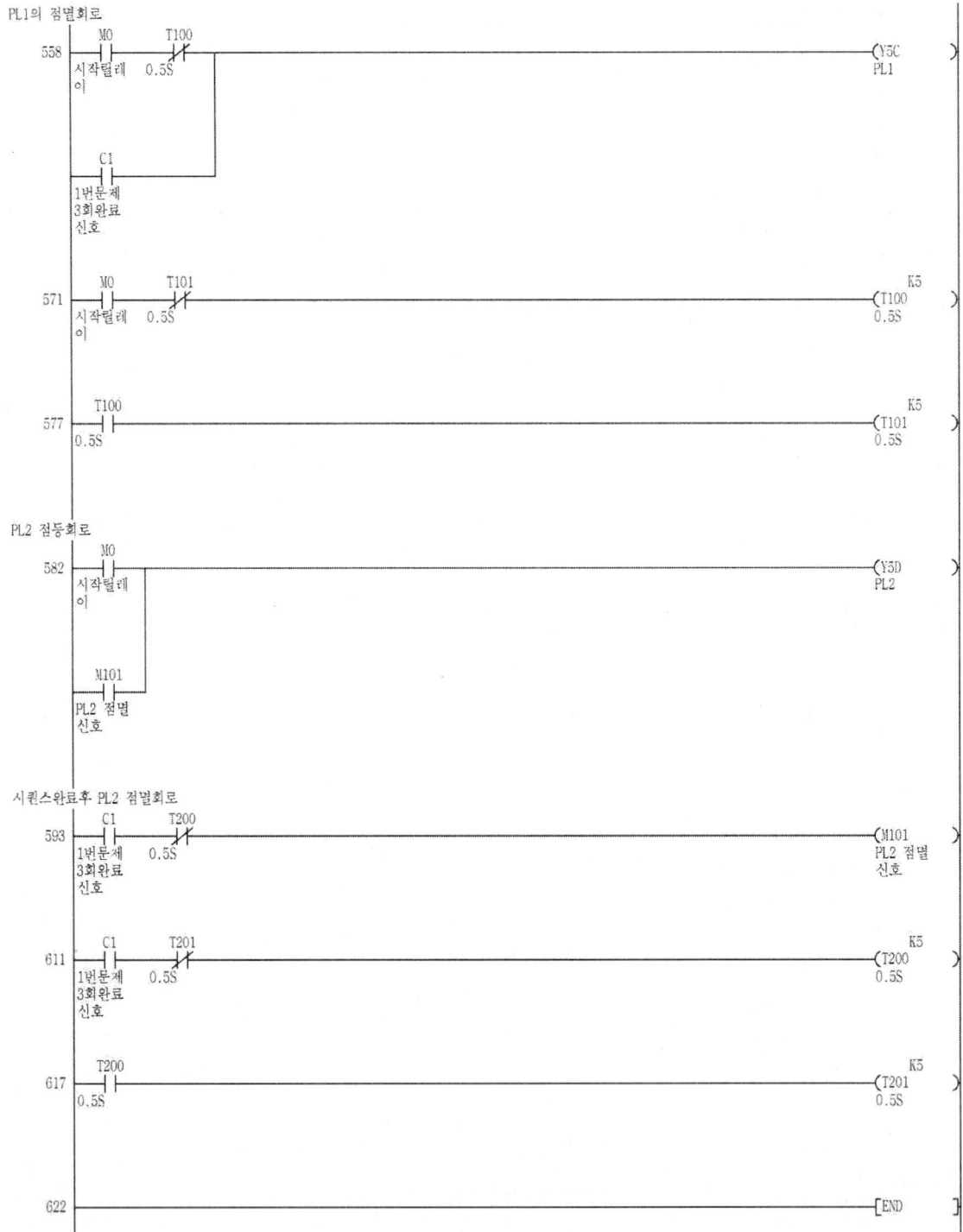

연습문제 5

아래의 제어조건에 따른 동작을 수행하십시오.

1. PB1을 누르면 공급실린더전진 -> 가공실린더하강 -> 드릴3초간작업 -> 가공실린더상승 -> 공급실린더후진 -> 송출실린더전진 -> 송출실린더후진 -> 컨베이어벨트 ON

2. 금속은 컨베이어벨트를 이용하여 끝단으로 배출되며, 비금속은 배출실린더를 이용하여 옆으로 배출된다.

3. 금속이 3번 배출되면 시스템이 종료되고, 비금속이 4번 배출되면 시스템이 종료된다.

4. PB2를 누를 때마다 FND의 숫자가 3씩 증가한다.
   30이 되었을 때 드릴모터ON되며, 60이 되었을 때 컨베이어벨트가 ON된다.
   PB3를 누를 때마다 FND의 숫자가 3씩 감소한다.
   (단, FND는 최소 0, 최대 60값을 넘어갈 수 없다.)

5. PB4를 누르면 서보모터가 30000펄스값으로 상승하며,
   PB5를 누르면 서보모터가 20000펄스값으로 하강한다.

6. 정지버튼을 누르면 모든 동작은 일시정지하며, 정지버튼을 해제하면 일시정지했던 시퀀스부분부터 다시 시작한다. 비상정지버튼을 누르면 시스템이 즉시초기상태로 돌아간다.
   (단, 비상정지버튼을 해제해야만 시퀀스를 다시 시작할 수 있다.)

7. 물품감지디스플레이는 초기상태에는 "감지대기"를 표시하며, 금속이 3번 배출되어 정지되면 "금속완료"를 표시하고, 비금속이 4번 배출되어 정지되면 "비금속완료"를 표시한다.

8. 금속이 검출되면 적색램프가 1초간격으로 점멸을 하며, 배출 후 소등된다.
   비금속이 검출되면 황색램프가 1초간격으로 점멸을 하며, 배출 후 소등된다.

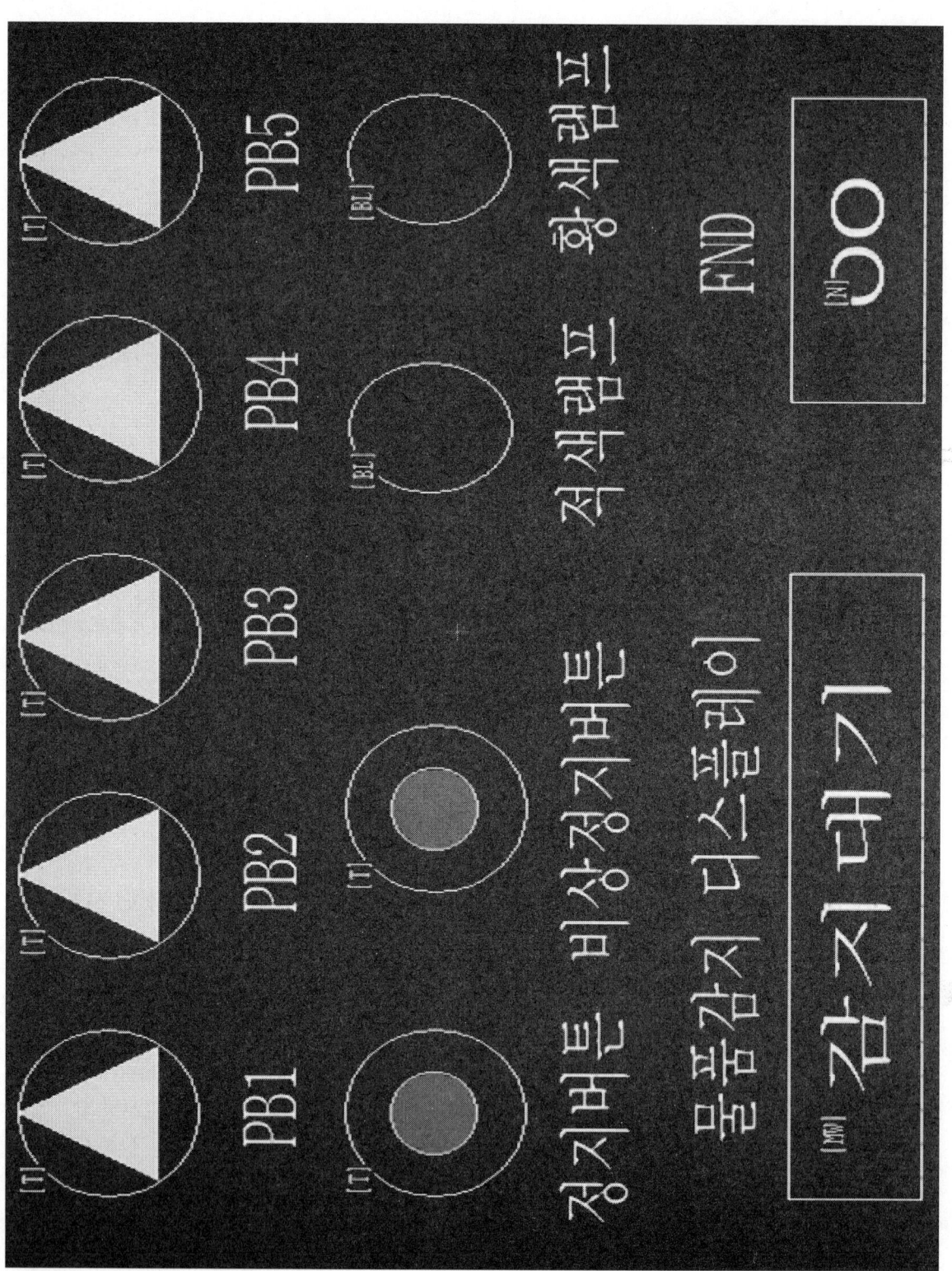

I / O 배선도

입력(X)		출력(Y)	
X0	송출실린더 후진센서	Y20	스토퍼 전진SOL
X1	송출실린더 전진센서	Y21	스토퍼 후진SOL
X2	가공드릴 상승센서	Y22	흡착실린더 전진SOL
X3	가공드릴 하강센서	Y23	흡착실린더 후진SOL
X4	창고실린더 후진센서	Y25	공급실린더 전진SOL
X5	창고실린더 전진센서	Y24	공급실린더 후진SOL
X6	공급실린더 후진센서	Y26	흡착패드 SOL
X7	공급실린더 전진센서	Y27	배출실린더 SOL
X8	송출워크 감지센서	Y28	송출실린더 SOL
X9	공급워크 감지센서	Y29	가공실린더 SOL
XA	스토퍼워크 감지센서	Y2A	가공모터 ON
XB	배출실린더 후진센서	Y2B	컨베이어ON
XC	배출실린더 전진센서	Y2C	창고실린더 전진SOL
XD	흡착실린더 후진센서	Y2D	창고실린더 후진SOL
XE	흡착실린더 전진센서		
XF	스토퍼 전진센서		
X10	스토퍼 후진센서		
X11	유도형센서(금속)		
X12	용량형센서(비금속)		

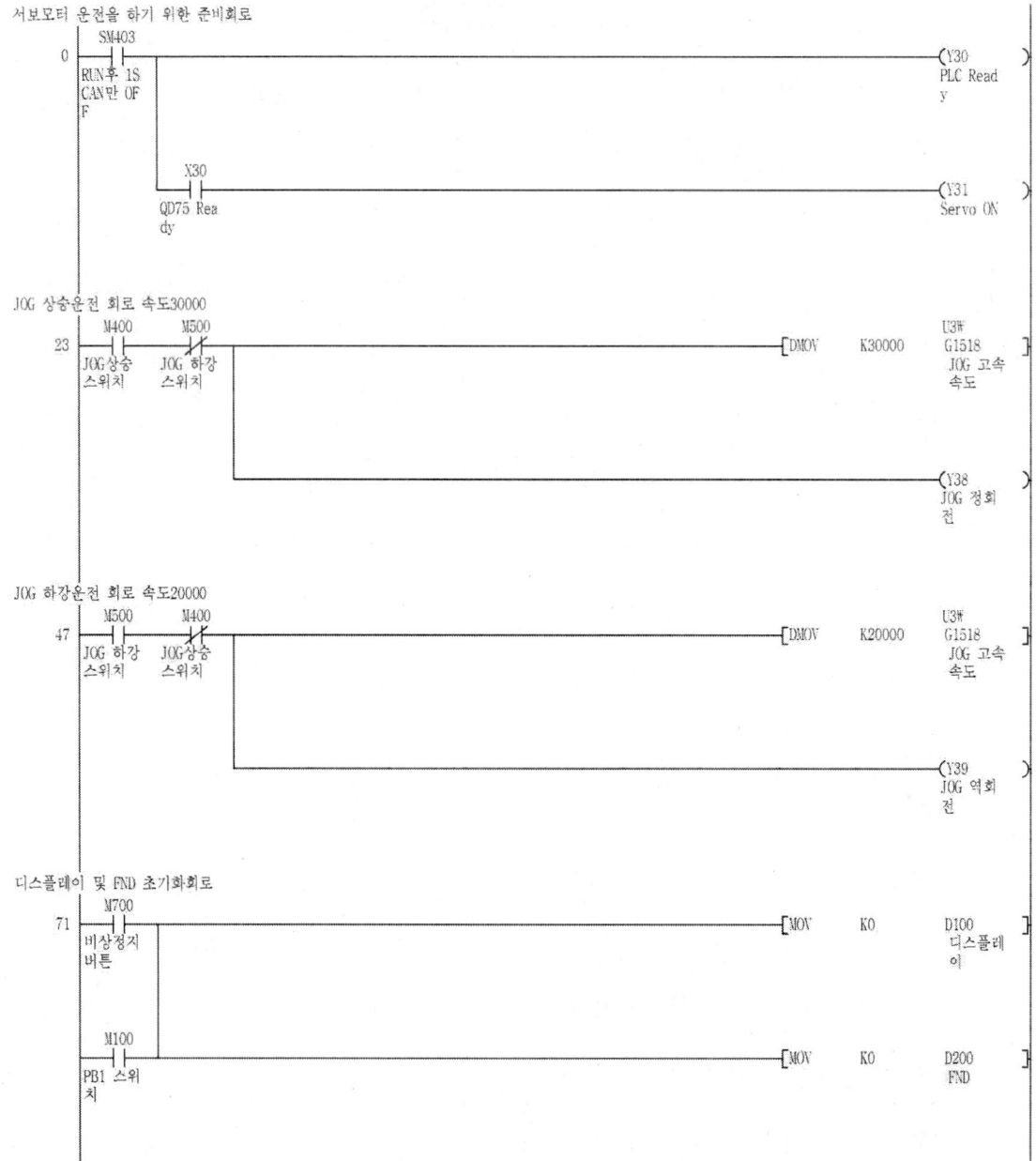

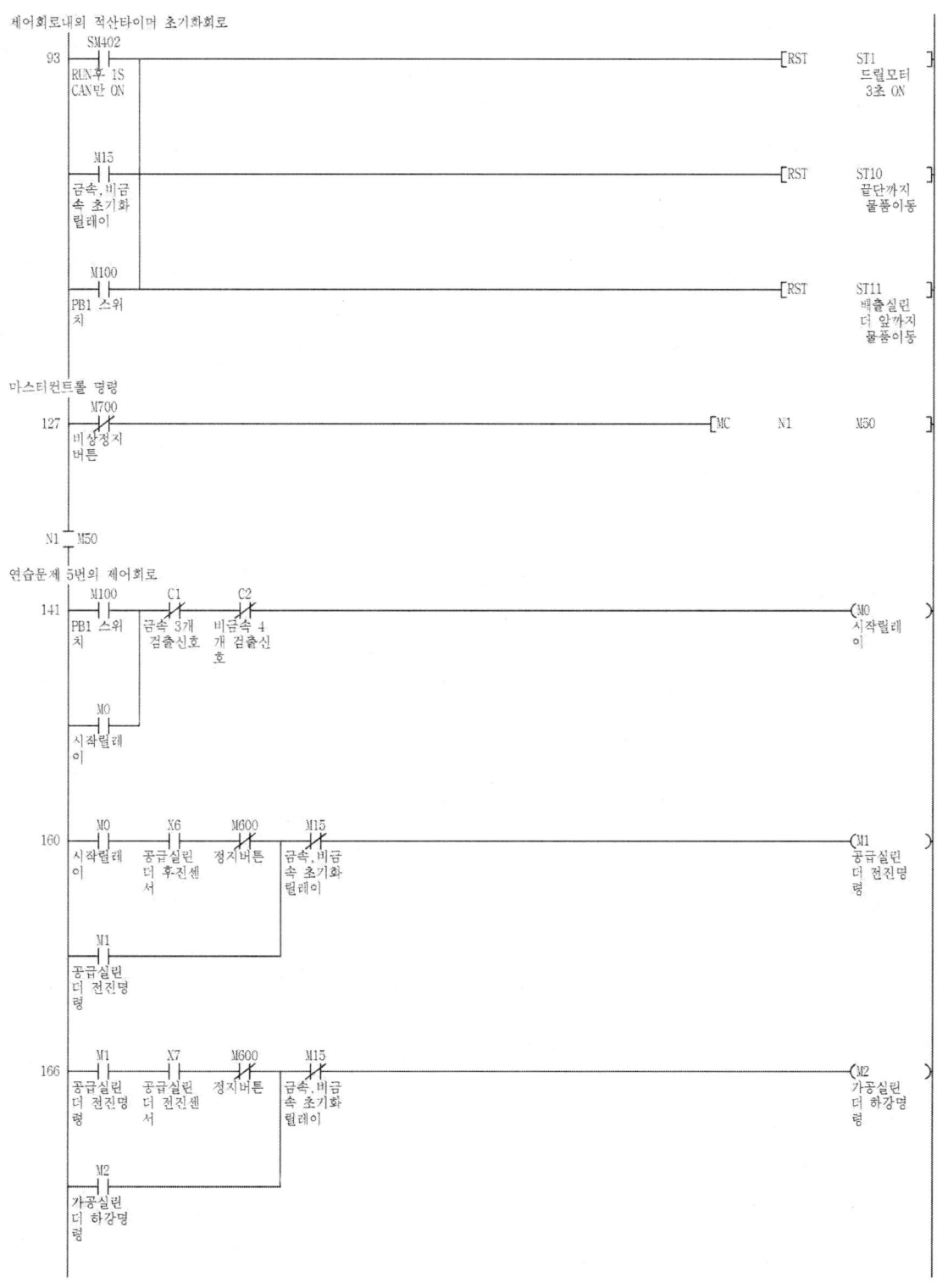

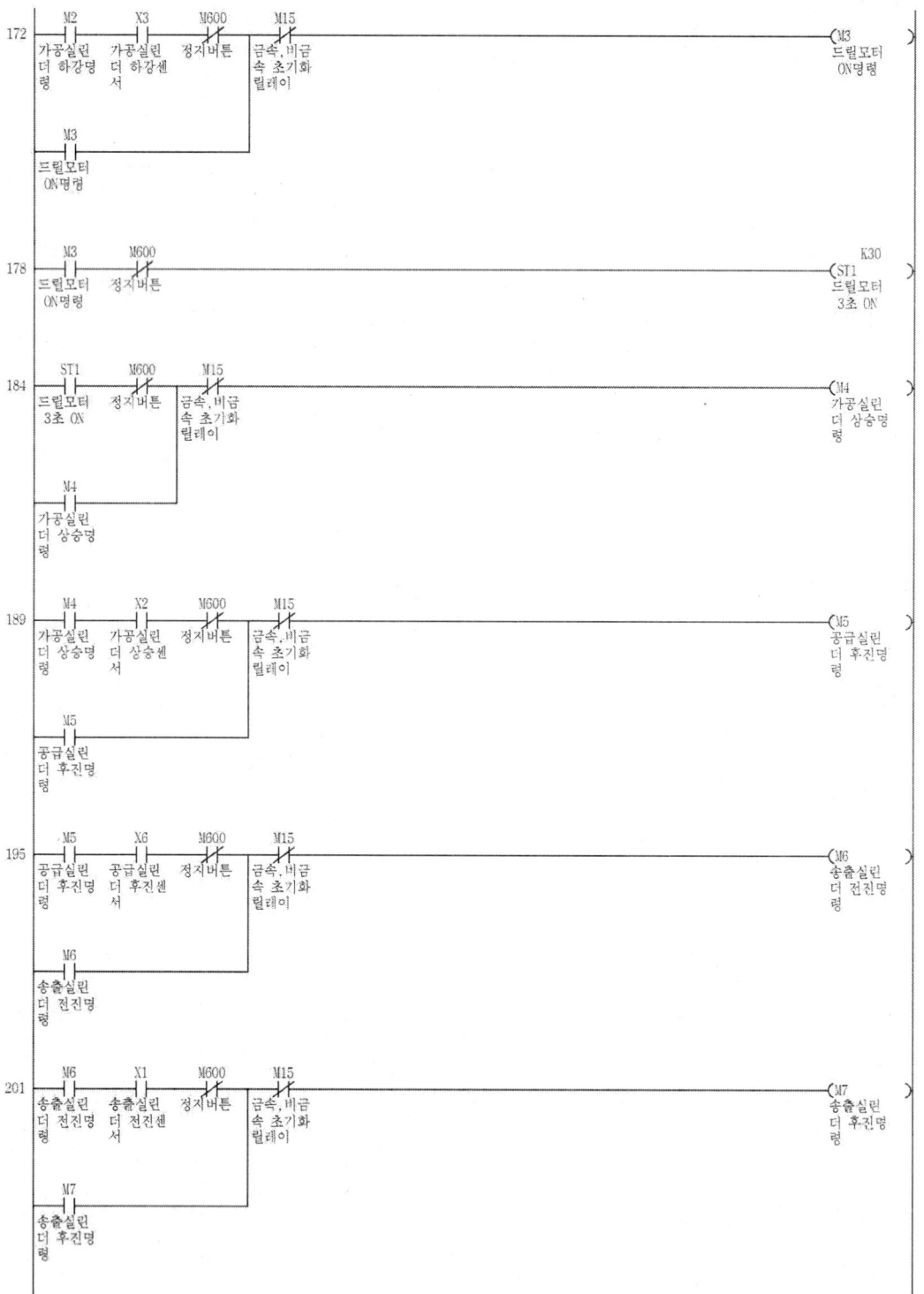

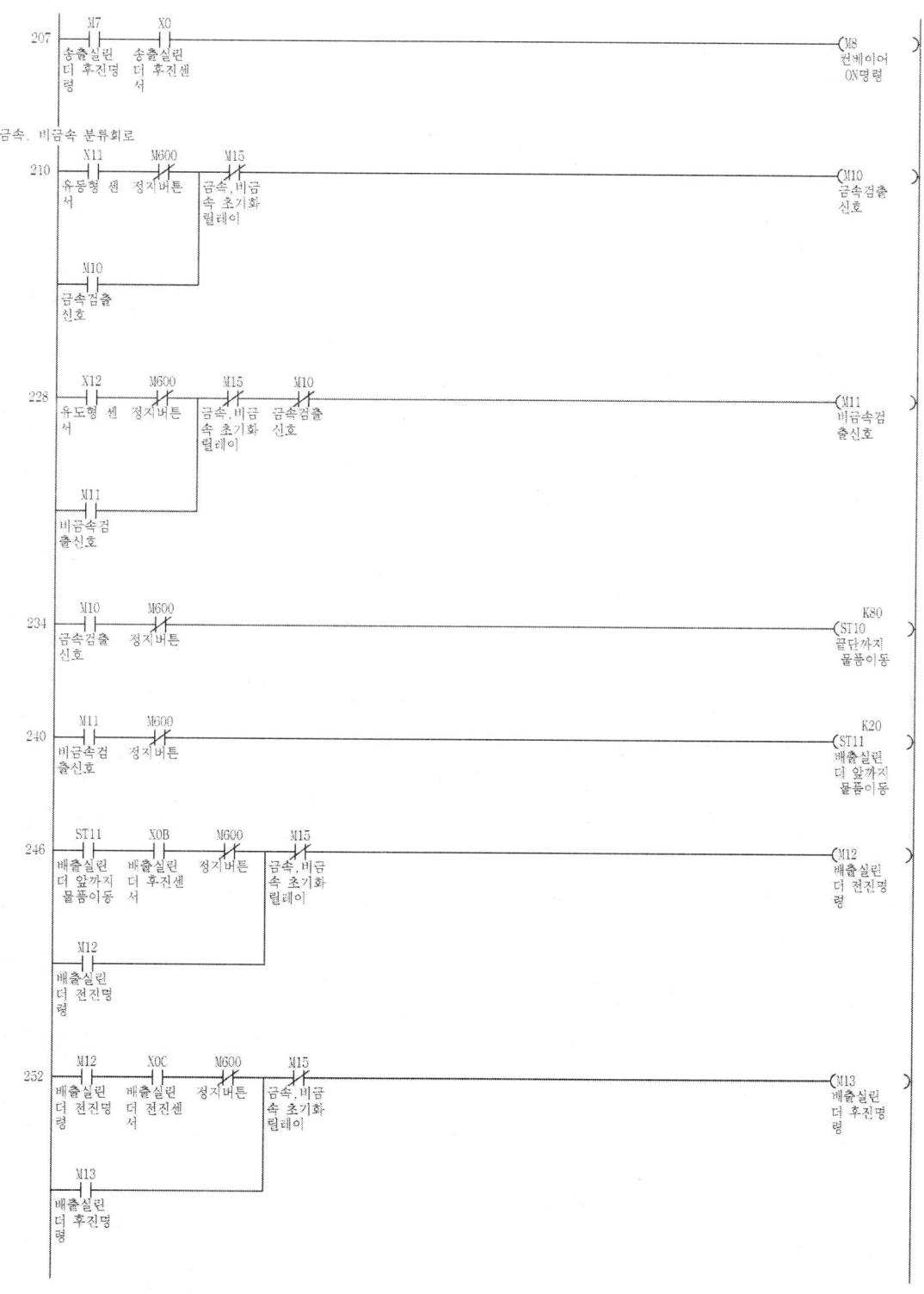

```
        M13      X0B
258 ────┤├──────┤├─────────────────────────────────────────( M14 )
       배출실린  배출실린                                      비금속공
       더 후진명 더 후진센                                     정 초기화
       령        서                                           릴레이

        ST10
261 ────┤├───────┬────────────────────────────────────────( M15 )
       끝단까지  │                                           금속,비금
       물품이동  │                                           속 초기화
                 │                                           릴레이
        M14      │
        ─┤├──────┘
       비금속공
       정 초기화
       릴레이
```

금속,비금속 카운터 초기회회로
```
        M100
264 ────┤├───────┬────────────────────────────[RST  C1 ]
       PB1 스위  │                                  금속 3개
       치        │                                  검출신호
                 │
                 └────────────────────────────[RST  C2 ]
                                                    비금속 4
                                                    개 검출신
                                                    호
```

금속 카운팅회로
```
        ST10                                                K3
290 ────┤├────────────────────────────────────────────────( C1 )
       끝단까지                                             금속 3개
       물품이동                                             검출신호
```

비금속 카운팅회로
```
        M14                                                 K4
305 ────┤├────────────────────────────────────────────────( C2 )
       비금속공                                             비금속 4
       정 초기화                                            개 검출신
       릴레이                                               호
```

FND 3씩 증가회로
```
        M200    M31    M600
321 ────┤├─────┤/├────┤/├──────────────[+   D200   K3   D200 ]
       FND 증가 드럴모터 정지버튼              FND              FND
       스위치  OFF,컨베
               이어ON 명
               령
```

FND가 30이 되면 드럴모터ON 회로
```
338 ──[= D200  K30 ]─────────────────────────────────────( M30 )
         FND                                               드럴모터
                                                          ON명령
```

FND가 60이 되면 드럴모터OFF
컨베이어ON 회로
FND가 60인 상태에서는 증가제한 회로
```
360 ──[= D200  K60 ]─────────────────────────────────────( M31 )
         FND                                               드럴모터
                                                          OFF,컨베
                                                          이어ON 명
                                                          령
```

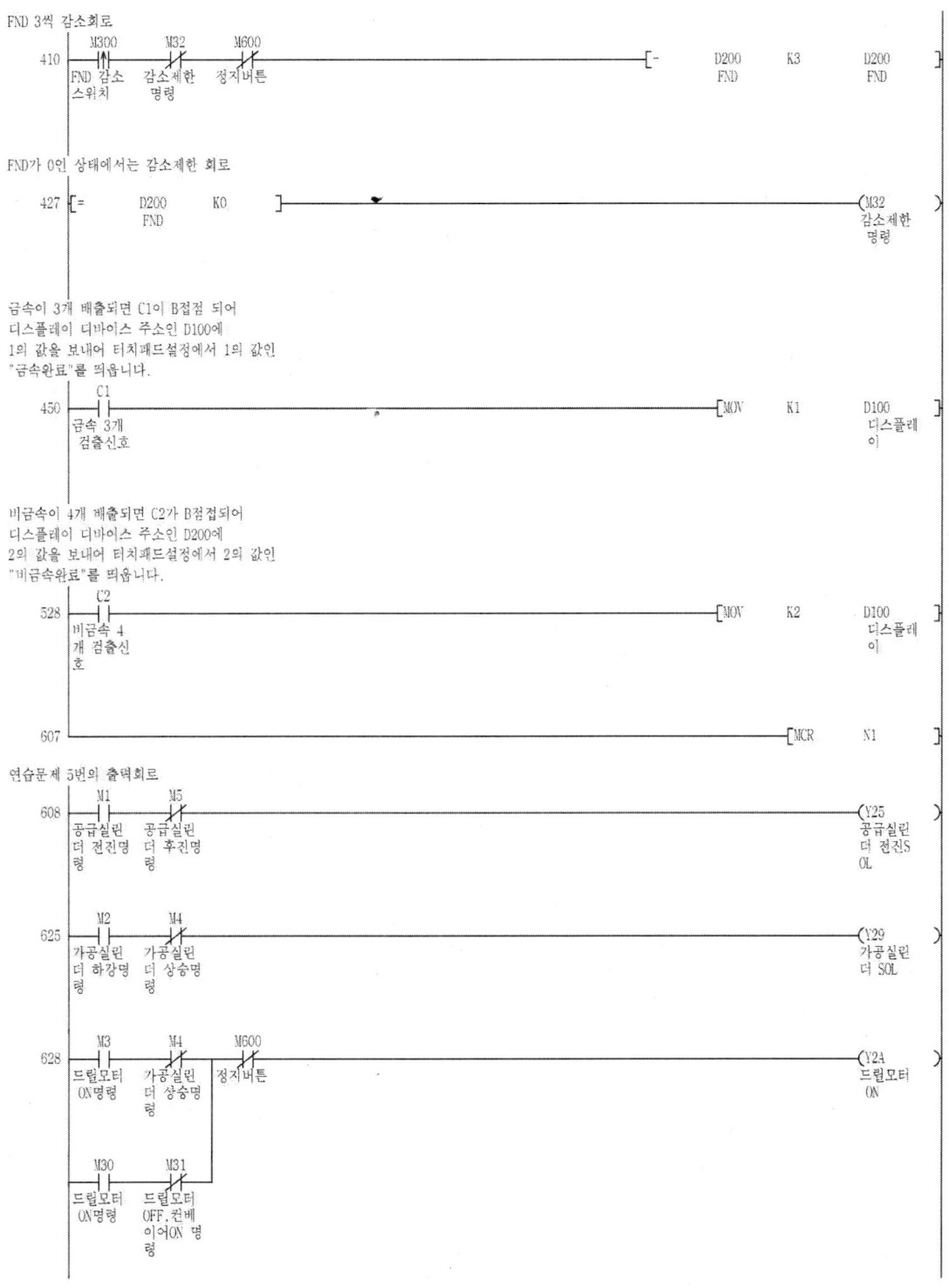

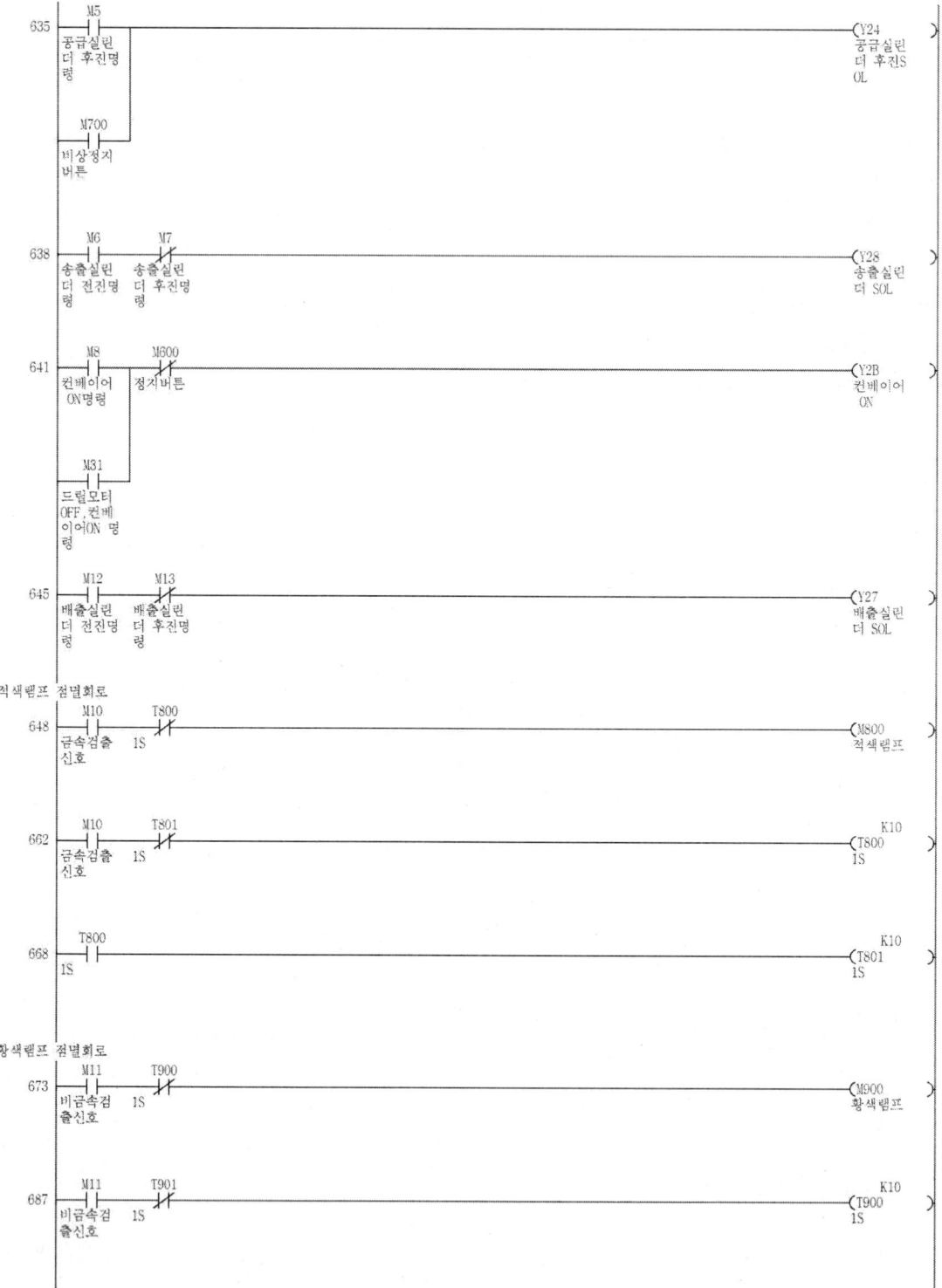

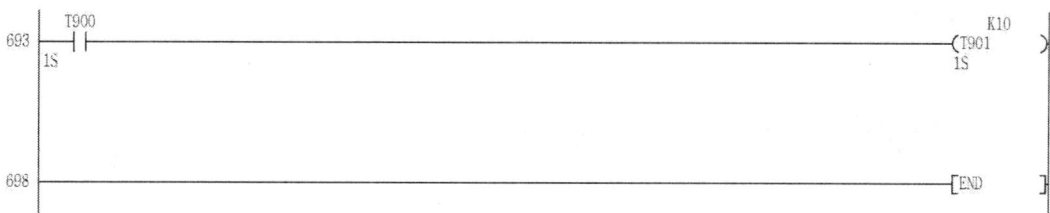

연습문제 6

아래의 제어조건에 따른 동작을 수행하십시오.

1. PB1을 누르면 공급실린더전진 -> 가공실린더하강 -> 드릴3초간작업 -> 가공실린더상승 -> 가공실린더하강 -> 드릴2초간작업 -> 가공실린더상승 -> 공급실린더후진 -> 송출실린더전진 -> 송출실린더후진 -> 컨베이어ON
   (각 단계마다 1초씩 딜레이가 있으며 드릴가공 구간에서는 딜레이를 제외한다.)

2. 금속일 경우 배출실린더를 이용하여 옆으로 배출 후 컨베이어 정지
   비금속일 경우 스토퍼실린더하강 -> 컨베이어OFF -> 3초간 스토퍼 앞에서 대기 -> 스토퍼실린더 상승 -> 끝단으로 배출 후 컨베이어 정지

3. 단/연속 스위치로 단/연속제어를 실시한다.
   단속일 경우 1사이클만 움직이며, 연속일 경우 매거진에 워크가 없을 때까지 사이클 진행한다.

4. PB2를 누를 때마다 FND 숫자가 10씩 증가하고, 10이 되었을 때 컨베이어와 드릴모터ON, 20이 되었을 때 컨베이어와 드릴모터OFF, 30이 되었을 때 1초간격으로 10씩 감소하여 0까지 감소하고 정지한다.
   (단, FND가 감소중 10 혹은 20이 되어도 드릴모터와 컨베이어모터는 작동하지 않는다.)

5. 정지버튼을 누르면 모든 동작은 일시정지하며(컨베이어와 드릴모터는 정지) 3초 후 위의 시퀀스 상의 실린더는 모두 전진완료 후 후진하여 초기화한다.
   (단, 공급실린더는 제외한다.)

6. 물품감지디스플레이는 초기에는 "감지대기"를 표시, 금속이 감지되면 "금속"을 표시, 비금속이 감지되면 "비금속"을 표시한다.

7. 서보모터 속도디스플레이에는 서보모터의 실시간 펄스값을 표현한다.

8. PB3를 누르면 40000의 펄스값으로 조그상승하고, PB4를 누르면 30000의 펄스값으로 조그하강한다.

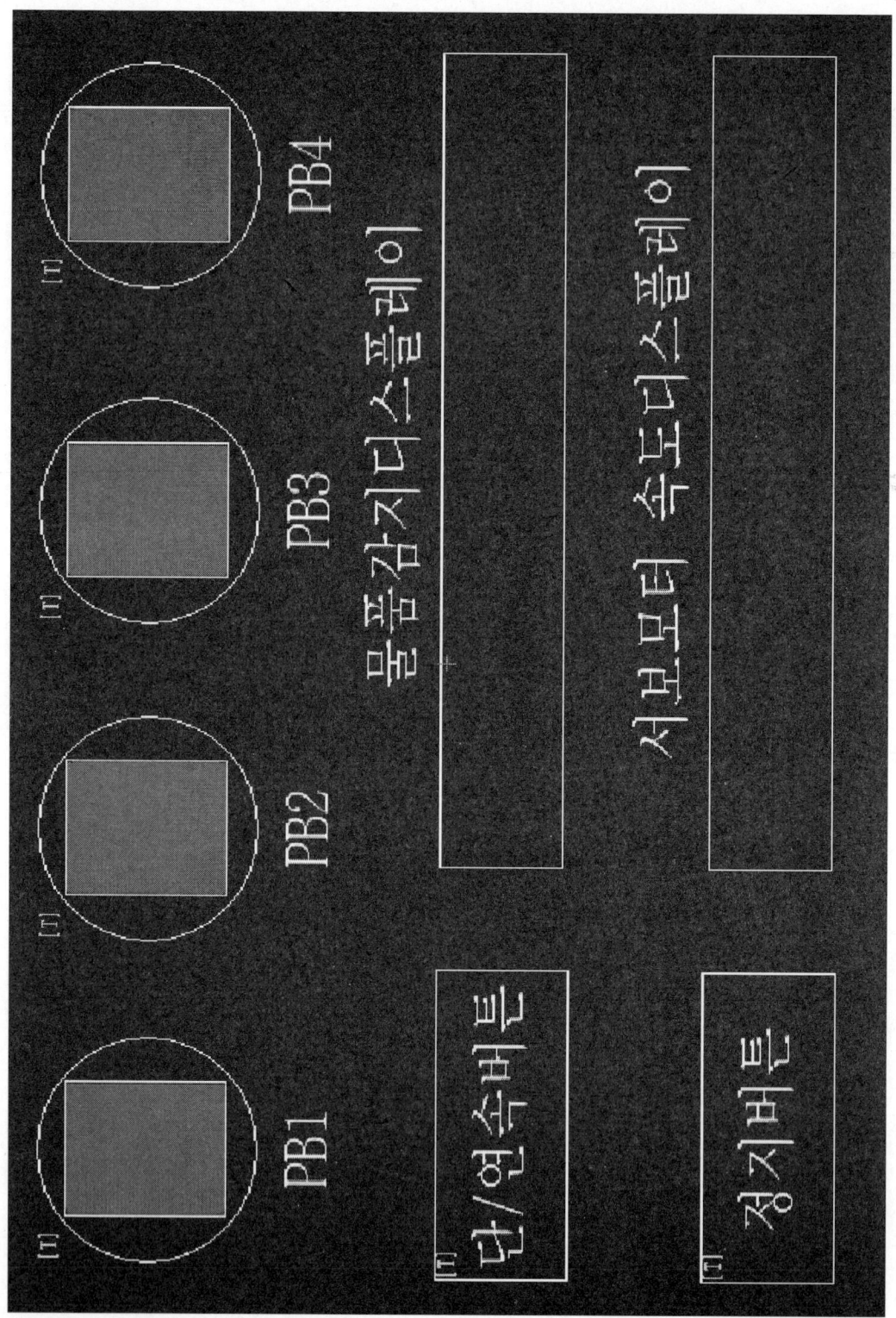

I / O 배선도

입력(X)		출력(Y)	
X0	송출실린더 후진센서	Y20	스토퍼 전진SOL
X1	송출실린더 전진센서	Y21	스토퍼 후진SOL
X2	가공드릴 상승센서	Y22	흡착실린더 전진SOL
X3	가공드릴 하강센서	Y23	흡착실린더 후진SOL
X4	창고실린더 후진센서	Y25	공급실린더 전진SOL
X5	창고실린더 전진센서	Y24	공급실린더 후진SOL
X6	공급실린더 후진센서	Y26	흡착패드 SOL
X7	공급실린더 전진센서	Y27	배출실린더 SOL
X8	송출워크 감지센서	Y28	송출실린더 SOL
X9	공급워크 감지센서	Y29	가공실린더 SOL
XA	스토퍼워크 감지센서	Y2A	가공모터 ON
XB	배출실린더 후진센서	Y2B	컨베이어ON
XC	배출실린더 전진센서	Y2C	창고실린더 전진SOL
XD	흡착실린더 후진센서	Y2D	창고실린더 후진SOL
XE	흡착실린더 전진센서		
XF	스토퍼 전진센서		
X10	스토퍼 후진센서		
X11	유도형센서(금속)		
X12	용량형센서(비금속)		

```
                                                                                          ┌─(Y30  )─┐
   0  ─┤ SM403 ├──────────────────────────────────────────────────────────────────────────┤ PLC Read│
        RUN후 1S                                                                           └─────────┘
        CAN만 ON
                         │ X30                                                             ┌─(Y31  )─┐
                         └─┤├──────────────────────────────────────────────────────────────┤ Servo On│
                           QD75 Rea                                                        └─────────┘
                           dy
```

JOG 상승운전 회로
```
        M300    M400                                                                      ┌──────────┐
   4  ──┤├──────┤/├──────────────────────────────────────────────[DMOV   K40000    U3¥    │
        PB3 스위 PB4 스위                                                          G1518  │
        치       치                                                                 JOG 고속
                                                                                    속도  ]
                                                                                          ┌─(Y38  )─┐
                         └──────────────────────────────────────────────────────────────── ┤ JOG 정회│
                                                                                           │ 전      │
                                                                                           └─────────┘
```

JOG 하강운전 회로
```
        M400    M300                                                              U3¥
  23  ──┤├──────┤/├──────────────────────────────────────────────[DMOV   K30000   G1518
        PB4 스위 PB3 스위                                                          JOG 고속
        치       치                                                                 속도  ]
                                                                                          ┌─(Y39  )─┐
                         └──────────────────────────────────────────────────────────────── ┤ JOG 역회│
                                                                                           │ 전      │
                                                                                           └─────────┘
```

실시간으로 서보모터의 속도를 표현
```
        SM400                                                           U3¥        D300
  42  ──┤├──────────────────────────────────────────────────────[DMOV   G804       속도디스
        상시 ON                                                          Servo의    플레이 ]
                                                                        현재속도
```

일시정지 회로
```
        M600    M604                                                                      ┌─(M601 )─┐
  66  ──┤├──────┤/├────────────────────────────────────────────────────────────────────── ┤ 일시정지│
        정지버튼 일시정지                                                                   │ 릴레이  │
                 초기화                                                                    └─────────┘
                 릴레이
        M601
     ──┤├──┘
        일시정지
        릴레이

        M601                                                                              ┌─ K30 ───┐
  79  ──┤├────────────────────────────────────────────────────────────────────────────────┤(T600   )│
        일시정지                                                                           │ 일시정지│
        릴레이                                                                             │ 후 3초  │
                                                                                           │ 딜레이  │
                                                                                           └─────────┘
```

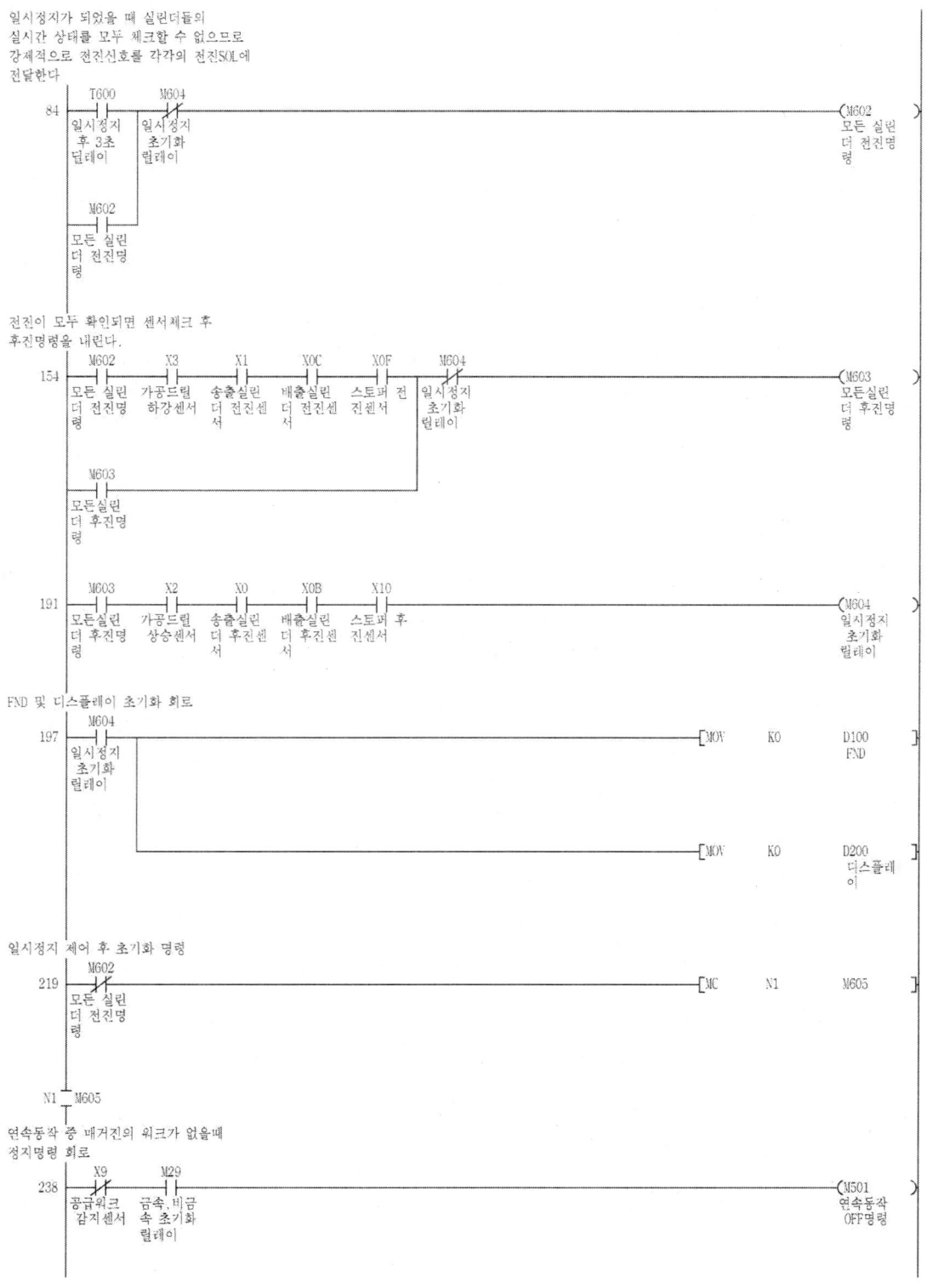

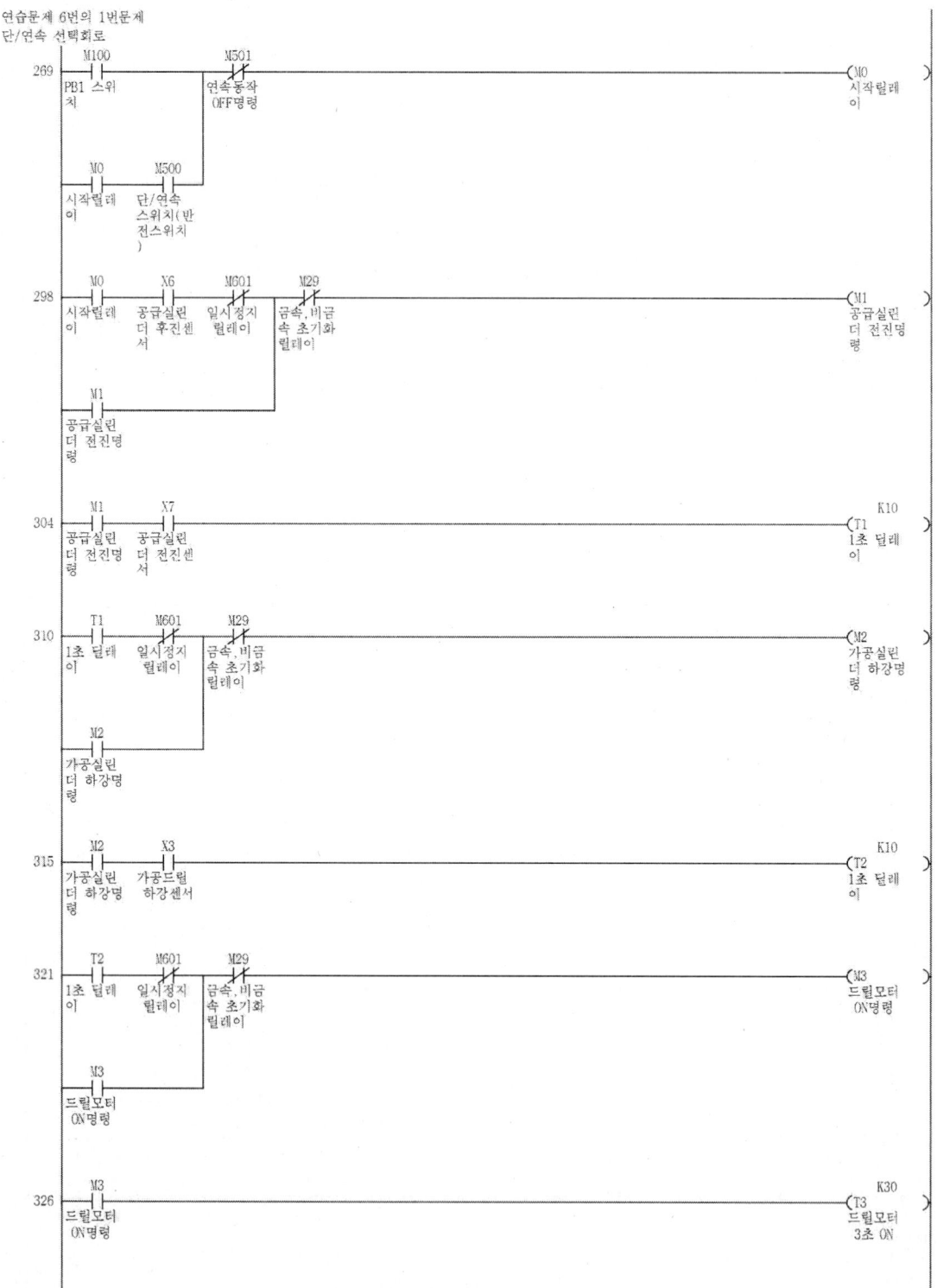

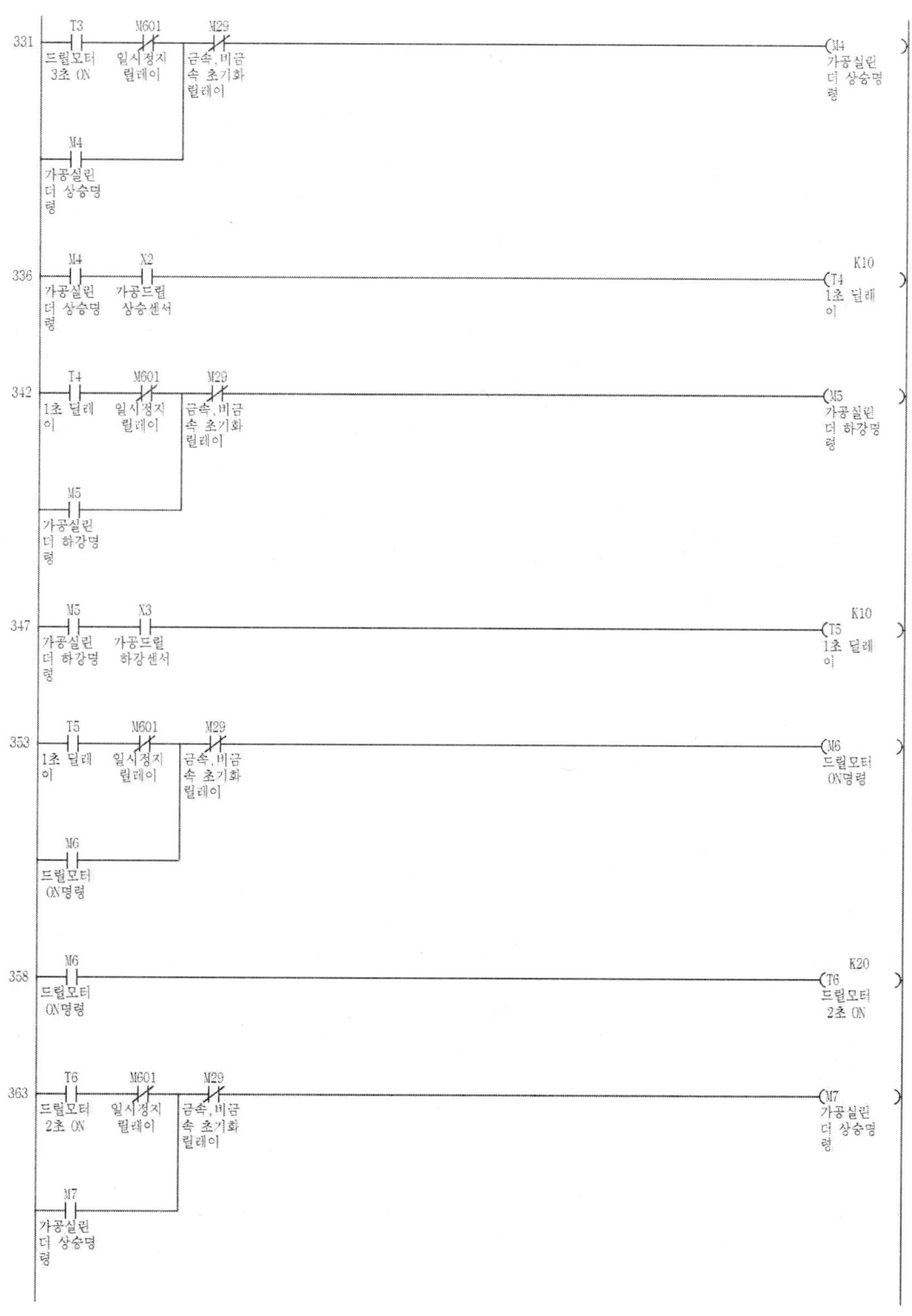

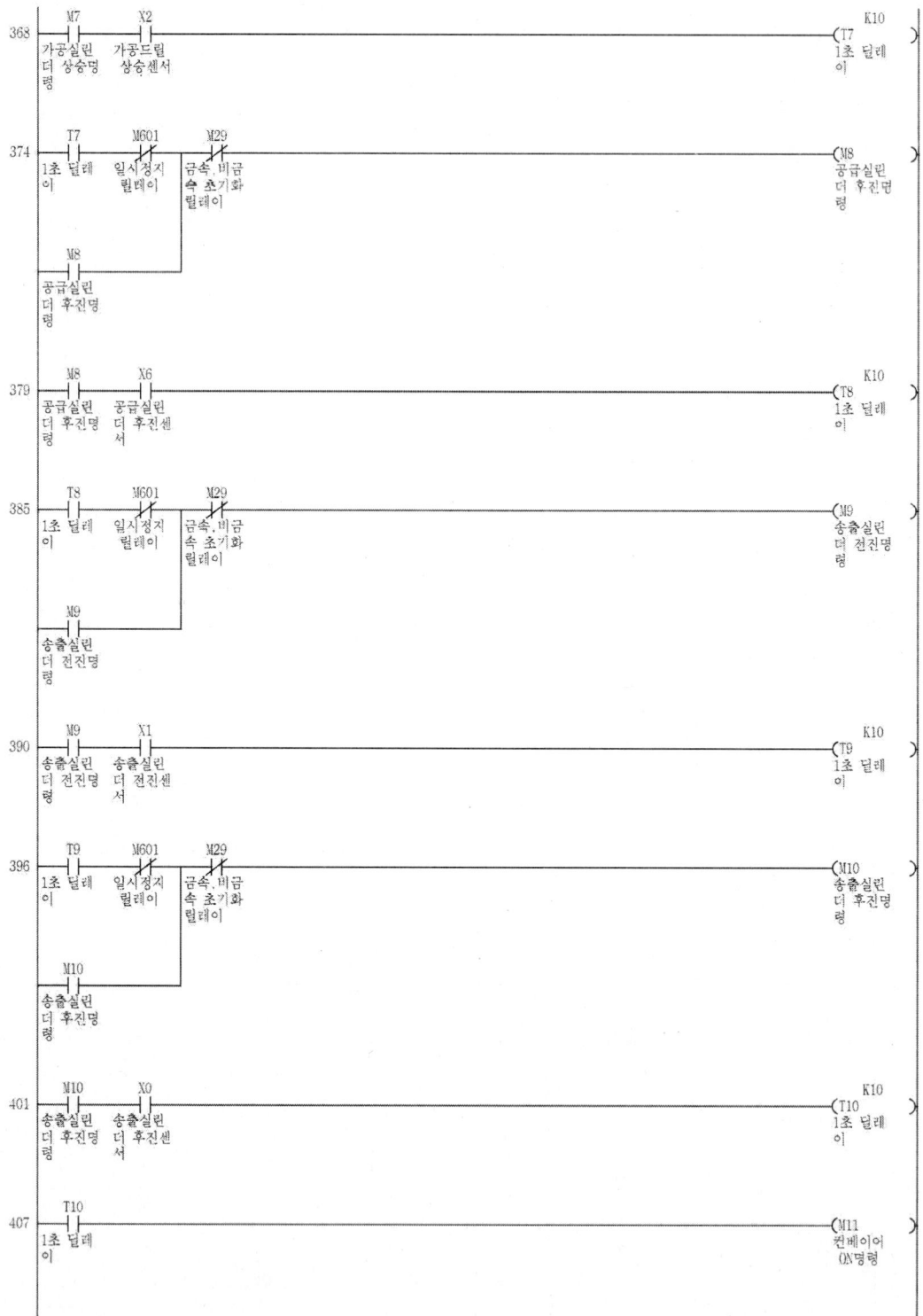

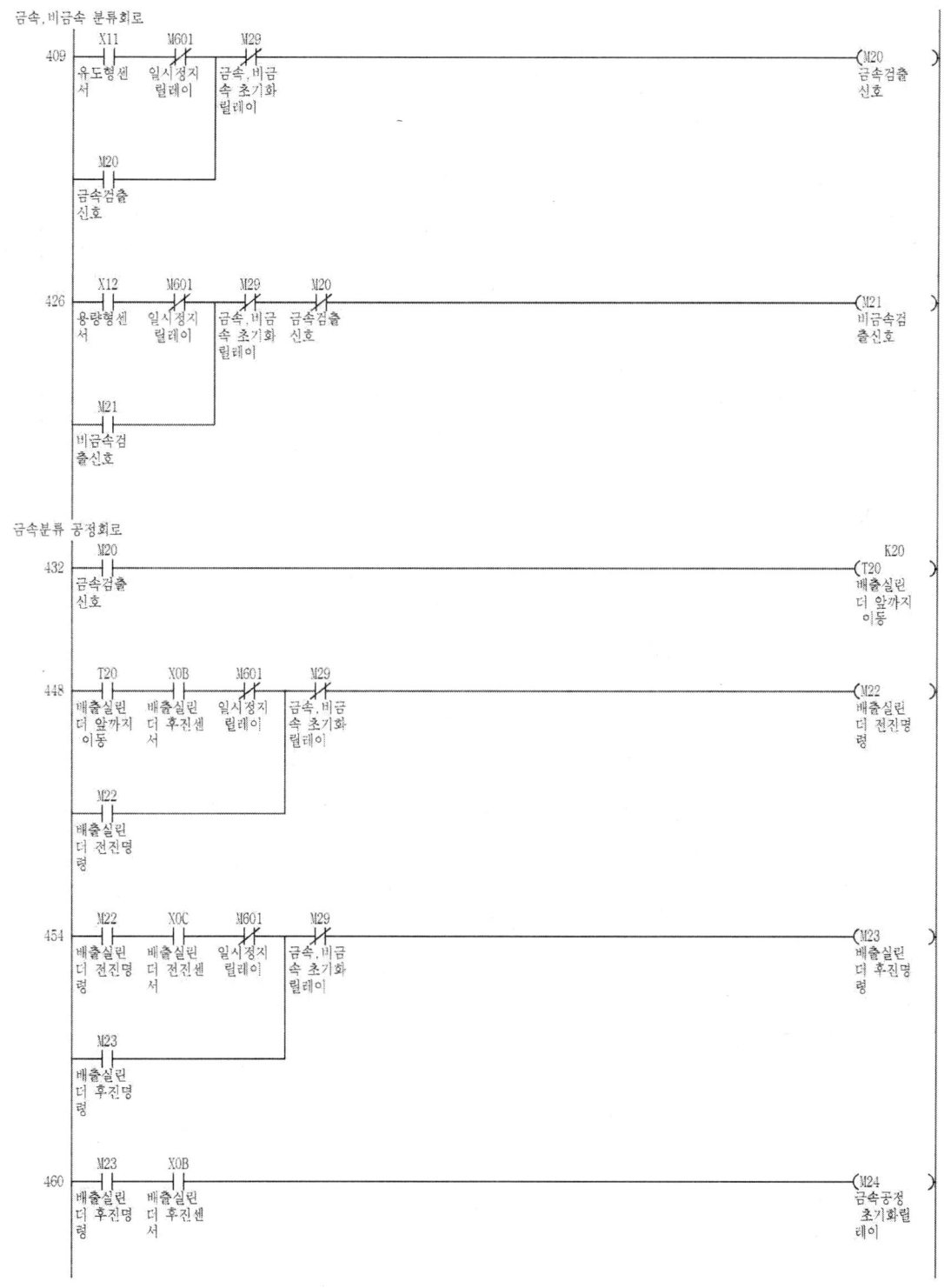

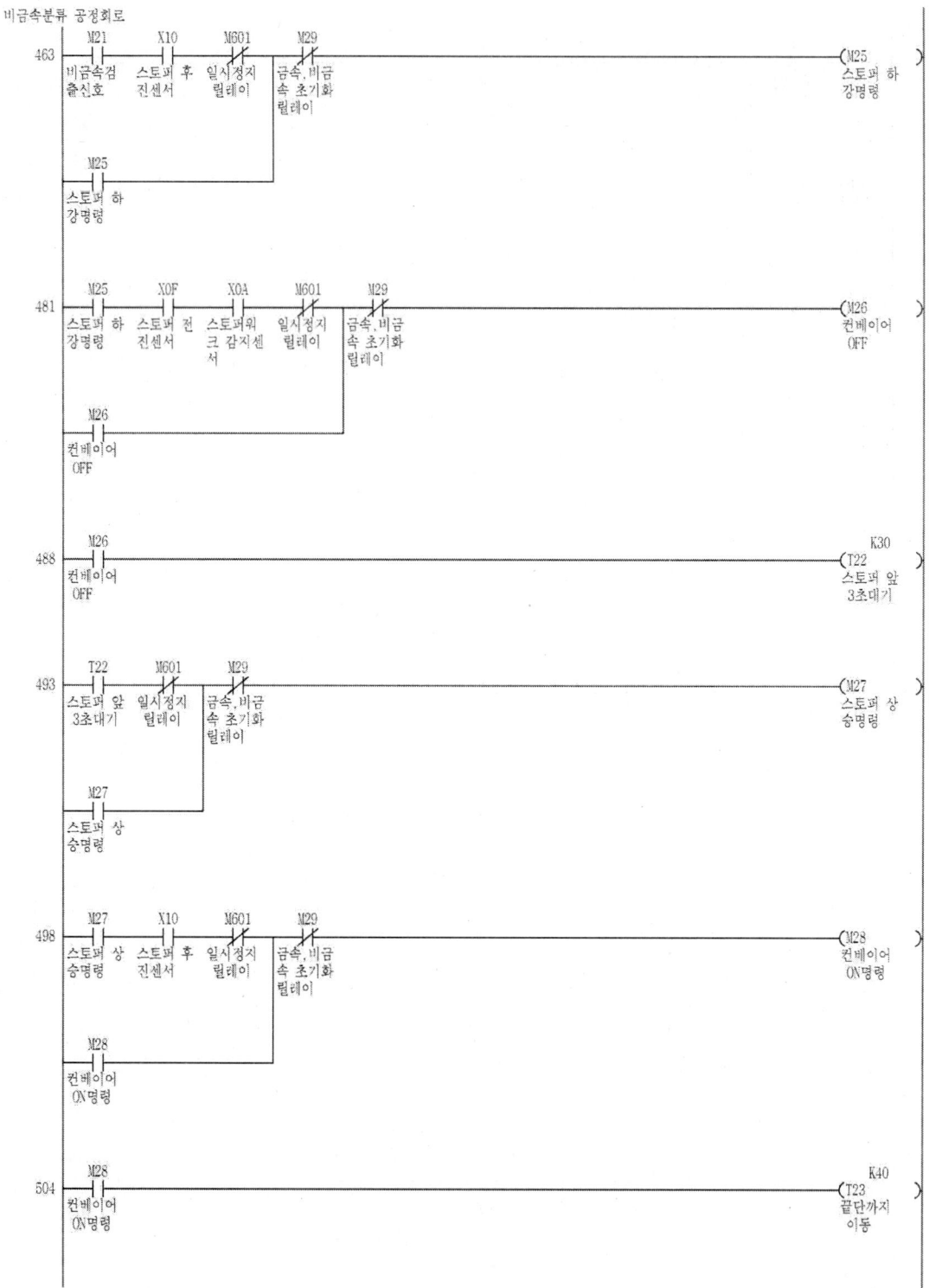

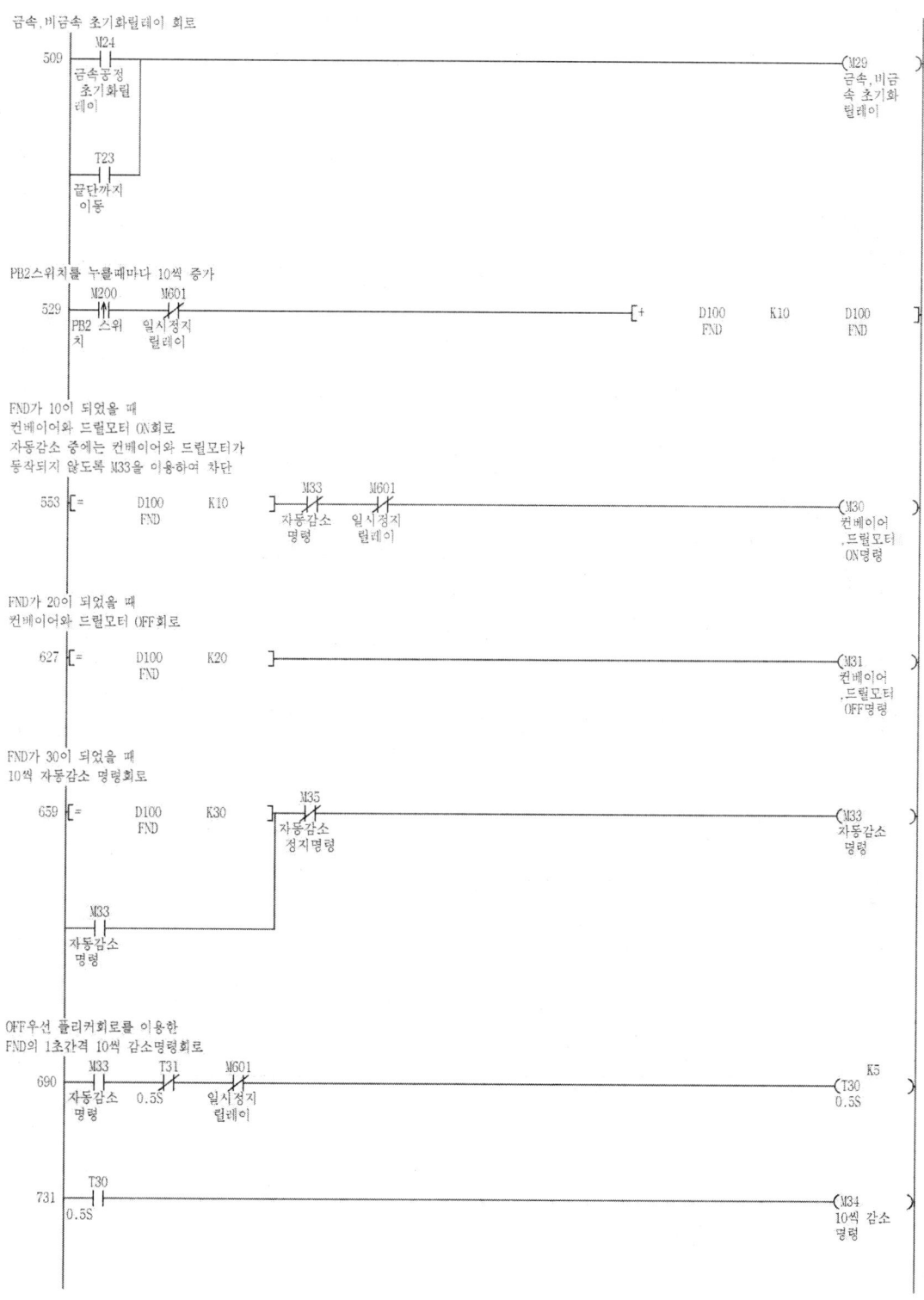

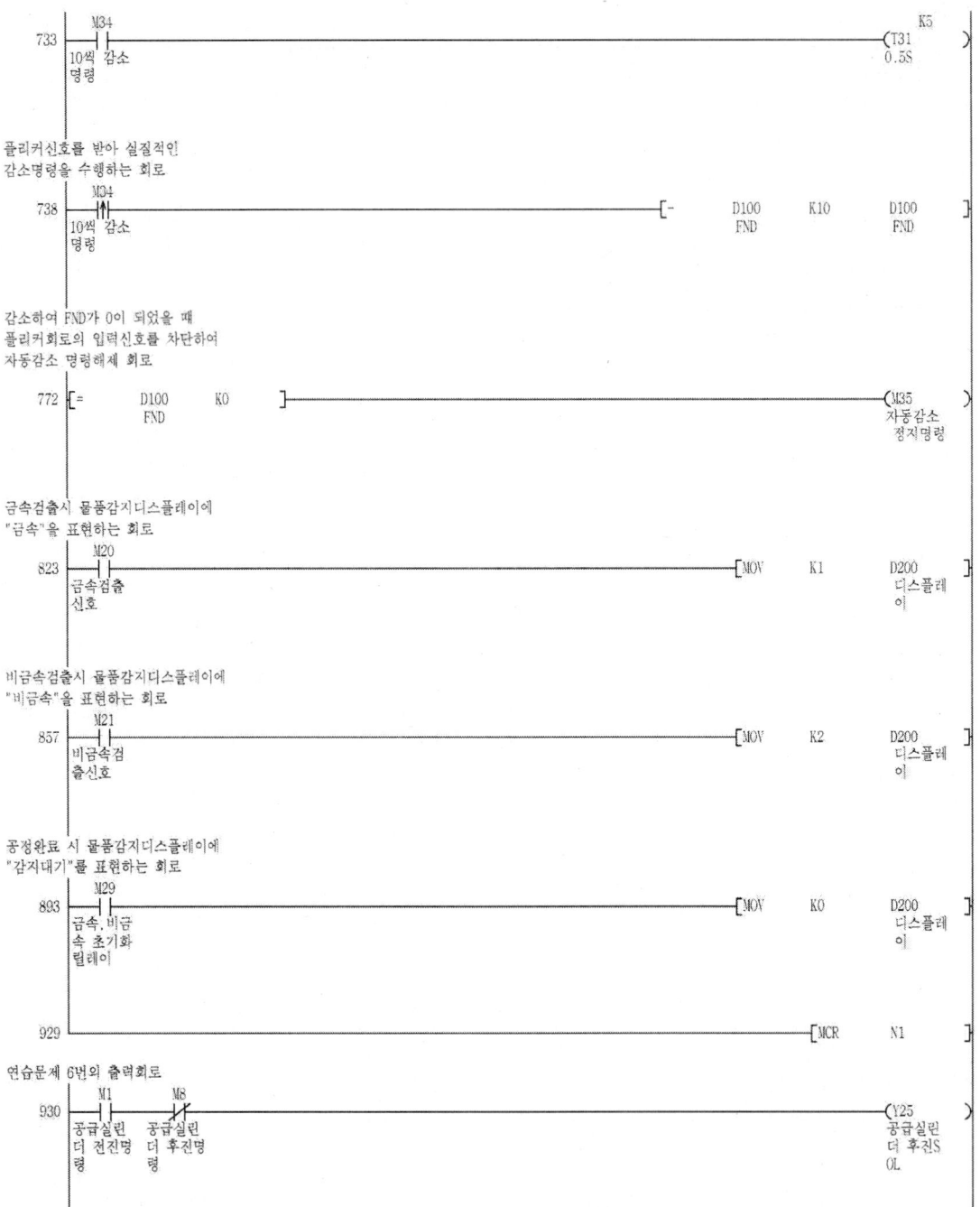

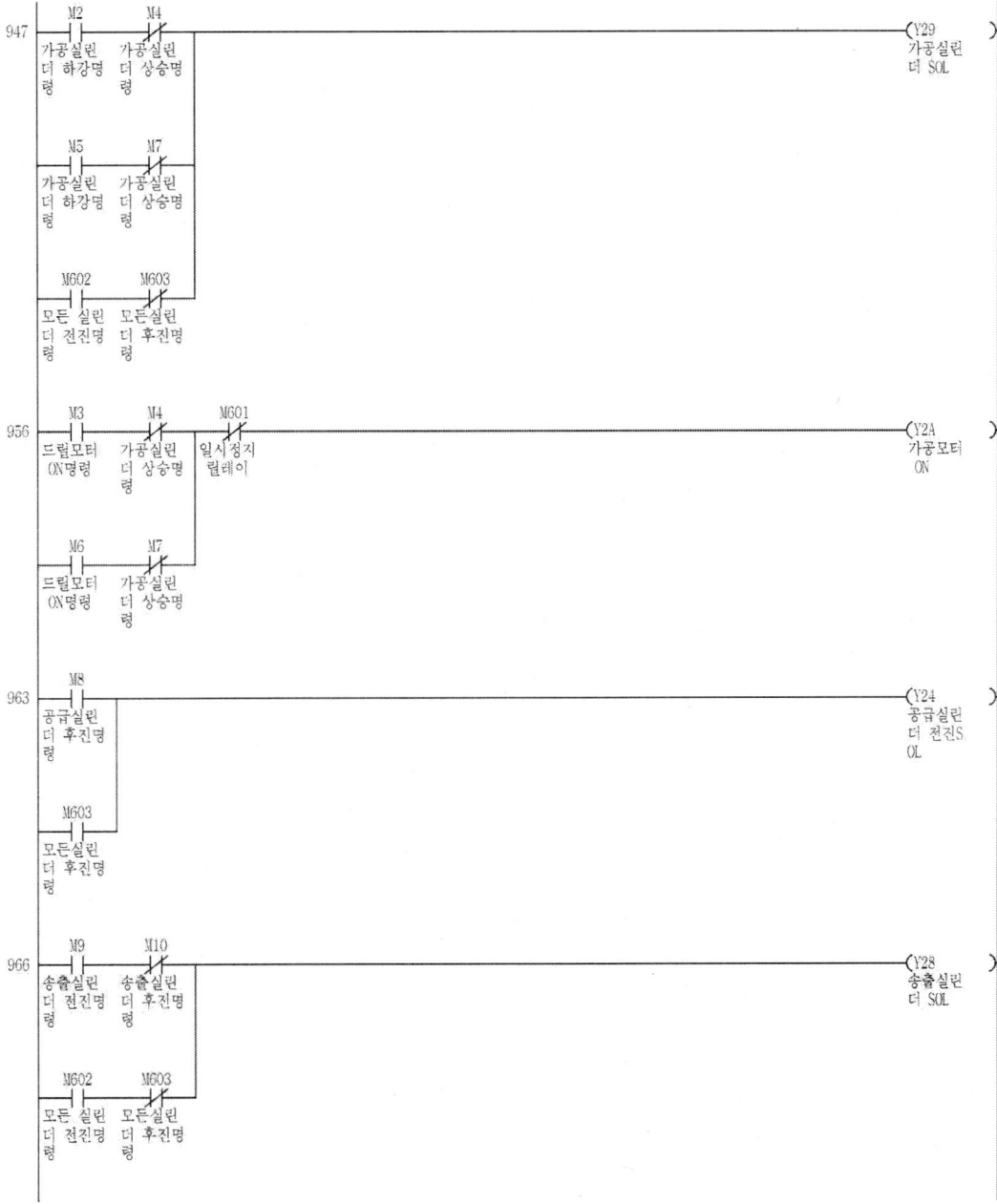

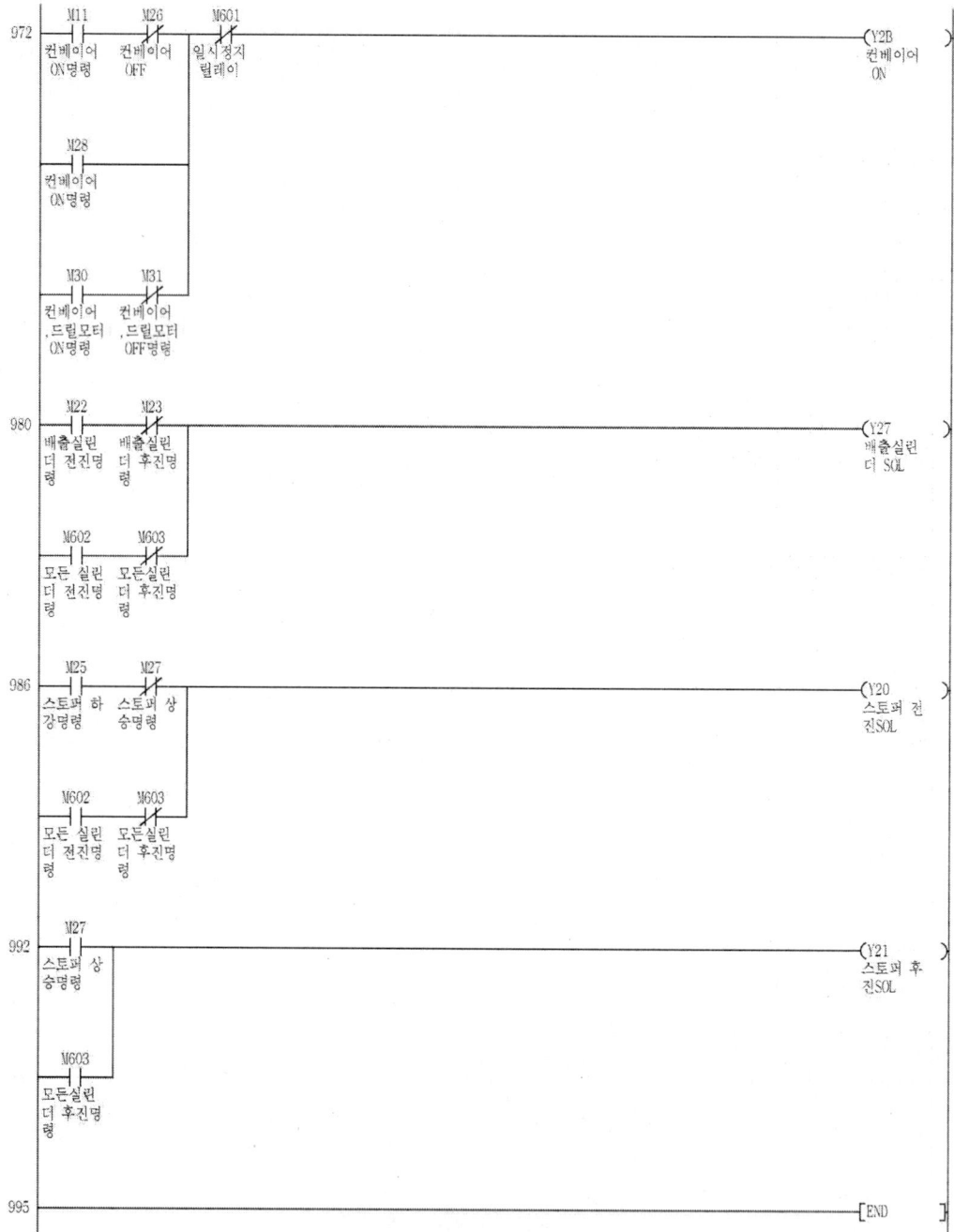

연습문제 7 (단속동작)

아래의 제어조건에 따른 동작을 수행하십시오.

1. 상승버튼을 누르면 30000 펄스값으로 조그상승을 한다.
   하강버튼을 누르면 30000 펄스값으로 조그하강을 한다.

2. 원점복귀버튼을 누르면 원점복귀를 한다.
   이때 원점복귀중에는 0.5초간격으로 원점복귀램프가 점멸을 하며,
   원점복귀완료 후 원점복귀램프가 점등을 한다.

3. 공정시작버튼을 누르면 아래와 같은 시퀀스가 진행된다.
   (각 공정사이에는 0.5초의 간격을 둔다. 시퀀스는 3~4번 제어조건까지 이어서 진행한다.)
   공급실린더전진 -> 가공실린더하강,드릴ON -> 2초가공 -> 가공실린더상승 ->
   공급실린더후진 -> 드릴OFF,송출실린더전진 -> 송출실린더후진,컨베이어ON
   (드릴가공 구간의 딜레이는 제외한다.)

4. 금속물품이 감지되면 스토퍼실린더가 하강하고, 스토퍼워크감지센서에
   워크가 감지되면 컨베이어는 정지하고 3초후 스토퍼실린더가 상승하며,
   컨베이어벨트가 다시 기동한 후 끝단으로 배출하며, 비금속물품이 감지되면 스토퍼실린더가
   하강하고, 스토퍼워크감지센서에 워크가 감지되면 컨베이어를 정지하고 아래의 시퀀스를
   진행한다.

   흡착위치로이동 -> 흡착 -> 스토퍼실린더상승 -> 3번창고 적재위치 이동 ->
   흡착실린더전진 -> 흡착해제 -> 흡착실린더후진 -> 창고실린더후진 -> 흡착실린더전진 ->
   4번창고흡착위치로이동 -> 흡착 -> 4번창고적재위치로이동 -> 흡착실린더후진 ->
   창고실린더전진 -> 흡착위치로이동 -> 흡착해제 -> 원점위치이동 -> 컨베이어ON -> 끝단으
   로 배출 후 시스템정지은 정지한다.

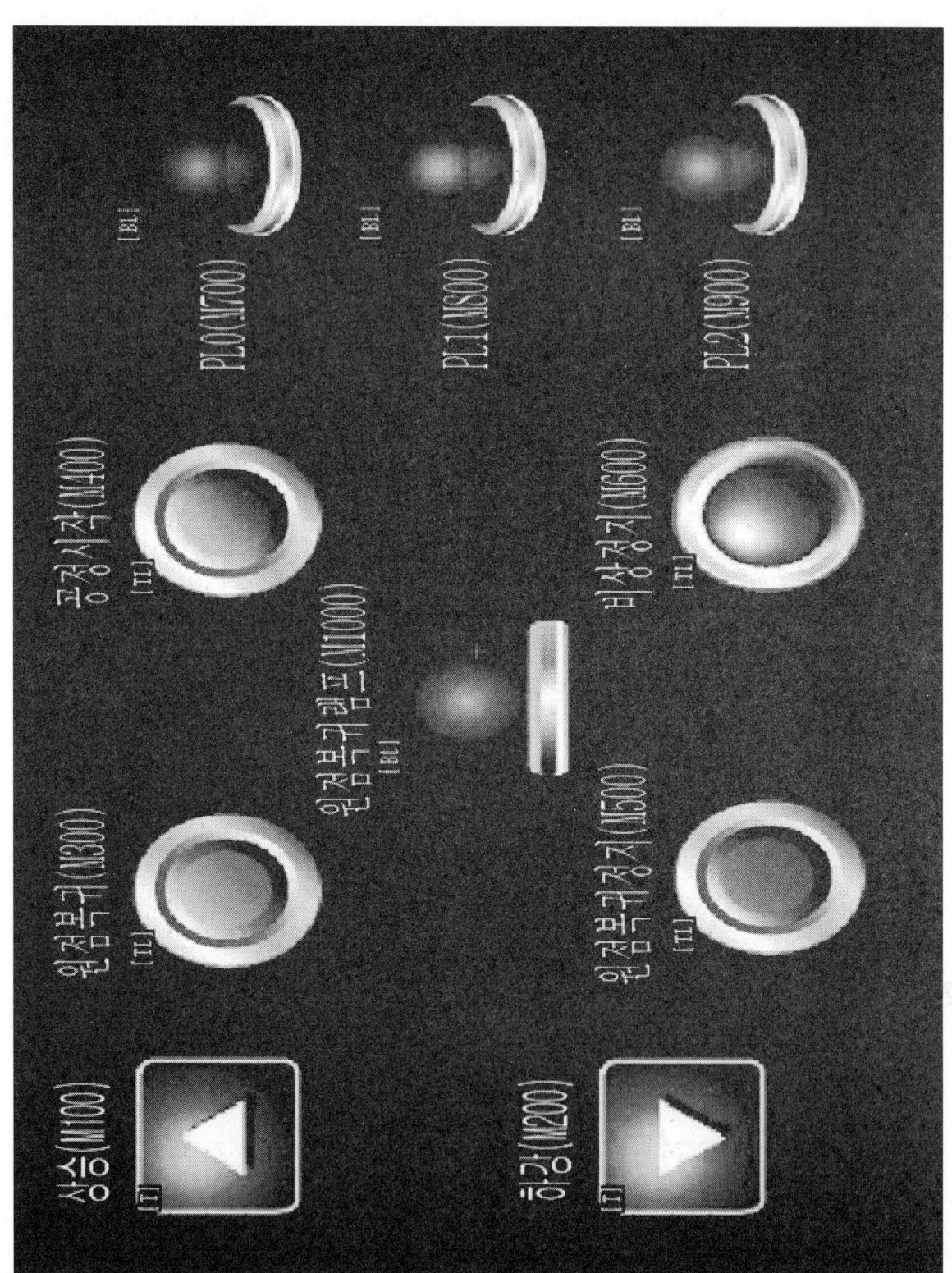

5. 원점복귀중 원점복귀정지버튼을 누르면 원점복귀중간에 정지하며, 다시 원점복귀버튼을 누르면 원점복귀를 실행한다.
원점복귀가 중지되면 원점복귀램프는 소등된다. 원점복귀를 정지 후 다시 실행하게 되면 2번 원점복귀램프 조건이 실행된다.

6. 비상정지버튼(누름시만ON)을 누르면 송출실린더, 흡착실린더는 즉시 후진하며, 창고실린더는 즉시 전진하고, 흡착패드,컨베이어모터,드릴모터,서보모터는 즉시 정지하고, 스토퍼실린더,공급실린더,가공실린더,배출실린더는 전진완료 후 3초 뒤에 후진하고 시스템이 초기화된다.

7. 공급실린더에서 마지막 공작물이 공급되고 매거진에 공작물이 10초이상 없다면 시스템은 비상 정지버튼을 누른것과 같은 초기화시퀀스를 진행한다.

8. PL0(적색), PL1(녹색), PL2(황색)는 공정시작이 되면 0.5초간격으로 ON-OFF를 반복한다.
EX) PL0점등 -> PL0소등,PL1점등 -> PL1소등,PL2점등 -> PL2소등,PL0점등

비금속물품이 감지되어 서보모터가 흡착위치로 도착하면 PL0와 PL1이 0.5초 간격으로 교차 점멸을 하며 PL2는 소등되며, 비금속공정이 끝나면 3개램프 모두 소등된다.
금속물품이 감지되면 3개의 램프 모두 점등된 후 금속이 배출되면 소등된다.

I / O 배선도

입력(X)		출력(Y)	
X0	송출실린더 후진센서	Y20	스토퍼 전진SOL
X1	송출실린더 전진센서	Y21	스토퍼 후진SOL
X2	가공드릴 상승센서	Y22	흡착실린더 전진SOL
X3	가공드릴 하강센서	Y23	흡착실린더 후진SOL
X4	창고실린더 후진센서	Y25	공급실린더 전진SOL
X5	창고실린더 전진센서	Y24	공급실린더 후진SOL
X6	공급실린더 후진센서	Y26	흡착패드 SOL
X7	공급실린더 전진센서	Y27	배출실린더 SOL
X8	송출워크 감지센서	Y28	송출실린더 SOL
X9	공급워크 감지센서	Y29	가공실린더 SOL
XA	스토퍼워크 감지센서	Y2A	가공모터 ON
XB	배출실린더 후진센서	Y2B	컨베이어ON
XC	배출실린더 전진센서	Y2C	창고실린더 전진SOL
XD	흡착실린더 후진센서	Y2D	창고실린더 후진SOL
XE	흡착실린더 전진센서		
XF	스토퍼 전진센서		
X10	스토퍼 후진센서		
X11	유도형센서(금속)		
X12	용량형센서(비금속)		

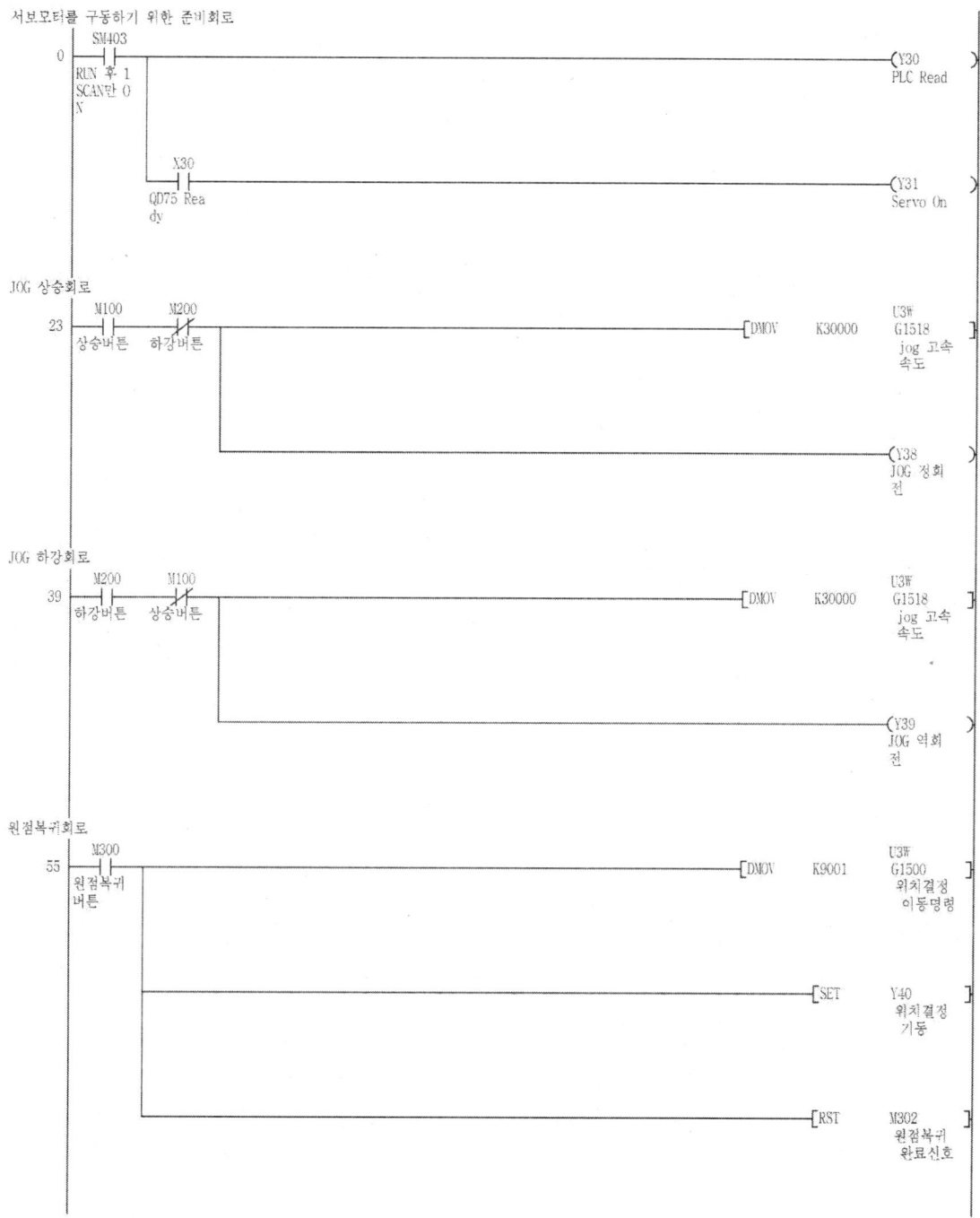

원점복귀완료 회로

```
     X40    X3C    M301
71   ─┤├────┤/├────┤├──────────────────────[RST  Y40]
     기동완료 X축운전 원점복귀                        위치결정
            중      릴레이                           기동

                                           ─────[SET  M302]
                                                      원점복귀
                                                      완료신호
```

원점복귀 램프회로

```
      M300   M302   M500
87   ─┤├────┤/├────┤/├─────────────────────────(M301)
      원점복귀 원점복귀 원점복귀                        원점복귀
      버튼    완료신호 정지버튼                         릴레이
      
      M301
     ─┤├──┘
      원점복귀
      릴레이


      M301   T300
103  ─┤├────┤/├──────────────────────────────(M1000)
      원점복귀 0.5S                                 원점복귀
      릴레이                                        램프

      M302
     ─┤├──┘
      원점복귀
      완료신호


      M301   T301                               K5
107  ─┤├────┤/├─────────────────────────────(T300)
      원점복귀 0.5S                                 0.5S
      릴레이


      T300                                       K5
113  ─┤├─────────────────────────────────────(T301)
      0.5S                                       0.5S
```

원점복귀 정지회로
Y34는 축정지 명령으로 원점복귀명령을 취소하며
RST Y40은 원점복귀명령시 SET 되어있는 Y40을 해제한다.

```
      M500
118  ─┤├────────────────────────────────────(Y34)
      원점복귀                                    축 정지
      정지버튼

                                          ─────[RST  Y40]
                                                      위치결정
                                                      기동
```

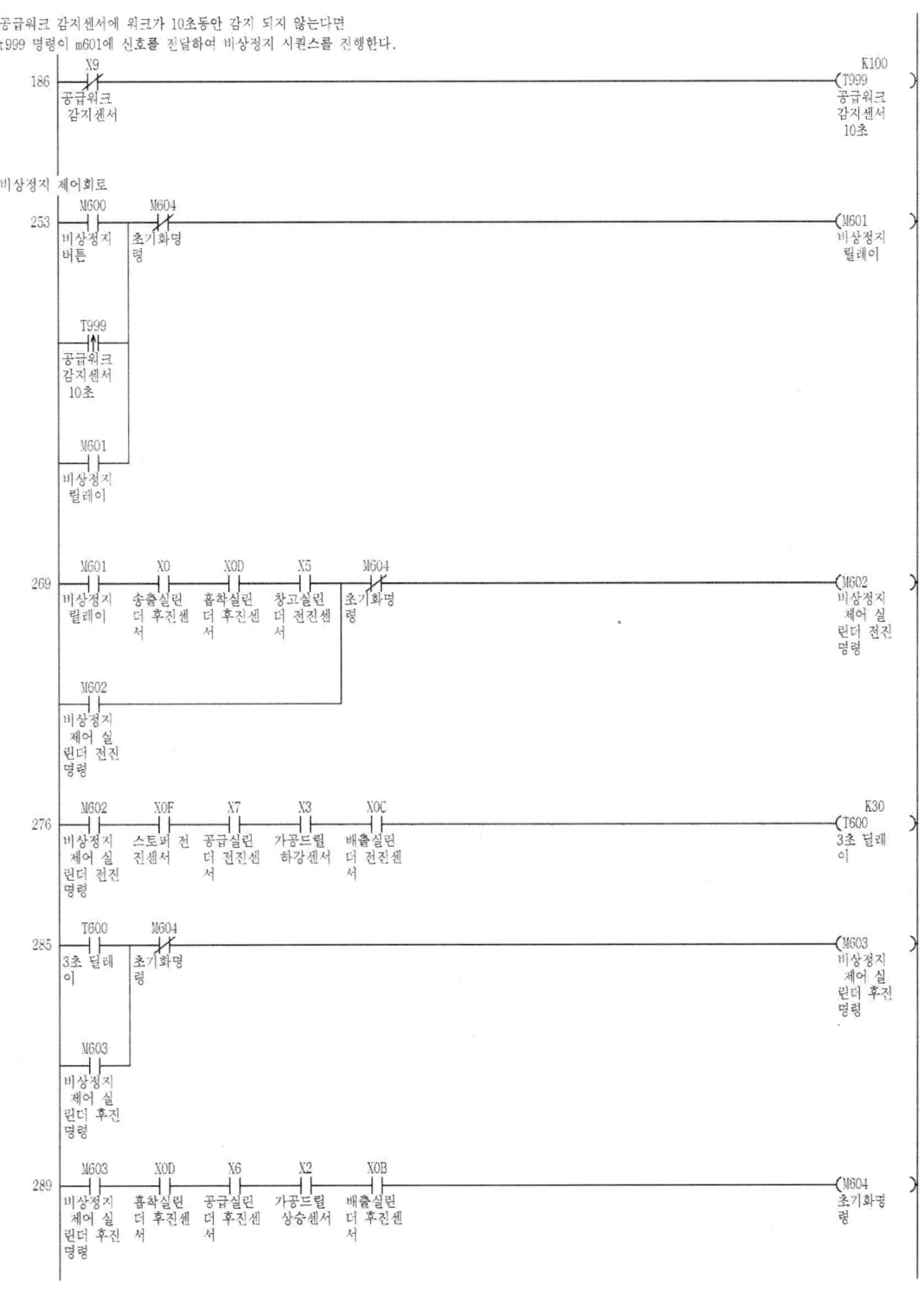

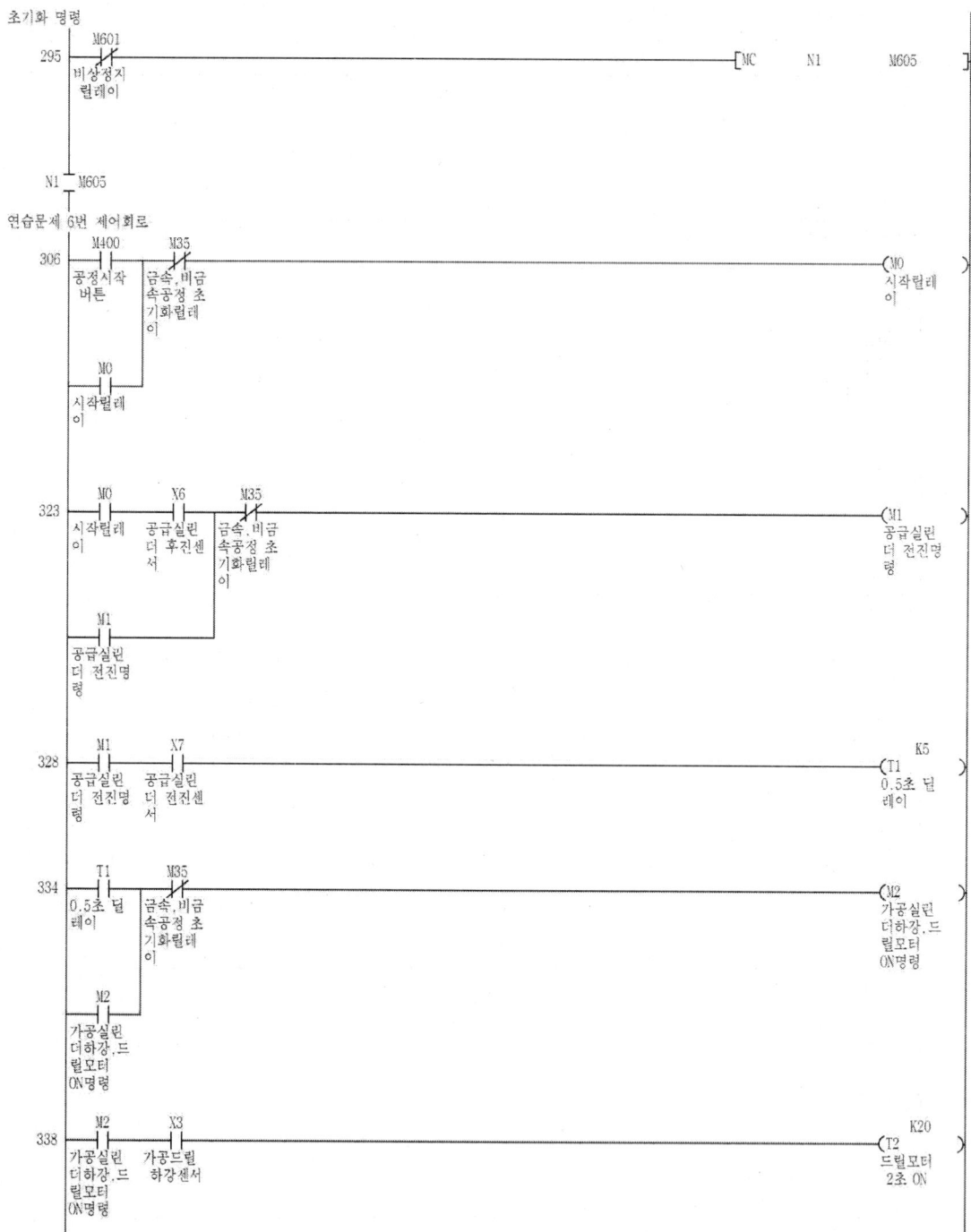

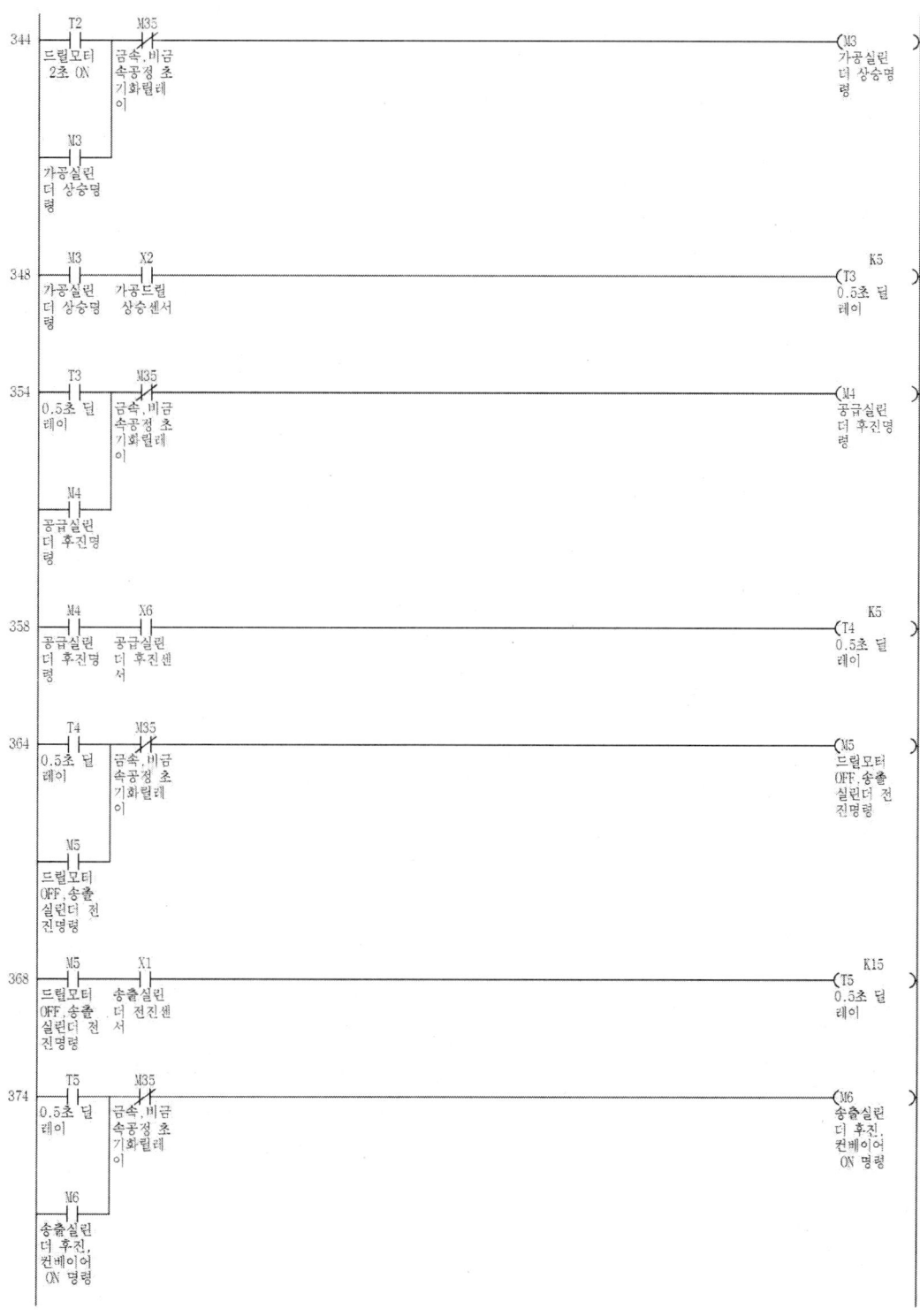

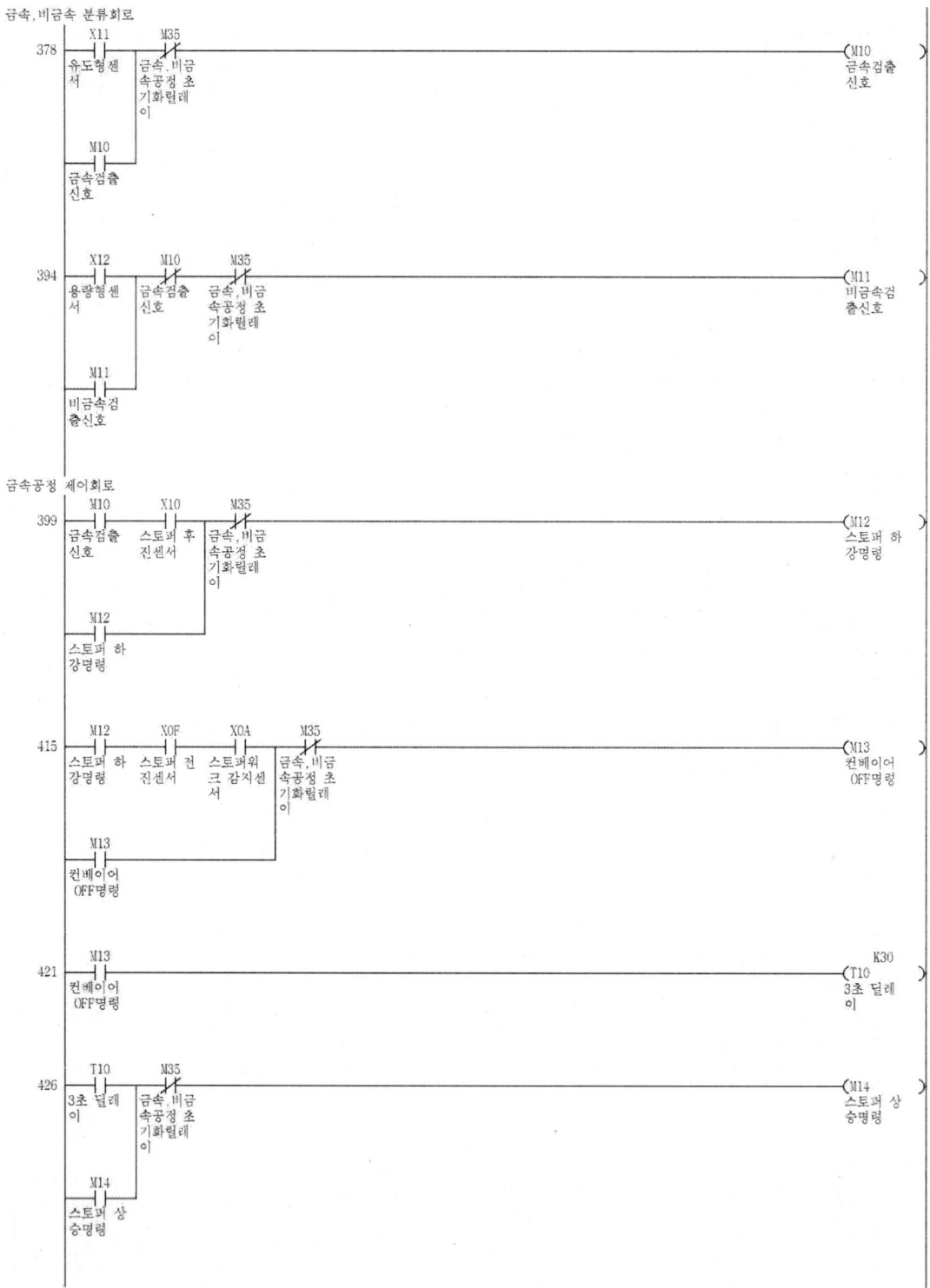

```
                M14    X10    M35
430 ─────────┤├─────┤├─────┤/├──────────────────────────────────( M15 )
           스토퍼 상  스토퍼 후  금속,비금                              컨베이어
           승명령    진센서    속공정 초                              ON
                            기화릴레
                            이
                M15
             ├──┤├──┤
                컨베이어
                ON

                M15                                                    K50
435 ─────────┤├──────────────────────────────────────────────( T11 )
           컨베이어                                                  끝단으로
           ON                                                       이동 후
                                                                   종료
```

비금속공정 제어회로

```
                M11    X10    M35
440 ─────────┤├─────┤├─────┤/├──────────────────────────────────( M20 )
           비금속검  스토퍼 후  금속,비금                              스토퍼 하
           출신호    진센서    속공정 초                              강명령
                            기화릴레
                            이
                M20
             ├──┤├──┤
                스토퍼 하
                강명령
```

스토퍼앞에 워크가 도착하고 스토퍼워크감지센서에 감지되면
컨베이어벨트가 멈추고 적재시퀀스를 시작한다.

```
                M20    X0F    X0A    M35
457 ─────────┤├─────┤├─────┤├─────┤/├──────────────────────────( M21 )
           스토퍼 하  스토퍼 전  스토퍼워  금속,비금                    컨베이어
           강명령    진센서    크 감지센  속공정 초                    OFF,흡착
                            서        기화릴레                      위치 이동
                                     이                            명령
                M21
             ├──┤├──┤
                컨베이어
                OFF,흡착
                위치 이동
                명령
```

적재시퀀스의 시작
1번위치는 컨베이어 위에 있는 워크를 흡착하는 위치인 동시에
1,2번 적재창고의 흡착위치이다
1번위치 위치결정 이동명령

```
                M21    X3C    Y31                                       U3W
517 ─────────┤├─────┤/├─────┤/├──────────────────[MOV    K1      G1500 ]
           컨베이어   X축 운전  Servo On                                위치결정
           OFF,흡착  중                                                이동명령
           위치 이동
           명령
                                            ├──────────────[SET    Y40 ]
                                                                 위치결정
                                                                 기동
```

1번 위치에 도달하면 X44의 위치결정완료 신호가 1초간 ON되고
흡착패드 명령을 이용해 흡착을 한다.
그와 동시에 SET되어 있는 Y40을 해제 해주어야 다음 위치결정이동
명령을 실행시킬 수 있다.
1번위치 위치결정완료

```
          X44      M21                                                    (M22  )
599     ─┤ ├─────┤/├──────────────────────────────────────────────        흡착패드
        위치결정  컨베이어                                                  ON명령
        완료      OFF,흡착
                  위치 이동
                  명령
          M22
        ─┤ ├─
        흡착패드                                             ─[RST  Y40  ]─
        ON명령                                                      위치결정
                                                                    기동
```

흡착패드 명령이 실행되고 2초의 여유를 주어야만
워크가 흡착패드에 완벽하게 흡착된다.

```
          M22                                                           K20
714     ─┤ ├────────────────────────────────────────────────────────   (T20  )
        흡착패드                                                         2초 동안
        ON명령                                                           흡착 및
                                                                        스토퍼
                                                                        상승명령
```

4번위치로 이동하여 3번 적재창고의 적재위치로 이동한다.
4번위치 위치결정 이동명령

```
          T20      X3C      Y31                                                  U3\
764     ─┤ ├─────┤/├─────┤/├──────────────────────────────[MOV   K4      G1500 ]─
        2초 동안  X축 운전  Servo On                                              위치결정
        흡착 및   중                                                              이동명령
        스토퍼
        상승명령
                                                                 ─[SET   Y40  ]─
                                                                         위치결정
                                                                         기동
```

4번위치 위치결정완료
4번 위치에 도착 후 흡착실린더를 전진하여
적재창고로 워크를 이동시킨다.

```
          X44      X0D      T20                                          (M23  )
816     ─┤ ├─────┤ ├─────┤ ├──────────────────────────────────────       흡착실린
        위치결정  흡착실린  2초 동안                                        더 전진명
        완료      더 후진센  흡착 및                                        령
                  서        스토퍼
                            상승명령
          M23
        ─┤ ├─                                                ─[RST  Y40  ]─
        흡착실린                                                     위치결정
        더 전진명                                                     기동
        령
```

워크가 흡착실린더에 의해 적재창고로 이동되면
흡착해제하여 적재창고에 놓는다.

```
          M23      X0E              M35                                  (M24  )
873     ─┤ ├─────┤ ├─────────────┤/├──────────────────────────────       흡착해제
        흡착실린  흡착실린  금속,비금
        더 전진명  더 전진센 속공정 초
        령        서        기화릴레
                            이
          M24
        ─┤ ├─
        흡착해제
```

흡착실린더가 전진하고 흡착을 바로 해제하면
물품이 후진시에 같이 배출될 수 있는
위험이 있기 때문에 1초 정도의 딜레이를 줍니다

```
        M24                                              K10
920     ─┤├──────────────────────────────────────────────(T21)
         흡착해제                                          1초 딜레
                                                          이

        T21    M35
993     ─┤├────┤/├─────────────────────────────────────────(M25)
         1초 딜레 금속,비금                                  흡착실린
         이     속공정 초                                    더 후진명
                기화릴레                                    령
                이
        M25
        ─┤├─
         흡착실린
         더 후진명
         령
```

흡착실린더가 후진한 후 창고실린더를 움직여 줘야
적재창고와 흡착실린더의 충돌을 막을 수 있다.
창고실린더는 초기상태에 전진상태이기 때문에 후진명령을 이용해
적재창고의 위치를 바꿔준다.
서보모터가 1축이기 때문에 상하 운동만 할 수 있다.
그러므로 창고실린더를 이용하여 좌우 이동을 대신한다.

```
        M25    X0D    M35
997     ─┤├────┤├────┤/├──────────────────────────────────(M26)
         흡착실린 흡착실린 금속,비금                          창고실린
         더 후진명 더 후진센 속공정 초                         더 후진명
         령      서     기화릴레                            령
                        이
        M26
        ─┤├─
         창고실린
         더 후진명
         령

        M26    X4     M35
1156    ─┤├────┤├────┤/├──────────────────────────────────(M27)
         창고실린 창고실린 금속,비금                          흡착실린
         더 후진명 더 후진센 속공정 초                         더 전진센
         령      서     기화릴레                            서
                        이
        M27
        ─┤├─
         흡착실린
         더 전진센
         서

        M27    X0E    M35
1161    ─┤├────┤├────┤/├──────────────────────────────────(M28)
         흡착실린 흡착실린 금속,비금                          4번 위치
         더 전진센 더 전진센 속공정 초                         로 이동명
         서      서     기화릴레                            령
                        이
        M28
        ─┤├─
         4번 위치
         로 이동명
         령
```

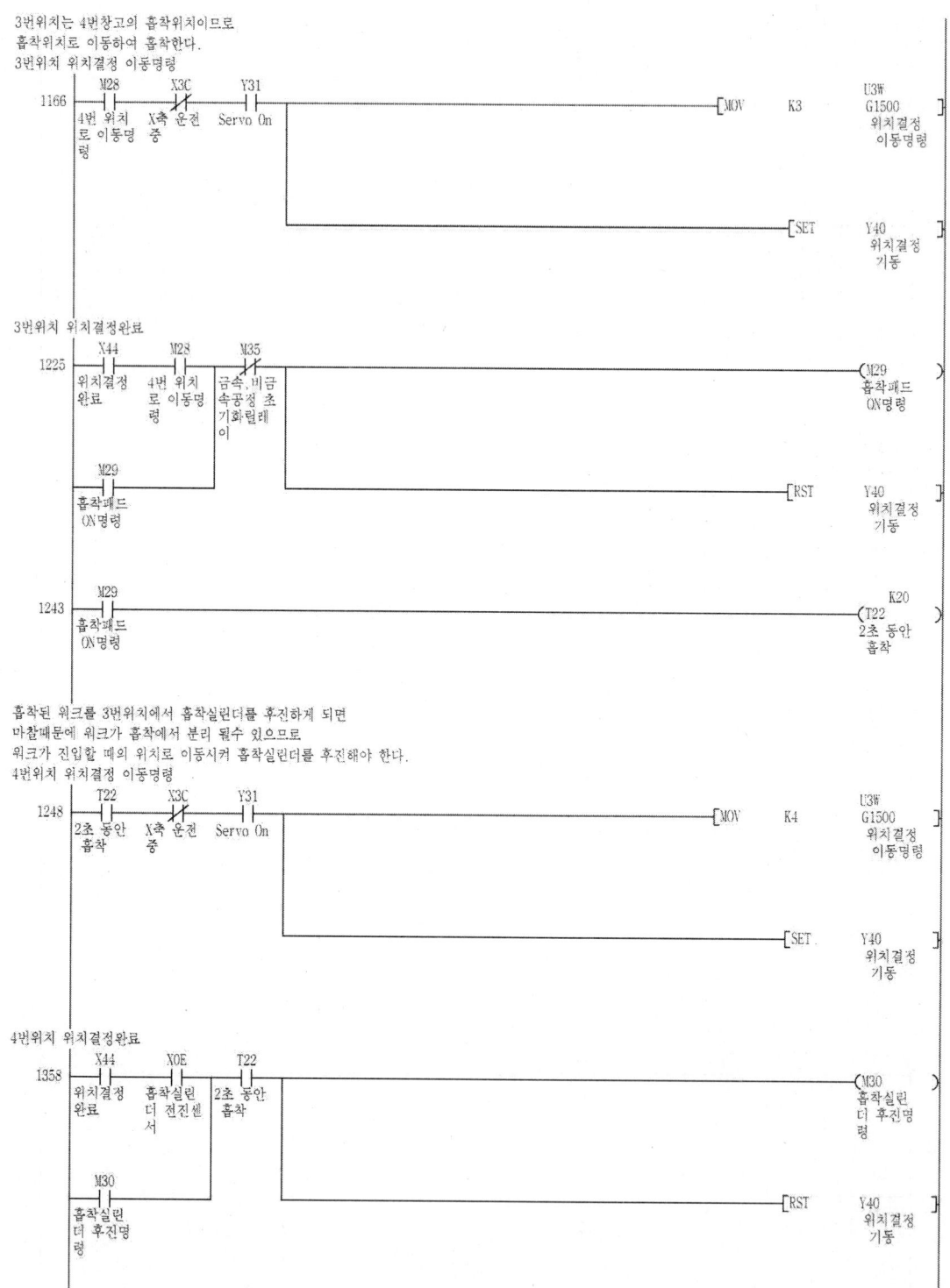

PLC 연습문제

흡착실린더가 후진을 완료하면 창고실린더는
다음 명령을 위해 다시 전진하는 것이
다음 제어를 하기 위해 편하다.

```
1376  M30      X0D      M35                                          (M31)
      ─┤├──────┤/├──────┤/├─────────────────────────────────────────( )
      흡착실린   흡착실린   금속,비금                                     창고실린
      더 후진명  더 후진센  속공정 초                                     더 전진명
      령        서        기화릴레                                     령
                          이
      M31
      ─┤├──┐
      창고실린
      더 전진명
      령

1441  M31      X5       M35                                          (M32)
      ─┤├──────┤├──────┤/├─────────────────────────────────────────( )
      창고실린   창고실린   금속,비금                                     흡착위치
      더 전진명  더 전진센  속공정 초                                     이동명령
      령        서        기화릴레
                          이
      M32
      ─┤├──┐
      흡착위치
      이동명령
```

적재창고에서 꺼내온 워크를 1번 위치로 이동하여 컨베이어 위로
이동하여 흡착해제 한다.

1번위치 위치결정 이동명령

```
1446  M32      X3C      Y31                                  U3W
      ─┤├──────┤/├──────┤├──────────────────────[MOV  K1    G1500]
      흡착위치   X축 운전  Servo On                              위치결정
      이동명령   중                                              이동명령

                                                 ─────[SET   Y40]
                                                              위치결정
                                                              기동
```

1번위치 위치결정완료

```
1515  X44      M32                                                   (M33)
      ─┤├──────┤├──────────────────────────────────────────────────( )
      위치결정   흡착위치                                              흡착해제
      완료      이동명령                                               및 원점
                                                                    이동 명령
      M33
      ─┤├──┐                                         ────[RST   Y40]
      흡착해제                                                    위치결정
      및 원점                                                     기동
      이동 명령
```

위치결정이동 후 다음 위치결정이동을 할때는
1초 정도의 딜레이가 있어야
안정적으로 구동됩니다.

```
                                                              K10
1532  M33                                                   (T23)
      ─┤├────────────────────────────────────────────────( )
      흡착해제                                               1초 딜레
      및 원점                                                이
      이동 명령
```

PLC 연습문제 _ 221

1번위치에 놓여있는 워크는 현재 흡착실린더에 의해서 눌러 있으므로
컨베이어를 구동시켜도 움직일 수가 없다.
그러므로 서보모터를 이용하여 흡착실린더를 상승시켜줘야 하는데
가장 좋은 위치는 원점복귀 위치이다.
여기서 원점복귀 명령이 아닌 포지셔닝 명령을 이용하여
원점복귀와 같은 위치의 위치결정이동명령을 실행한다.

원점위치 위치결정 이동명령

```
         T23    X3C    Y31
1588    ─┤├───┤├───┤├──────────────────────[MOV  K7   U3W
        1초 딜레  X축 운전  Servo On                          G1500
        이      중                                       위치결정
                                                        이동명령

                                        ─────────[SET  Y40
                                                        위치결정
                                                        기동
```

원점위치 위치결정완료

```
         X44    T23
1777    ─┤├───┤├──────────────────────────────(M34)
        위치결정  1초 딜레                                    컨베이어
        완료     이                                         ON 명령

         M34
        ─┤├──
        컨베이어
        ON 명령                       ─────────[RST  Y40
                                                        위치결정
                                                        기동
```

스토퍼 앞부터 컨베이어 끝까지의 시간을 계산하여 실행한 후
초기화 한다.

```
         M34                                              K50
1795    ─┤├──────────────────────────────────(T24)
        컨베이어                                             끝단까지
        ON 명령                                             이동 후
                                                          종료

         T11
1839    ─┤├──────────────────────────────────(M35)
        끝단으로                                             금속,비금
        이동 후                                              속공정 초
        종료                                                기화릴레
                                                          이
         T24
        ─┤├──
        끝단까지
        이동 후
        종료

1842    ─────────────────────────────[MCR  N1
```

연습문제 6번의 출력회로

```
         M1    M4
1843    ─┤├───┤/├──────────────────────────────(Y25)
        공급실린  공급실린                                      공급실린
        더 전진명 더 후진명                                     더 전진S
        령      령                                         OL

         M602  M603
        ─┤├───┤/├──
        비상정지  비상정지
        제어 실  제어 실
        린더 전진 린더 후진
        명령     명령
```

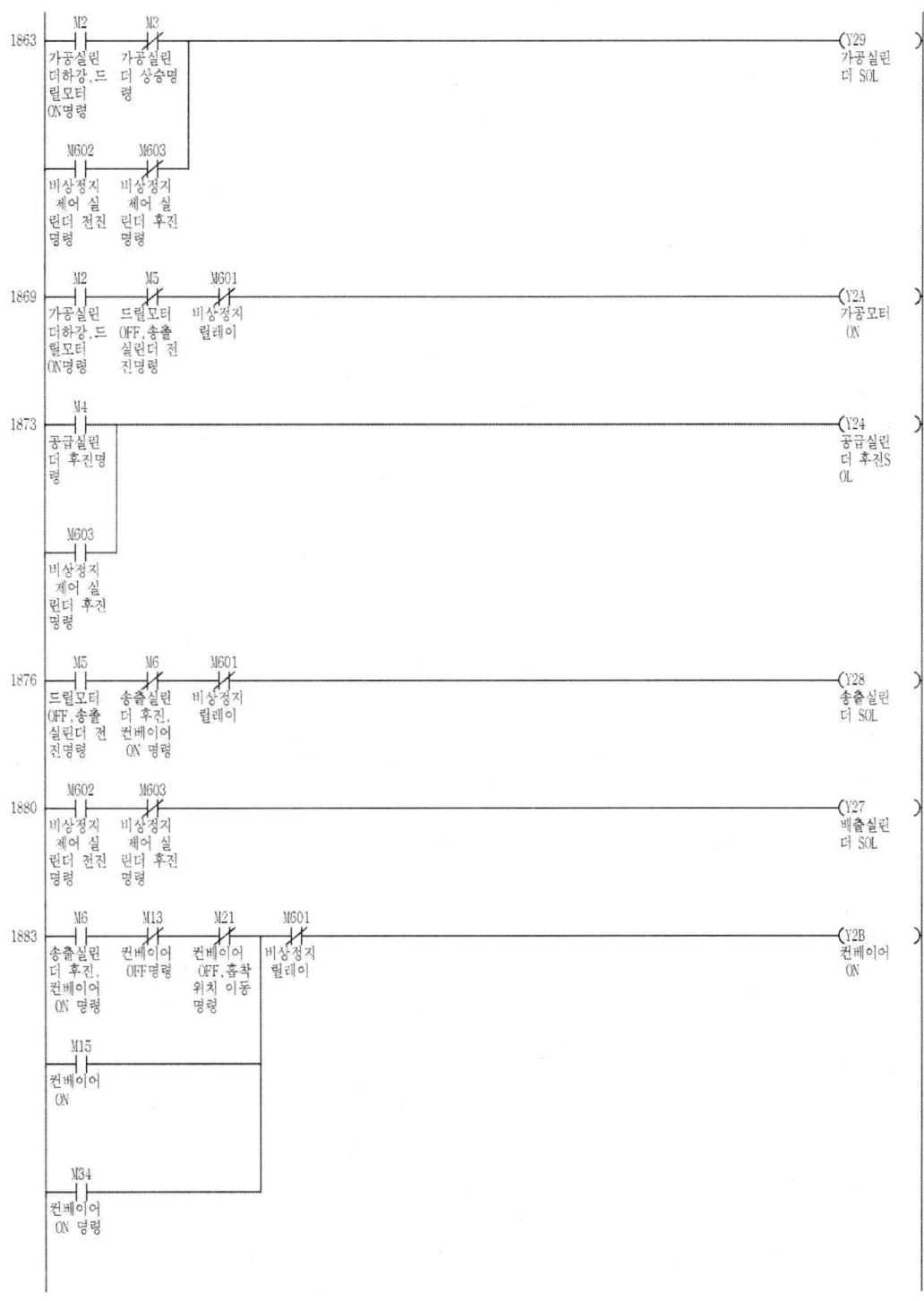

```
1890 ─┤M12├─┤/M14├──────────────────────────────────(Y20)
       스토퍼 하  스토퍼 상                              스토퍼 전
       강명령   승명령                                 진SOL
       │
       ├─┤M20├─┤/T20├─
       │ 스토퍼 하  2초 동안
       │ 강명령   흡착 및
       │        스토퍼
       │        상승명령
       │
       └─┤M602├─┤/M603├─
         비상정지  비상정지
         제어 실  제어 실
         린더 전진 린더 후진
         명령    명령

1899 ─┤M14├───────────────────────────────────────(Y21)
       스토퍼 상                                      스토퍼 후
       승명령                                        진SOL
       │
       ├─┤T20├─
       │ 2초 동안
       │ 흡착 및
       │ 스토퍼
       │ 상승명령
       │
       └─┤M603├─
         비상정지
         제어 실
         린더 후진
         명령

1903 ─┤M22├─┤/M24├─┤M601├──────────────────────(Y26)
       흡착패드  흡착해제  비상정지                       흡착패드
       ON명령         릴레이                           SOL
       │
       └─┤M29├─┤/M33├─
         흡착패드  흡착해제
         ON명령   및 원점
                이동 명령

1910 ─┤M23├─┤/M25├─┤M601├──────────────────────(Y22)
       흡착실린  흡착실린  비상정지                      흡착실린
       더 전진명 더 후진명  릴레이                       더 전진S
       령      령                                    OL
       │
       └─┤M27├─┤/M30├─
         흡착실린  흡착실린
         더 전진센 더 후진명
         서      령
```

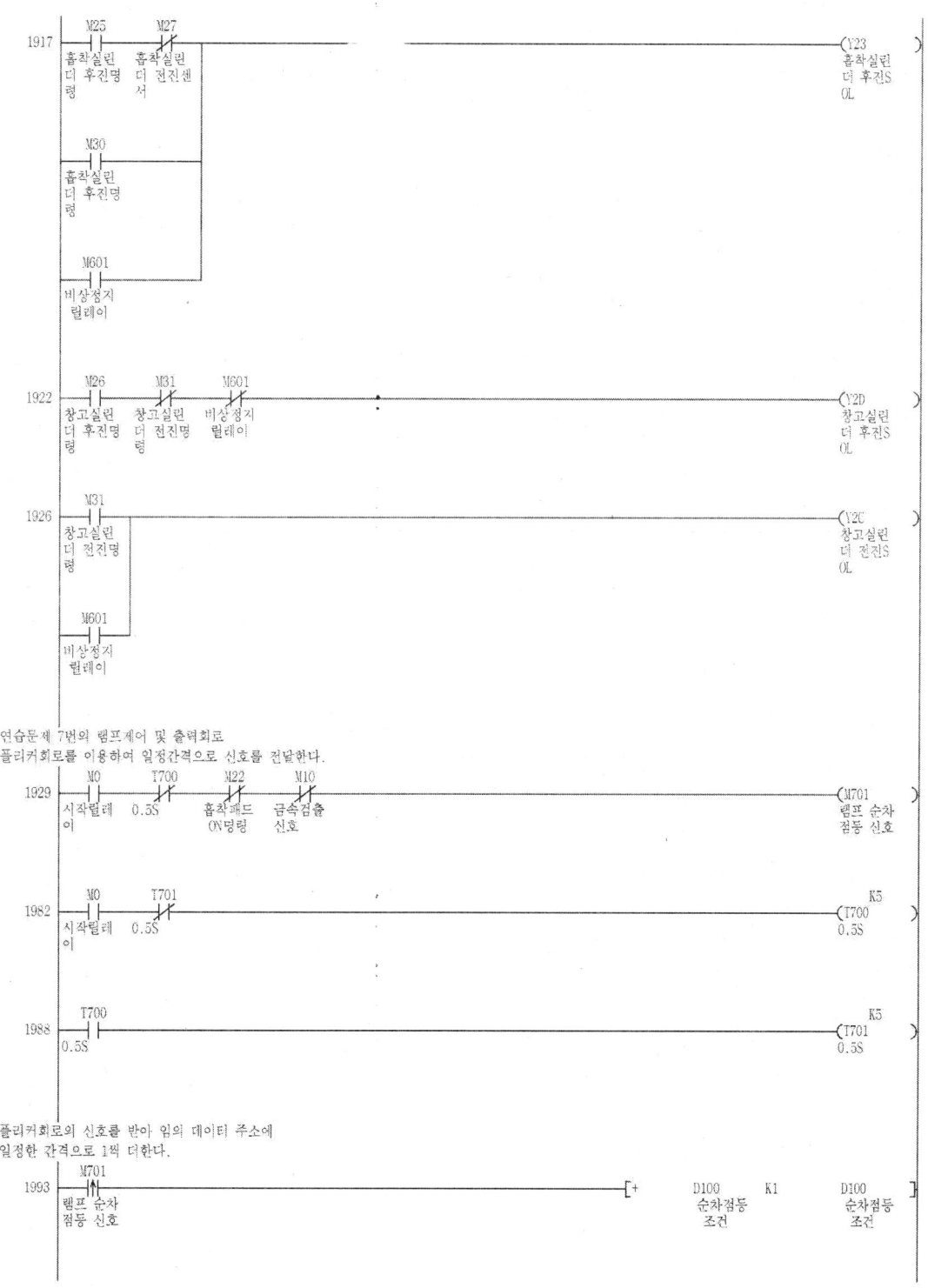

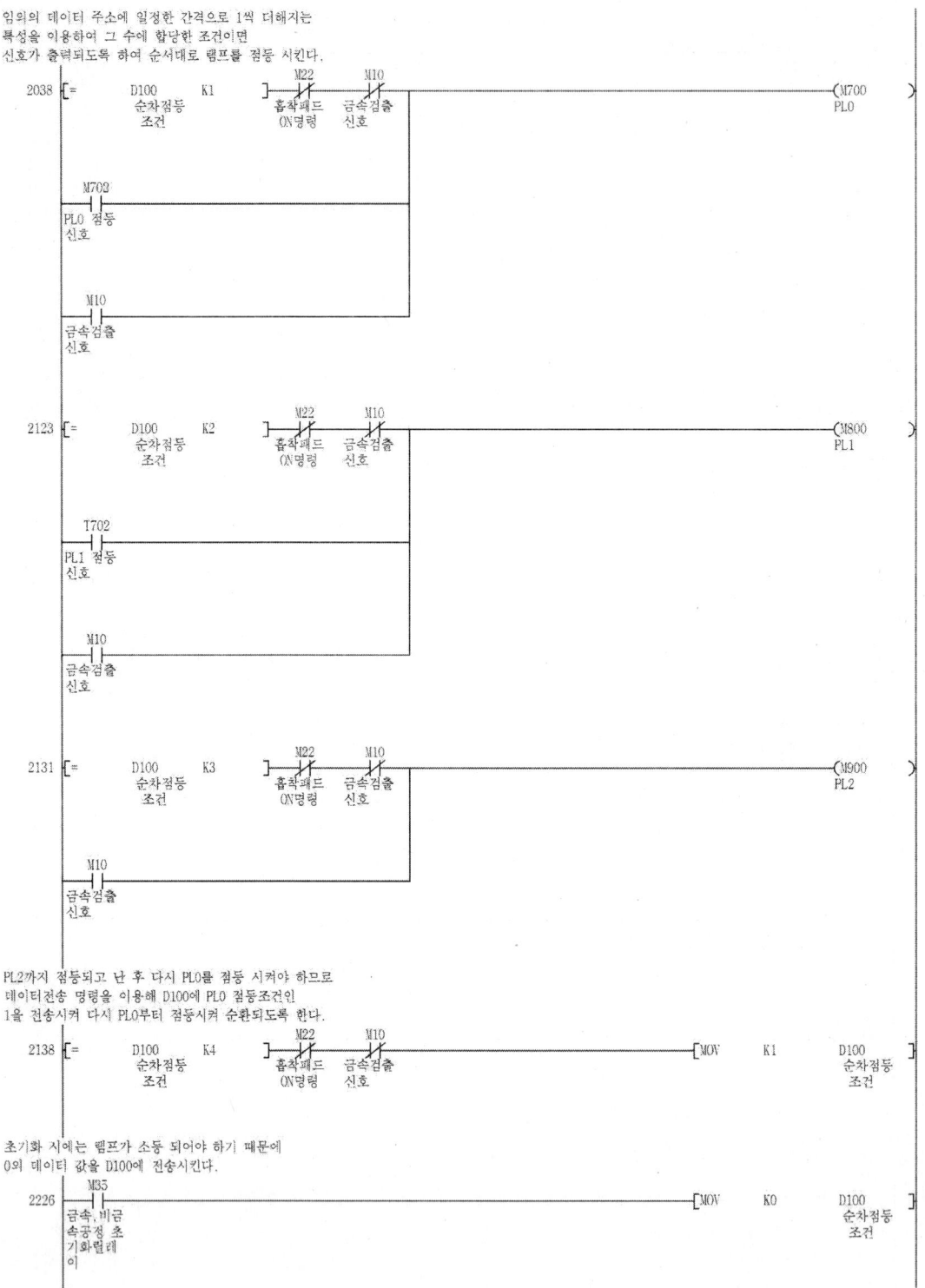

연습문제 8 (단속동작)

아래의 제어조건에 따른 동작을 수행하십시오.

1. 상승버튼을 누르면 40000펄스 값으로 조그상승을 한다.
   하강버튼을 누르면 40000펄스 값으로 조그하강을 한다.

2. 원점복귀버튼을 누르면 원점복귀를 한다.

3. 공정시작버튼을 누르면 아래와 같은 공정이 이루어진다.
   (공정시작과 동시에 컨베이어 벨트는 ON된다.)
   공급실린더전진 -> 공급실린더후진 -> 송출실린더전진 -> 송출실린더후진 ->

4. 컨베이어벨트가 ON되면 비금속, 금속을 판별한다.
   비금속이 감지되면 컨베이어 끝단으로 배출하며 금속이 감지되면 배출실린더를 이용하여 옆으로 배출한다.

5. 비금속 2개가 감지되면 4번 저장창고의 공작물을 끝단으로 배출시킨다.
   (5번 공정 중에도 4번의 분류공정은 계속한다. 단, 3번공정은 정지한다.)

6. 금속 2개가 감지되면 3번창고의 공작물을 2번창고로 이동시킨다.
   (6번 공정 중에도 4번의 분류 공정은 계속한다. 단, 3번 공정은 정지한다.)

7. 서보모터가 움직일 때 서보모터의 현재위치를 실시간으로 서보모터디스플레이에 표현하고 현재속도는 실시간으로 서보모터디스플레이2에 표현한다.

8. 숫자 키표시에 입력한 속도에 따라 조그 운전의 속도가 변하도록 한다.

9. 비상정지버튼을 누르면 모든 시스템은 즉시 초기화가 된다.
   매거진에 공작물이 없으면 6초 뒤 시스템은 일시정지하고 공작물을 보충하면 일시정지된 부분부터 다시 공정을 시작한다.

10. 공정시작버튼을 누르면 PL1이 0.5초 간격으로 점멸하며, 공정이 마무리되거나 시스템이 초기화되면 소등된다.
    비상정지버튼을 누르면 PL0가 점등되며, 공정시작버튼을 누르기 전까지는 점등되어 있어야한다. 원점복귀버튼을 누르면 PL2가 점등되며, 원점복귀완료 후 소등된다.

11. 4번 공정 시에는 PL0점등 -> PL1점등 -> PL2점등 -> 모두소등 -> PL0점등을 반복하며, 0.5초의 간격으로 공정이 마무리 될 때까지 반복한다.
    3번 공정 시에는 위의 공정을 반대로 실행하며 0.3초의 간격으로 반복한다.
    EX) PL2점등 -> PL1점등 -> PL0점등 -> 모두소등 -> PL2점등
    (단, 11번 제어문제의 램프 동작 시에는 10번 제어문제의 램프제어는 무시한다.)

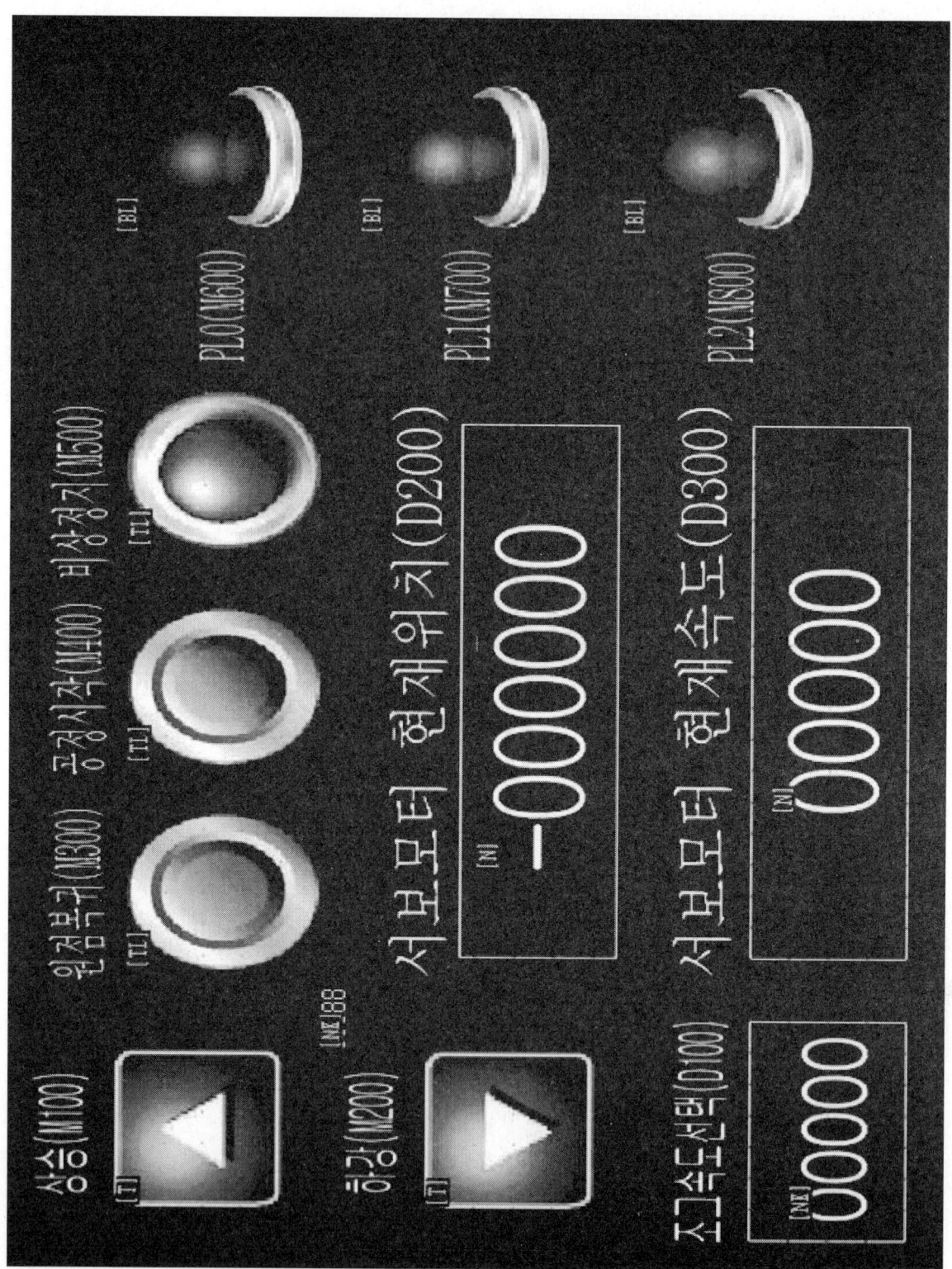

I / O 배선도

입력(X)		출력(Y)	
X0	송출실린더 후진센서	Y20	스토퍼 전진SOL
X1	송출실린더 전진센서	Y21	스토퍼 후진SOL
X2	가공드릴 상승센서	Y22	흡착실린더 전진SOL
X3	가공드릴 하강센서	Y23	흡착실린더 후진SOL
X4	창고실린더 후진센서	Y25	공급실린더 전진SOL
X5	창고실린더 전진센서	Y24	공급실린더 후진SOL
X6	공급실린더 후진센서	Y26	흡착패드 SOL
X7	공급실린더 전진센서	Y27	배출실린더 SOL
X8	송출워크 감지센서	Y28	송출실린더 SOL
X9	공급워크 감지센서	Y29	가공실린더 SOL
XA	스토퍼워크 감지센서	Y2A	가공모터 ON
XB	배출실린더 후진센서	Y2B	컨베이어ON
XC	배출실린더 전진센서	Y2C	창고실린더 전진SOL
XD	흡착실린더 후진센서	Y2D	창고실린더 후진SOL
XE	흡착실린더 전진센서		
XF	스토퍼 전진센서		
X10	스토퍼 후진센서		
X11	유도형센서(금속)		
X12	용량형센서(비금속)		

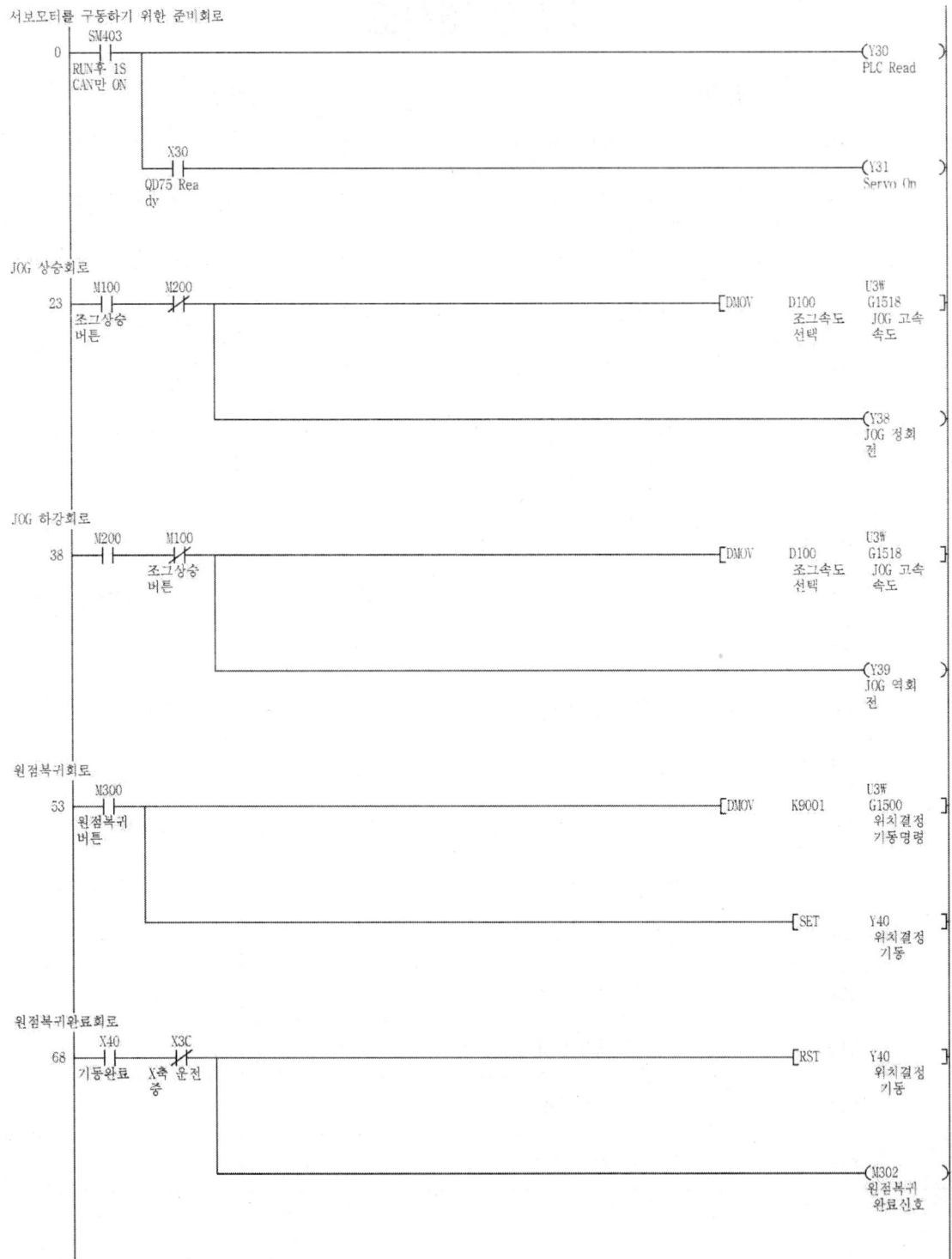

ST 명령 초기화
ST명령을 사용하고 초기화를 할때에는
모든 경우의 수를 생각하고 초기화 명령을 입력해야 한다.

```
       M500
82 ─────┤├──────────────────────────[RST  ST10  ]
       비상정지                              배출실린
       버튼                                  더 앞까지
                                             이동

       SM402
   ─────┤├──────────────────────────[RST  ST11  ]
       RUN 후 1                             비금속공
       SCAN만 O                             정 초기화
       N                                    릴레이

       M15
   ─────┤├──
       금속.비금
       속 공정
       초기화 릴
       레이


       M28
151 ─────┤├──────────────────────────[RST  ST21  ]
       비금속 적                             흡착패드
       재제어 초                             2초 ON
       기화릴레
       이

       M500
   ─────┤├──
       비상정지
       버튼

       SM402
   ─────┤├──
       RUN 후 1
       SCAN만 O
       N


       M41
158 ─────┤├──────────────────────────[RST  ST31  ]
       금속 적재                             흡착 2초
       제어 초기                             ON
       화릴레이

       M500
   ─────┤├──
       비상정지
       버튼

       SM402
   ─────┤├──
       RUN 후 1
       SCAN만 O
       N
```

카운터명령 초기화

```
          M28
165  ─────┤ ├────────────────────────────[RST  C2 ]
      비금속 적                              비금속 2
      재제어 초                              개 검출신
      기화릴레                               호
      이
          M500
      ─────┤ ├────
      비상정지
      버튼

          M41
182  ─────┤ ├────────────────────────────[RST  C1 ]
      금속 적재                              금속 2개
      제어 초기                              검출신호
      화릴레이

          M500
      ─────┤ ├────
      비상정지
      버튼
```

서보모터 초기화 및 일시정지

```
          M500
188  ─────┤ ├──────────────────────────────( Y34 )
      비상정지                               축 정지
      버튼

          T99
      ─────┤ ├────────────────────────────[RST  Y40 ]
      6초 대기                              위치결정
                                           기동

          M500
208  ─────┤ ├───────────────────[MOV  K0   D400 ]
      비상정지                              5번 공정
      버튼                                  램프제어
                                           데이터주
                                           소
          M28
      ─────┤ ├────
      비금속 적
      재제어 초
      기화릴레
      이

          M500
212  ─────┤ ├───────────────────[MOV  K0   D300 ]
      비상정지                              5번공정
      버튼                                  램프제어
                                           데이터주
                                           소
          M41
      ─────┤ ├────
      금속 적재
      제어 초기
      화릴레이
```

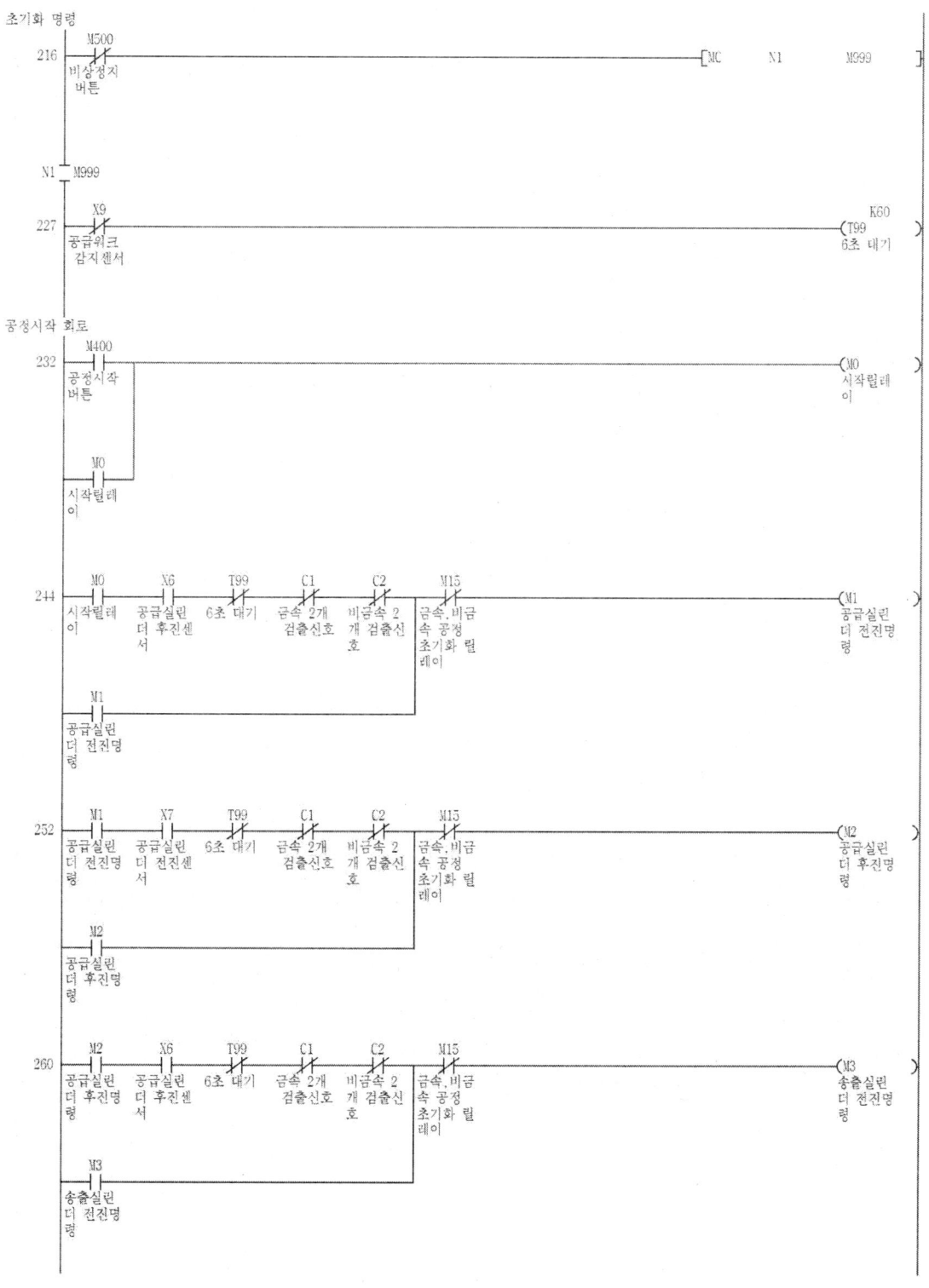

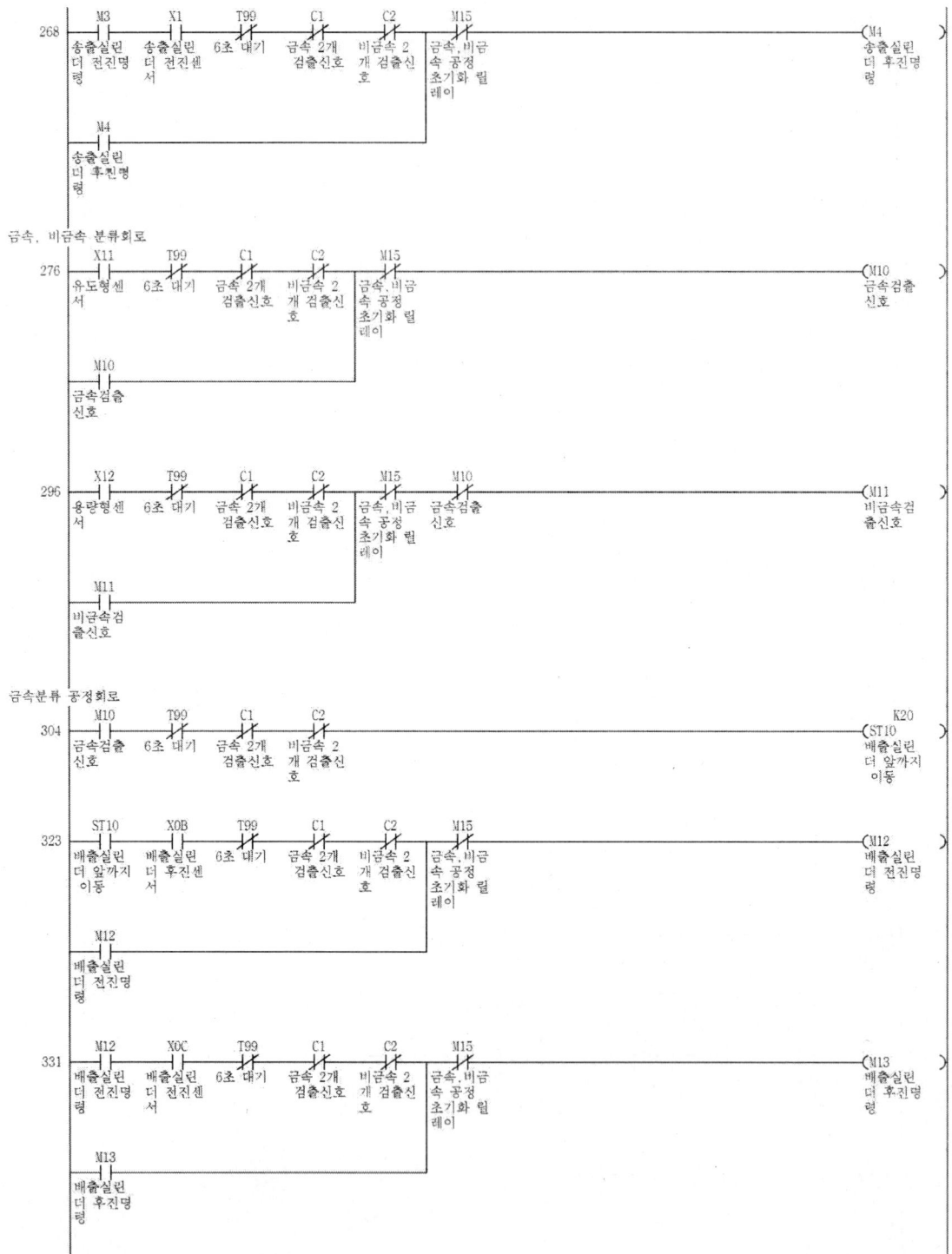

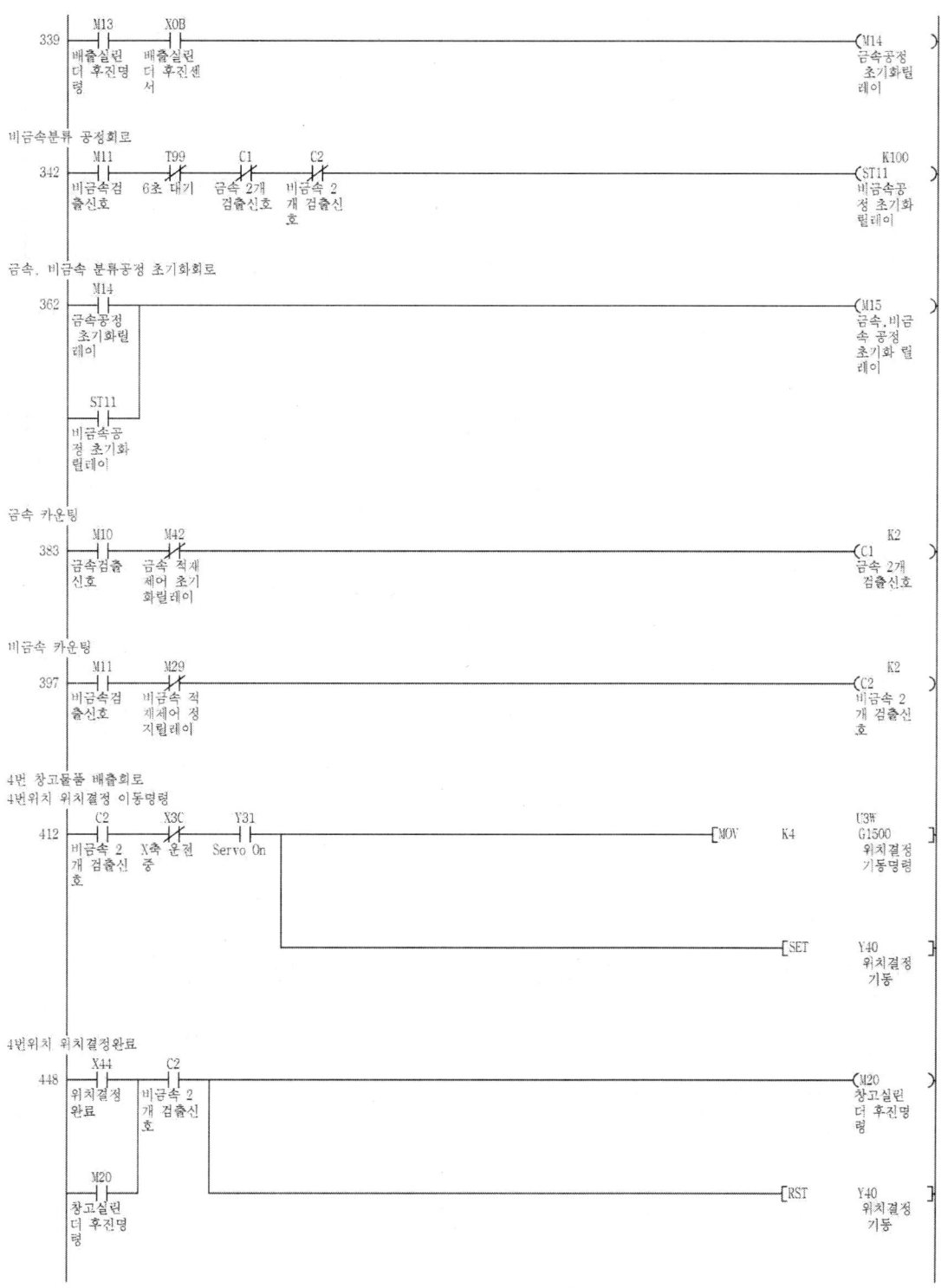

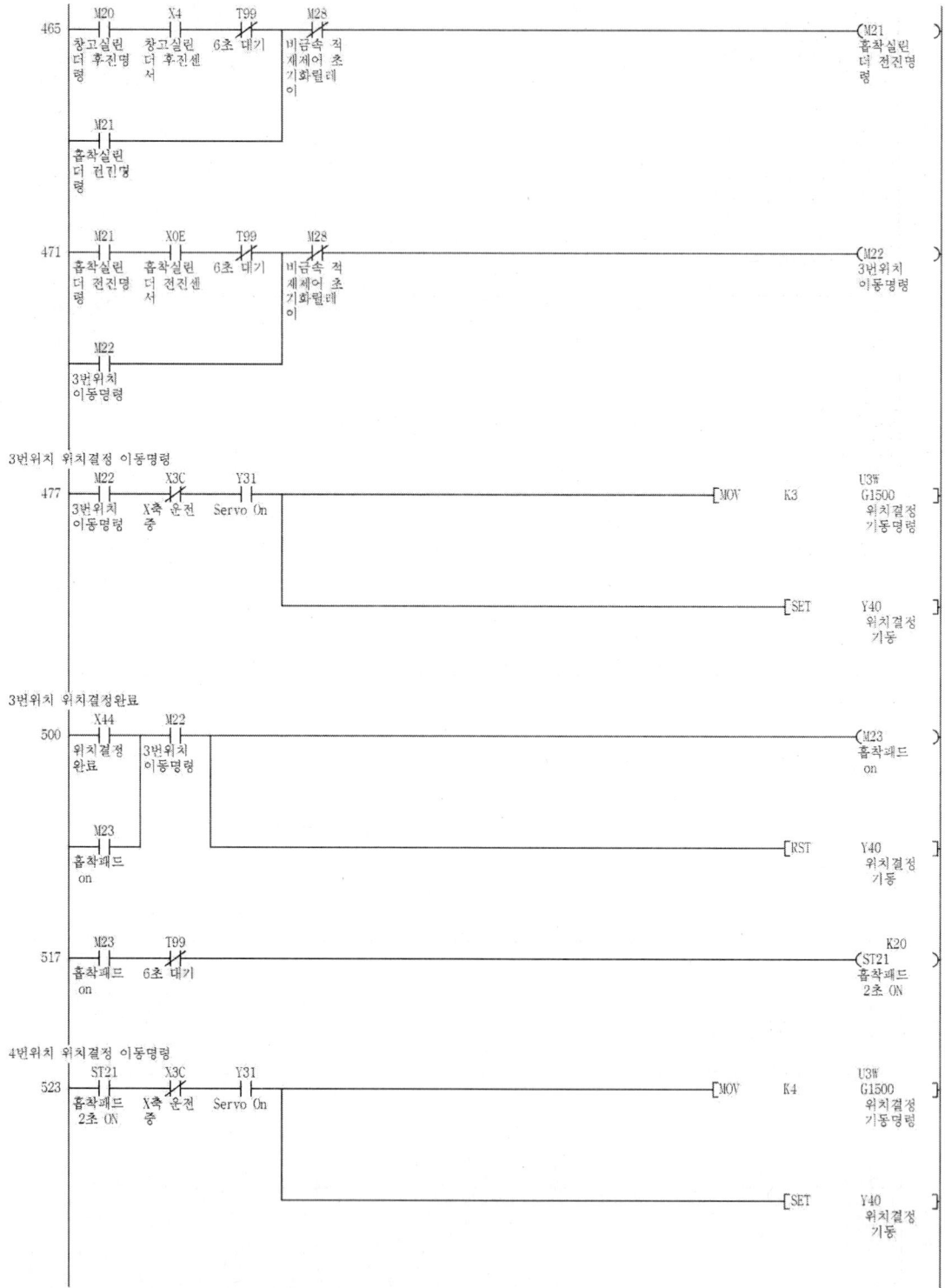

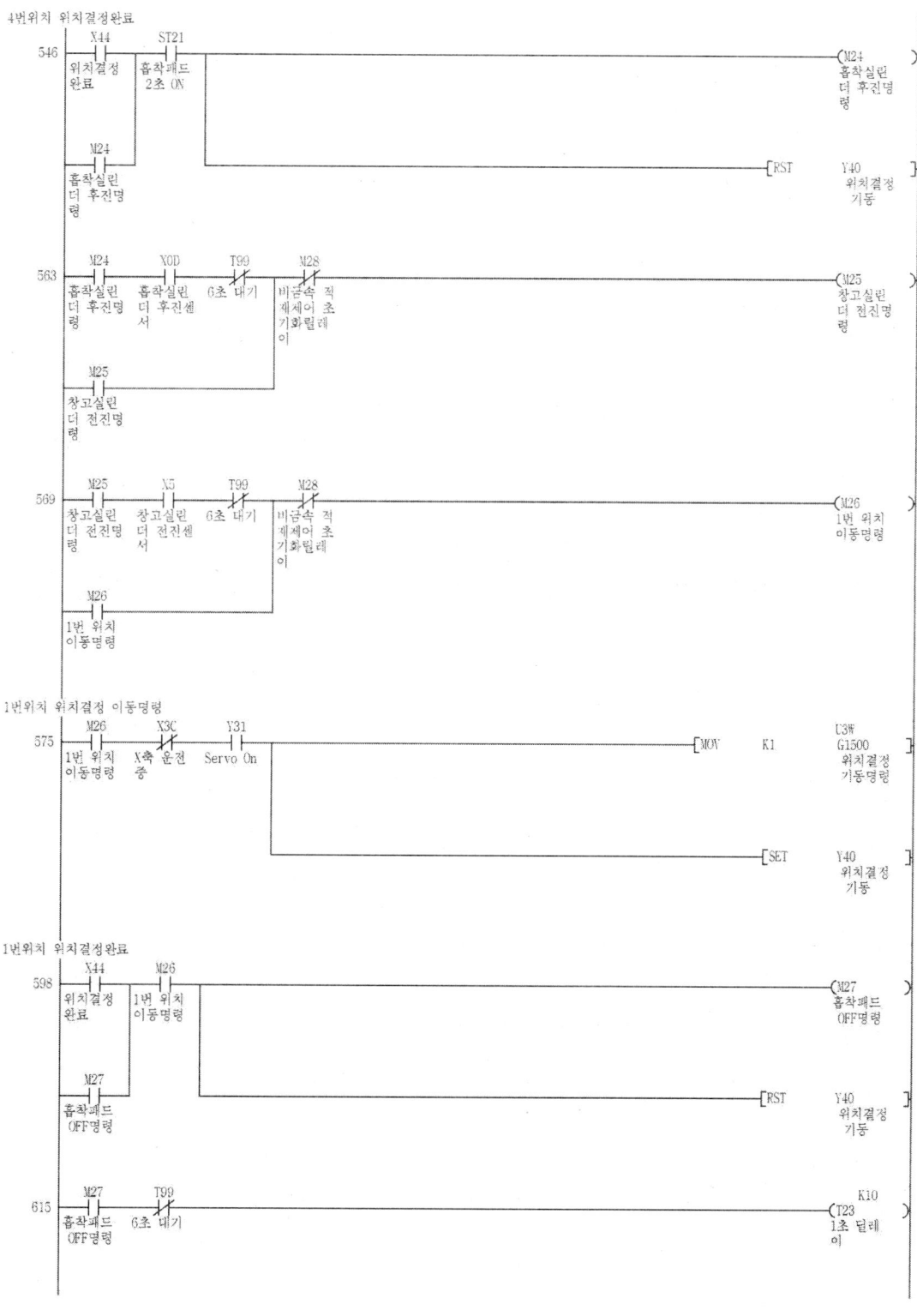

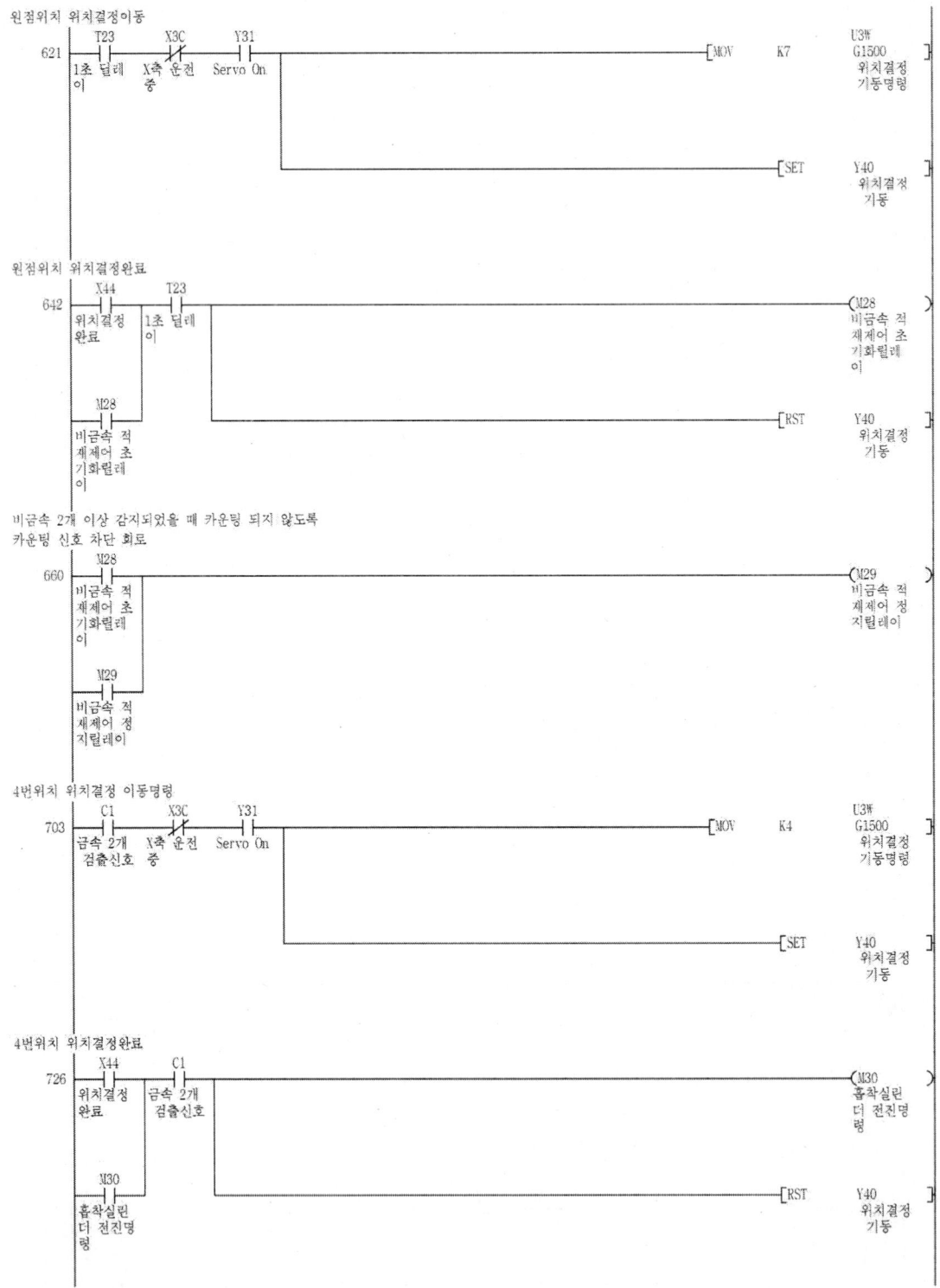

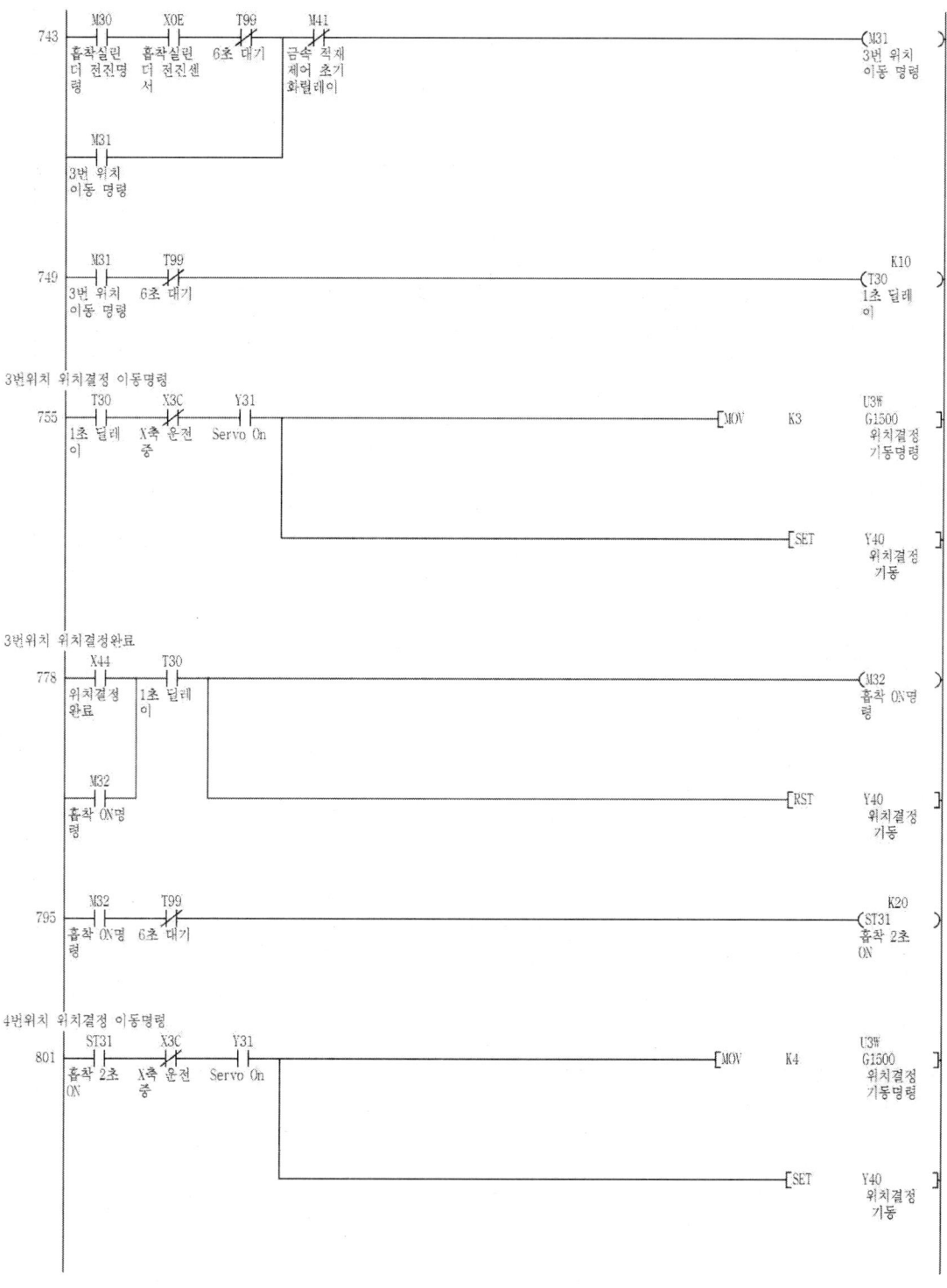

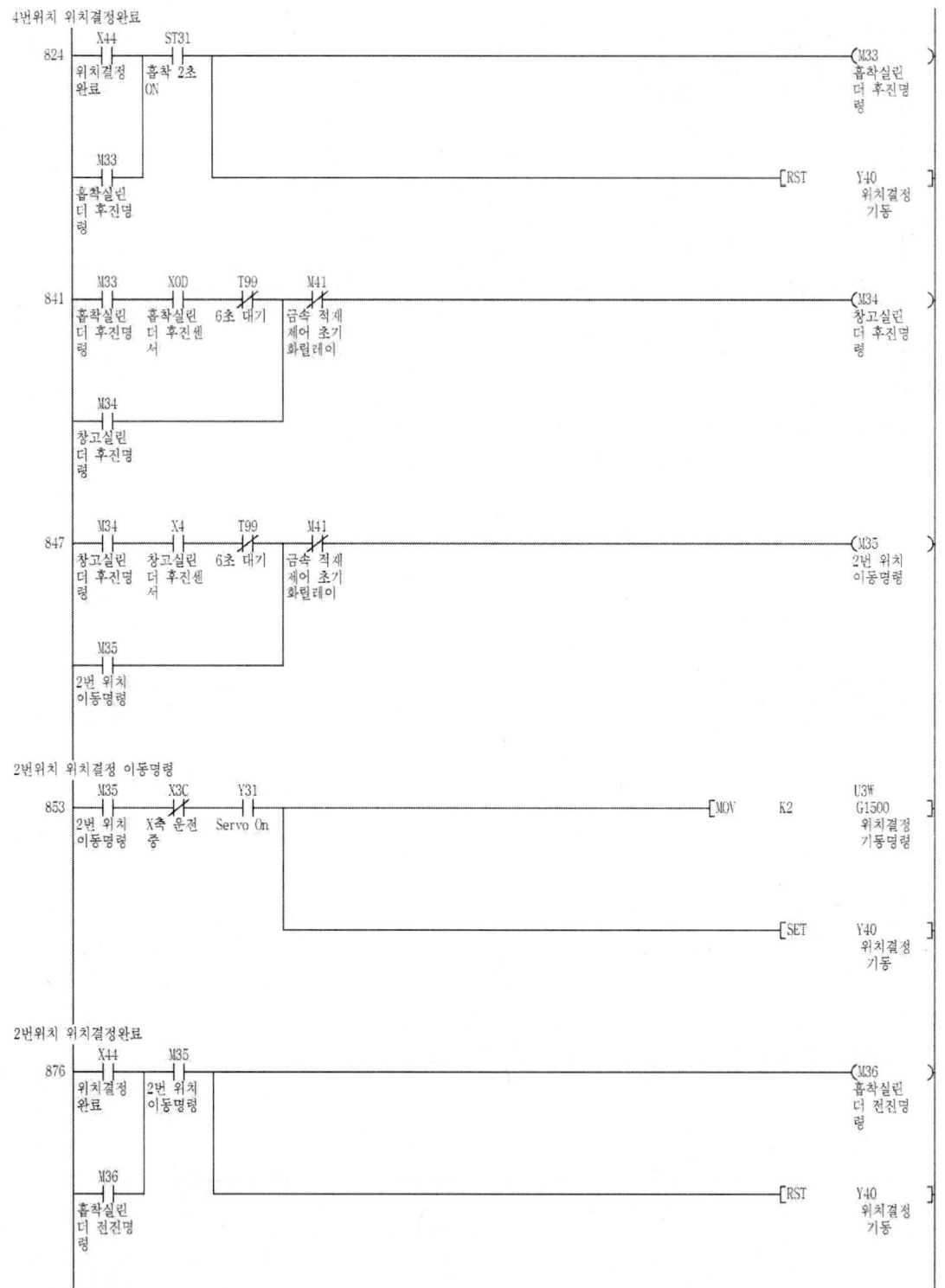

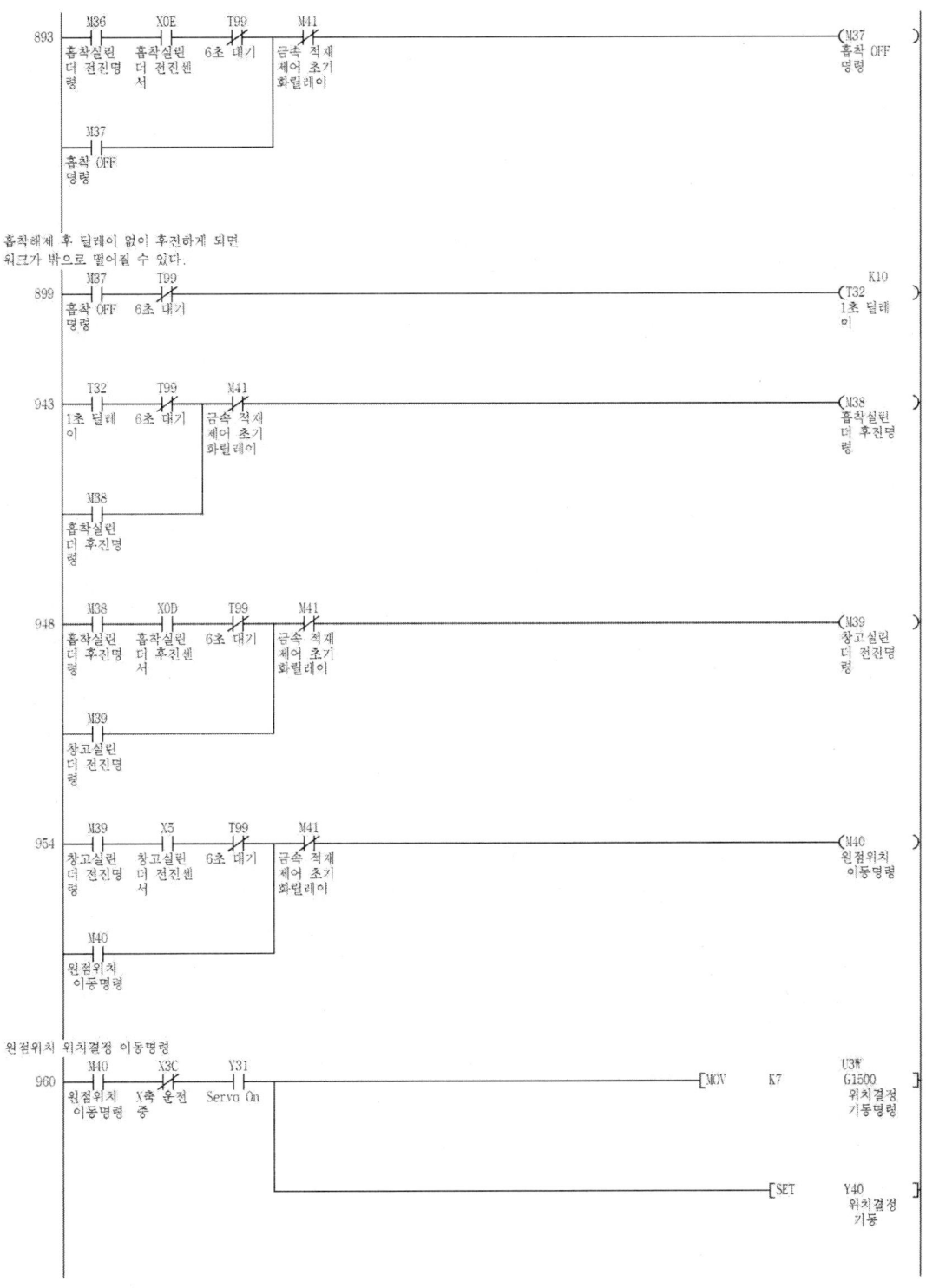

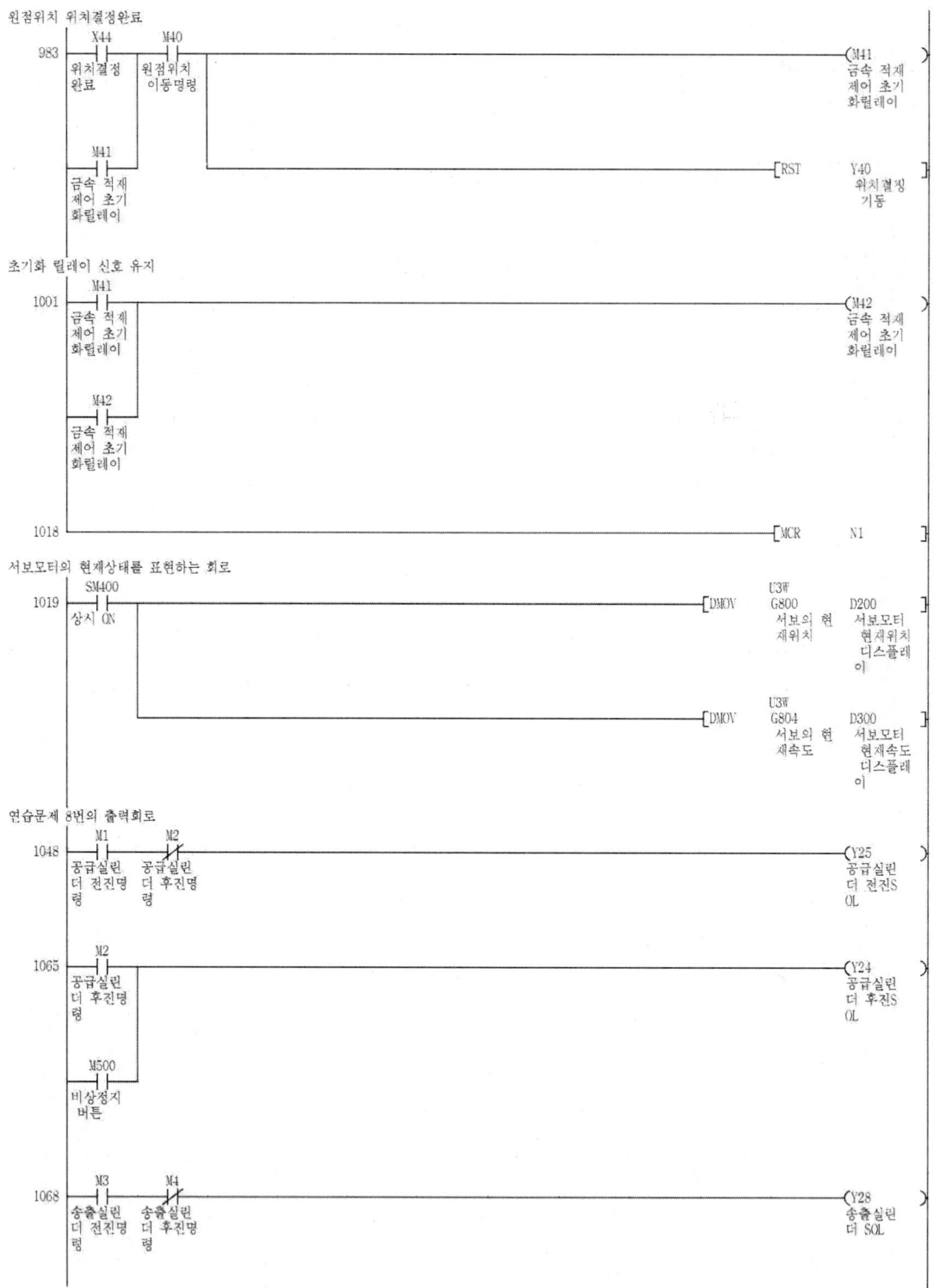

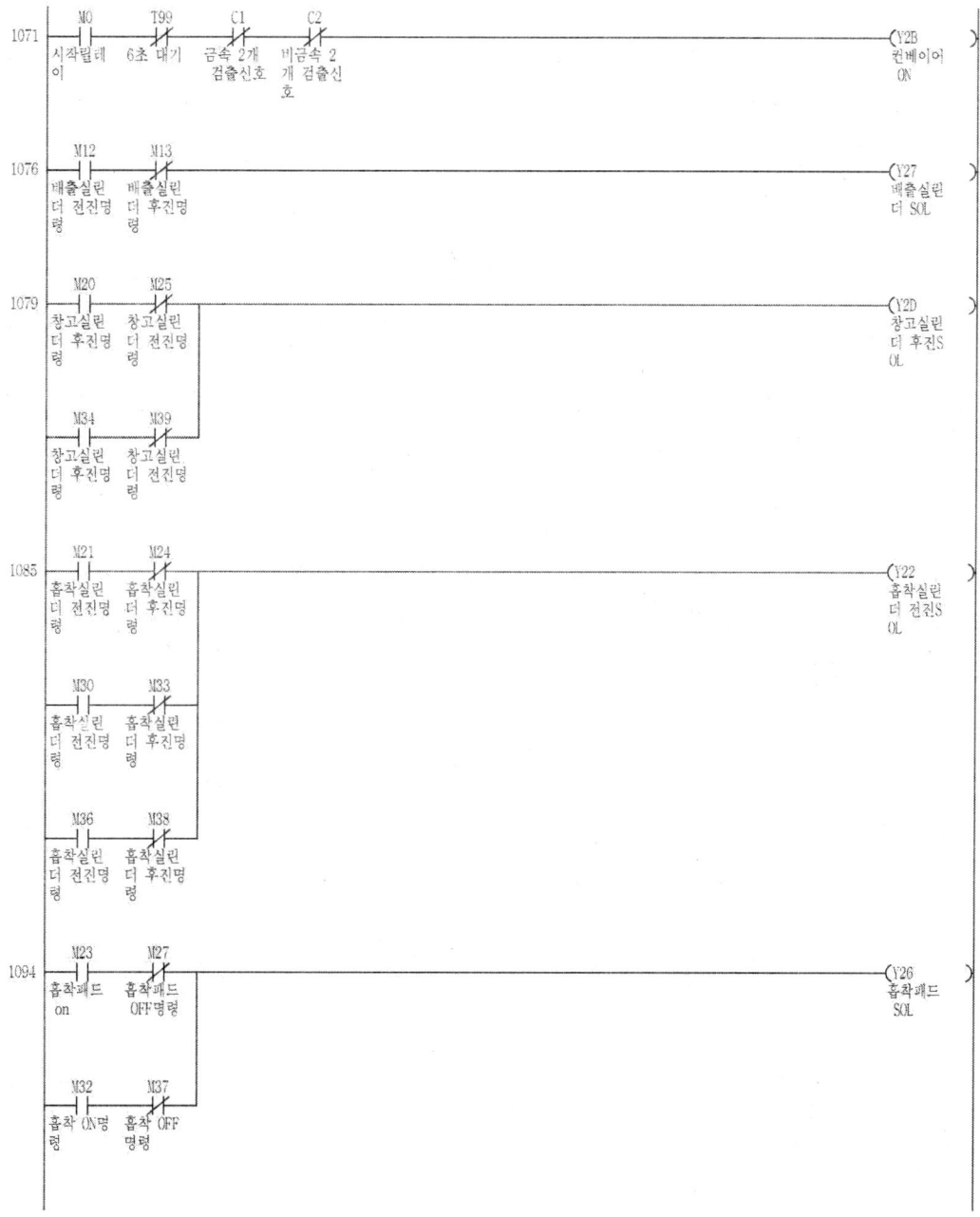

```
1100 ─┬─ M24 ──────────────────────────────── (Y23)
      │  흡착실린더          흡착실린더 후진SOL
      │  후진명령
      │
      ├─ M33 ─ M36 ─┐
      │  흡착실린더  흡착실린더
      │  후진명령   전진명령
      │
      ├─ M38 ──────┤
      │  흡착실린더
      │  후진명령
      │
      └─ M500 ─────┘
         비상정지
         버튼

1107 ─┬─ M25 ──────────────────────────────── (Y2C)
      │  창고실린더          창고실린더 전진SOL
      │  전진명령
      │
      ├─ M39 ──────┤
      │  창고실린더
      │  전진명령
      │
      └─ M500 ─────┘
         비상정지
         버튼
```

공정시작시 램프제어회로

```
1111 ── M0 ── T70 ── C1 ── C2 ──────────── (M70)
        시작릴레이 0.5S 금속2개 비금속2개     PL1 점멸
                       검출신호 검출신호       명령

                                              K5
1130 ── M0 ── T71 ────────────────────── (T70)
        시작릴레이 0.5S                        0.5S

                                              K5
1136 ── T70 ──────────────────────────── (T71)
        0.5S                                  0.5S
```

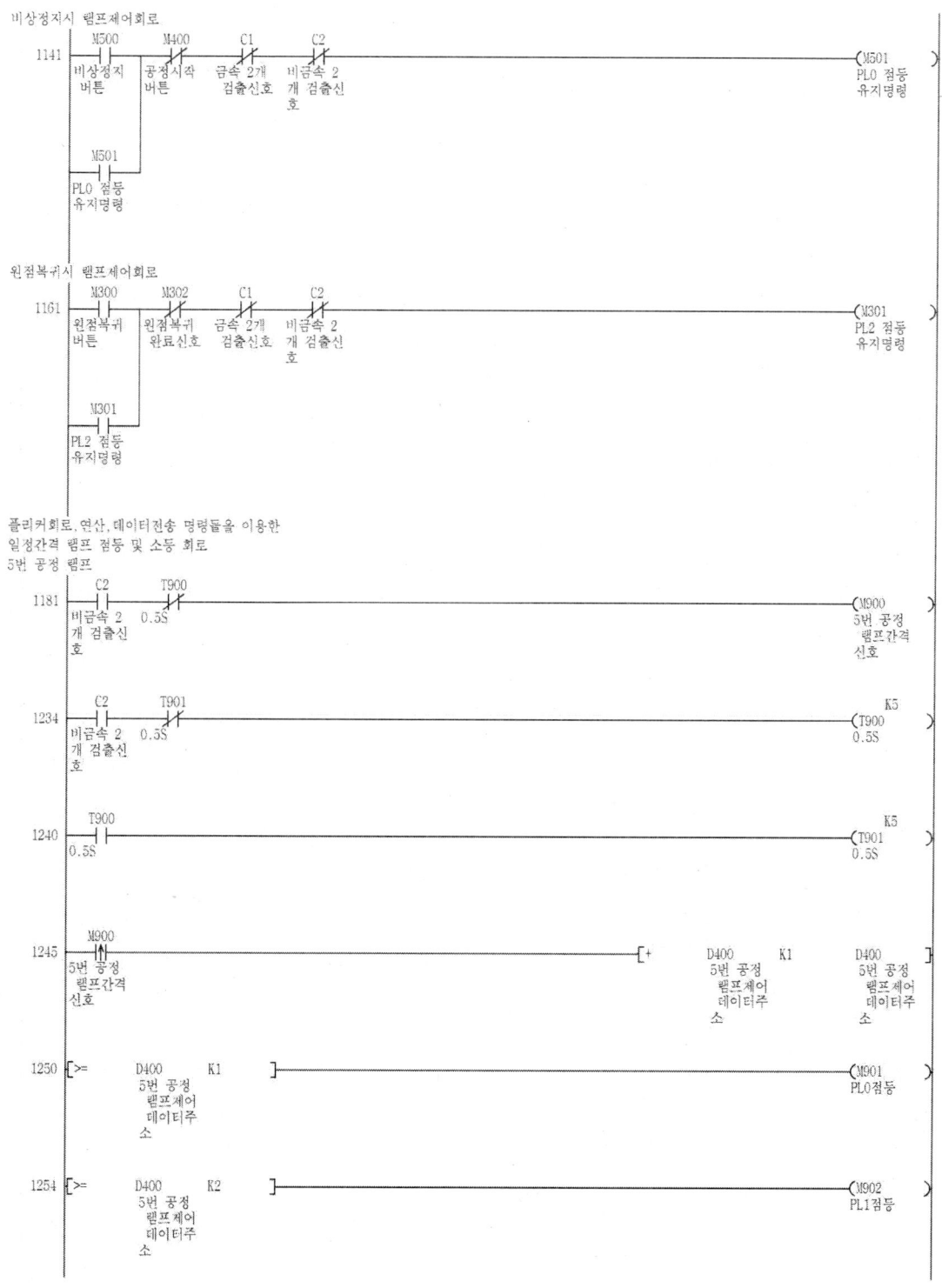

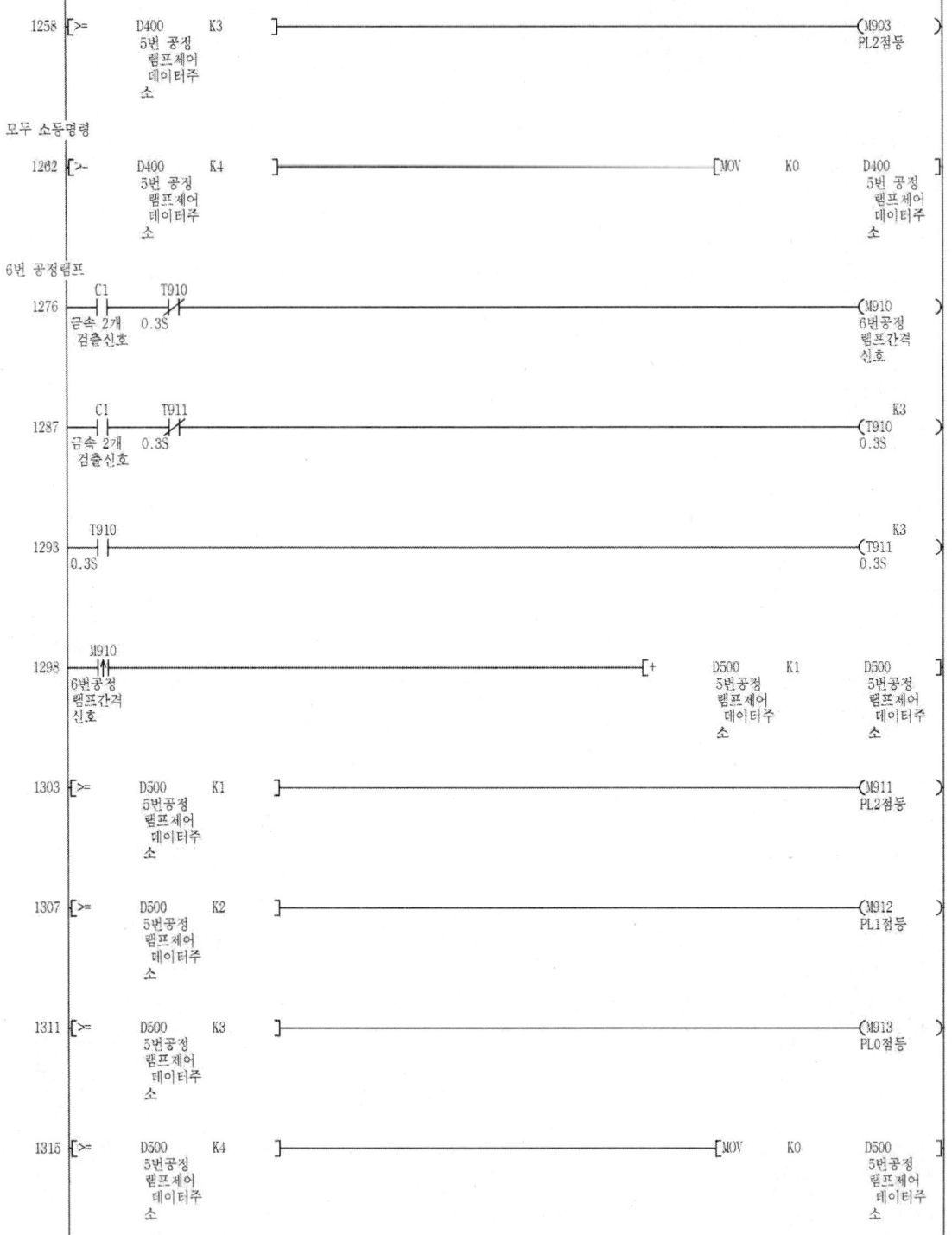

램프 출력회로

```
1320    M501
        ─┤├──────────────────────────────────(M600)
        PL0 점등                                 PL0
        유지명령

        M901
        ─┤├──
        PL0점등

        M913
        ─┤├──
        PL0점등


1333    M70
        ─┤├──────────────────────────────────(M700)
        PL1 점멸                                 PL1
        명령

        M902
        ─┤├──
        PL1점등

        M912
        ─┤├──
        PL1점등


1337    M301
        ─┤├──────────────────────────────────(M800)
        PL2 점등                                 PL2
        유지명령

        M903
        ─┤├──
        PL2점등

        M911
        ─┤├──
        PL2점등


1341    ─────────────────────────────────────[END]
```

FND 및 램프 연습문제

1회	FND 연습문제
2회	FND 연습문제
3회	FND 연습문제
4회	FND 연습문제
5회	FND 연습문제

1회	램프 연습문제
2회	램프 연습문제
3회	램프 연습문제
4회	램프 연습문제
5회	램프 연습문제

1회	FND 및 램프 연습문제
2회	FND 및 램프 연습문제

FND연습문제 1

숫자입력1과 숫자입력2를 생성하여 임의의 수를 입력할 수 있도록 합니다.
더하기,빼기,곱하기,나누기 버튼을 누르면 그에 맞는 연산을 하여 결과값을 FND에 표현합니다.
(FND에는 99이하의 자연수만 표현합니다.)

FND연습문제 1번 터치패드

숫자입력 1,2 : 숫자키패드
FND : 숫자
더하기,빼기,곱하기,나누기 : 터치(누름시만ON)

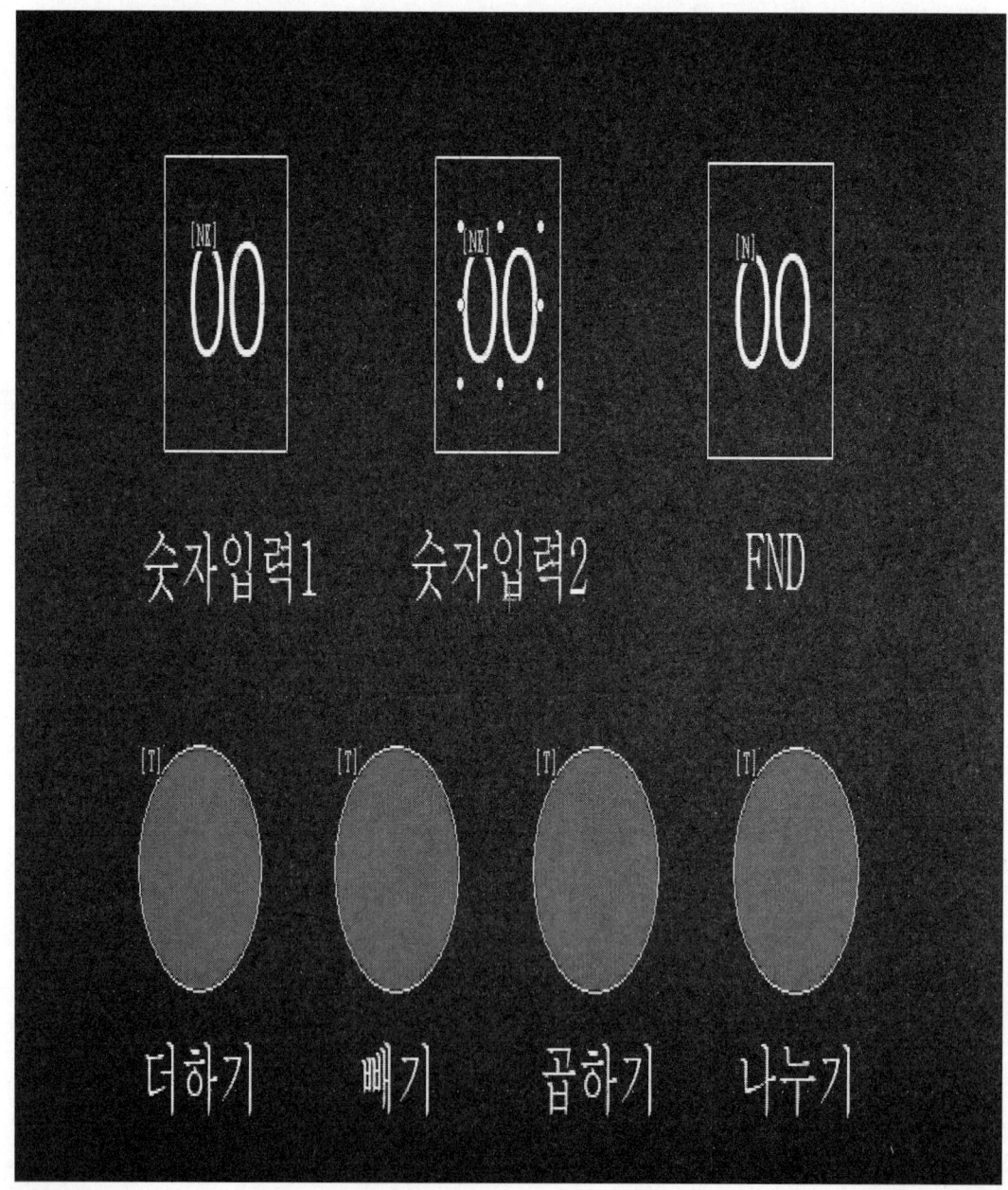

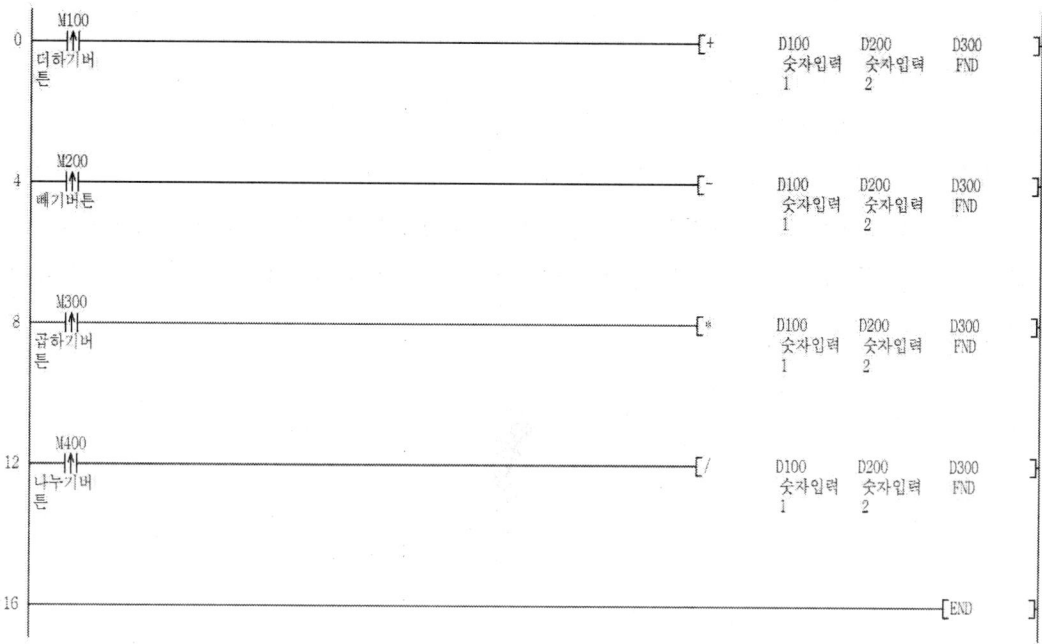

FND연습문제 2

PB1버튼을 누를 때마다 FND1의 숫자가 2씩 증가합니다.
PB2버튼을 누를 때마다 FND2의 숫자가 3씩 증가합니다.
PB3버튼을 누르면 FND1과 FND2의 숫자가 서로 바뀝니다.
PB4버튼을 누르면 FND1과 FND2의 숫자가 서로 교차하며 1초간격으로 1씩 증가하여 두 개의 FND의 숫자중 먼저 20이 되는 FND가 있다면 FND의 상승은 멈추며 3초후 두 개의 FND모두 0이 됩니다.

FND연습문제 2번 터치패드

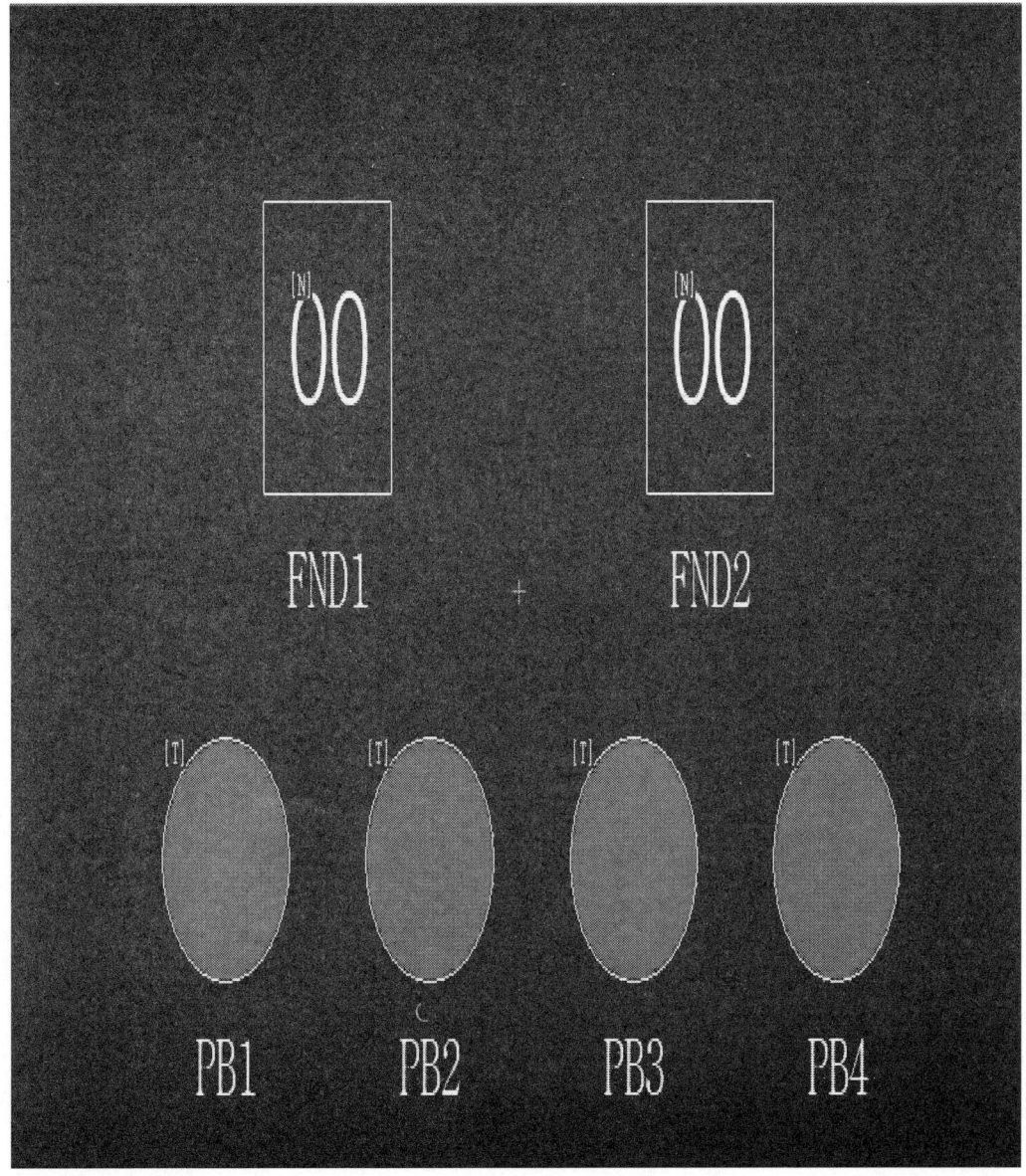

FND 1,2 : 숫자
PB1,PB2,PB3,PB4 : 터치(누름시만ON)

PB1스위치를 누르면 FND1의 숫자가
2씩 상승합니다.

```
          M100      M200
   0      ─┤↑├──────┤/├─────────────────────────[+  D100    K2    D100  ]
          PB1 스위  PB2 스위                        FND1          FND1
          치        치
```

아래의 플리커회로의 특성을 이용하여 교차신호를 가져옵니다.
그 중 M402의 신호를 FND1의 1씩 상승신호로 사용합니다.

```
          M402
  35      ─┤↑├──────────────────────────────────[+  D100    K1    D100  ]
          FND1의 증                                  FND1          FND1
          가신호
```

PB2스위치를 누르면 FND2의 숫자가
3씩 상승합니다.

```
          M200      M100
  100     ─┤↑├──────┤/├─────────────────────────[+  D200    K3    D200  ]
          PB2 스위  PB1 스위                        FND2          FND2
          치        치
```

위의 m402와는 반대의 교차신호인 t400을 가져와
FND2의 상승신호로 사용합니다.

```
          T400
 134      ─┤↑├──────────────────────────────────[+  D200    K1    D200  ]
          FND2의 증                                  FND2          FND2
          가신호
```

FND1과 FND2의 숫자를 바꾸는 회로입니다.
두번째 줄의 MOV D100 D200 으로 FND1의 데이터를
FND2로 옮깁니다.
여기서 조심할것은 D100의 데이터를 D200으로 보내는
찰나의 순간에는 D100과 D200의 값이 같아집니다.
한번의 데이터 교환은 되지만 그 다음의 데이터 교환은 안됩니다.
그러므로 D200의 데이터를 D201이라는 임시데이터 저장소에
저장한 후 D100에 보내주어야 합니다.

```
          M300
 181     ─┤├────┬─────────────────────────────[MOV  D200    D201       ]
         PB3 스위                                   FND2    FND2의 값
         치                                                 을 저장

                │
                ├─────────────────────────────[MOV  D100    D200       ]
                │                                   FND1    FND2

                │
                └─────────────────────────────[MOV  D201    D100       ]
                                                    FND2의 값  FND1
                                                    을 저장
```

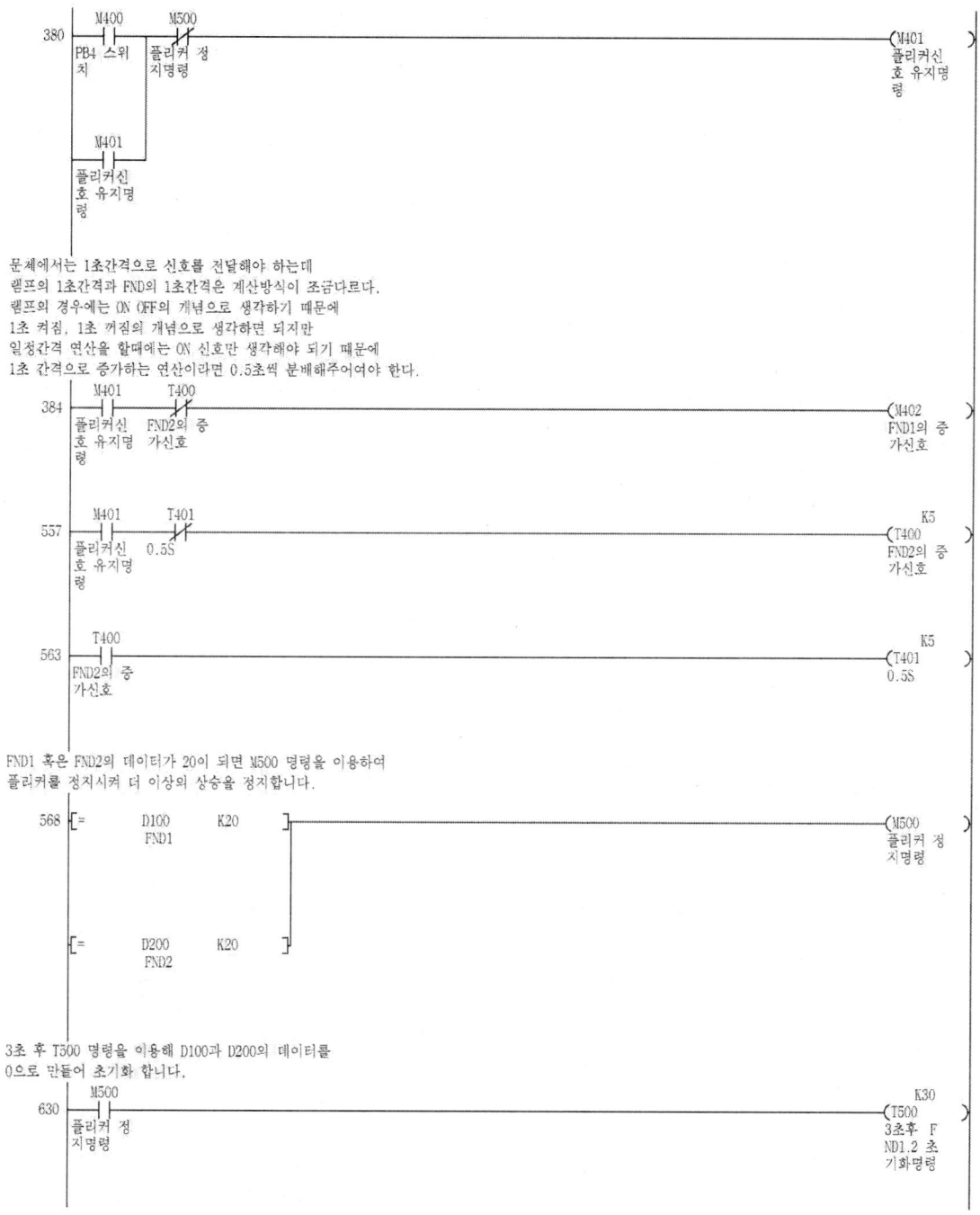

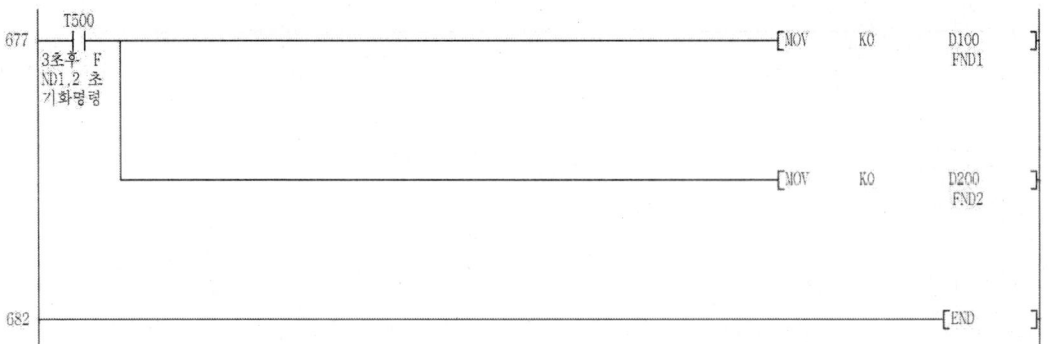

FND연습문제 3

숫자입력1에 임의의 MAX값을 설정합니다.
숫자입력2에 임의의 증가값을 설정합니다.
PB1을 누르면 1초 간격으로 숫자입력2의 증가값에 따라 MAX값까지 증가하고 MAX값이 되면 2초 후 FND와 숫자입력1,숫자입력2의 값은 0이 됩니다.

FND연습문제 3번 터치패드

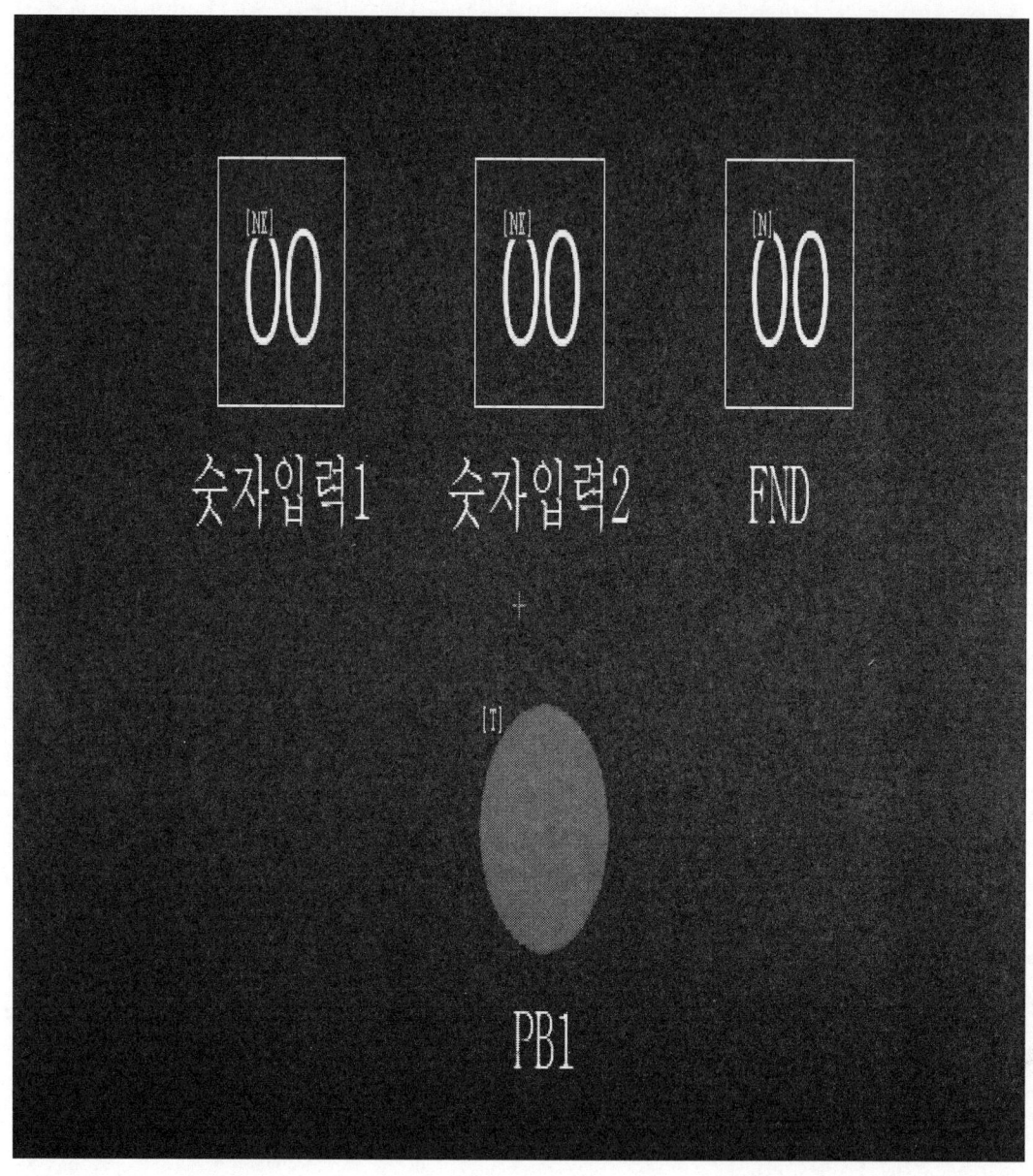

숫자입력 1,2 : 숫자키패드
FND: 숫자
PB1:터치(누름시만ON)

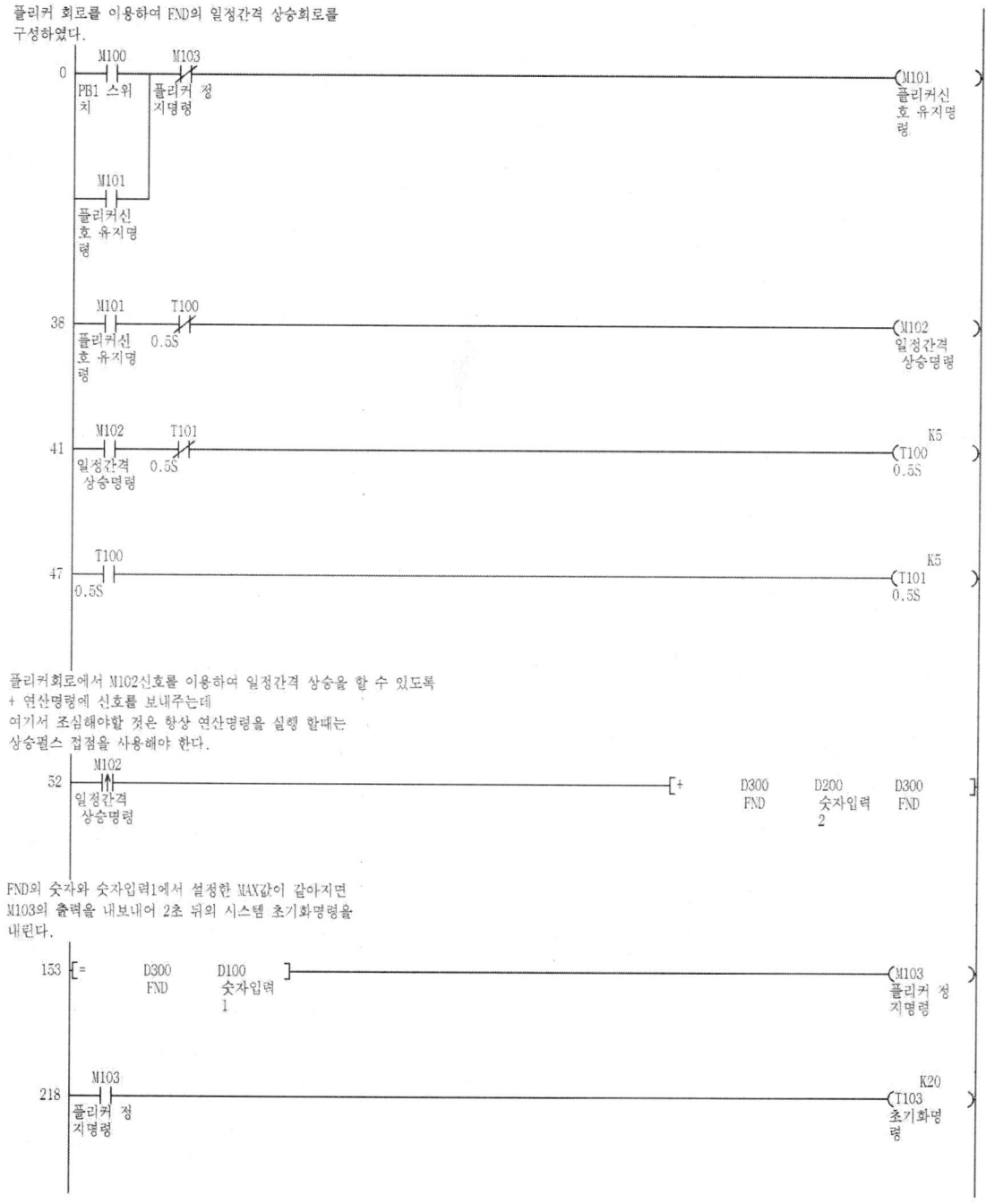

FND연습문제 4

숫자입력1에 임의의 숫자를 입력합니다.
숫자입력2에 임의의 숫자를 입력합니다.
숫자입력3에 임의의 숫자를 입력합니다.
연산버튼을 누르면 숫자입력1+숫자입력2*숫자입력3의 값을 FND에 표현합니다.
(단, FND의 값은 99이하 자연수만을 표현합니다.)

FND연습문제 4번 터치패드

숫자입력 1,2,3 : 숫자키패드
FND : 숫자
연산버튼 : 터치(누름시만ON)

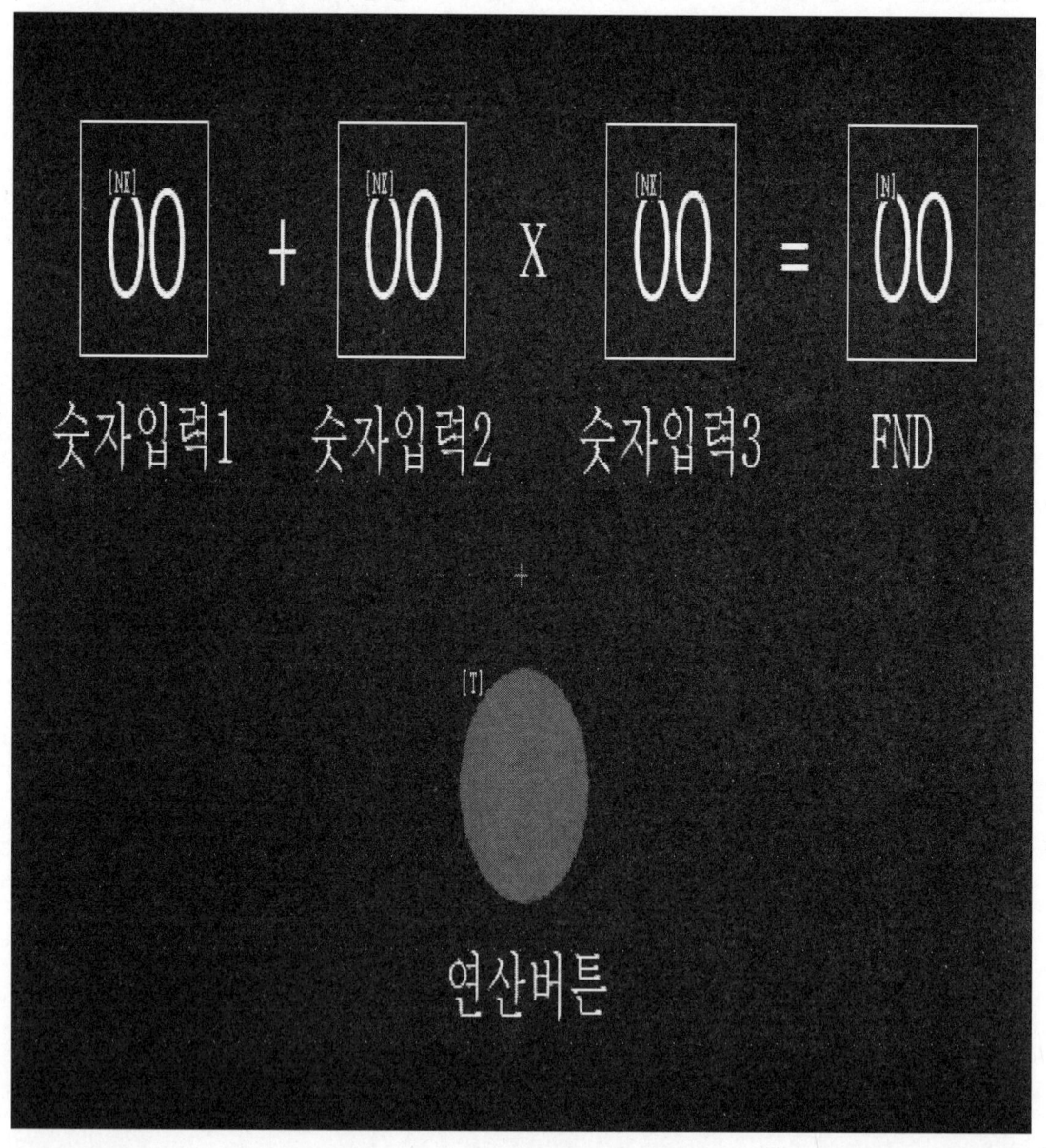

사칙연산에 의해서 D200과 D300의 곱셈을 먼저하고
두개의 곱셈값을 D100과 합하여 FND에 전송한다.

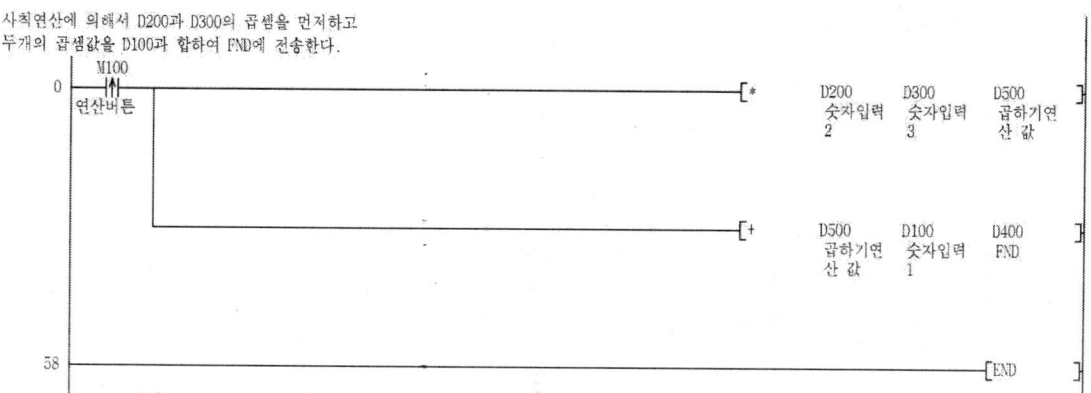

FND연습문제 5

숫자입력1에 임의의 숫자를 입력하여 상한값을 정하고
숫자입력2에 임의의 숫자를 입력하여 하한값을 정합니다.
PB1버튼을 누르면 FND의 숫자가 1씩증가하고
PB2버튼을 누르면 FND의 숫자가 1씩감소합니다.
증가와 감소값은 임의로 정한 상한값과 하한값을 넘을 수 없습니다.

FND연습문제 5번 터치패드

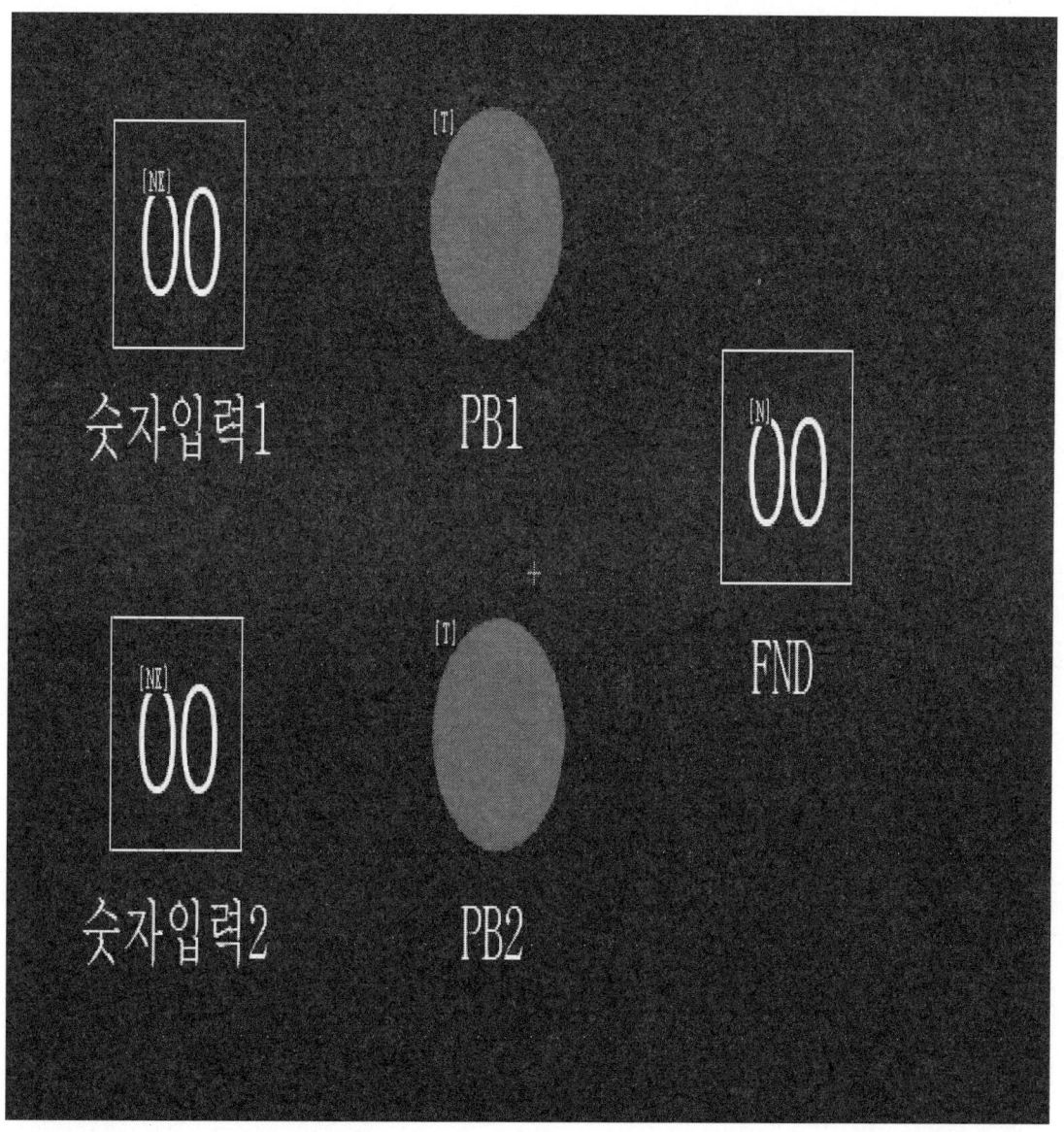

숫자입력 1,2 : 숫자키패드
FND : 숫자
PB1,PB2 : 터치(누름시만ON)

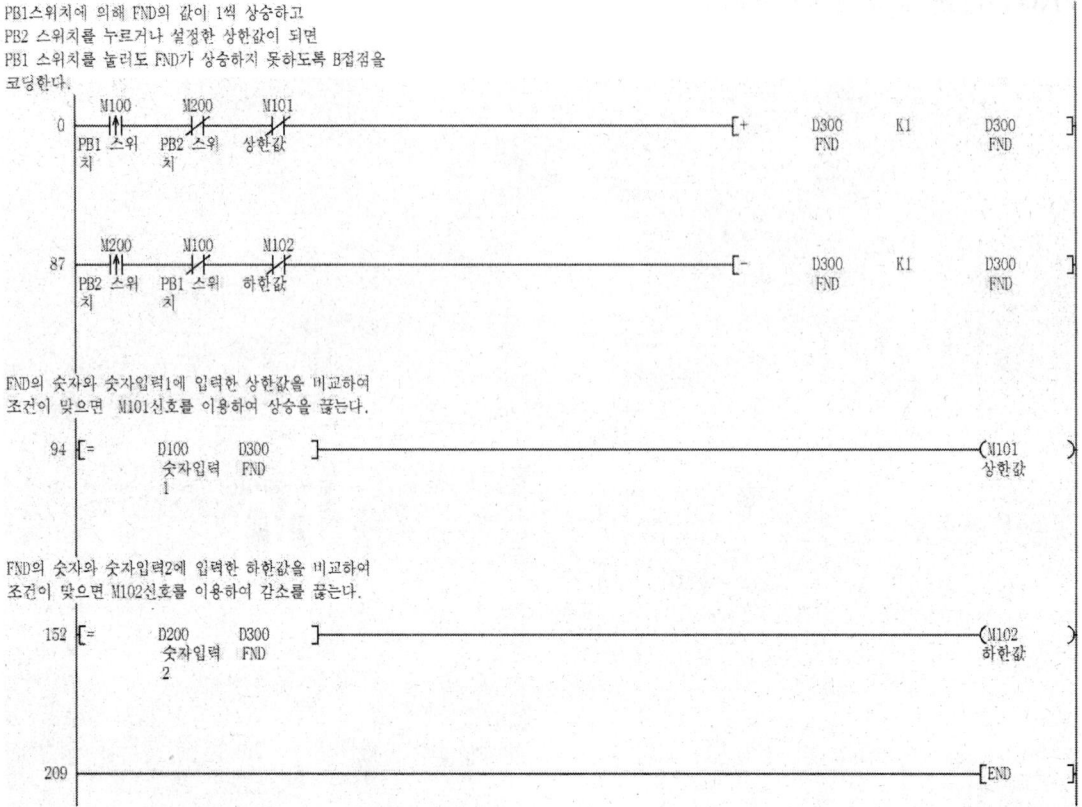

램프연습문제 1

초기상태에 PL1,PL2,PL3,PL4,PL5가 동시에 0.5초 간격으로 점멸을 합니다.
PB1을 누르면 PL1,PL2,PL3는 1초간격을 두고 순차적으로 점멸합니다.
(PL4,PL5는 0.5초 점멸을 유지합니다.)
ex) PL1점등 -> PL1소등,PL2점등 -> PL2소등,PL3점등 -> PL3소등,PL1점등
PB2를 누르면 PL4,PL5는 2초간격을 두고 순차적으로 점멸합니다.
(PB1을 누른상태라면 PL1,PL2,PL3는 PB1동작을 유지하고 누른상태가 아니라면 초기상태를 유지합니다.)
ex) PL4점등 -> PL5점등 -> 모두소등 -> PL4점등
PB3를 누르면 모든램프가 초기상태로 돌아갑니다.

램프연습문제 1번 터치패드

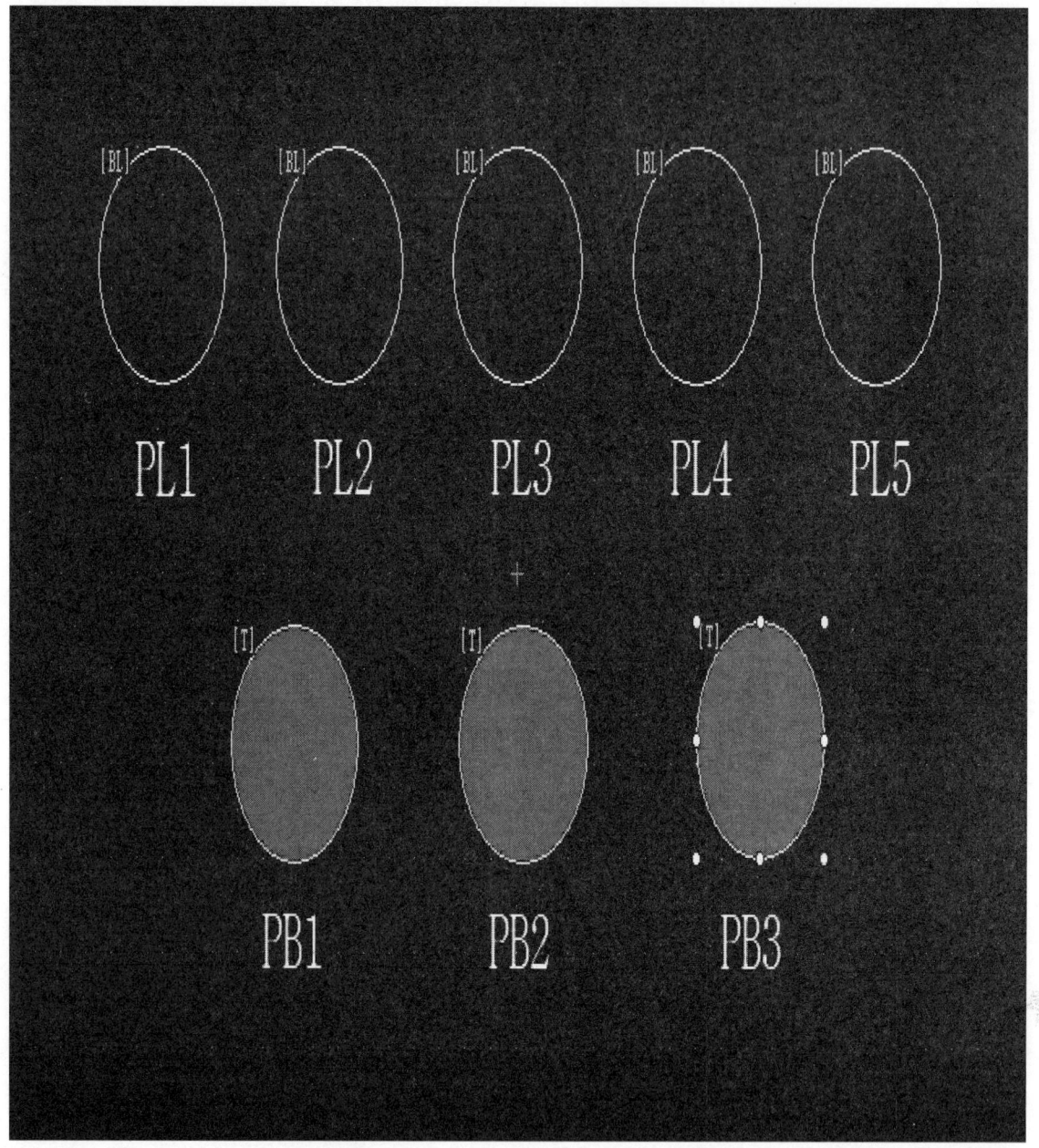

PL1,PL2,PL3,PL4,PL5 : 비트램프
PB1,PB2,PB3 : 터치(누름시만ON)

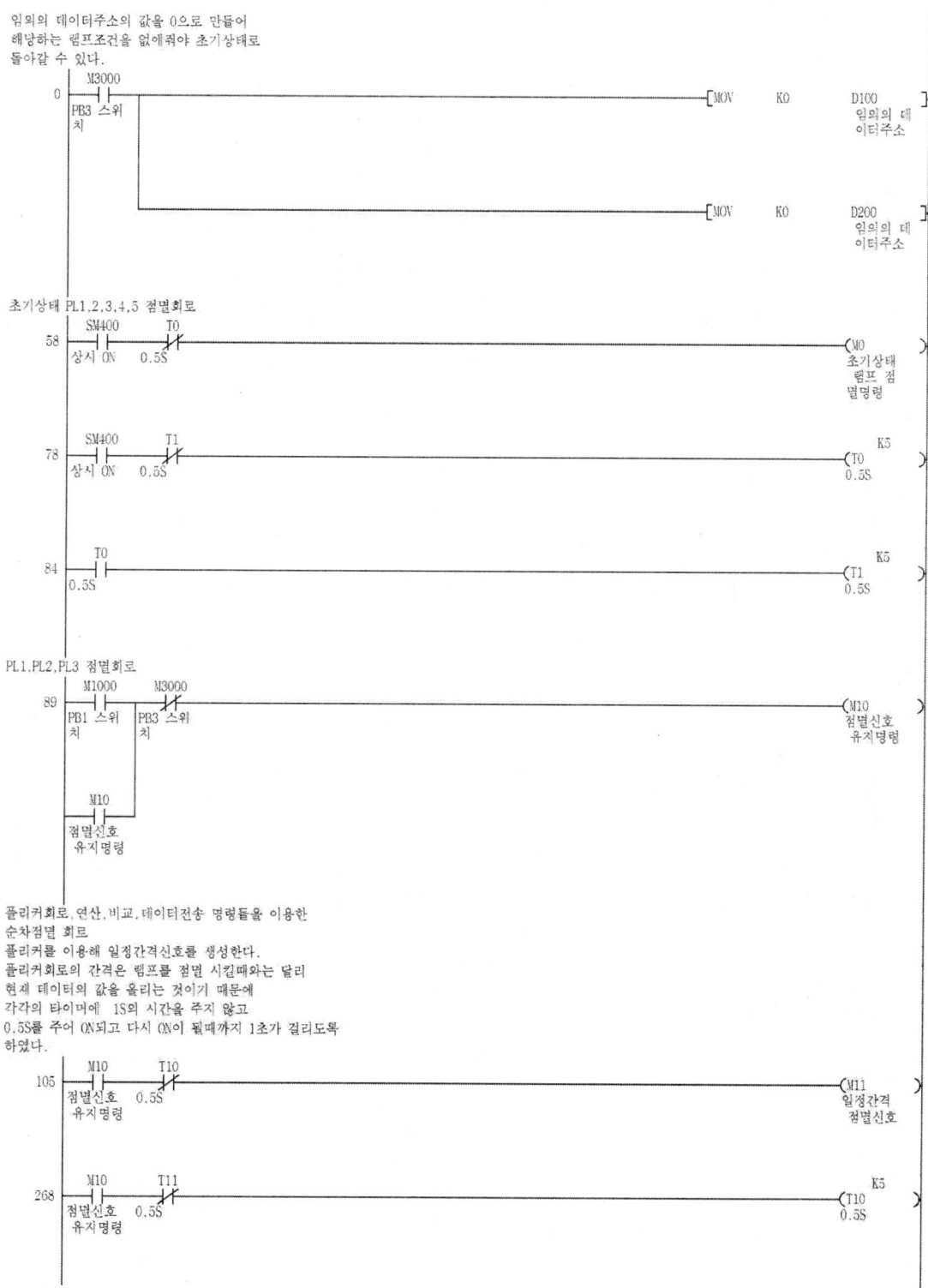

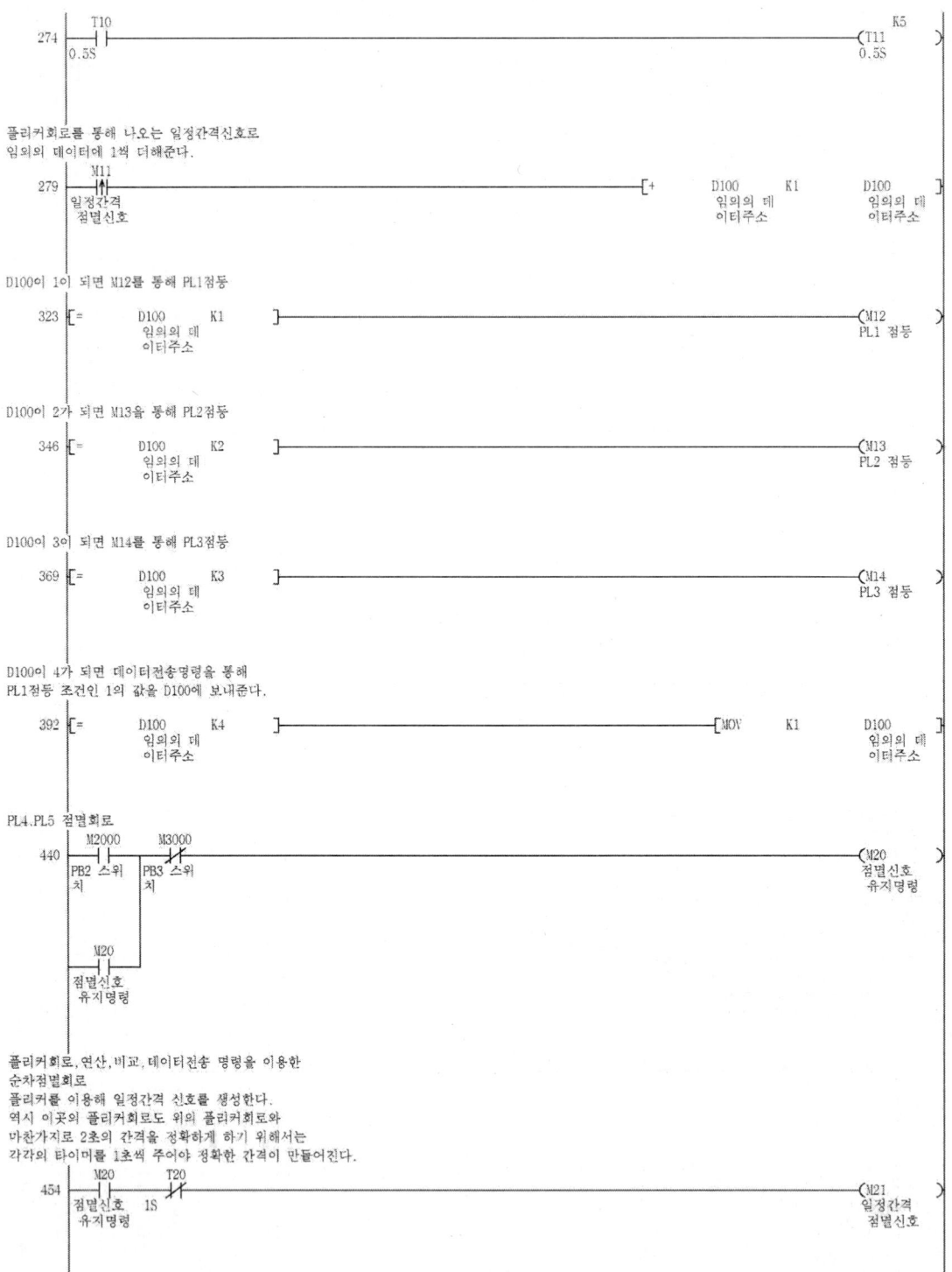

FND 및 램프 연습문제

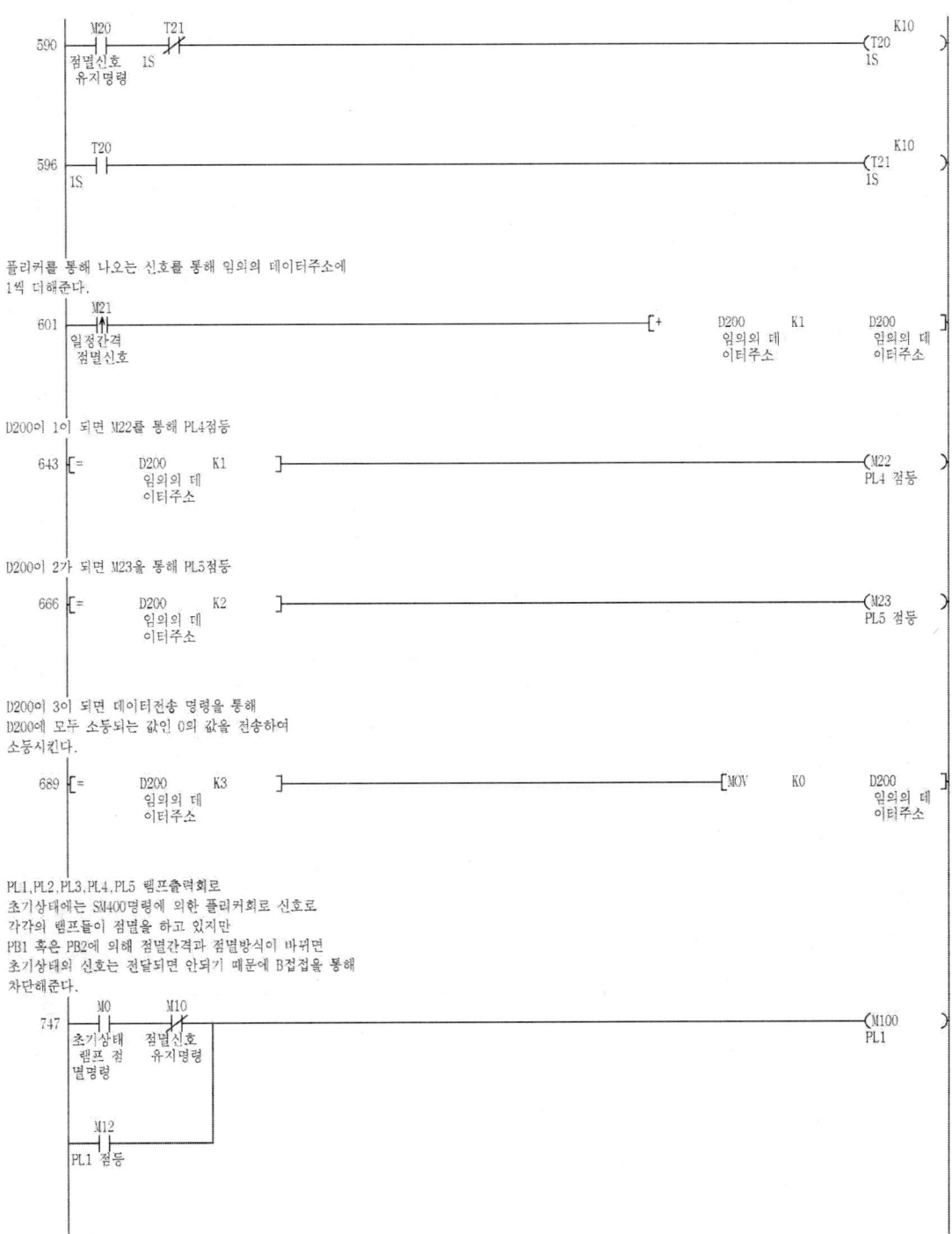

PLC 연습문제 _ 273

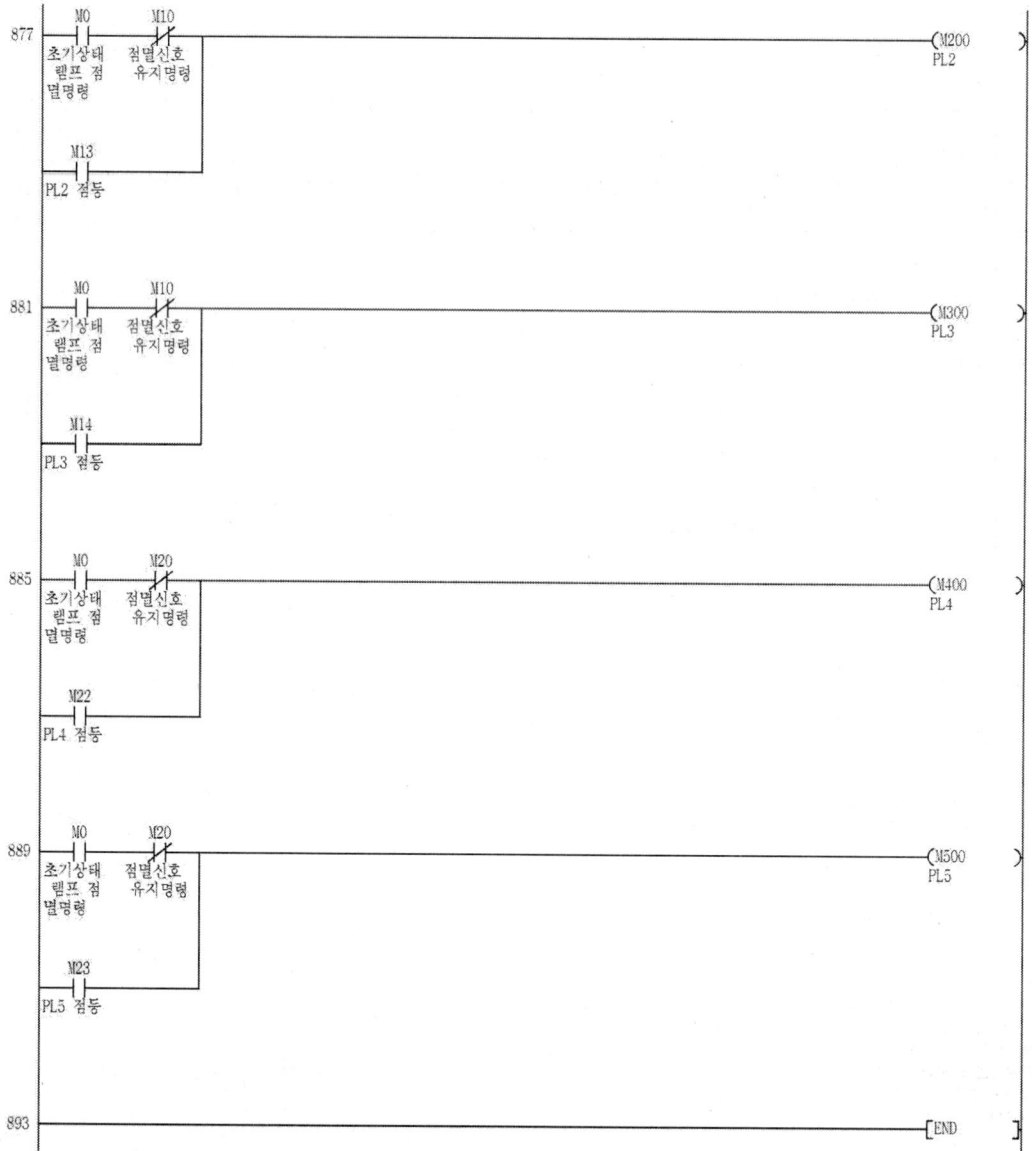

램프연습문제 2

PB1을 누르면 PL1램프가 0.5초 간격으로 점멸합니다.
PB2를 누르면 PL2램프가 1초 간격으로 점멸합니다.
PB3를 누르면 PL1램프와 PL2램프의 점멸 간격이 바뀝니다.
PB4를 누르면 PL1와 PL2램프가 점등되고 3초후 소등됩니다.

램프연습문제 2번 터치패드

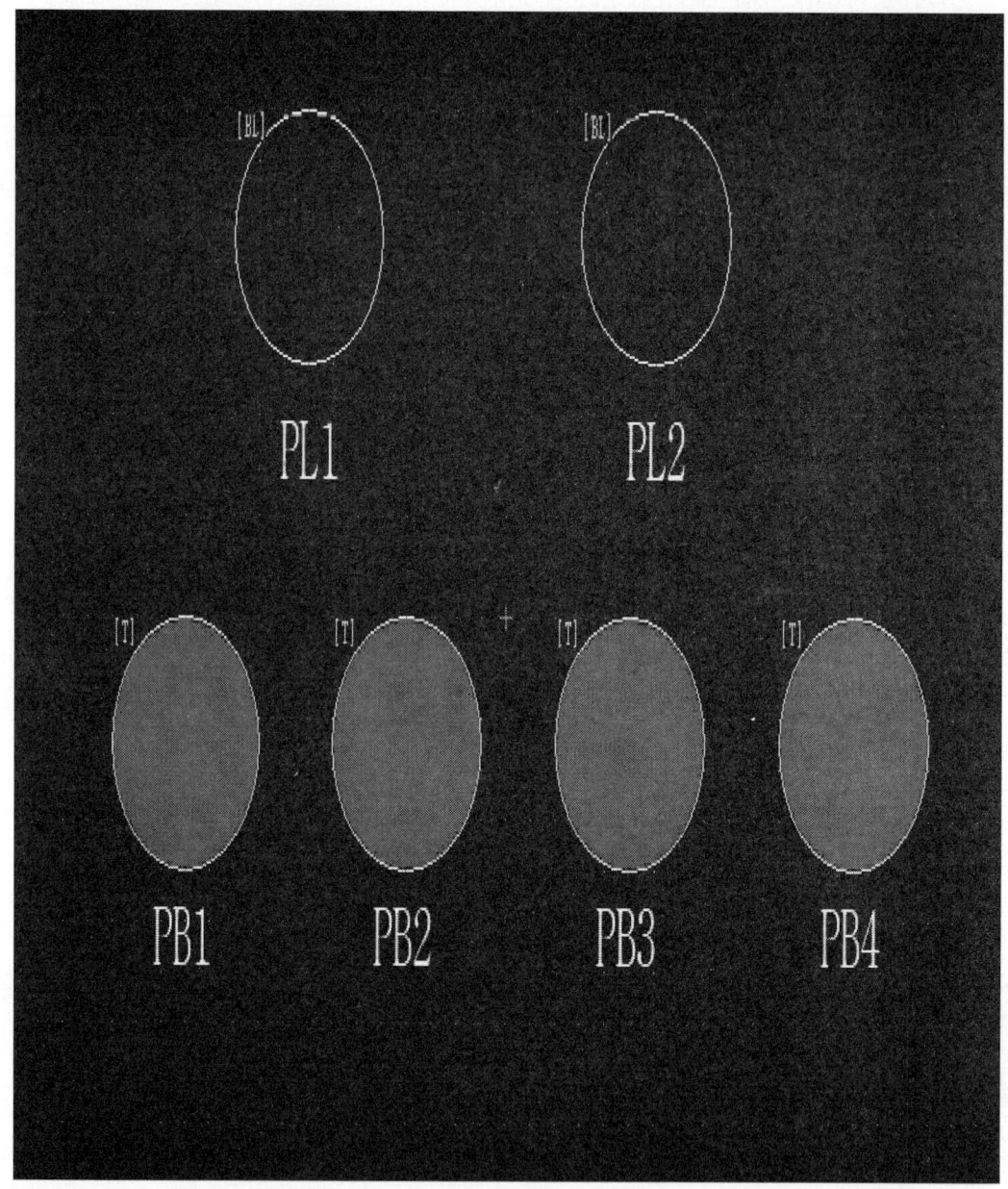

PL1,PL2 : 비트램프
PB1,PB2,PB3,PB4 : 터치(누름시만ON)

초기상태 PL1과 PL2의 데이터전송명령을 통해
타이머의 시간을 설정한다.
나중에 나올 점멸간격 변경을 하기위해서이다.

```
        SM402
  0 ─────┤ ├──────────────────────────────[MOV  K5    D100 ]
        RUN 후 1                                      PL1램프
        SCAN만 O                                      점멸간격
        N
        │
        │
        └─────────────────────────────────[MOV  K10   D200 ]
                                                      PL2램프
                                                      점멸간격
```

D100의 데이터를 D200으로 보내고
D200의 데이터를 D100으로 보내야 하지만
D100의 데이터를 D200으로 보내는 순간
D100과 D200의 데이터값은 같아 지므로
서로 데이터교환을 할 수 없다 그러므로 D201을 통해
임시로 저장한 데이터값을 D100에 보내주어야 한다.

```
        M300
 67 ─────┤ ├──────────────────────────────[MOV  D200  D201 ]
        PB3 스위                                PL2램프 데이터 임
        치                                      점멸간격 시저장주
                                                       소
        │
        │
        ├─────────────────────────────────[MOV  D100  D200 ]
        │                                       PL1램프 PL2램프
        │                                       점멸간격 점멸간격
        │
        │
        └─────────────────────────────────[MOV  D201  D100 ]
                                                데이터 임 PL1램프
                                                시저장주 점멸간격
                                                소
```

PL1의 점멸회로

```
        M100    M400
207 ─┬───┤ ├────┤/├──────────────────────────────────( M0 )
     │  PB1 스위 PB4 스위                                  점멸신호
     │  치      치                                         유지명령
     │
     │  M0
     └───┤ ├──
        점멸신호
        유지명령


        M0      T0
220 ─┬───┤ ├────┤ ├──────────────────────────────────( M1000 )
     │  점멸신호 PL1램프                                    PL1
     │  유지명령 점멸타이
     │          머
     │
     │  M20
     └───┤ ├──
        PL1.PL2
        점등신호
```

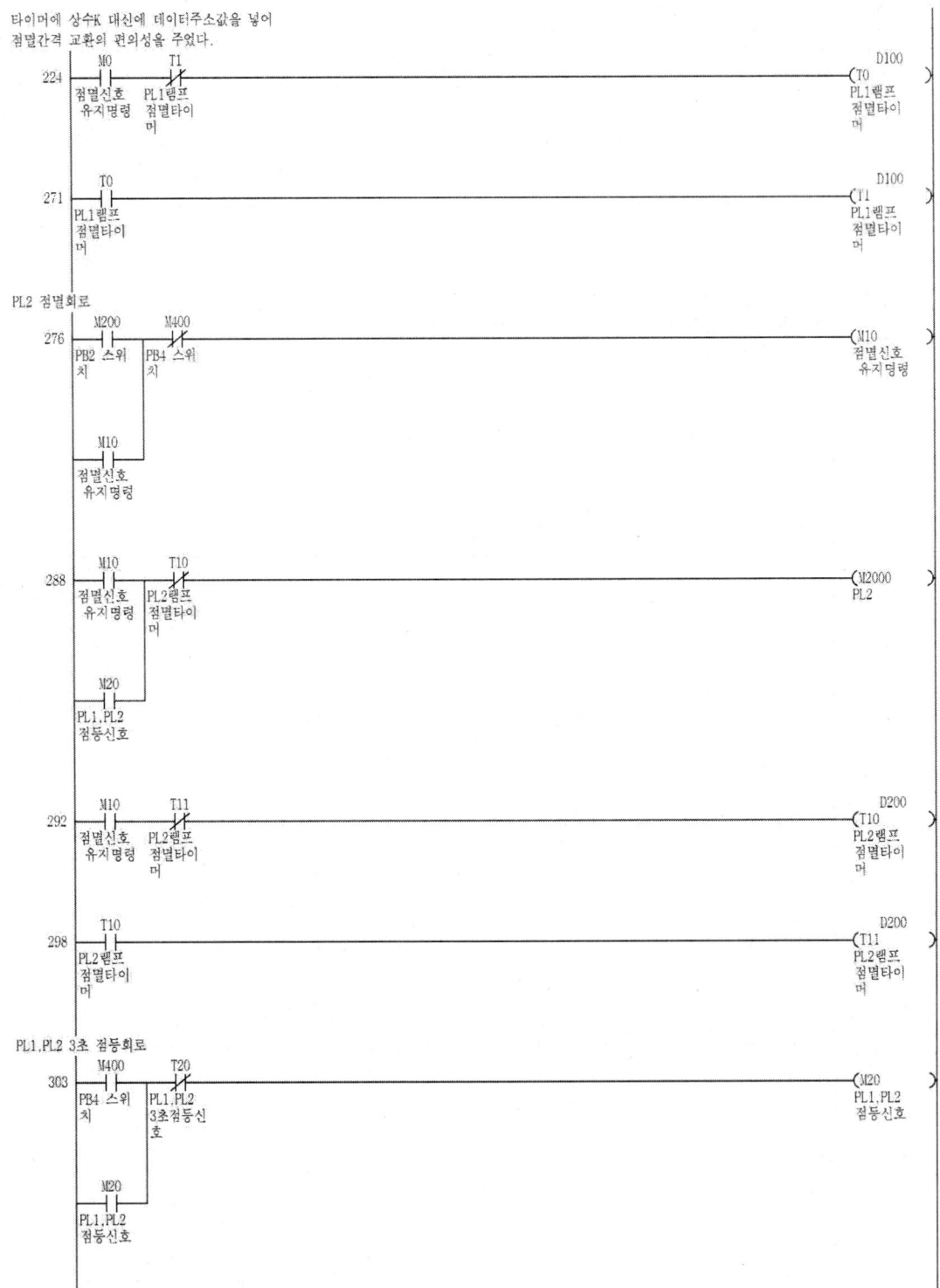

```
319 ──M20──────────────────────────────────(T20  K30)
      PL1,PL2                                PL1,PL2
      점등신호                                 3초점등신
                                             호

324 ──────────────────────────────────────[END]
```

램프연습문제 3

PB1버튼을 누르면 아래와 같은 램프시퀀스가 1초 간격으로 1회만 점등합니다.
(단, 데이터전송,비교,산술 명령이 포함되어 프로그램을 코딩해야 합니다.)
PL1점등 -> PL4점등 -> PL2점등 -> PL1소등 -> PL3점등 -> PL4소등 -> PL5점등 -> PL2소등 -> PL3소등 -> PL5소등
PB2버튼을 누르면 램프시퀀스가 일시정지 하고, PB1버튼을 다시 누르면 멈추었던 동작부터 다시 실행합니다.
PB3버튼을 누르면 위의 시퀀스를 반대로 실행하며, PB3버튼을 한번 더 누르면 시스템은 초기화 됩니다.
(소등은 점등으로 변경하고, 순서를 반대로 연속하여 점등합니다.)

램프연습문제 3번 터치패드

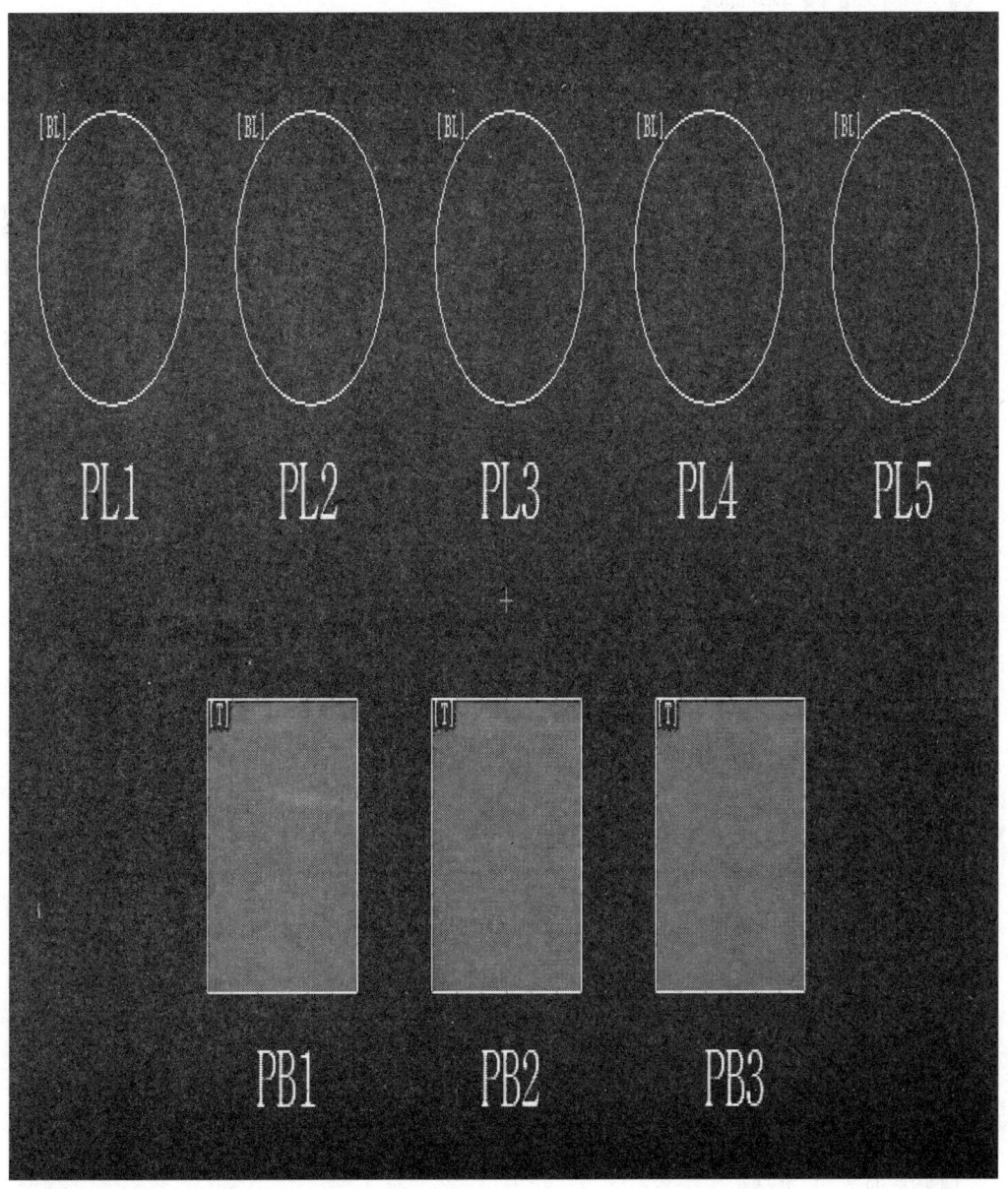

PL1,PL2,PL3,PL4,PL5 : 비트램프
PB1,PB2,PB3 : 터치(누름시만ON)

시퀀스를 반대로 하기 위한 신호 유지회로
푸쉬on,푸쉬off 회로를 이용하여 푸쉬버튼으로
반전버튼 효과를 볼 수 있다.
mov 명령을 이용하여 PB3를 누를 때마다 D100을
0으로 만들어 초기화를 진행한다.

```
 0   M3000                                              [PLS  M302 ]
     PB3 스위                                                 1pulse 신
     치                                                       호릴레이

                                                     [MOV K0  D100 ]
                                                             임의의 데
                                                             이터주소

109  M302   M301   M1000                                     (M301)
     1pulse신 리버스시 PB1 스위                                 리버스 시
     호릴레이 퀀스명령 치                                       퀀스명령

     M302   M301
     1pulse신 리버스시
     호릴레이 퀀스명령
```

일시정지 회로
```
116  M2000  M1000                                            (M201)
     PB2 스위 PB1 스위                                         일시정지
     치      치                                               명령

     M201
     일시정지
     명령
```

정방향 시퀀스회로
```
129  M1000  M20   M3000                                      (M0)
     PB1 스위 점멸정지 PB3 스위                                 점멸신호
     치      명령    치                                       유지명령

            M0
            점멸신호
            유지명령
```

플리커,연산,비교,데이터전송을 이용한
순차점멸 회로
```
145  M0    T0    M201                                        (M1)
     점멸신호 0.5S  일시정지                                    일정간격
     유지명령      명령                                        점멸신호

     M301
     리버스 시
     퀀스명령
```

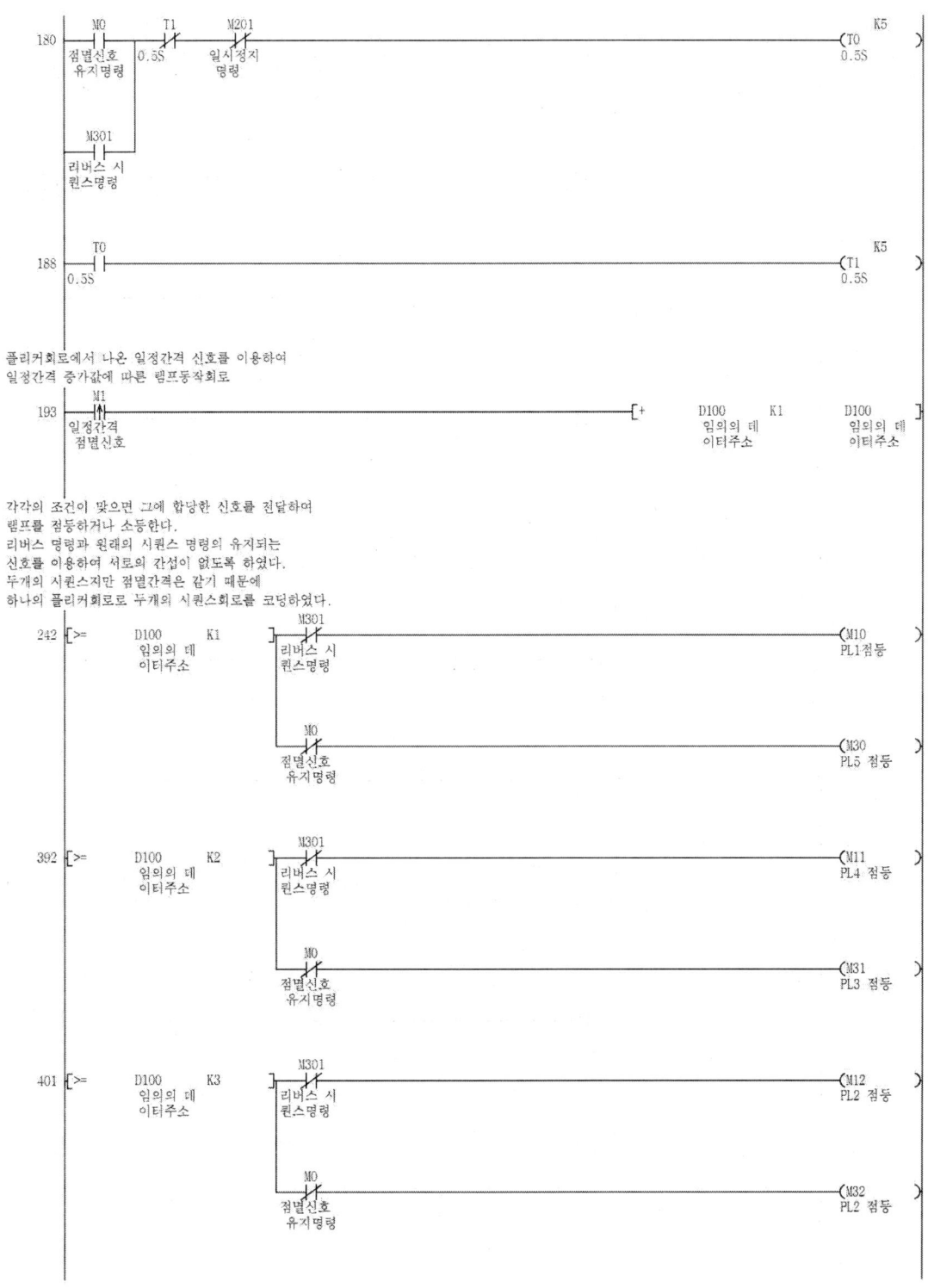

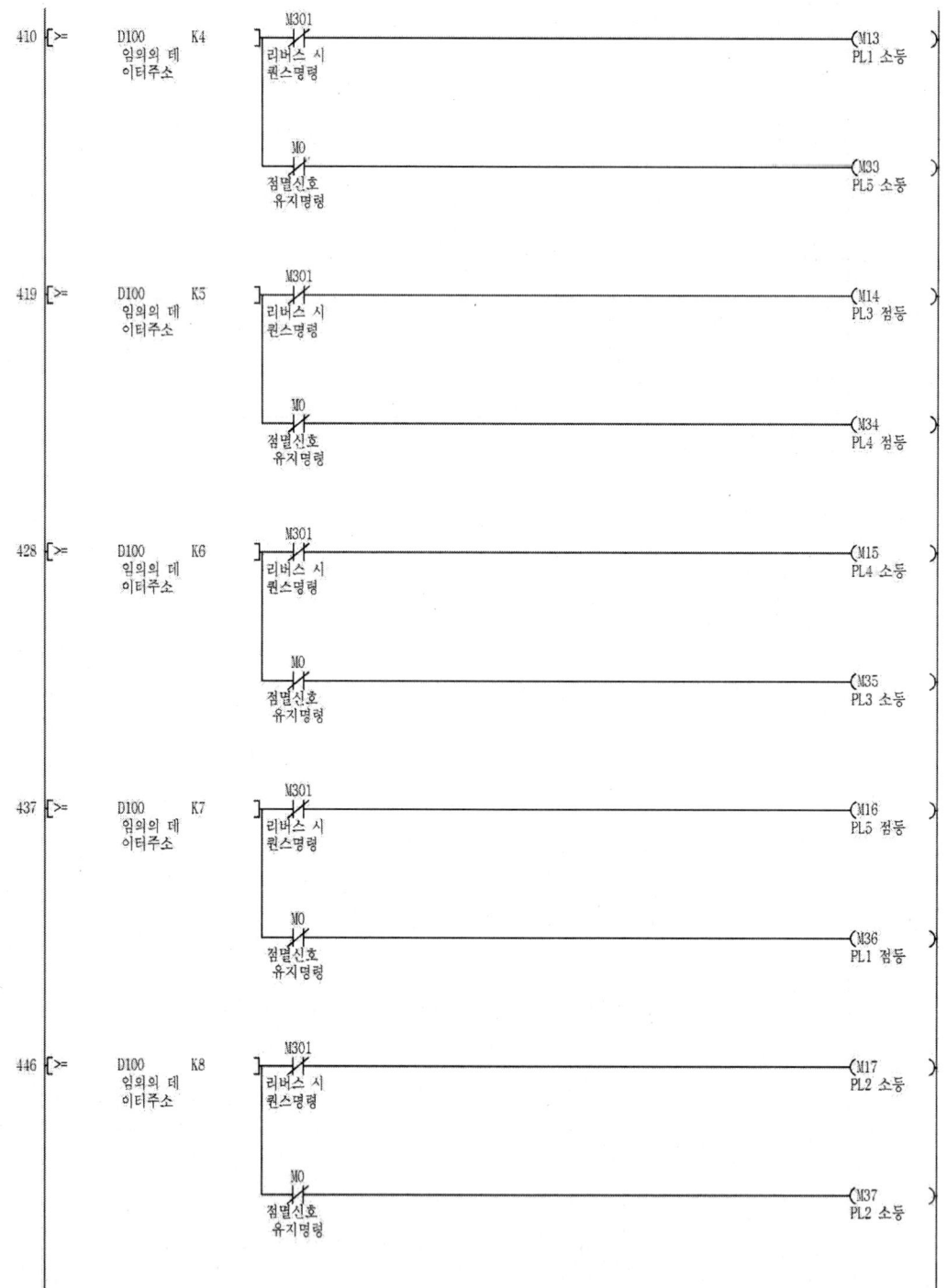

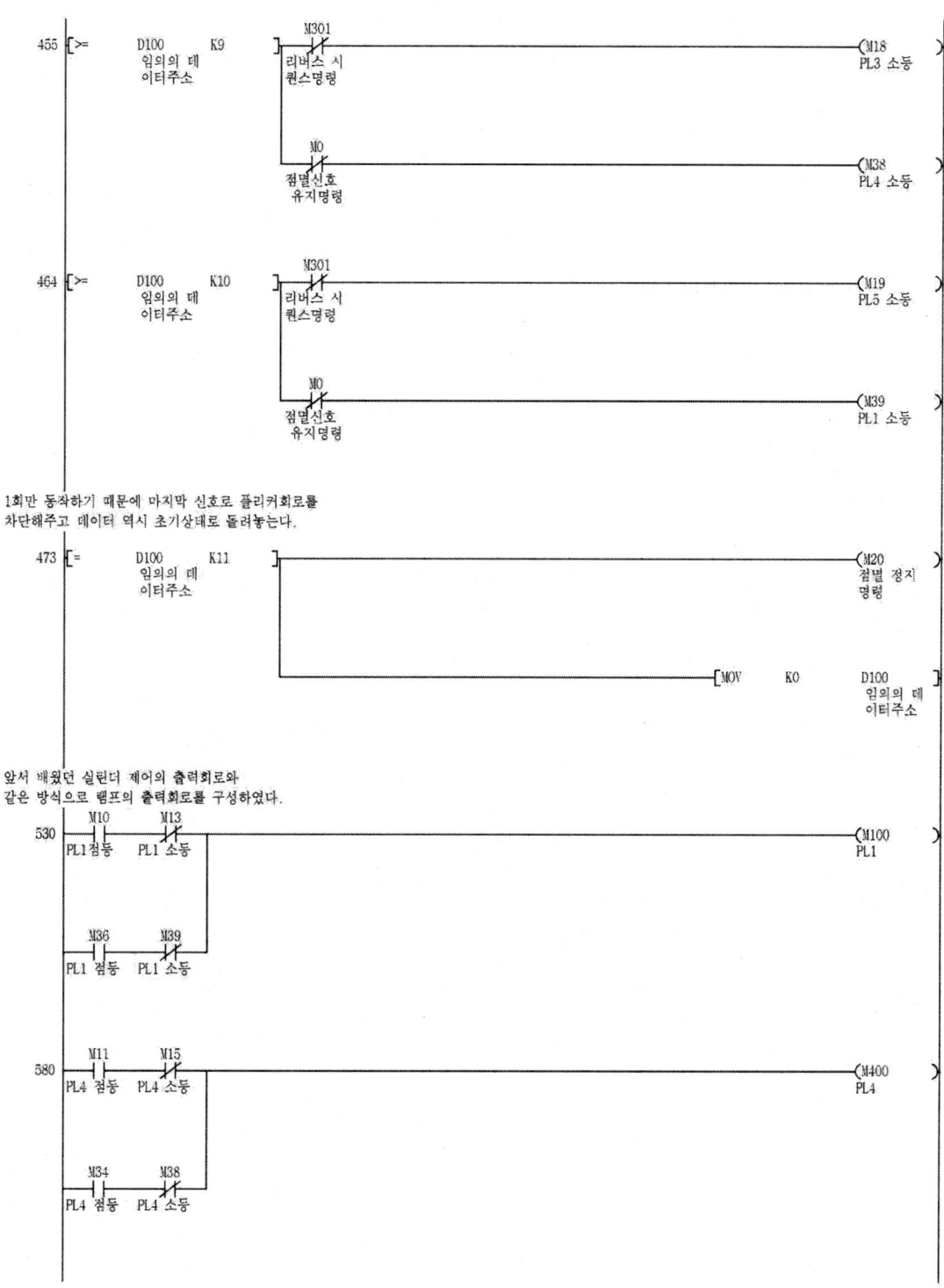

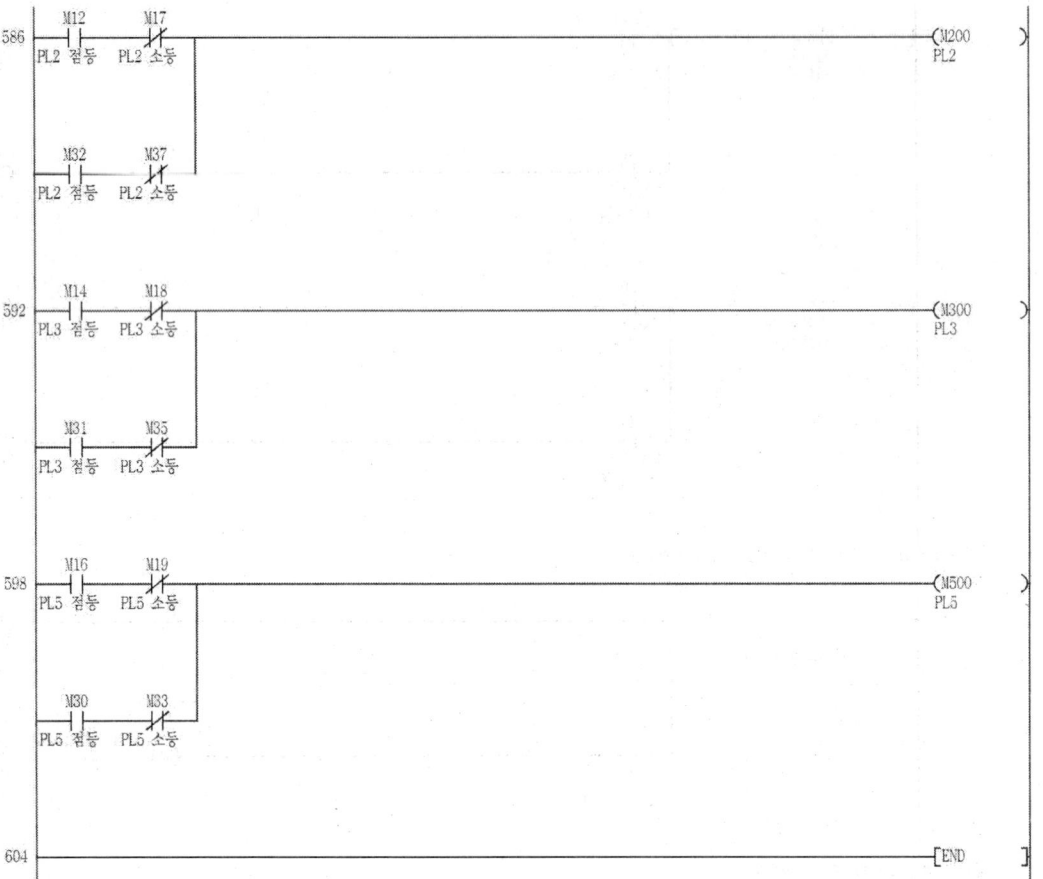

램프연습문제 4

PB1을 누르면 PL1,PL2,PL3가 순차적으로 0.5초 점멸을 반복합니다.
ex) PL1 3번점멸 -> PL2 4번점멸 -> PL3 5번점멸 -> PL1 3번점멸
PB2를 누르면 PB1의 시퀀스가 반대로 반복됩니다.
ex) PL3 5번점멸 -> PL2 4번점멸 -> PL1 3번점멸 -> PL3 5번 점멸
PB3를 누르면 PL1,PL2,PL3가 동시에 0.5초 간격으로 점멸을 5초간 동작 후 소등됩니다.

램프연습문제 4번 터치패드

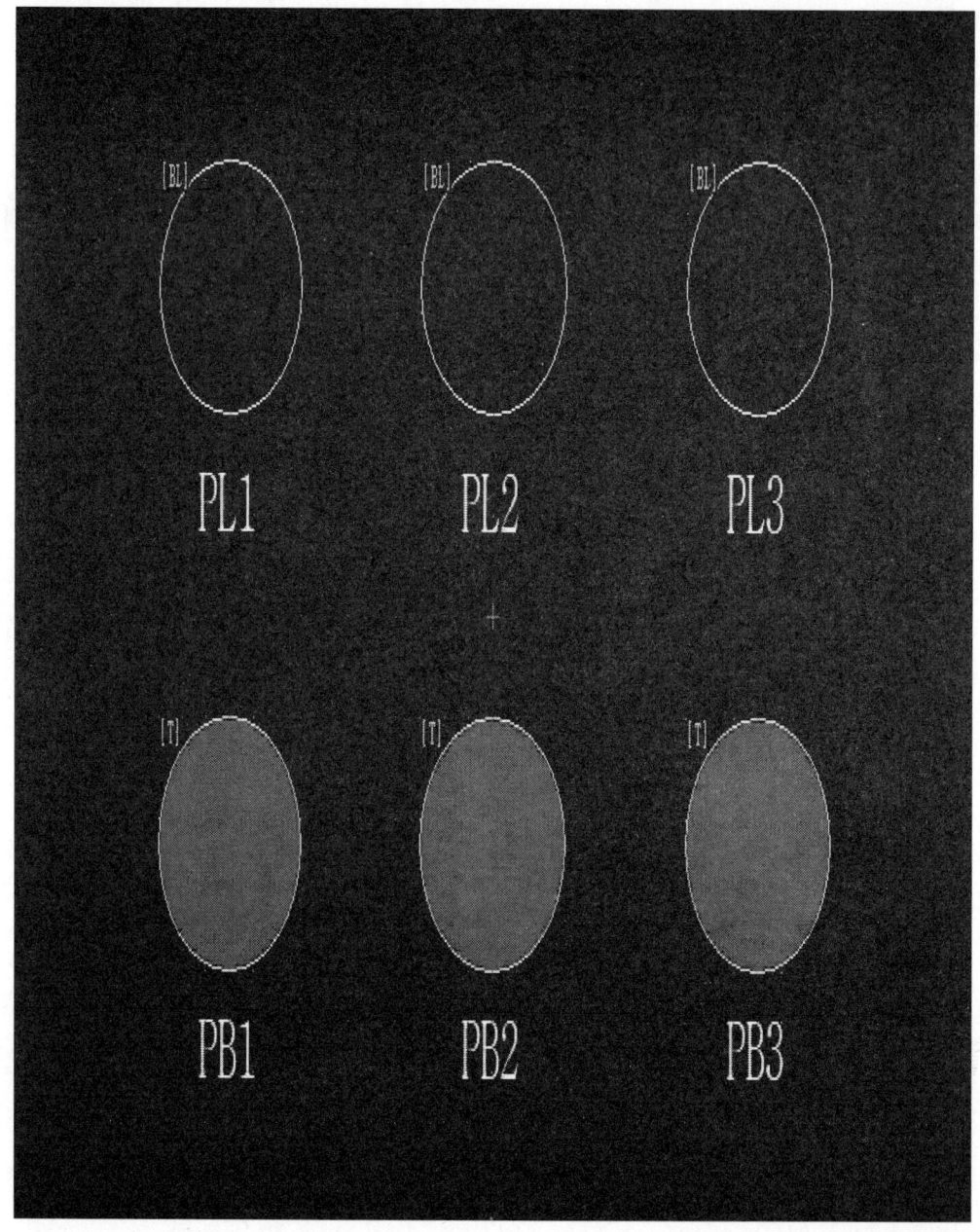

PL1,PL2,PL3 : 비트램프
PB1,PB2,PB3 : 터치(누름시만ON)

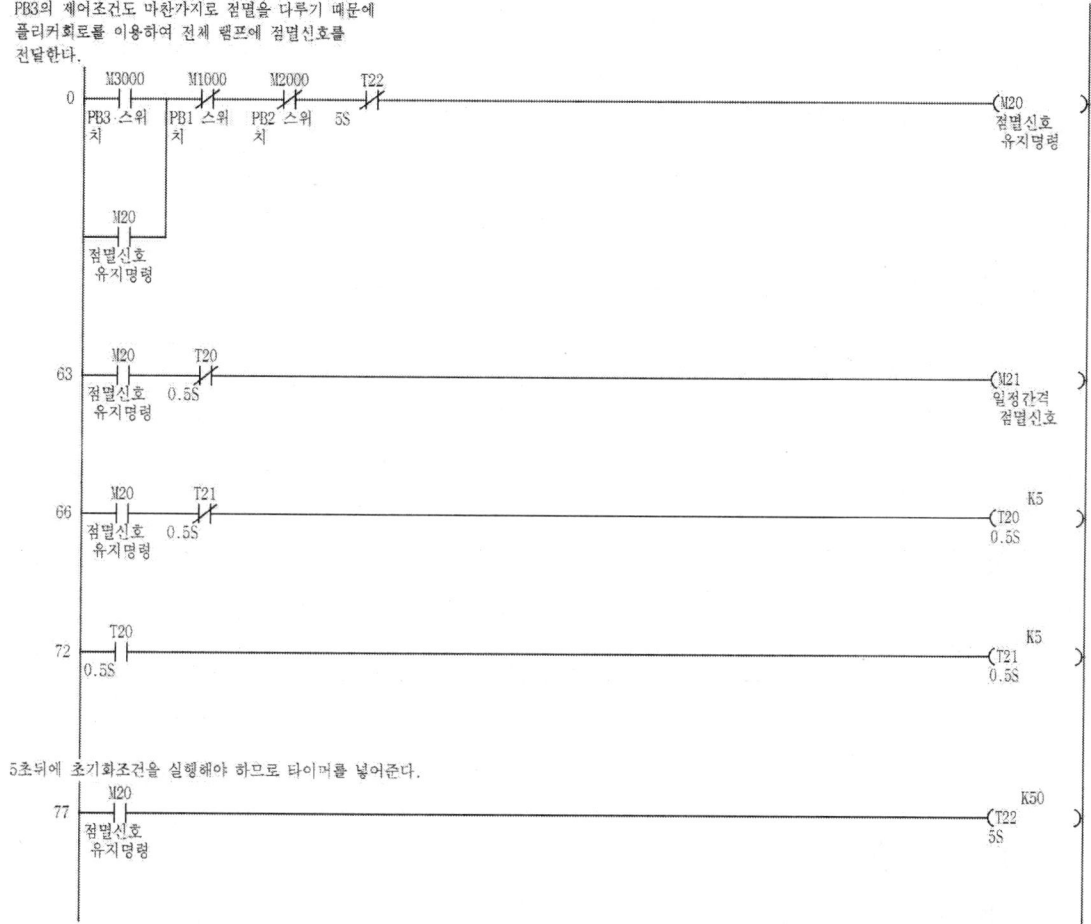

5초 타이머신호를 이용하여 회로내에 있는 모든 카운터를
초기화시키고 PB1과 PB2의 자기유지릴레이는
PB3버튼을 이용하여 끊어놨기 때문에 상관 없다.
제어조건에서 램프의 순차점멸을 반복하여 실행하기 때문에
마지막 카운터가 작동했을때 카운터가 리셋되어야
다시 실행시킬 수 있으므로 제어조건에 포함시킨다.

```
         T22
112      ┤├──────────────────────────────[RST  C1  ]
         5S                                    PL1 점멸
                                               3회

         C3
         ┤├──────────────────────────────[RST  C2  ]
         PL3 점멸                               PL2 점멸
         5회                                    4회

         C12
         ┤├──────────────────────────────[RST  C3  ]
         PL1 점멸                               PL3 점멸
         3회                                    5회

         SM402
         ┤├──────────────────────────────[RST  C10 ]
                                               PL3 점멸
                                               5회

         M1000
         ┤├──────────────────────────────[RST  C11 ]
         PB1 스위                               PL3 점멸
         치                                     5회

         M2000
         ┤├──────────────────────────────[RST  C12 ]
         PB2 스위                               PL1 점멸
         치                                     3회
```

PB2의 제어조건은 PB1의 제어조건의 리버스이므로
순서만 변경해준다면 PB1제어조건과 별 다를바 없다.

```
         M2000  M1000  M3000
300      ┤├─────┤/├────┤/├─────────────────────(M10  )
         PB2 스위 PB1 스위 PB3 스위                 점멸신호
         치     치     치                          유지명령

         M10
         ┤├
         점멸신호
         유지명령

         M10    T10
357      ┤├─────┤/├──────────────────────────(M11  )
         점멸신호 0.5S                             일정간격
         유지명령                                   점멸신호

         M10    T11                               K5
360      ┤├─────┤/├──────────────────────────(T10  )
         점멸신호 0.5S                             0.5S
         유지명령
```

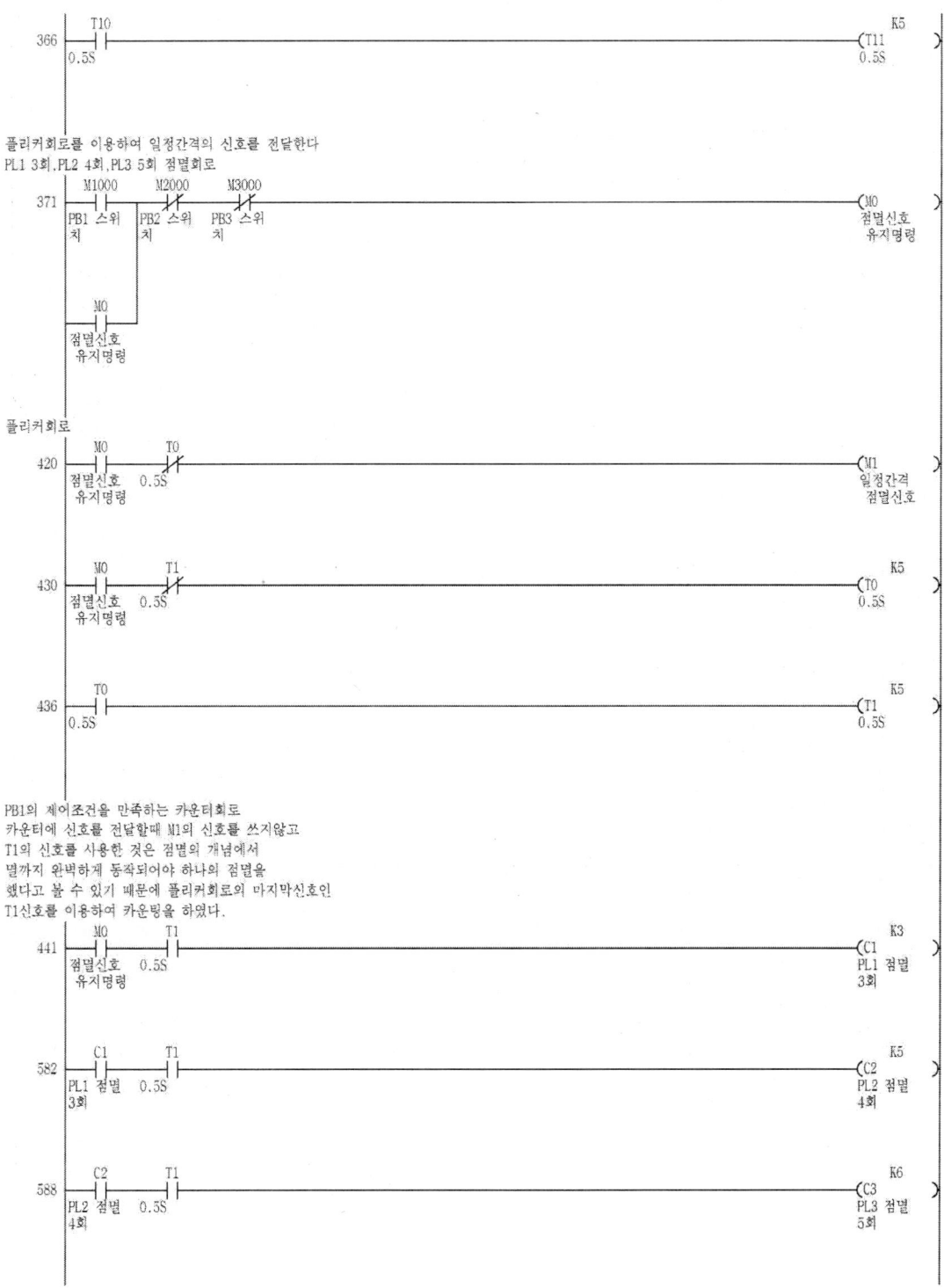

PB1 스위치에 의한 제어조건과 마찬가지로
카운터를 이용하여 그 수에 따른 조건값을
램프에 전달하여 램프를 순서대로 점멸시키는 회로이다.
여기서 주목할 점은 카운팅의 횟수인데
카운팅의 횟수가 제어조건과는 다르게 설정되어 있는 것을
볼 수 있다. 이것은 카운터 앞의 입력신호를 어떠한 것으로
설정하느냐에 따라 달라지는데 아래의 회로와 같이
조건을 설정하면 C10의 코일에서 출력이 나가는 순간 T11도 출력이
나오기 때문에 실질적으로 PL5가 점멸을 5회 마치는 순간 C11의
카운팅 횟수가 하나 올라가므로 제어조건의 횟수보다
하나 더 높은 숫자를 설정해주어야만 정확한 횟수가 제어된다.
이러한 카운터의 설정값은 PB1과 PB2의 제어조건 모두
동일하게 적용된다.

```
           M10      T11                              K5
594      ──┤├──────┤├──────────────────────────────(C10)
          점멸신호   0.5S                            PL3 점멸
          유지명령                                   5회

           C10      T11                              K5
941      ──┤├──────┤├──────────────────────────────(C11)
          PL3 점멸   0.5S                           PL3 점멸
          5회                                       5회

           C11      T11                              K4
947      ──┤├──────┤├──────────────────────────────(C12)
          PL3 점멸   0.5S                           PL1 점멸
          5회                                       3회
```

위에서 코딩한 카운팅회로의 신호를 전달받아 램프들만
따로 모아놓았다.
카운터와 램프에 대한 제어조건은 똑같지만 분리시킨 이유는
램프코일이 받아야 하는 제어조건이 복수이기 때문에
편의성을 위해서 분리하였다.
그리고 카운팅회로와는 다르게 점멸신호를 M1신호로
해주어야 한다. 그 이유는 같은 T1 신호로 하게 되면
T1 신호의 유지시간이 너무 짧아 램프가 ON될 수없다.
그러므로 유지되는 신호인 M1을 가져다 놔야 하며
이런식으로 조건을 걸어 점멸을 할때는 유지되는 신호들이
가장 앞으로 가고 점멸되는 신호가 맨 뒤로 가야한다.

```
           M0       M1       C1                    
953      ──┤├──────┤├──────┤├────────────────────(M100)
          점멸신호   일정간격  PL1 점멸                PL1
          유지명령   점멸신호   3회

           C11      M11
         ──┤├──────┤├──┤
          PL3 점멸   일정간격
          5회       점멸신호

           M21
         ──┤├──────┤
          일정간격
          점멸신호
```

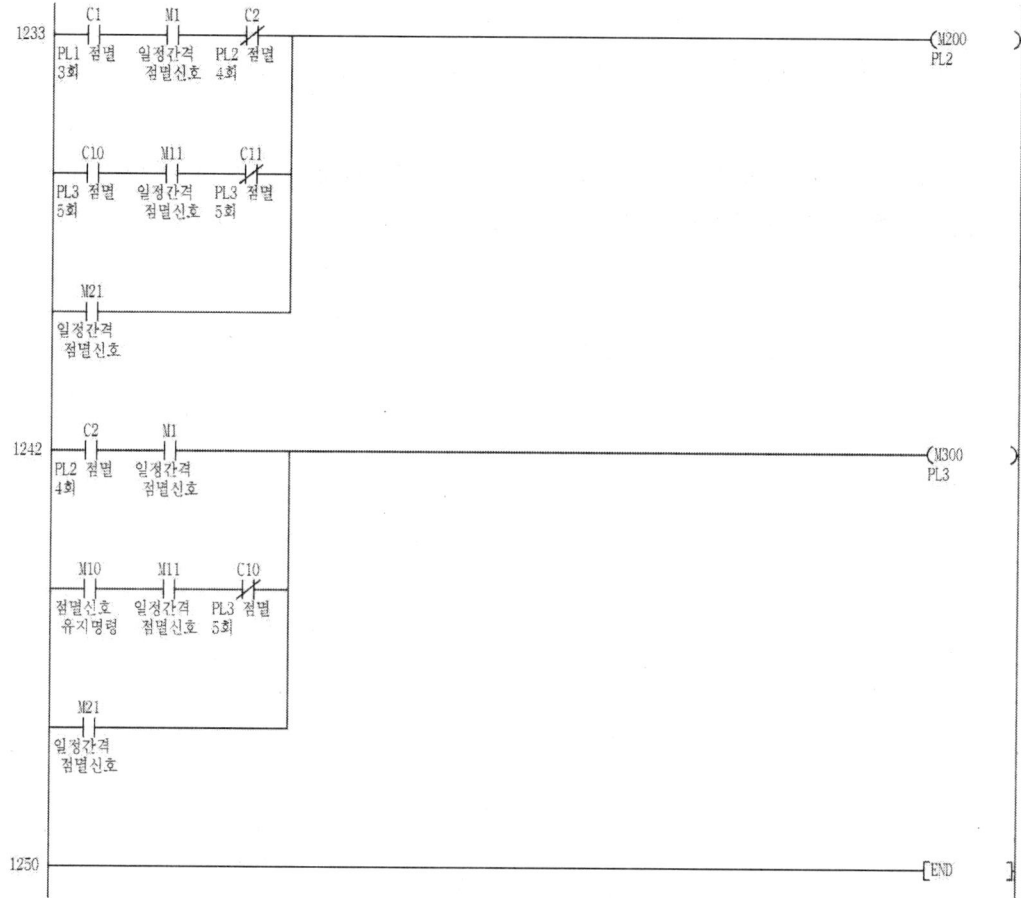

램프연습문제 5

PB1을 누르면 PL1,PL2,PL3,PL4,PL5가 모두 점등하고 순차적으로 1초간격마다 소등되는 것을 반복합니다.
ex) 모두점등 -> PL1소등 -> PL2소등 -> PL3소등 -> PL4소등 -> PL5소등 -> 모두점등
PB2를 누르면 PB1의 시퀀스를 3번 반복 후 소등됩니다.

램프연습문제 5번 터치패드

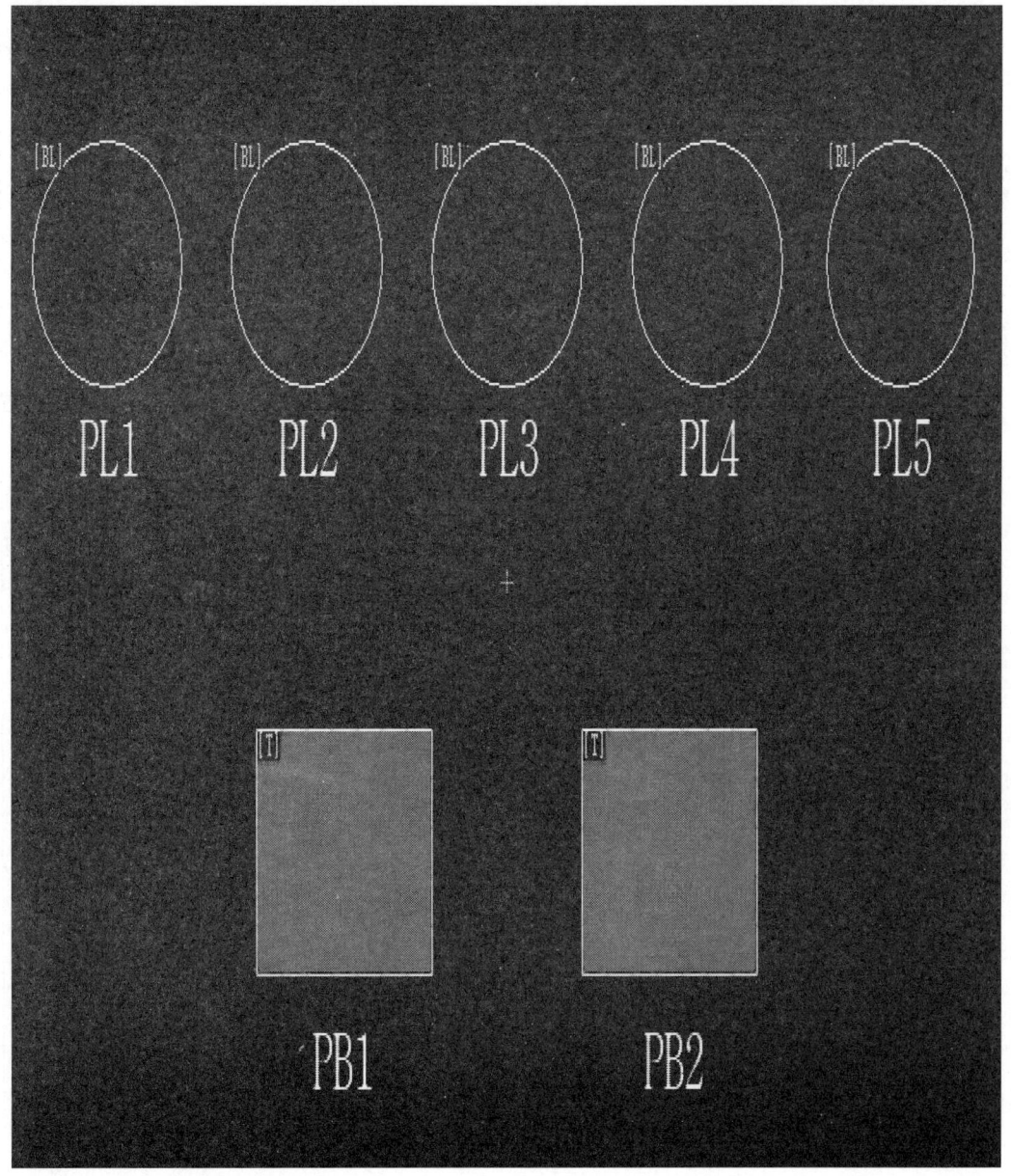

PL1,PL2,PL3,PL4,PL5 : 비트램프
PB1,PB2 : 터치(누름시만ON)

3회 카운팅 회로

```
         M2000    M1000    C0
0  ──────┤ ├──────┤/├──────┤/├─────────────────────────────(M2)
         PB2 스위  PB1 스위  3회 카운        카운팅 릴
         치       치        팅              레이
         M2
    ├────┤ ├────┤
         카운팅 릴
         레이
```

시퀀스 완료신호를 이용한 3회 카운팅

```
         M2       M70                                      K3
15 ──────┤ ├──────┤ ├──────────────────────────────────(C0)
         카운팅 릴  초기화릴                              3회 카운
         레이      레이                                   팅
```

다시 시작할 경우 PB1 혹은 PB2를 누르면 카운터와 데이터 초기화

```
         M1000
41 ──────┤ ├─────────────────────────────────[RST   C0    ]
         PB1 스위                                    3회 카운
         치                                          팅

         SM402
    ├────┤ ├────────────────────────────[MOV   K0   D100  ]
                                                    임의의 데
                                                    이터주소
         M2000
    ├────┤ ├────┤
         PB2 스위
         치
```

순차 소등회로
PB2를 눌러도 플리커회로는 구동 되어야 하기 때문에
PB2 스위치로 인해 출력된 M2 신호를 이용하여
플리커회로를 연산시킨다.

```
         M1000    C0
84 ──────┤/├──────┤ ├──────────────────────────────────(M0)
         PB1 스위  3회 카운                              점멸신호
         치       팅                                    유지명령
         M2
    ├────┤ ├────┤
         카운팅 릴
         레이
         M0
    ├────┤ ├────┤
         점멸신호
         유지명령

          M0       T0
163 ─────┤ ├──────┤/├──────────────────────────────────(M1)
         점멸신호   0.5                                 일정간격
         유지명령                                       점멸신호
```

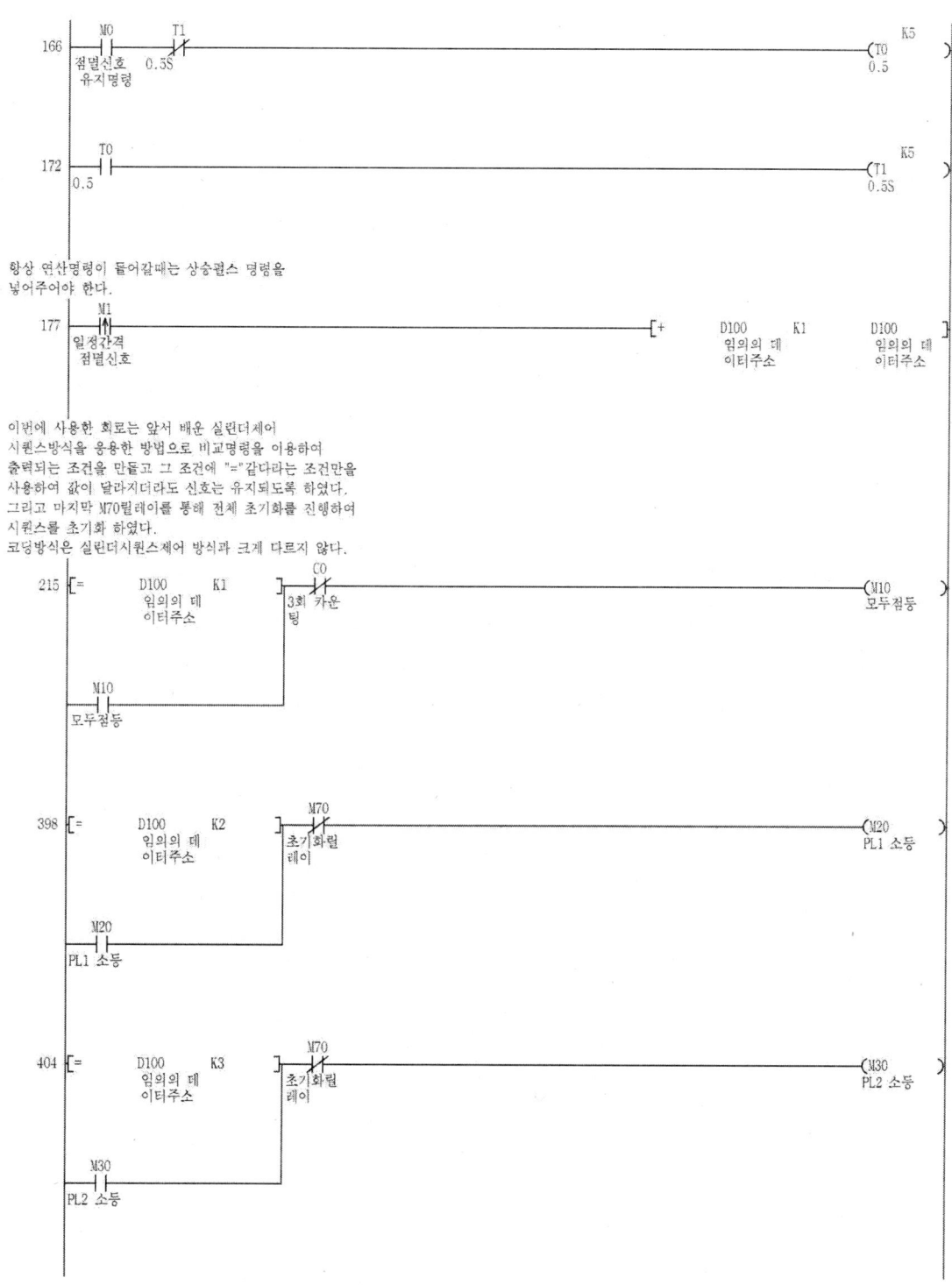

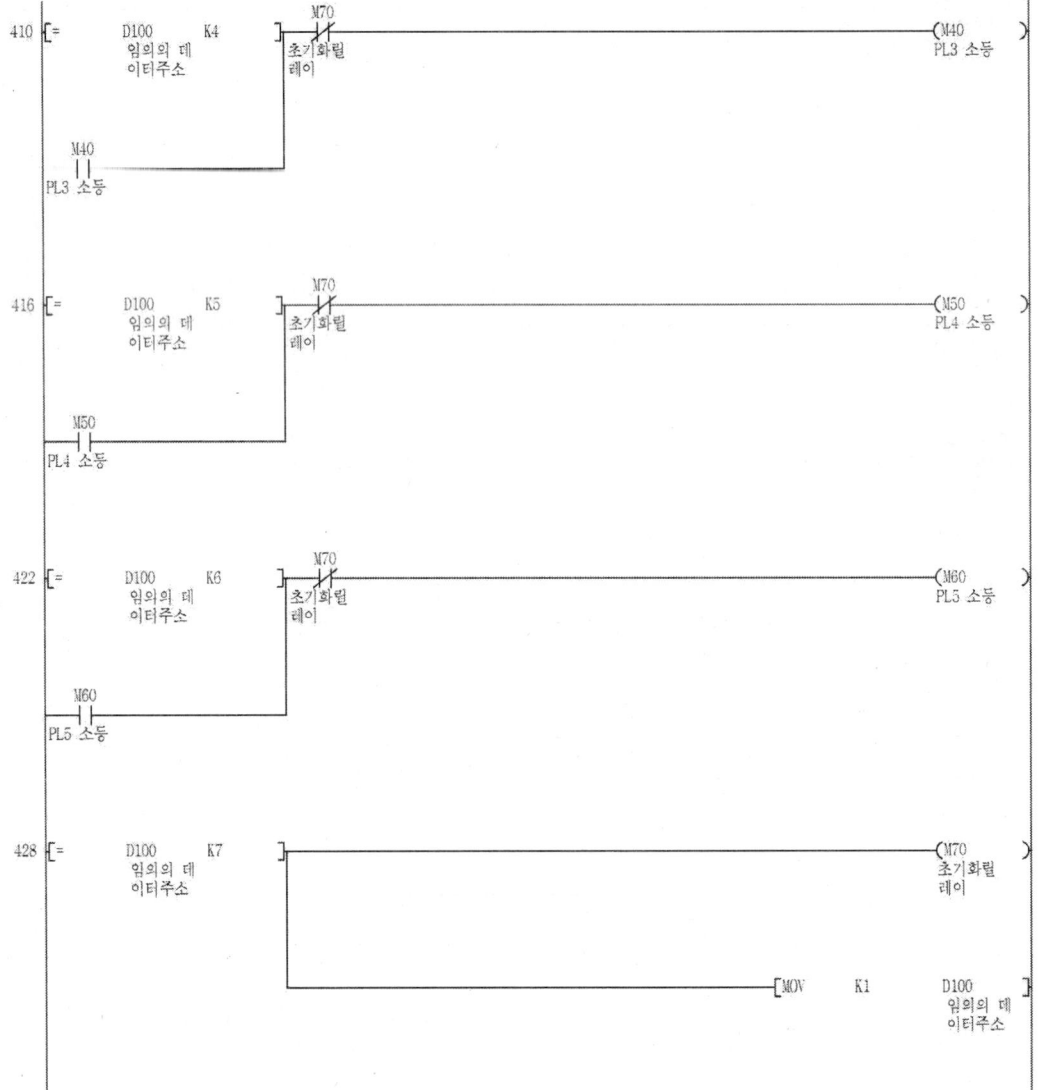

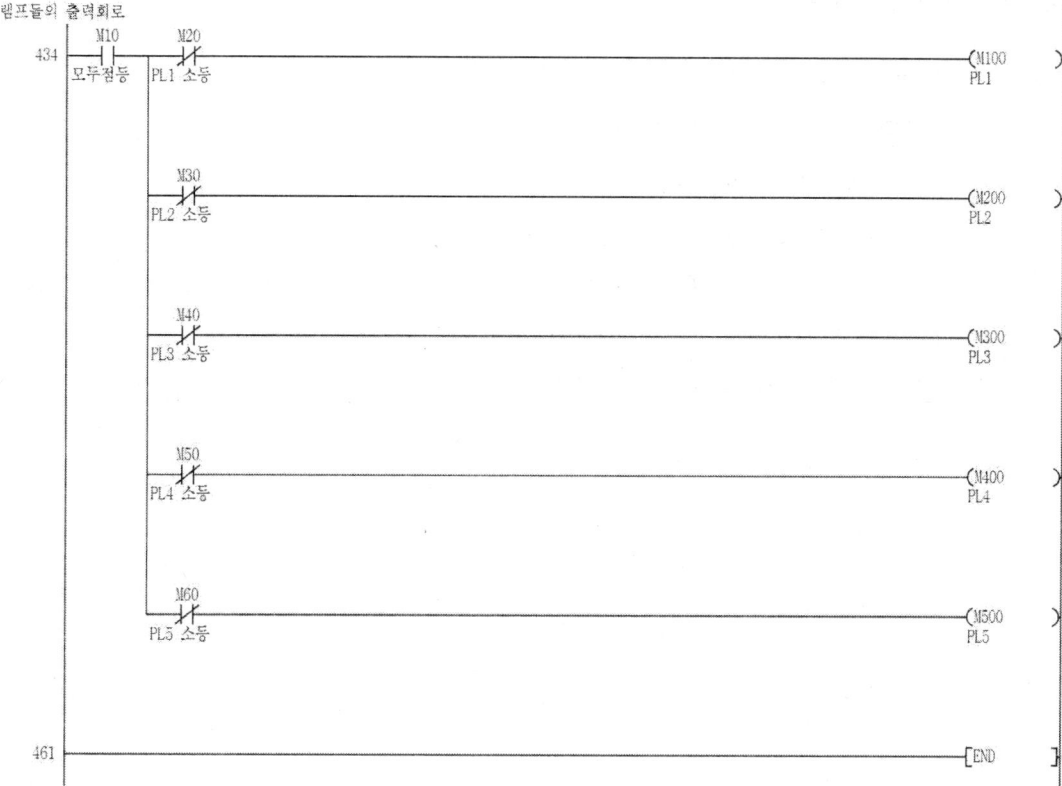

램프 & FND연습문제 1

숫자입력1에 임의의 숫자를 입력합니다.
숫자입력1에 입력된 수만큼의 램프가 켜집니다.
(최대 5개 PL1,PL2,PL3,PL4,PL5)
ex) 숫자입력 1에 3을 입력하면 PL1,PL2,PL3가 점등
PB1을 누르면 점등되어 있는 램프가 숫자입력2에 입력한 숫자의 간격으로 점멸을 합니다.
(최대 2초)
PB2를 누르면 숫자입력1과 숫자입력2의 숫자는 0이 되고 모든 램프는 소등됩니다.

램프&FND연습문제 1번 터치패드

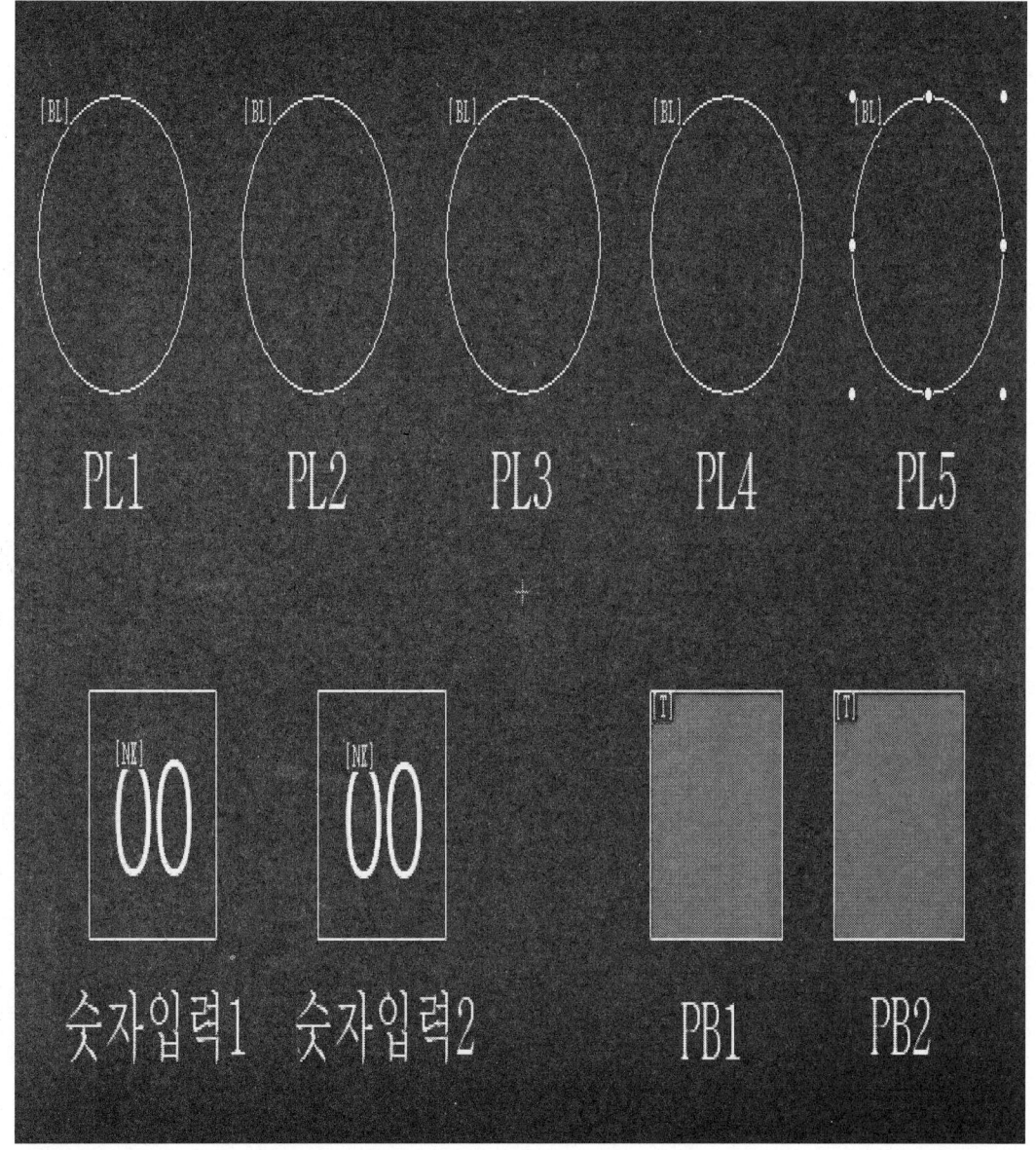

PL1,PL2,PL3,PL4,PL5 : 비트램프
숫자입력 1,2 : 숫자키패드
PB1,PB2 : 터치(누름시만ON)

숫자입력1의 값에 따른 비교명령을 이용하여
조건이 맞으면 출력을 내보내도록 한다.

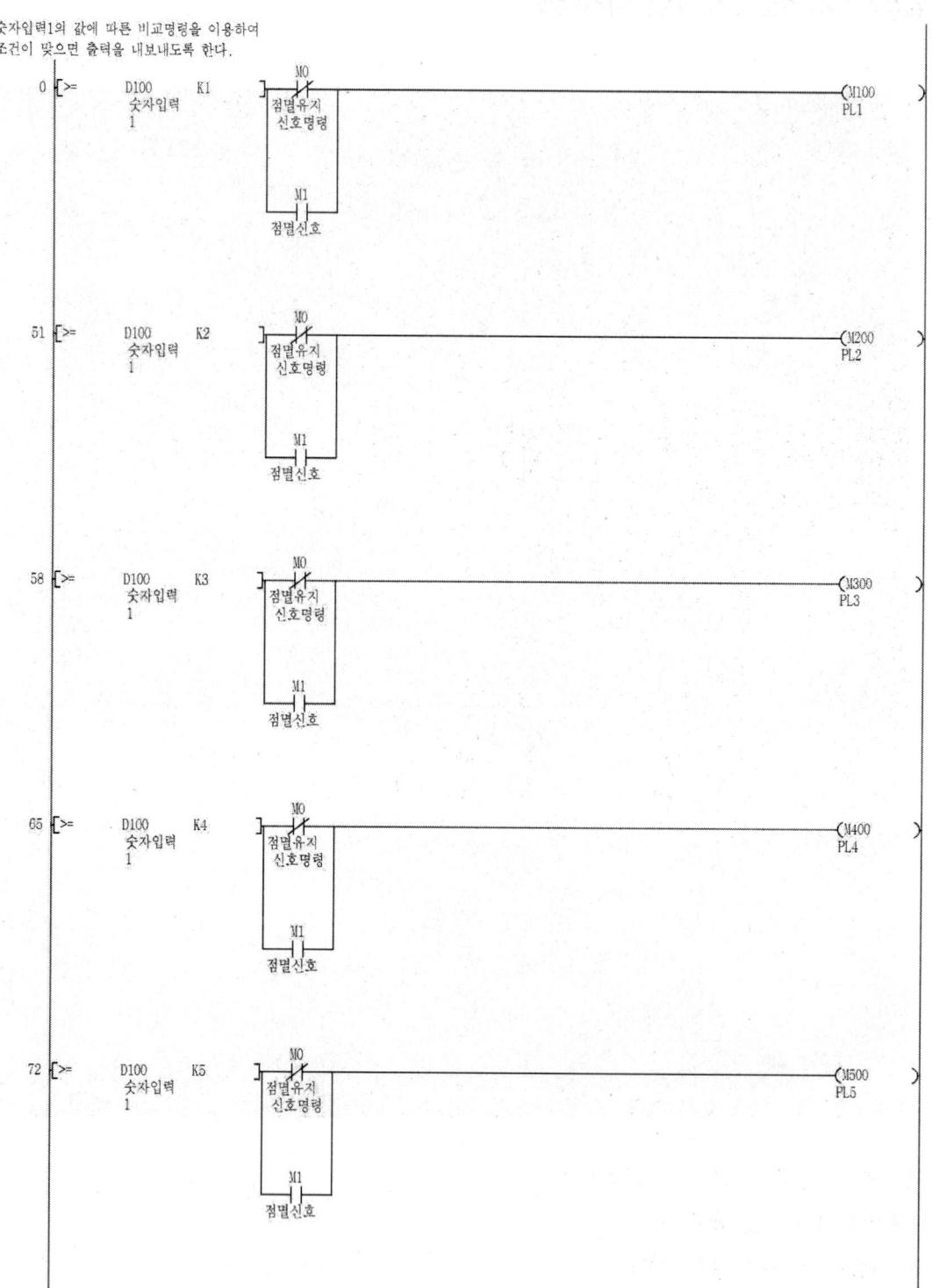

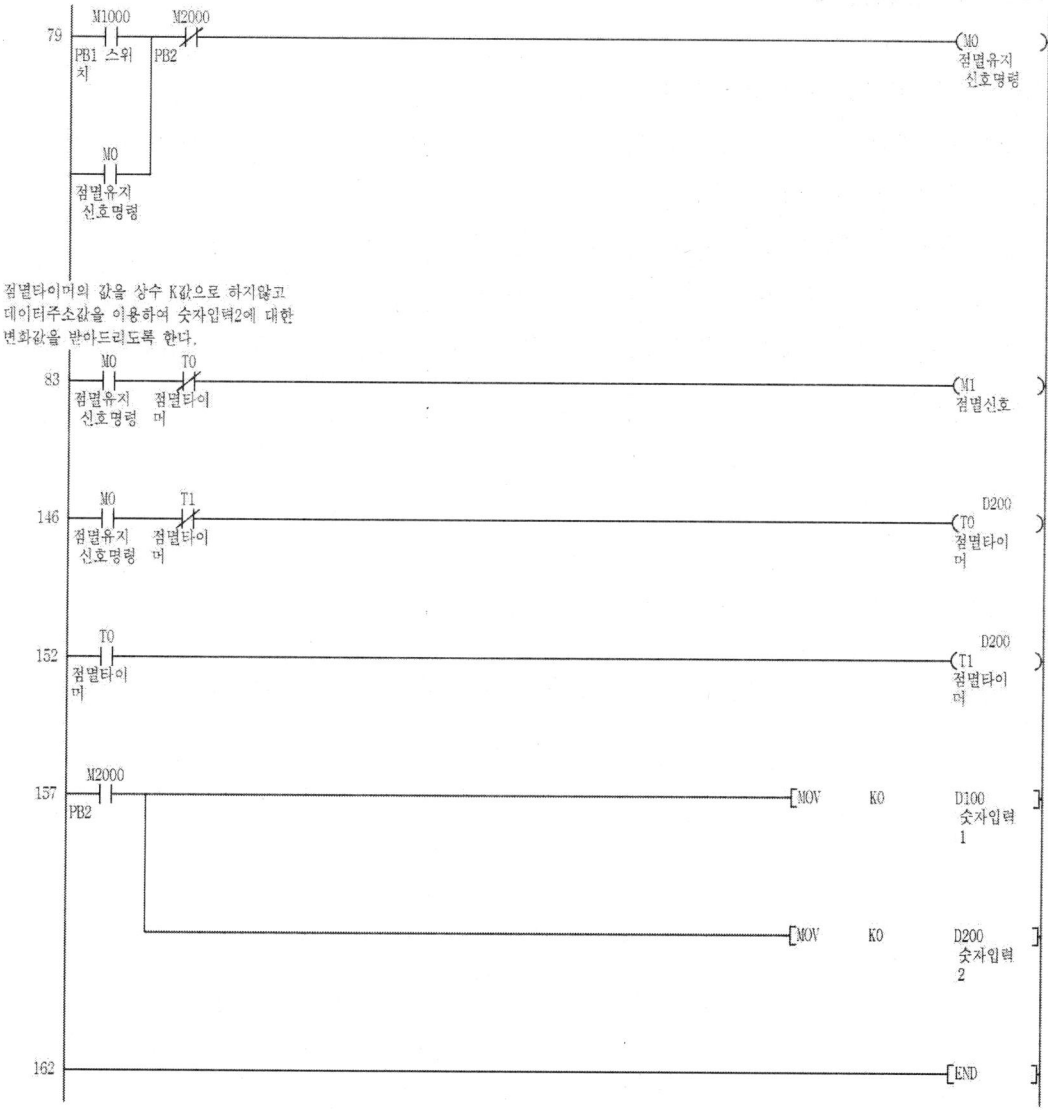

램프&FND연습문제 2

숫자입력1과 숫자입력2에 임의의 숫자를 입력합니다.
PB1을 누르면 FND의 숫자가 숫자입력1과 숫자입력2의 합만큼 FND가 1초 간격으로 1씩 증가하여 최대 20까지만 증가할 수 있습니다.
PB2를 누르면 FND에 표시된 숫자만큼 PL1이 0.5초 간격으로 점멸합니다.
ex) FND의 숫자가 10이라면 PL1은 점멸을 10회 합니다.
PB3를 누르면 PL2는 FND의 두배만큼 0.5초 간격으로 점멸을 하고 모든 시스템은 초기화가 됩니다.

램프&FND연습문제 2번 터치패드

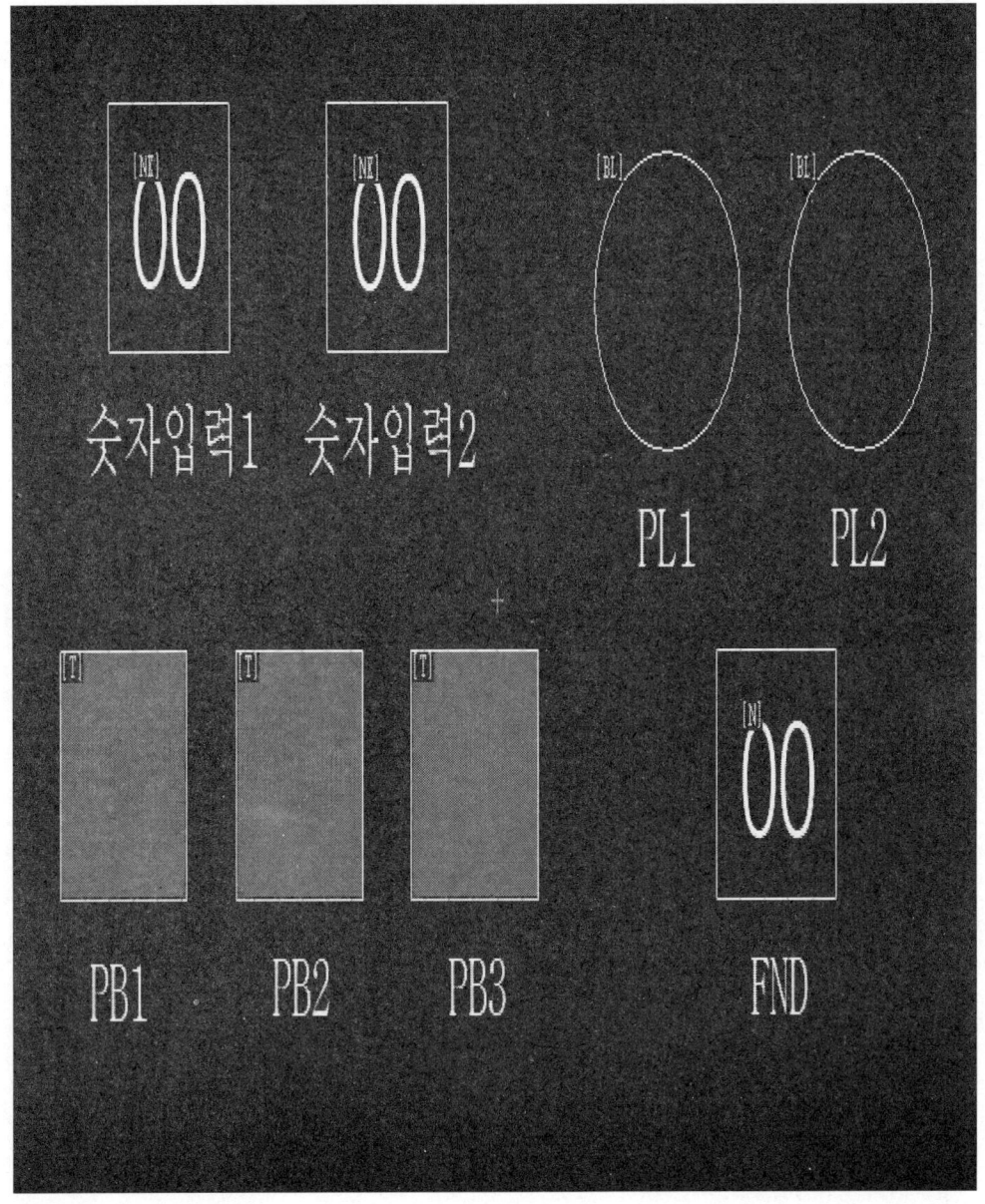

숫자입력 1,2 : 숫자키패드
PL1,PL2 : 비트램프
PB1,PB2,PB3 : 터치(누름시만ON)
FND : 숫자

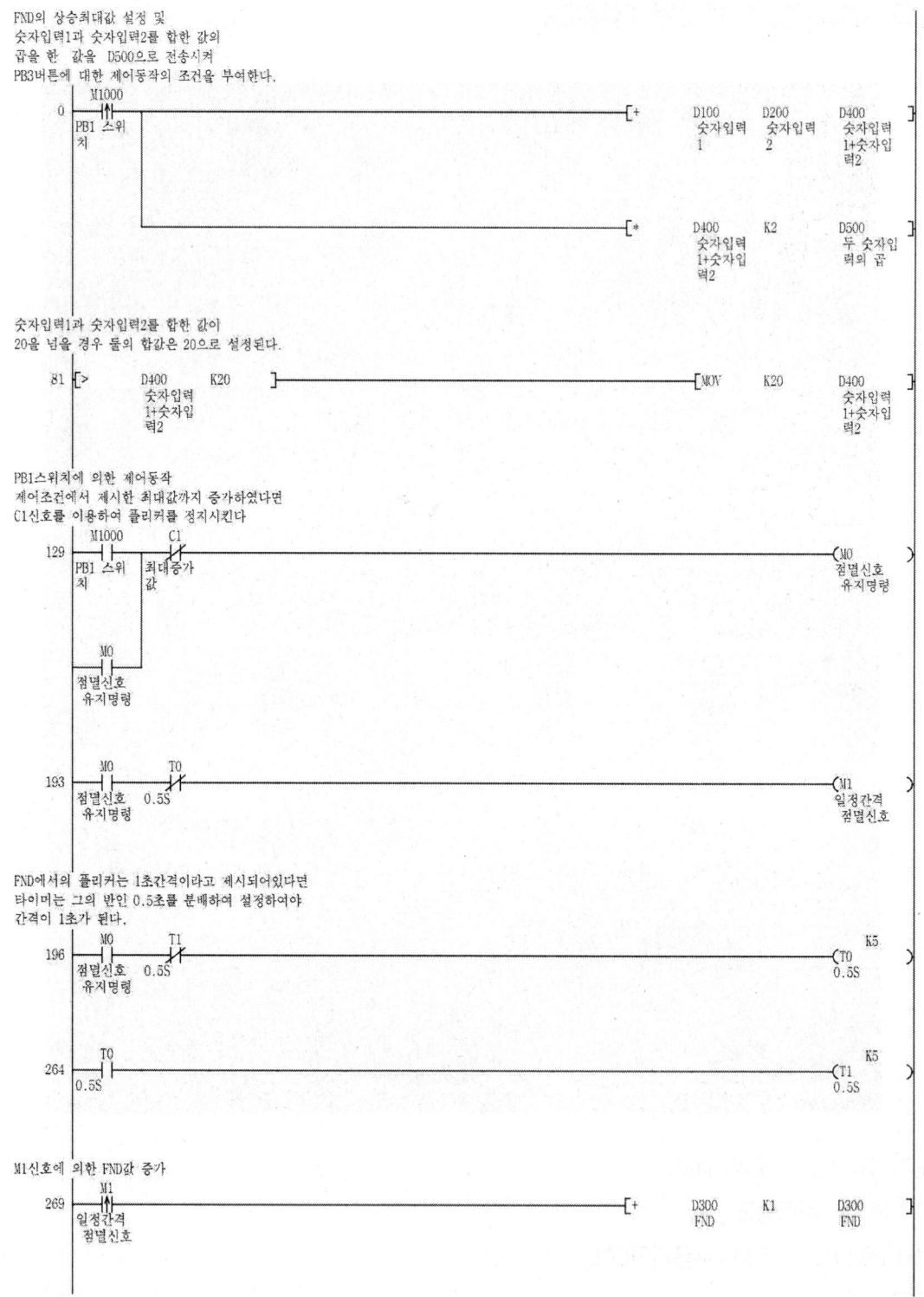

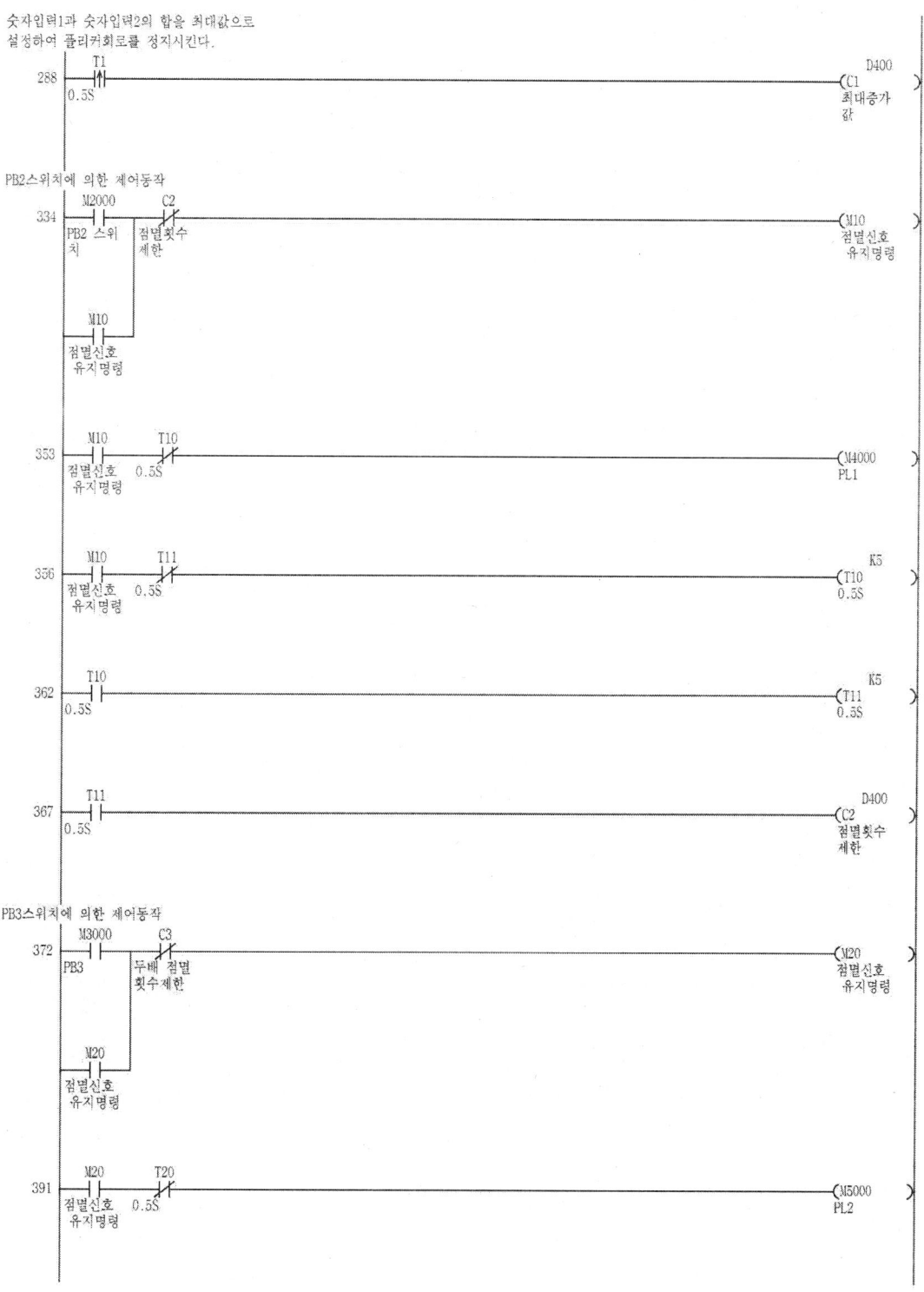

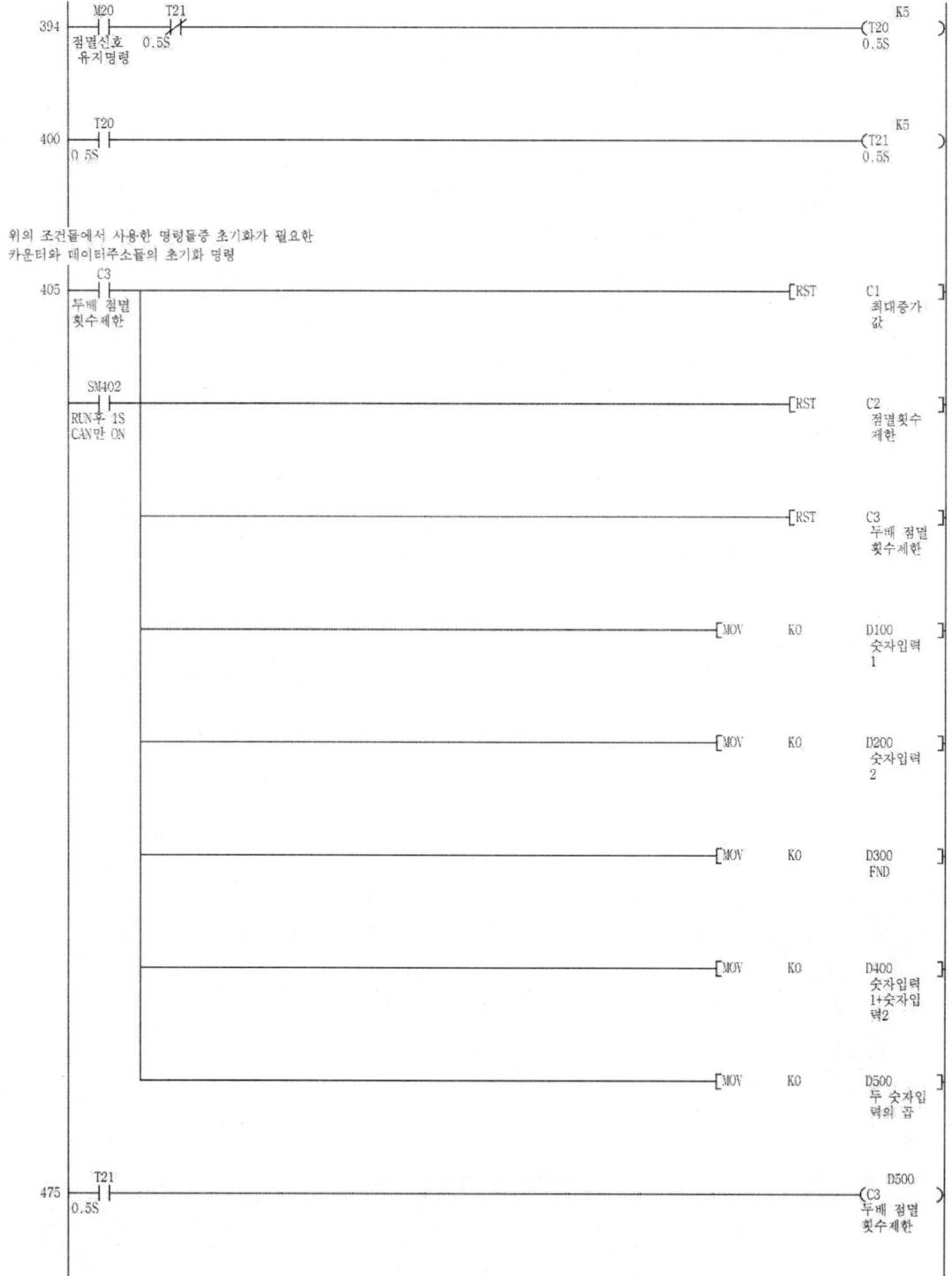

```
 480 ├─────────────────────────────────────────────────[END]┤
```

시험대비문제

기본동작

(기본동작 터치패드의 응용동작버튼을 누르면 응용동작 터치패드로 화면이 전환되어야 합니다.)

가) 초기상태 : FND는 0을 표시하며 PL1은 0.5초 간격으로 점멸을 실시한다.
나) 정지버튼 터치 시 모든 동작은 일시정지하며, 3초 후 초기상태가 된다.

동작	구분	동작 및 표시상태
1	서보앰프 조그운전	PB0버튼을 누르면 40000펄스값으로 조그상승운전 실행 PB1버튼을 누르면 40000펄스값으로 조그하강운전 실행 후 PB1버튼을 해제하면 원점복귀를 실행한다.
2	실린더 제어 및 컨베이어 제어	PB2버튼을 누르면 아래와 같은 동작을 1회 실행한다.(단, 각 구간에는 2초의 시간간격을 준다.) 공급실린더전진,가공실린더하강 -> 공급실린더후진.송출실린더전진 -> 가공실린더상승,배출실린더전진 -> 송출실린더후진,스토퍼하강 -> 스토퍼상승,배출실린더후진
		PB3버튼을 누르면 2초 후 컨베이어가 1초간격으로 구동,정지를 반복하며, 컨베이어가 3회 반복 후 정지시 드릴모터가 2초간 작동한다.
3	FND	PB4버튼을 누르면 FND의 숫자가 10씩 증가하고 PB5버튼을 누르면 FND의 숫자가 10씩 감소한다. FND가 30이 되면 흡착패드가 3초간 작동 후 정지하고, 1초간격으로 10씩 감소하여 0이 된다. (단, 흡착패드 작동중에는 FND의 숫자가 변하면 안되고, 30이상 0이하로는 변하지 말아야 하며, 감소중에는 PB4버튼을 눌러도 FND는 증가하면 안된다.)

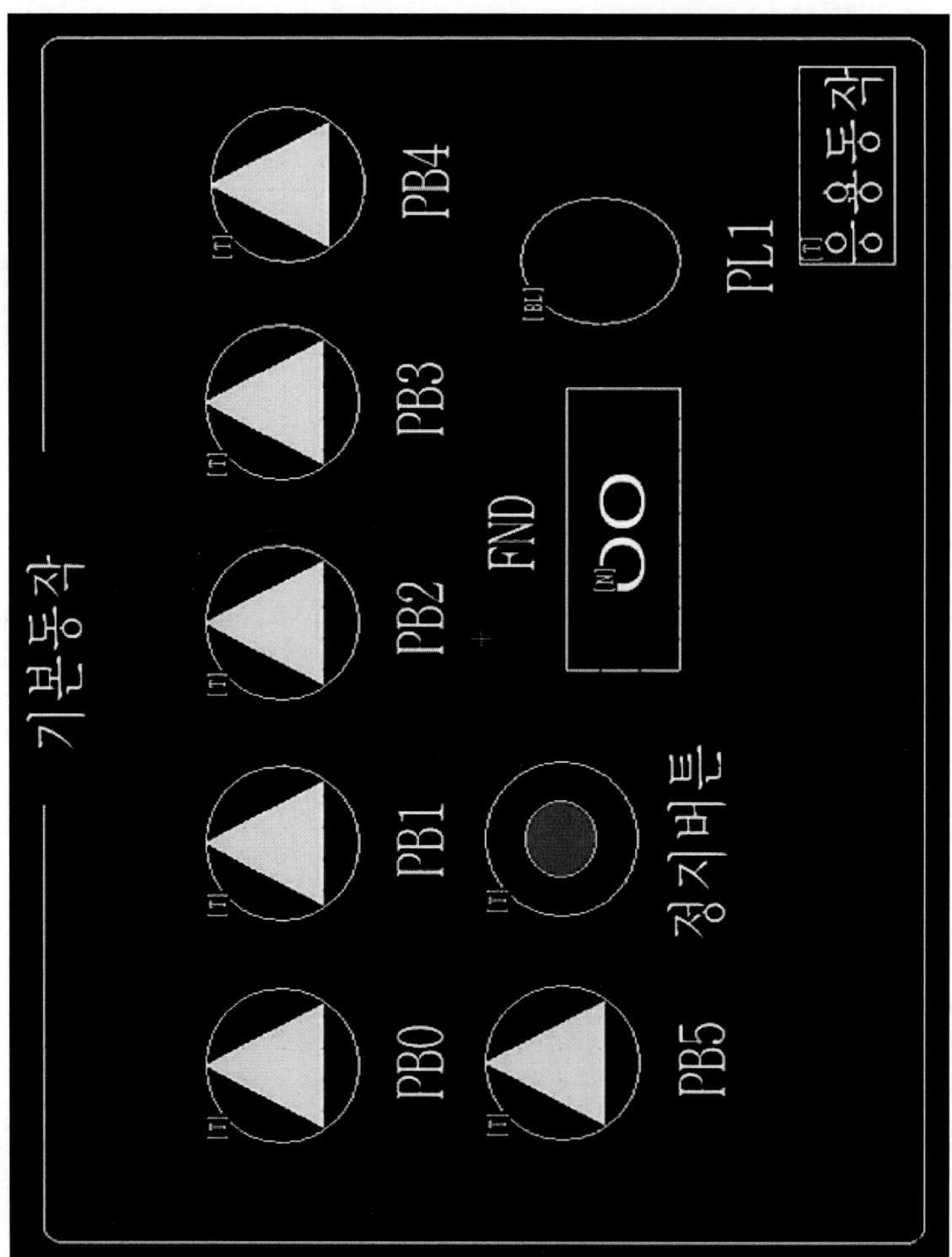

서보모터를 구동하기 위한 준비회로

```
       SM403
0 ─────┤ ├──────────────────────────────────────────( Y30 )
       RUN후 1S                                       PLC Read
       CAN만 OF                                       y
       F
           X30
       ────┤ ├──────────────────────────────────────( Y31 )
           QD75 Rea                                   Servo On
           dy
```

JOG 상승회로

```
       M100    M200                                      U3W
23  ───┤ ├────┤/├──────────────────[DMOV  K40000   G1518 ]
       PB0 스위 PB1 스위                                  JOG 고속
       치      치                                         속도
       │
       └──────────────────────────────────────────( Y38 )
                                                   JOG 정회
                                                   전
```

조그하강회로

```
       M200    M100                                      U3W
39  ───┤ ├────┤/├──────────────────[DMOV  K40000   G1518 ]
       PB1 스위 PB0 스위                                  JOG 고속
       치      치                                         속도
       │
       └──────────────────────────────────────────( Y39 )
                                                   JOG 역회
                                                   전
```

조그하강 후 PB2를 해제하였을 때 원점복귀를 하기
위해서는 일정시간의 딜레이가 필요합니다.
조그명령에서 사용한 G1518이라는 버퍼메모리와 Y39라는 명령이
출력되고 있는 상황에서 거의 동시에 원점복귀명령의 Y40의 명령이
출력되게 된다면 두개의 명령이 충돌하기 때문에
Y39의 출력타임을 고려하여 0.3초 후에 원점복귀명령이
출력될 수 있도록 해주는것이 좋습니다.
물론 파라미터에서 JOG 운전 출력타임에 대한 설정을 수정
하면 되지만 그렇게 할 경우 다른 동작에 대한 제어가
틀어질 수 있으므로 딜레이를 주는것으로 하는게 좋다.

```
       M200    T200
55  ───┤/├────┤ ├──────────────────────────────────( M201 )
       PB1 스위 2초 딜레                                  원점복귀
       치      이                                         명령

       M201
       ├─┤ ├─┤
       원점복귀
       명령
```

```
       M201                                           K3
330 ───┤ ├────────────────────────────────────────( T200 )
       원점복귀                                       2초 딜레
       명령                                           이
```

원점복귀 명령회로

```
        T200
335  ───┤ ├────────────────────────────────[DMOV  K9001   U3W
         2초 딜                                            G1500
         레이                                              위치결정
                                                          이동명령
                                                          (원점복귀)

                                           ───────[SET   Y40
                                                          위치결정
                                                          기동
```

원점복귀 완료회로

```
        X40    X3C
353  ───┤ ├───┤/├────────────────────────────[RST   Y40
         기동완료 X축 운전                                위치결정
                중                                      기동
```

일시정지회로
일시정지회로에서 출력되는 M30릴레이를 이용하여
각각의 회로에 배치하여 일시정지를 실행한다.
여기서 주목할 점은 문제에서 일시정지 후 기동이 아닌
초기화이기 때문에 타이머들을 적산타이머로 변경해 줄 필요가 없다.

```
        M700    T31
367  ───┤ ├───┤/├─────────────────────────────────────(M30
         정지버튼  T30타이머                                일시정지
                 신호차단                                 릴레이
         M30
       ──┤ ├──
         일시정지
         릴레이
```

3초 후 T30릴레이를 이용하여 마스터컨트롤 및 데이터전송
명령들을 이용하여 회로들을 초기화 시키고
양솔을 사용하는 실린더들의 후진SOL에 신호를 전달한다.

```
        M30                                                   K30
490  ───┤ ├────────────────────────────────────────────(T30
         일시정지                                              3초 후 초
         릴레이                                                기화
```

0.5초 딜레이를 주는 것은 양솔 실린더의 후진SOL에
T30을 전달하게 되면 신호유지시간이 짧아 전달이
제대로 되지 않아 T30신호를 0.5초 더 유지 시켜주는 것이다.

```
        T30                                                   K5
575  ───┤ ├────────────────────────────────────────────(T31
         3초 후 초                                            T30타이머
         기화                                                 신호차단

        T30
663  ───┤ ├────────────────────────────[MOV   K0     D100
         3초 후 초                                            FND
         기화
                                           ───────[RST  C10
                                                          컨베이어
                                                          3회 ON,
                                                          OFF
```

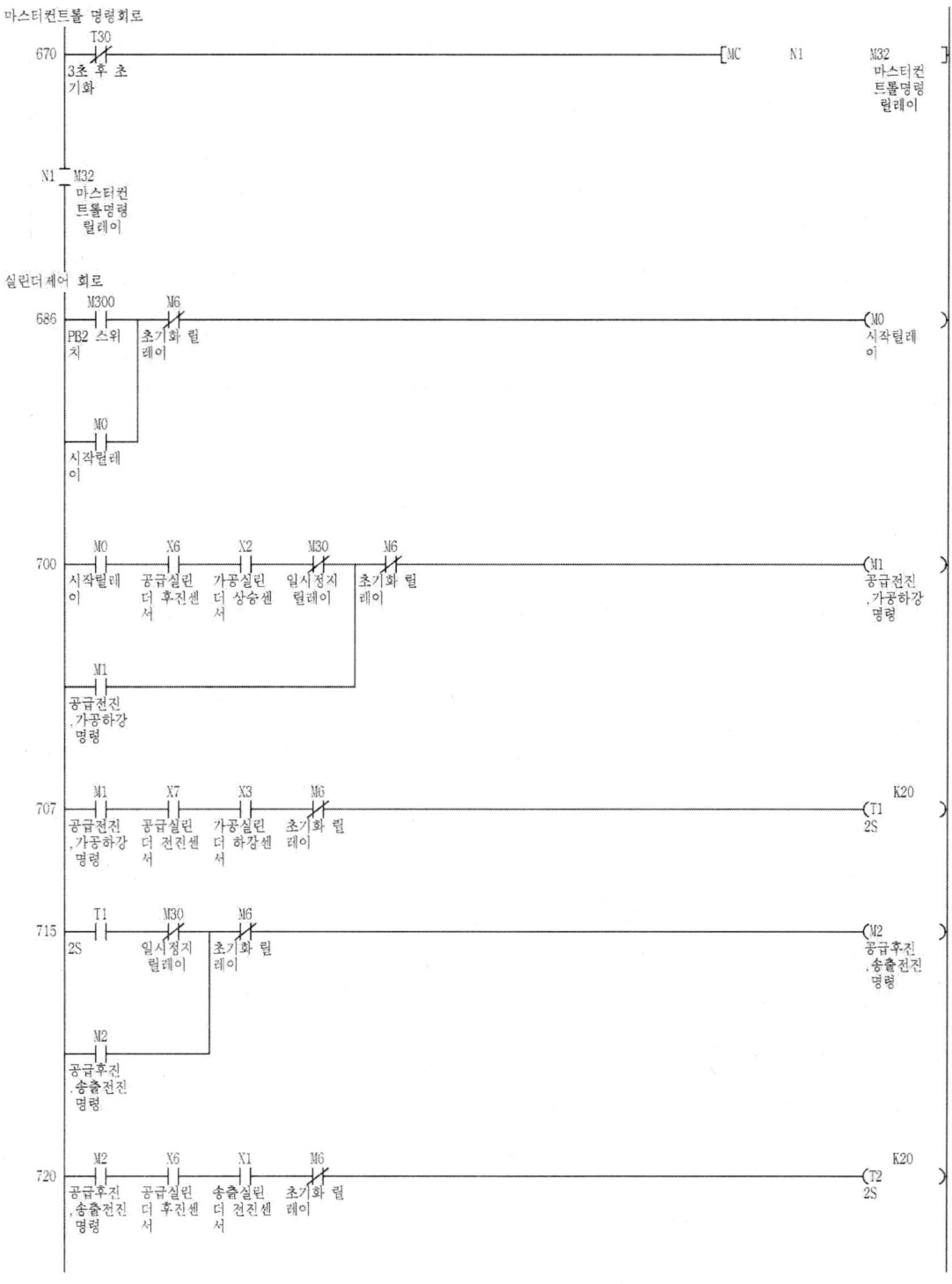

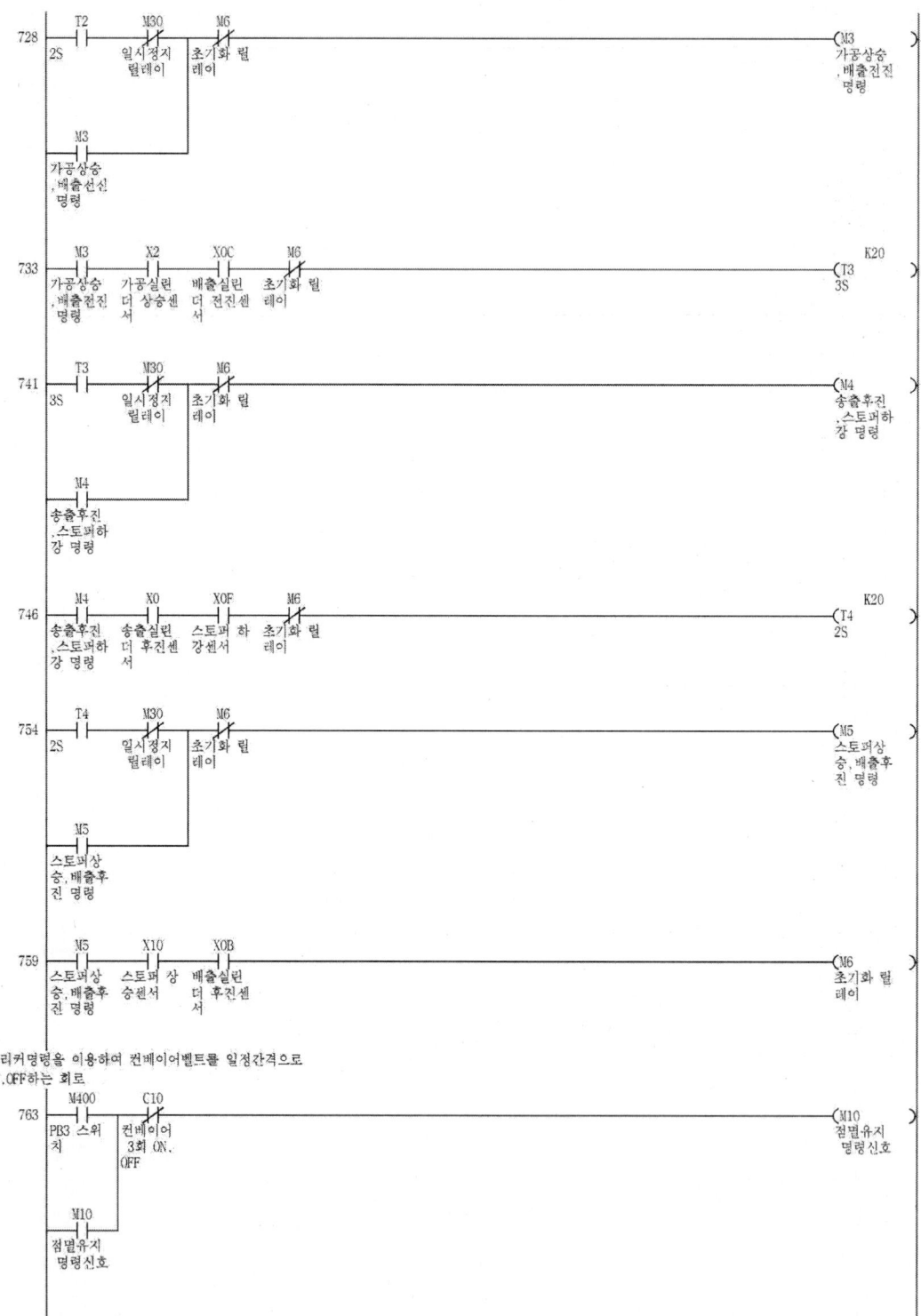

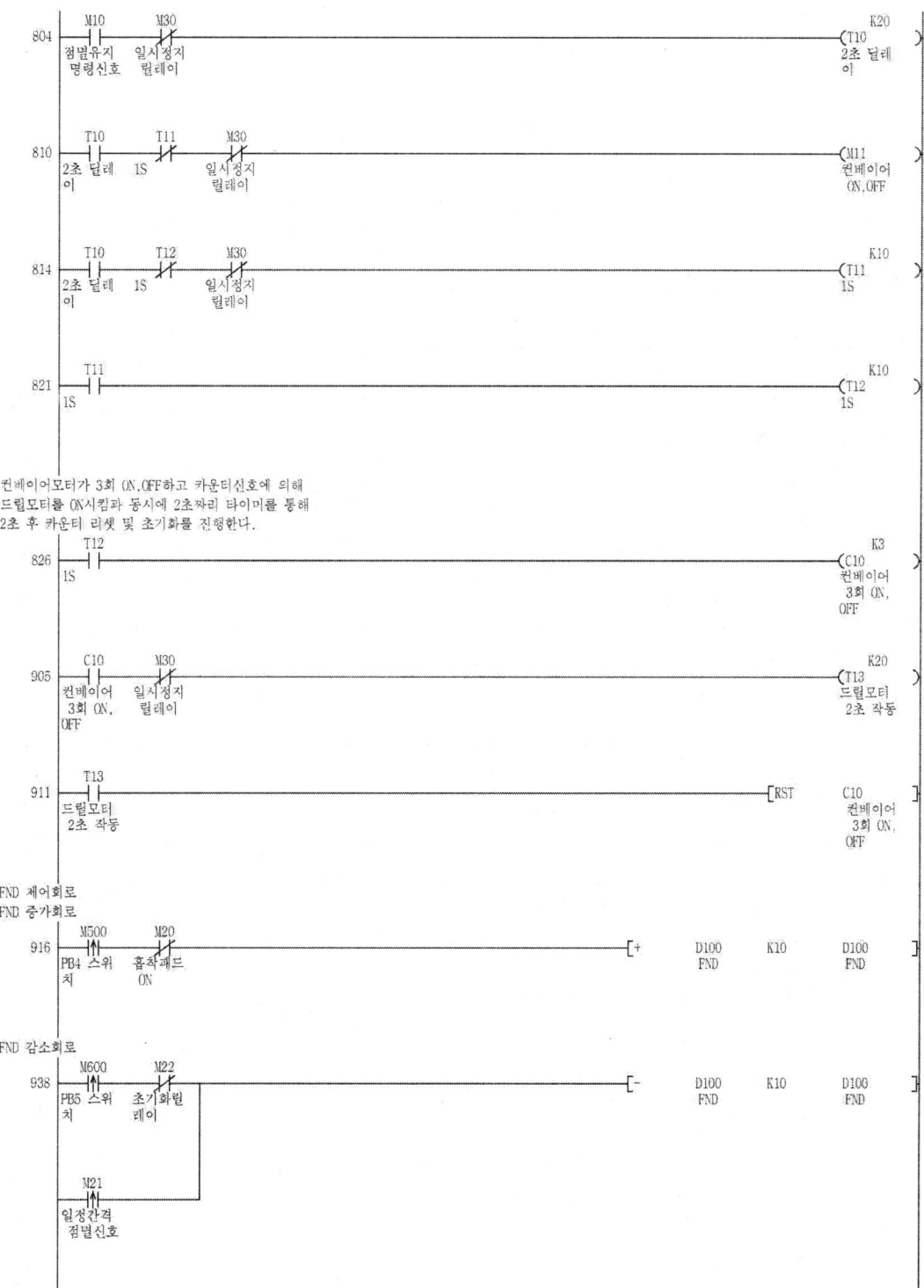

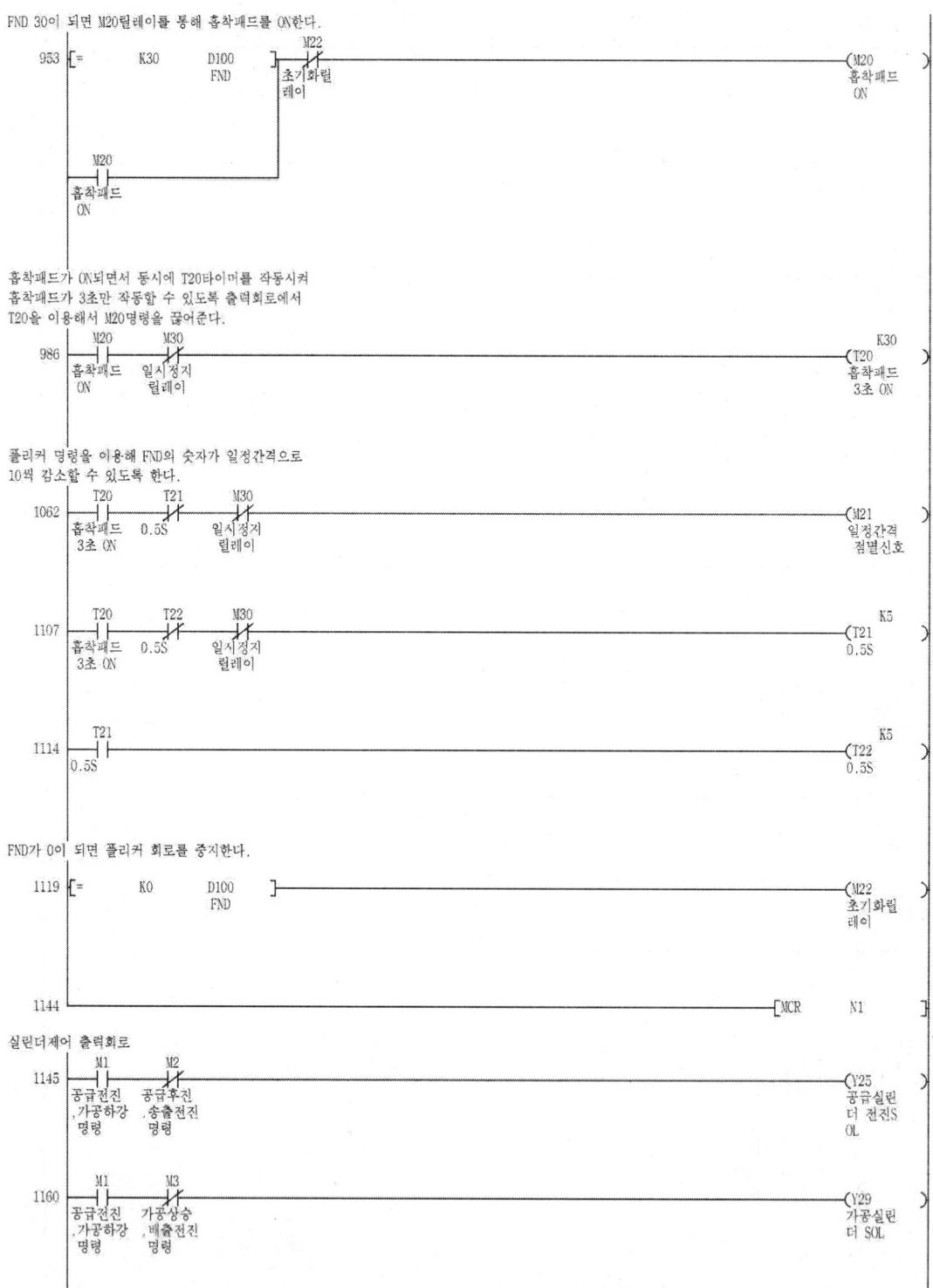

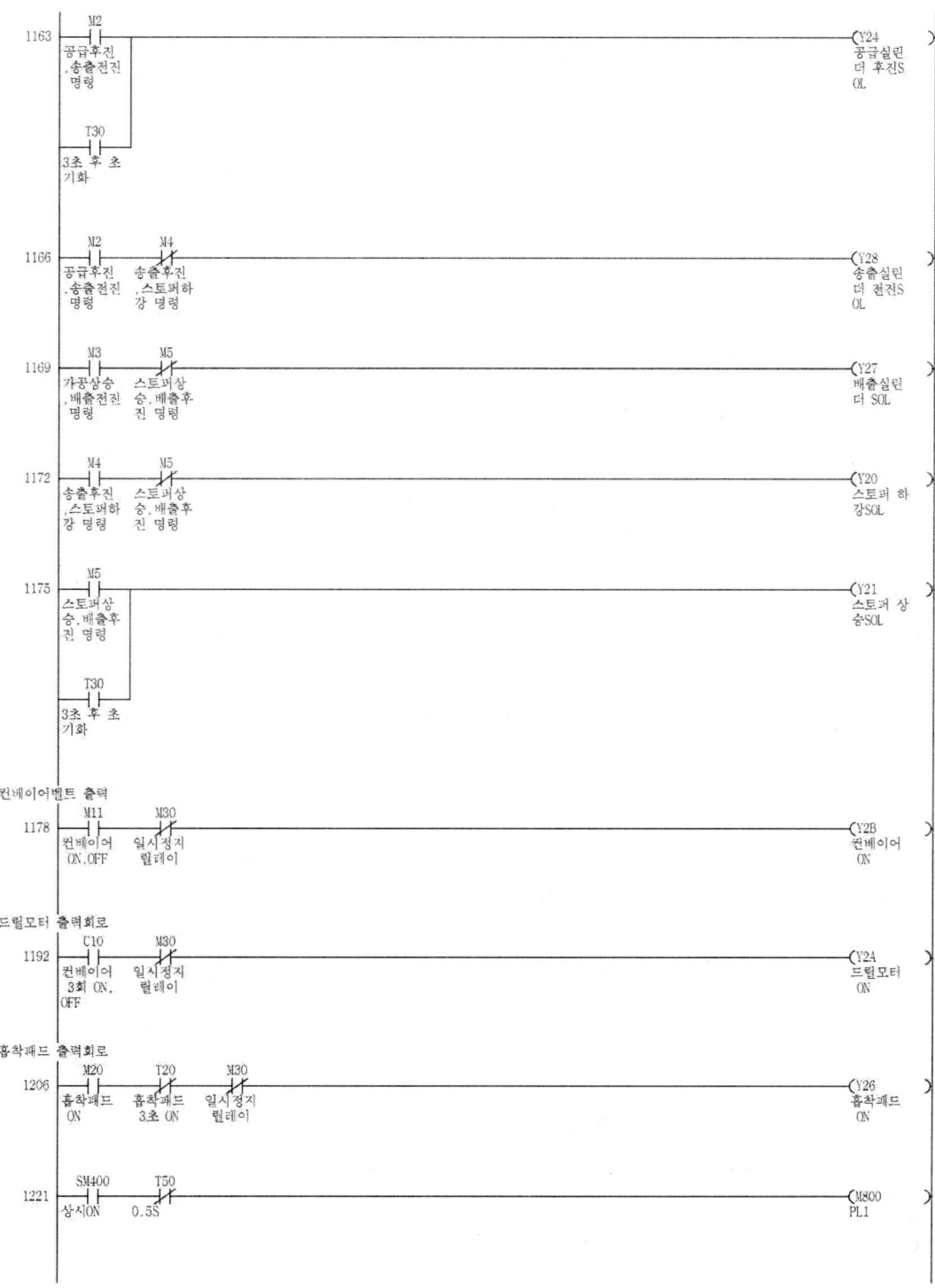

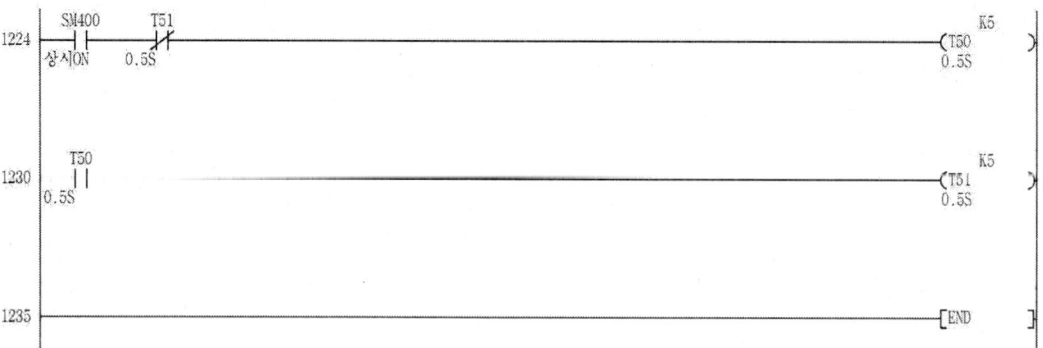

응용동작

가) 공작물은 매거진에 구분 없이 공급하며, 조그상승 버튼을 누르면 40000펄스 값의 속도로 상승하며 조그하강 버튼을 누르면 40000펄스 값의 속도로 하강한다.

나) 원점복귀버튼을 터치 시 원점복귀를 실시하며, 원점 복귀 중에는 PL1이 0.5초 간격으로 점멸을 하며 원점복귀완료 후 점등이 된다.

다) 각 버튼을 터치 시 정해진 위치와 속도로 이동한다.

버튼	운전패턴	위치결정어드레스	지령속도
상단버튼	단독위치결정제어	-10000	40000
중단버튼	단독위치결정제어	-100000	30000
하단버튼	단독위치결정제어	-200000	20000

라) 고속버튼 입력시 50000의 속도로 상단,중단,하단으로 위치이동을 해야하며 저속버튼 입력시 10000의 속도로 상단,중단,하단으로 위치이동을 해야한다.

고속버튼	저속버튼
50000	10000

(고속버튼과 저속버튼은 반전버튼을 사용합니다.)

마) 적재버튼 터치시 PL2가 0.5초 간격으로 점멸을 하며 비금속제품을
1 -> 4 -> 5의 순으로 창고저장을 실시하고 금속제품은 배출실린더를 이용하여 옆으로 배출시킨다. 5번창고까지 모두 적재하였다면 나머지 비금속제품들은 컨베이어 끝단으로 배출시키며 PL2는 점등이 된다.

마)의 시퀀스

공급실린더전진 -> 가공실린더하강 -> 드릴모터2초간ON -> 가공실린더상승
-> 가공실린더하강 -> 드릴모터2초간ON -> 가공실린더상승 -> 공급실린더후진
-> 송출실린더전진 -> 송출실린더후진 -> 컨베이어ON -> 금속,비금속판별

바) 적재상태 디스플레이에는 적재버튼 터치시 "감지대기"가 표시되고
스토퍼앞 도착 후 1번창고 저장시 "1번창고적재중"이라는 문구가 1초간격으로 표시,
스토퍼앞 도착 후 3번창고 저장시 "4번창고적재중"이라는 문구가 1초간격으로 표시,
스토퍼앞 도착 후 5번창고 저장시 "5번창고적재중"이라는 문구가 1초간격으로표시된다.
5번창고까지 적재 완료시 "적재완료"가 표시된다.

사) 정지버튼 터치시 모든동작은 일시정지하며, 3초후 초기상태로 돌아간다.
  (초기상태란, 모든실린더후진, 컨베이어와 드릴모터 정지, 모든램프 초기상태)

아) 반출버튼 터치시 PL3는 0.5초 간격으로 점멸하며 5 -> 4 -> 1 순으로 저장창고에 있는 물품들을 순서대로 컨베이어 위에 올려놓고, 컨베이어 끝단으로 배출시킨다. 1번창고 물품까지 컨베이어 끝단으로 배출되면 PL3는 소등되고 모든 시스템은 초기화 된다.

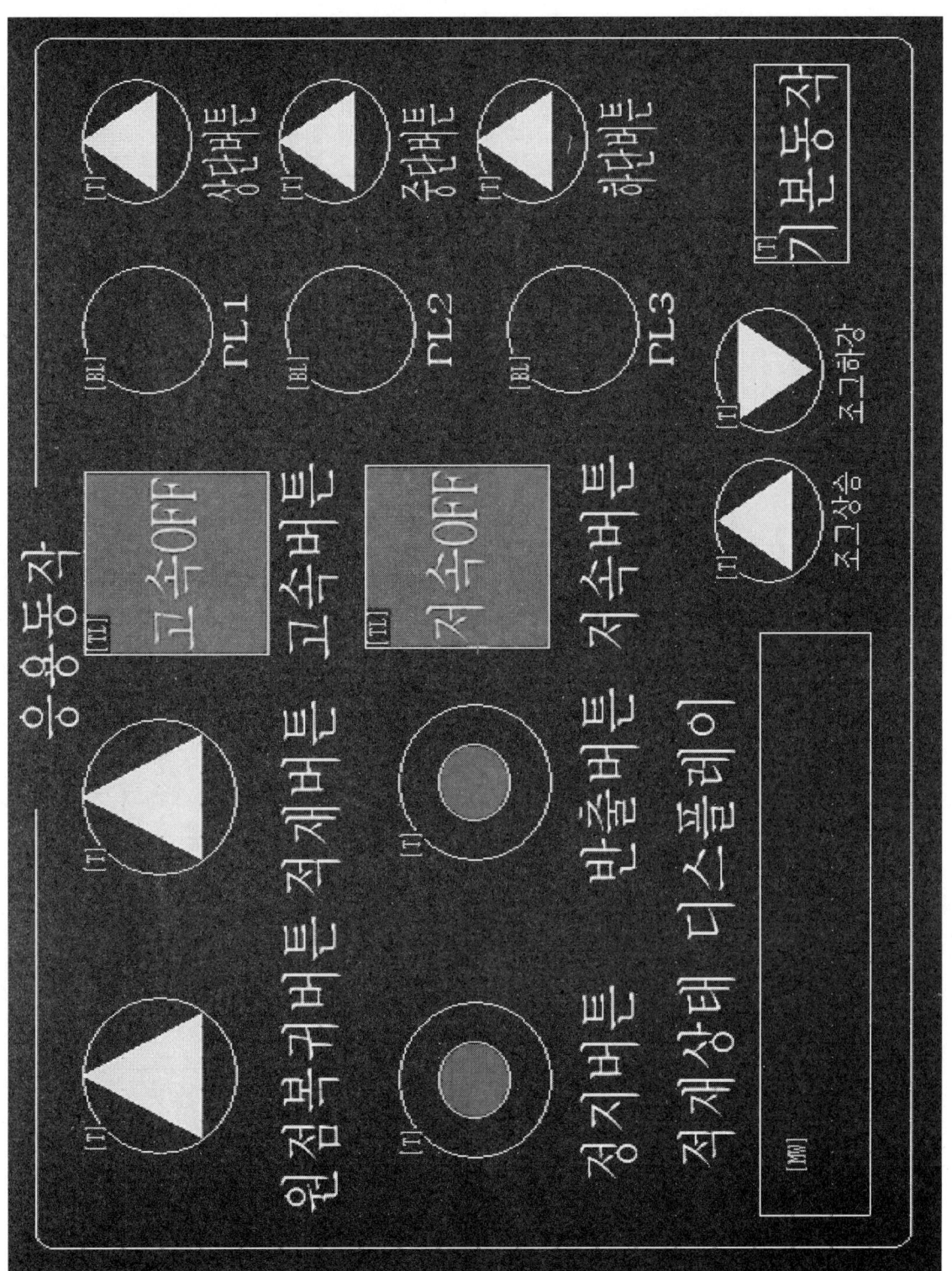

서보모터를 구동하기 위한 준비회로

```
         SM403
0 ──────┤ ├──────────────────────────────────────────( Y30 )
         RUN후 1S                                      PLC Ready
         CAN만 ON

          X30
        ──┤ ├────────────────────────────────────────( Y31 )
         QD75 Rea                                     Servo On
         dy
```

JOG 상승회로

```
         M4000    M5000
23 ─────┤ ├──────┤/├──────────────────[DMOV  K40000   U3¥G1518]
         JOG 상승  JOG 하강                              JOG 고속
         버튼      버튼                                  속도

                 ├──────────────────────────────────( Y38 )
                                                      JOG 정회전
```

JOG 하강회로

```
         M5000    M4000
39 ─────┤ ├──────┤/├──────────────────[DMOV  K40000   U3¥G1518]
         JOG 하강  JOG 상승                              JOG 고속
         버튼      버튼                                  속도

                 ├──────────────────────────────────( Y39 )
                                                      JOG 역회전
```

원점복귀회로

```
         M100
55 ─────┤ ├──────────────────────────[DMOV  K9001    U3¥G1500]
         원점복귀                                       위치결정
         버튼                                          이동명령

                 ├──────────────────────────[SET   Y40        ]
                                                    위치결정
                                                    기동명령
```

PL1램프를 점멸시키기 위한 자기유지회로
M100스위치는 신호유지가 안되기 때문에 M100스위치에 의한
신호유지 회로를 구성해야 한다.

```
         M100     M102
70 ─────┤ ├──────┤/├──────────────────────────────────( M101 )
         원점복귀  원점복귀                                원점복귀
         버튼     완료                                    명령

         M101
        ──┤ ├──
         원점복귀
         명령
```

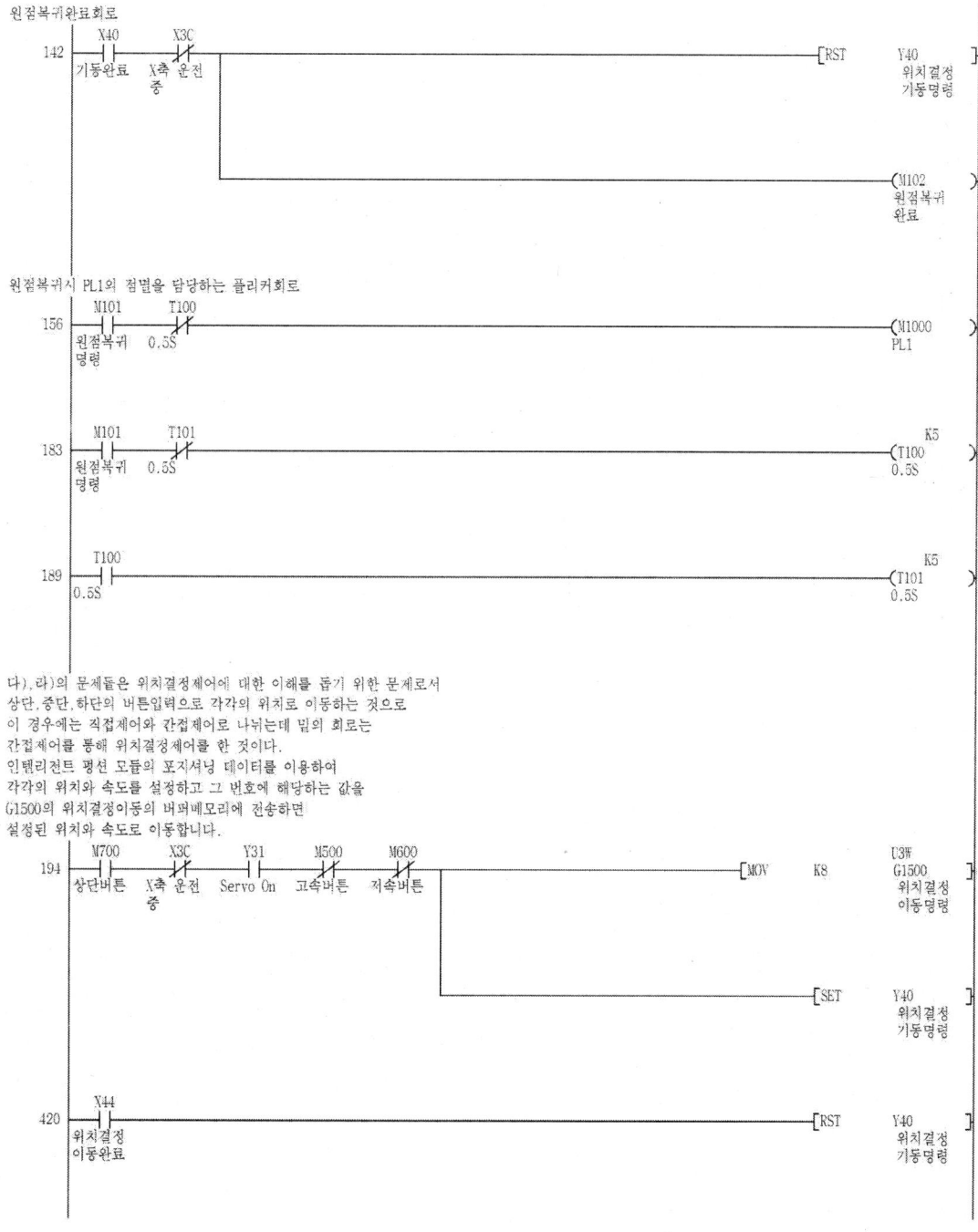

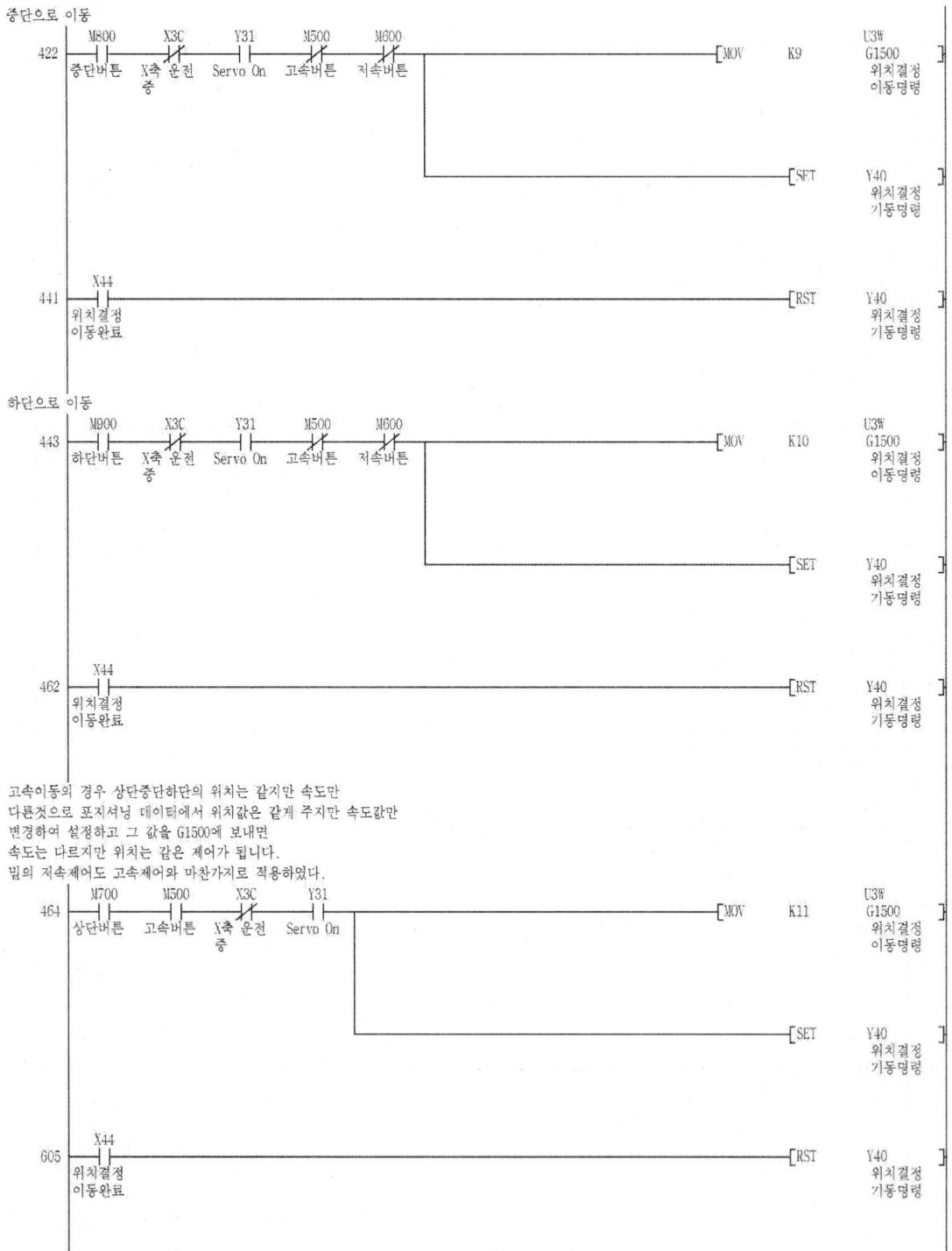

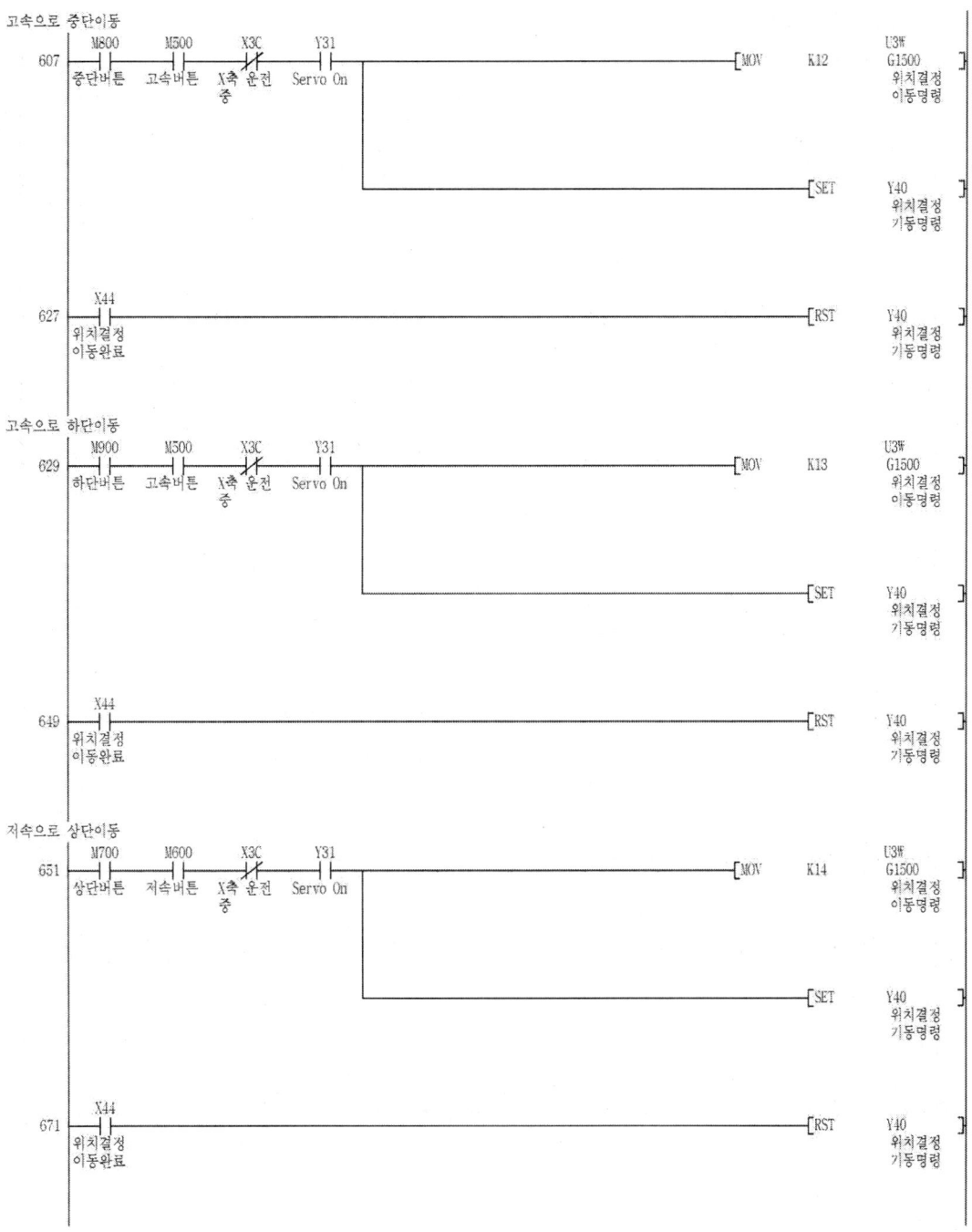

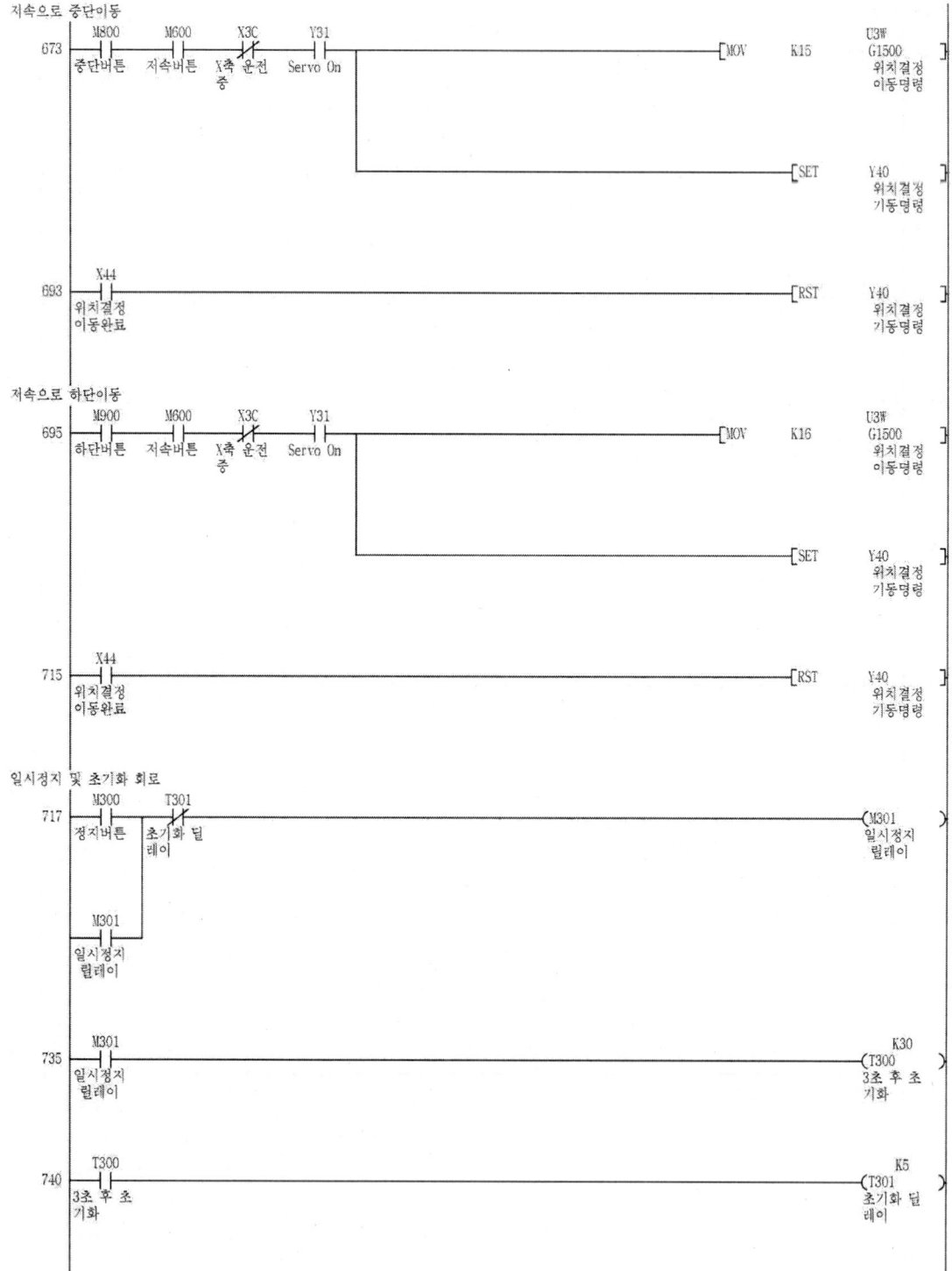

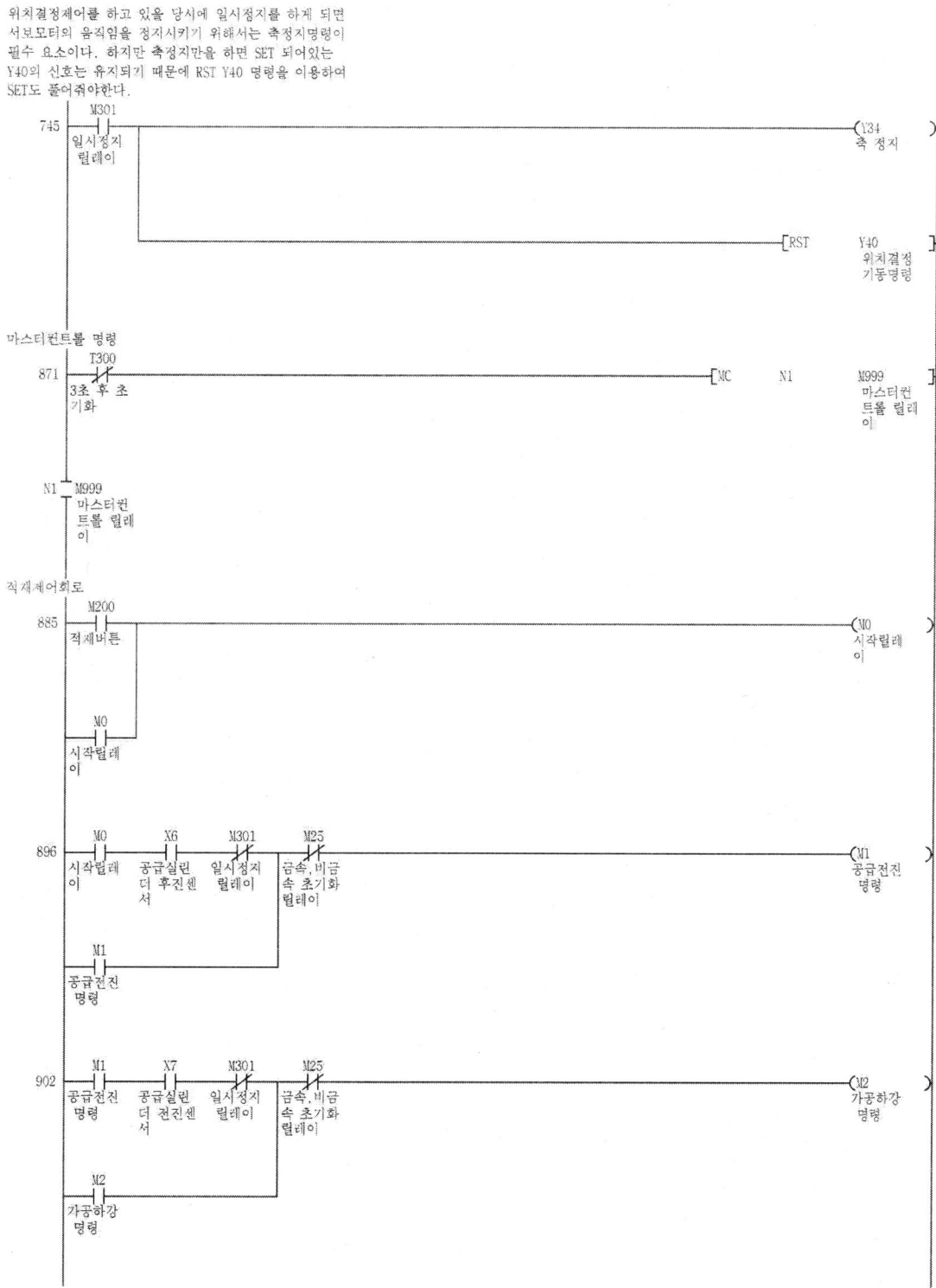

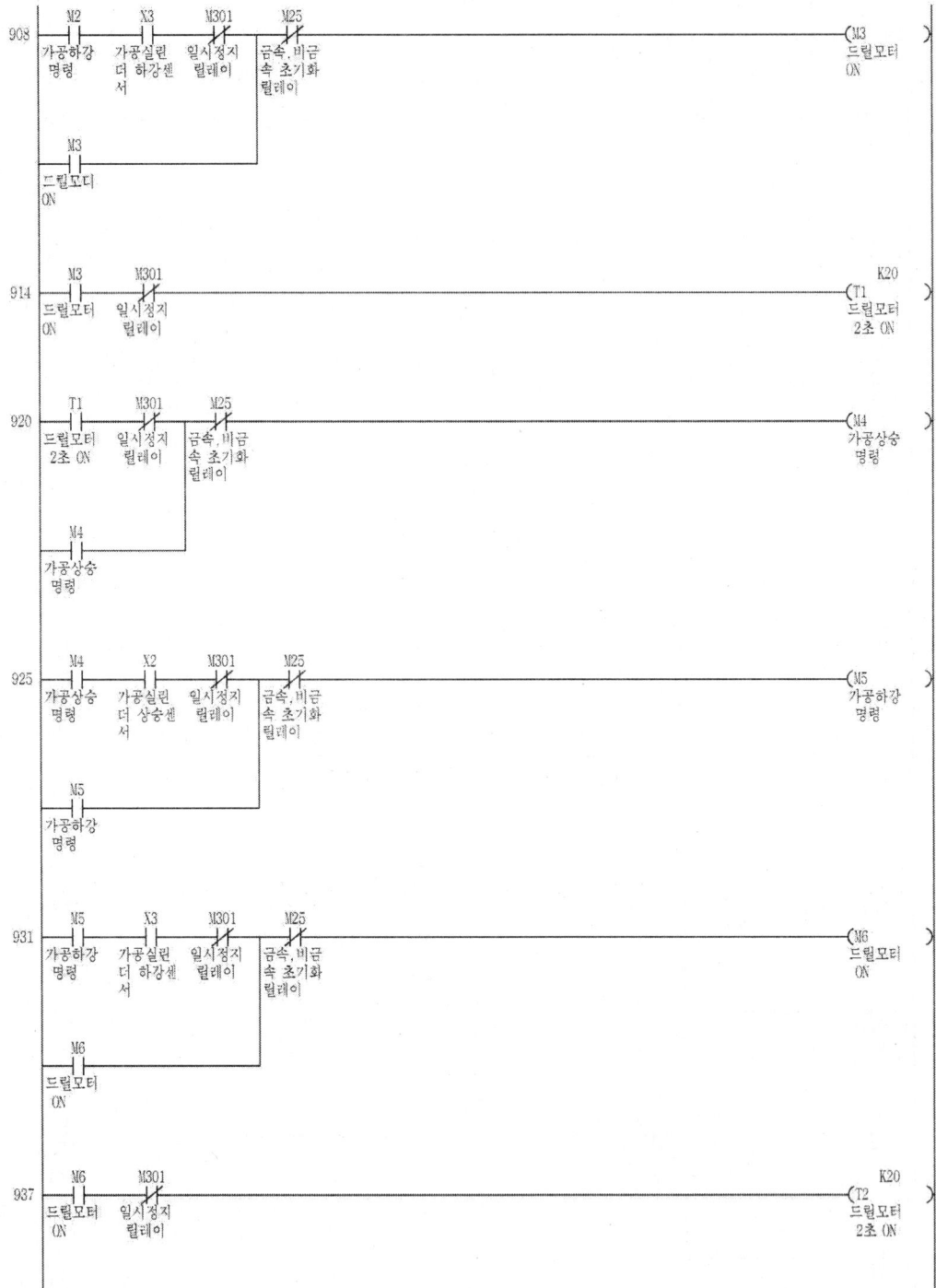

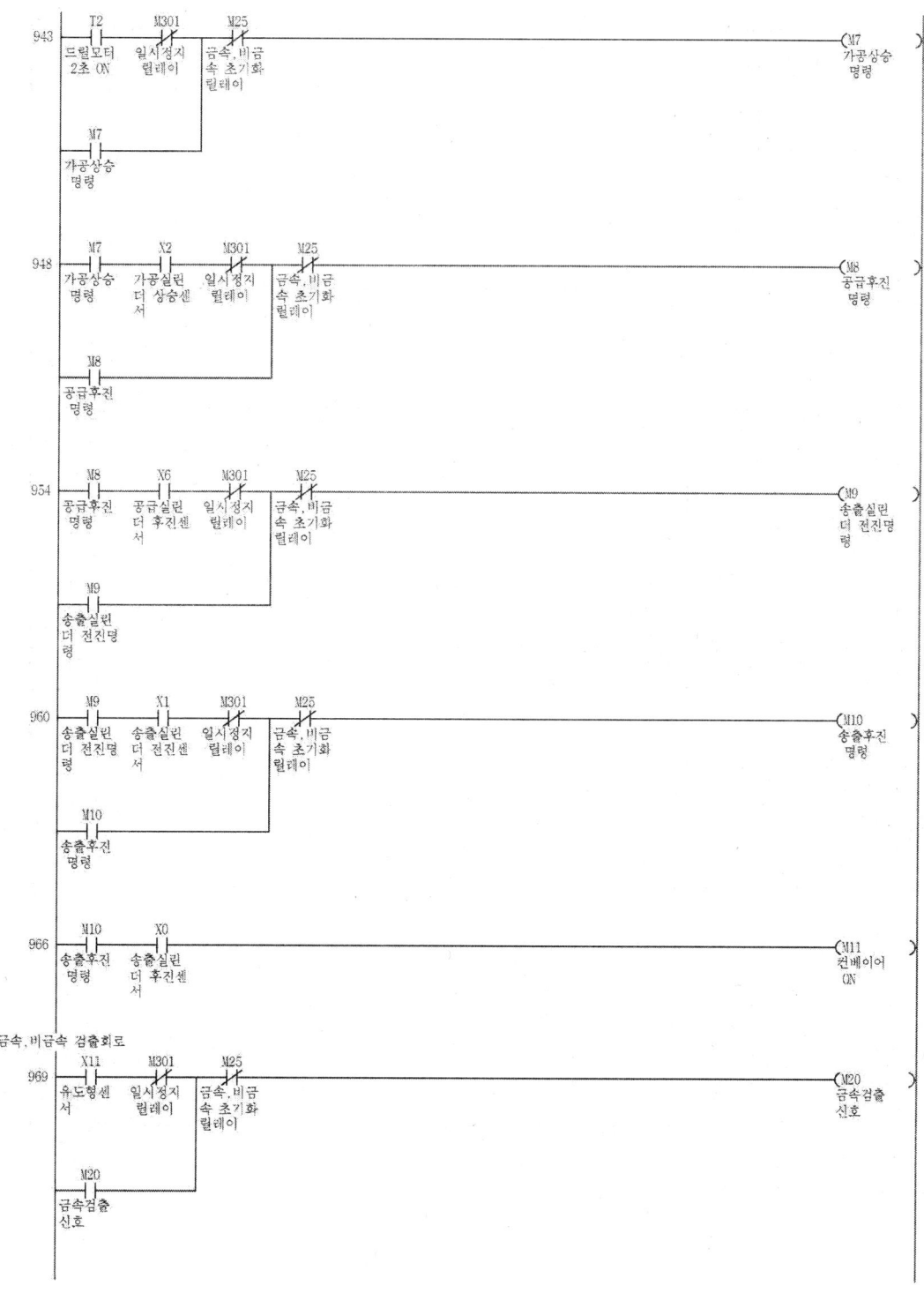

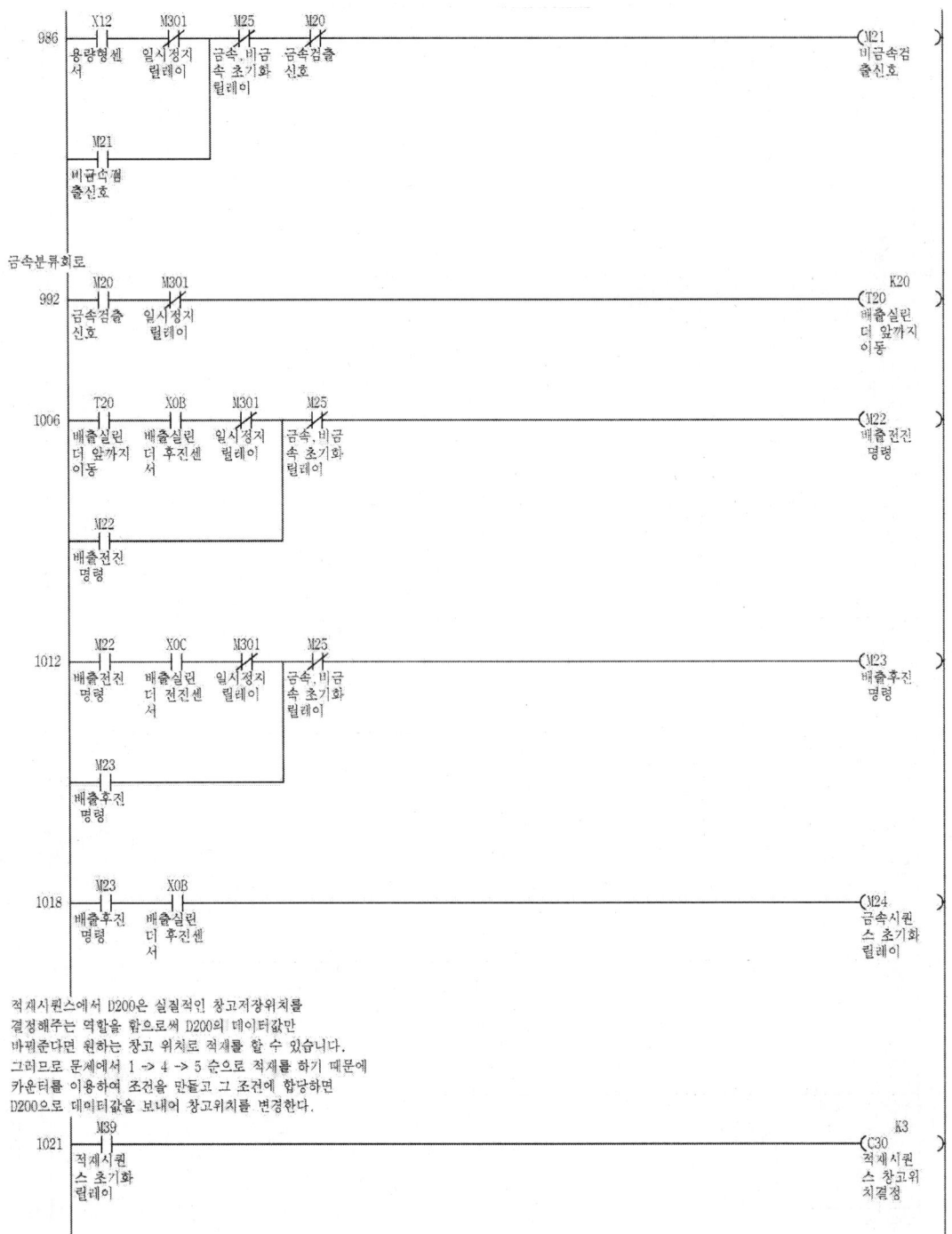

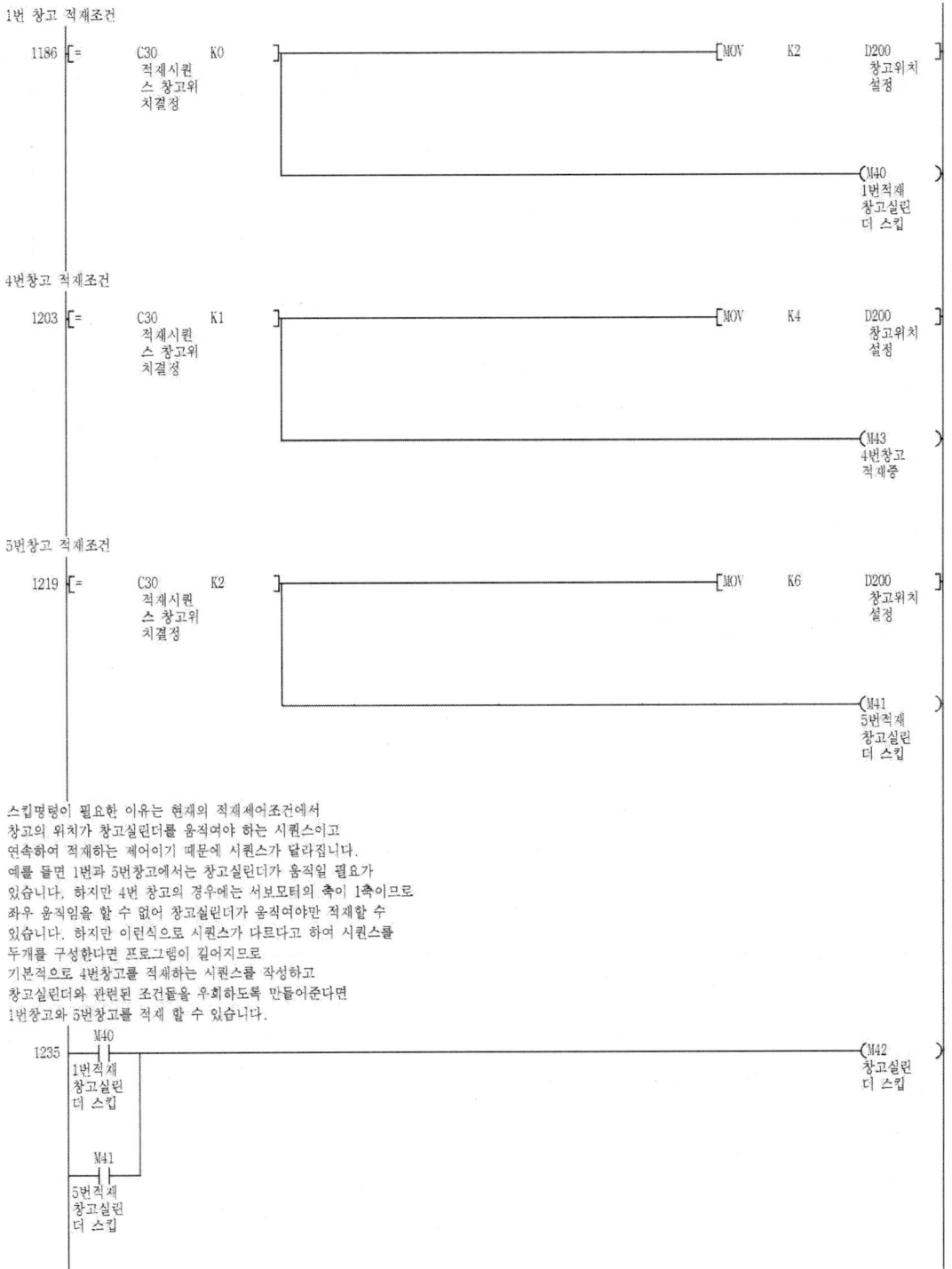

1번,4번,5번 창고를 모두 적재하였다면 카운터 신호를 이용하여
비금속을 끝단으로 옮겨야 하므로 카운터가 출려되고
비금속이 감지 되었다면 끝단으로 배출되는 시퀸스를 진행한다.

```
              C30    M21                                              K100
1545         ─┤├────┤├─────────────────────────────────────────────(T40)─
             적재시퀸  비금속검                                         비금속 끝
             스 창고위 출신호                                           단이동
             치결정
```

시퀸스를 진행 중 시스템이 초기화 되었다면 적재버튼을
눌러 다시 시작할겁니다. 그때 카운터와 데이터의 초기화를 해주어야
정상적으로 시퀸스가 진행됩니다.

```
              M200
1642         ─┤├─────────────────────────────────────────[RST  C30 ]
             적재버튼                                            적재시퀸
                                                                스 창고위
                                                                치결정

                                                        [MOV  K0  D200]
                                                                  창고위치
                                                                  설정
```

비금속분류회로
1번,4번,5번 창고를 모두 적재했다면 서보모터제어가
필요없으므로 C30카운터 신호를 이용하여 위치결정제어를
하지 못하도록 해야 한다.

```
              M21    X10    M301   M25    C30
1729         ─┤├────┤/├────┤/├────┤/├────┤├──────────────────────(M30)─
             비금속검 스토퍼 상  일시정지 금속,비금 적재시퀸              스토퍼 하
             출신호  승센서   릴레이   속 초기화 스 창고위              강명령
                                     릴레이   치결정
              M30
             ─┤├─┘
             스토퍼 하
             강명령
```

스토퍼가 하강하고 컨베이어가 스토퍼앞까지 워크를
이송하면 스토퍼실린더 앞의 스토퍼워크감지센서를 통해
감지되면 컨베이어는 정지되고 서보모터를 이용하여
적재시퀸스를 시작한다.

```
              M30    X0F    X0A    M301   M25
1815         ─┤├────┤/├────┤├─────┤/├────┤/├─────────────────────(M31)─
             스토퍼 하 스토퍼 하 스토퍼워 일시정지 금속,비금              컨베이어
             강명령   강센서   크 감지센 릴레이   속 초기화              OFF,적재
                              서              릴레이                시작
              M31
             ─┤├─┘
             컨베이어
             OFF,적재
             시작
```

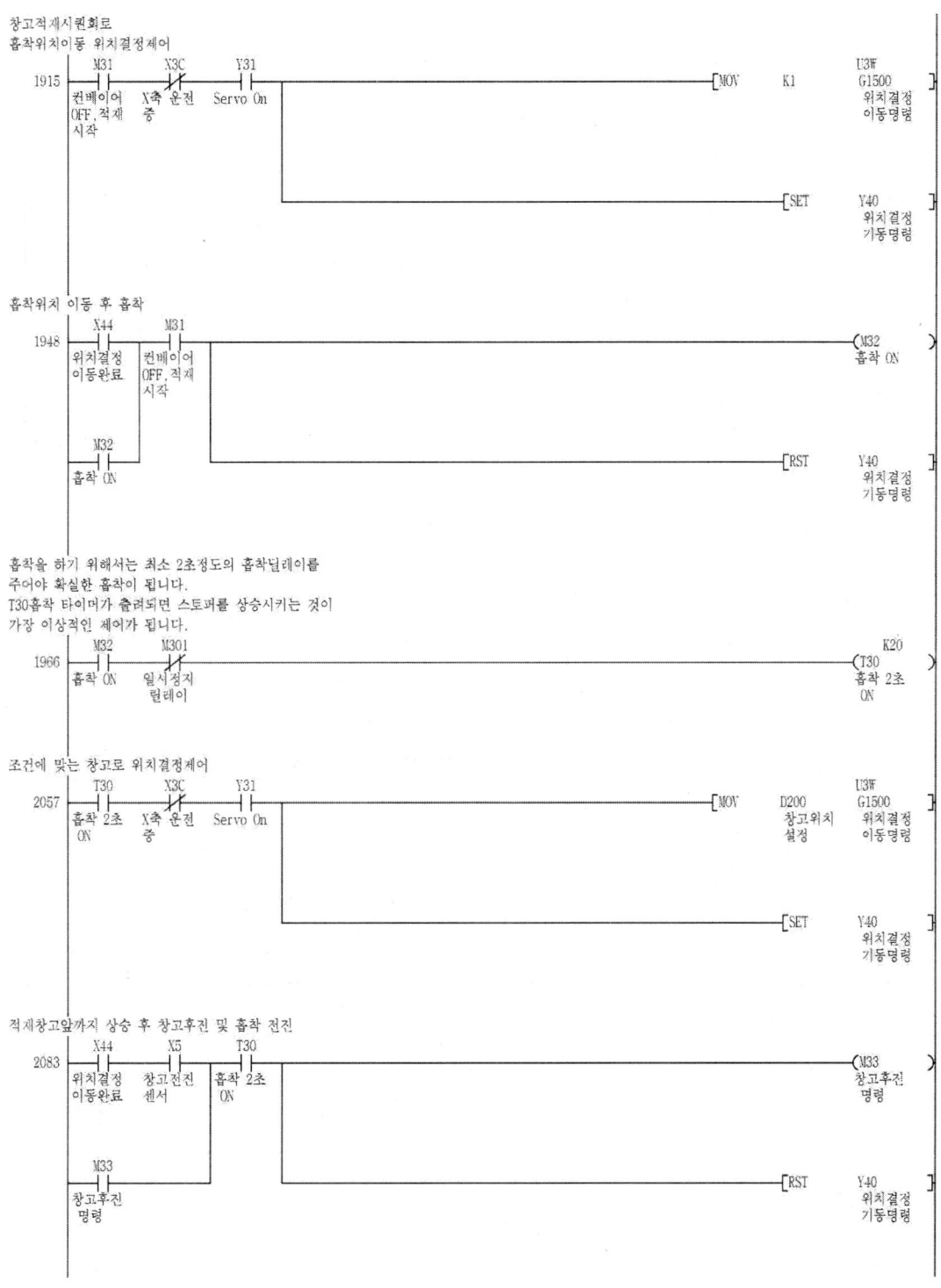

여기서부터는 직접적으로 창고에 적재하는 단계입니다.
이때 각각의 움직을 할때마다 1초의 딜레이를 주시는것이 좋습니다.
문제에 딜레이가 없더라도 딜레이를 주어야 하는 이유는
여러분이 생각하는 실린더의 전진 혹은 후진 후의 센서반응이
빠르기 때문에 실질적으로 전진을 완료하지 않았음에도
센서가 반응하여 다음 시퀀스 동작을 하는데 이과정에서
흡착되어 있는 워크가 실린더의 급격한 변화 때문에 창고에서
떨어지기 때문에 딜레이를 주어 한동작한동작
확실한 움직을 표현해주시는게 좋습니다.

라인	접점	출력
2113	M33(창고후진명령) — [X4(창고후진센서) ∥ M42(창고실린더 스킵)] — M301(일시정지 릴레이)	(T31) K10 1S 딜레이
2375	T31(1S 딜레이) — M301(일시정지 릴레이) — M25(금속,비금속 초기화 릴레이) ∥ M34(흡착전진명령)	(M34) 흡착전진명령
2380	M34(흡착전진명령) — X0E(흡착전진센서) — M301(일시정지 릴레이)	(T32) K10 1S 딜레이
2387	T32(1S 딜레이) — X0E(흡착전진센서) — M301(일시정지 릴레이) — M25(금속,비금속 초기화 릴레이) ∥ M35(흡착OFF)	(M35) 흡착OFF
2393	M35(흡착OFF) — M301(일시정지 릴레이)	(T33) K10 1S 딜레이
2399	T33(1S 딜레이) — M301(일시정지 릴레이) — M25(금속,비금속 초기화 릴레이) ∥ M36(흡착후진명령)	(M36) 흡착후진명령

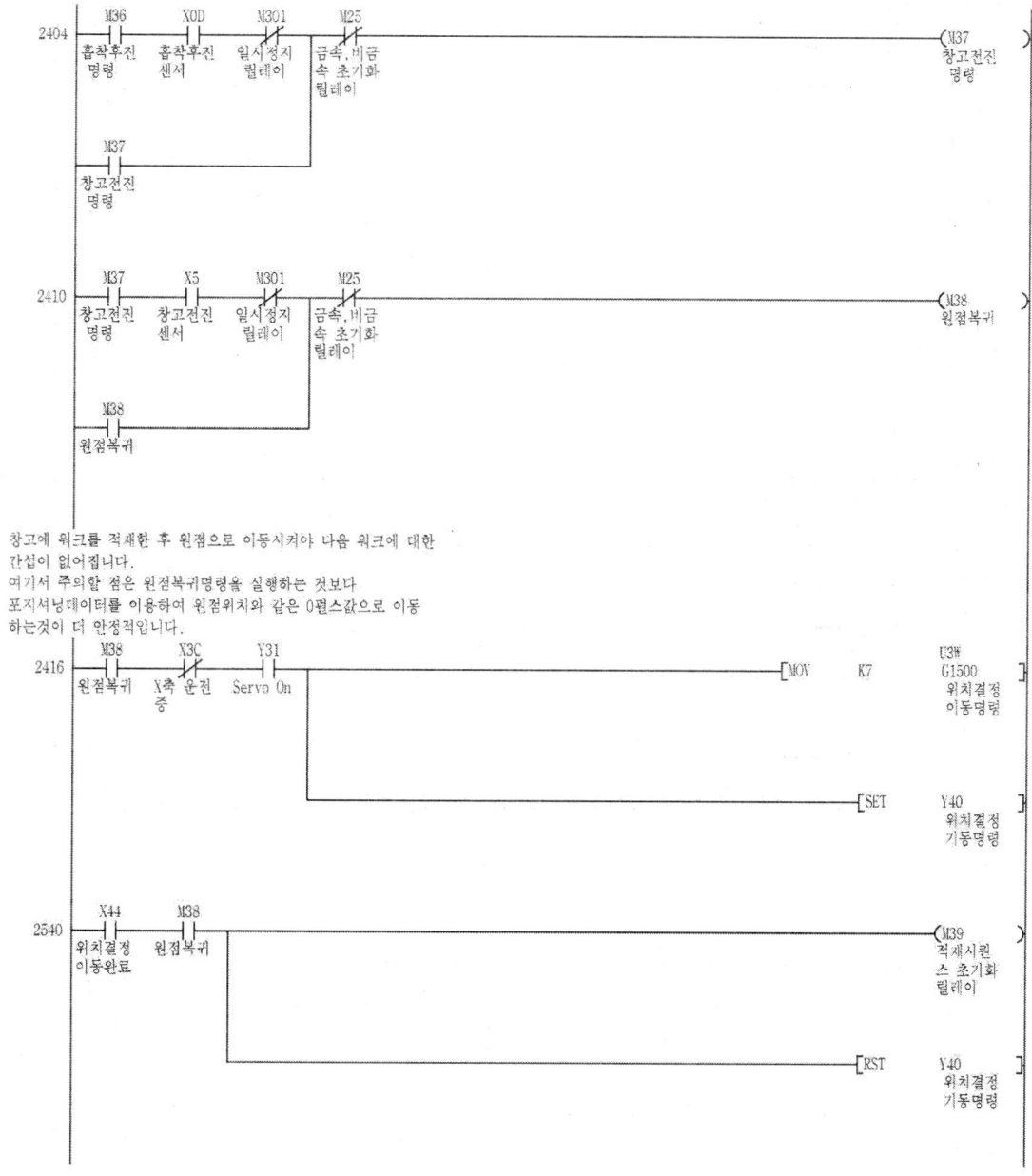

창고에 워크를 적재한 후 원점으로 이동시켜야 다음 워크에 대한
간섭이 없어집니다.
여기서 주의할 점은 원점복귀명령을 실행하는 것보다
포지셔닝데이터를 이용하여 원점위치와 같은 0펄스값으로 이동
하는것이 더 안정적입니다.

금속과 비금속 적재와 분류공정에 대한 모든 초기화조건을
모아 하나의 릴레이로 만들어주면 위의 코딩에서 B접점의
비중이 줄어들어 코딩이 깔끔해 보입니다.

```
         M24                                                (M25)
2544    ─┤├───┬─────────────────────────────────────────    금속,비금
        금속시퀀 │                                            속 초기화
        스 초기화│                                            릴레이
        릴레이  │
              │
         M39  │
        ─┤├───┤
        적재시퀀 │
        스 초기화│
        릴레이  │
              │
         T40  │
        ─┤├───┘
        비금속 끝
        단이동
```

적재디스플레이의 조건 중에 문구 자체가 점멸효과가
필요하기때문에 플리커회로를 이용하여 일정간격 점멸신호를
생성해주고 그 신호를 디스플레이의 표현에 사용한다.

```
         M31    T50    M301                                 (M44)
2628    ─┤├────┤/├────┤/├────────────────────────────────   일정간격
        컨베이어  0.5S  일시정지                                점멸신호
        OFF,적재       릴레이
        시작

         M31    T51    M301                                  K5
2716    ─┤├────┤/├────┤/├────────────────────────────────  (T50
        컨베이어  0.5S  일시정지                                0.5S
        OFF,적재       릴레이
        시작

         T50                                                 K5
2723    ─┤├──────────────────────────────────────────────  (T51
        0.5S                                                 0.5S
```

반출시퀀스 카운터리셋회로
```
         C70                                        ─[RST  C70  ]
2728    ─┤├─────────────────────────────────────────       반출시퀀
        반출시퀀                                              스 창고위
        스 창고위                                              치설정
        치설정
```

반출시퀀스에 대한 위치결정제어 조건
```
         T73                                                 K3
2748    ─┤├──────────────────────────────────────────────  (C70
        끝단으로                                               반출시퀀
        배출                                                  스 창고위
                                                            치설정
```

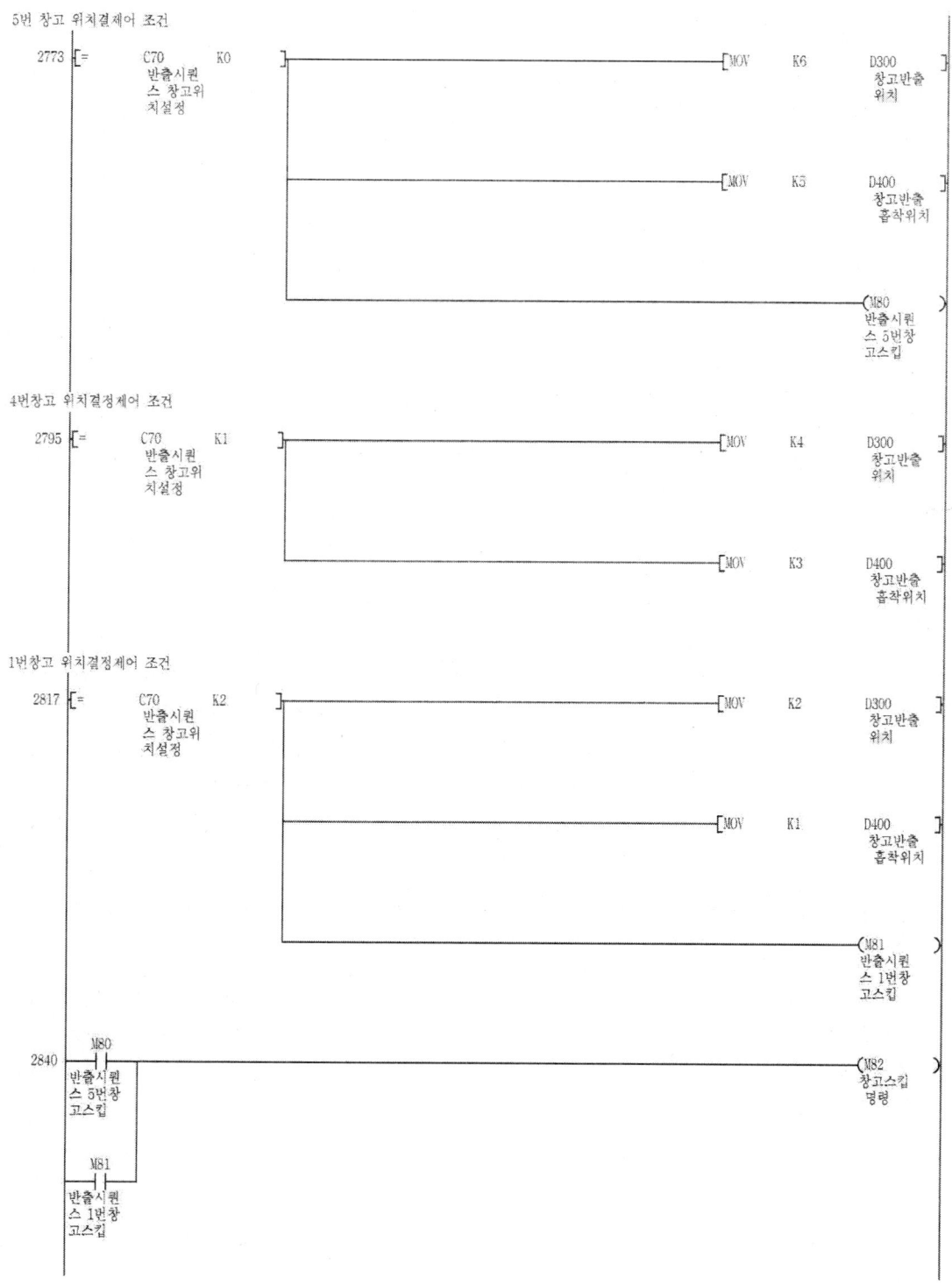

이 문제와 같이 적재시퀀스와 반출시퀀스가 공존할 경우
시퀀스를 나눠서 구성하는 것이 좋습니다.
먼저 코딩해놓은 적재시퀀스에 추가로 시퀀스를 구성하면
코딩이 복잡해질 뿐더러 나중에 수정하는 과정에서 오류가
발생할 수 있으므로 나눠서 코딩하는 것이 좋습니다.

```
                M400      M0       C70
2843  ─────────┤ ├──────┤ ├──────┤/├─────────────────────────(M70)─
              반출버튼  시작릴레  반출시퀀                    반출시퀀
                        이        스 창고위                  스시작릴레
                                  치실징                    이
                M70
           ┌──┤ ├──┐
           반출시퀀
           스시작릴레
           이
```

1초의 딜레이 주어야만 연속적인 시퀀스가 가능합니다.
1초의 딜레이가 없다면 위치결정제어와 흡착실린더의
시퀀스제어가 동시에 이루어져 충돌을 일으킵니다.

```
                M70      T73                                    K10
2983  ─────────┤ ├──────┤/├──────────────────────────────(T80)─
              반출시퀀  끝단으로                                 1초 딜레
              스시작릴레 배출                                    이
              이
```

반출을 하기 위해서는 두가지 위치결정제어를 해야한다.
워크를 꺼내오는 위치와 워크를 흡착하는 위치 두가지 위치를
설정해줘야 하기 때문에 적재와는 다르게 코딩의 위치결정제어
비중이 높은 편이다.

```
              T80      X3C      Y31                                        U3W
3070 ────────┤ ├──────┤/├──────┤ ├─────────────────[MOV    D300    G1500 ]─
            1초 딜레  X축 운전  Servo On                  창고반출  위치결정
            이        중                                  위치      이동명령

                                                  ─────[SET    Y40        ]─
                                                              위치결정
                                                              기동명령

              X44       T80
3180 ────────┤ ├──────┤ ├──────────────────────────────────(M71)─
            위치결정  1초 딜레                                    창고후진
            이동완료  이                                          명령

              M71
           ┌──┤ ├──┐
           창고후진
           명령
                                                  ─────[RST    Y40        ]─
                                                              위치결정
                                                              기동명령
```

반출에서도 적재시퀀스와 마찬가지로 스킵하였을때
창고실린더의 움직임을 차단했기 때문에 X4의 센서가
접점을 변환 시키지않아 시퀀스가 진행되지 않기 때문에
우회할 수 있는 스킵신호를 만들어 줘야한다.
여기서 또다른 중요한 점은 창고후진명령 후 1초의
딜레이가 있어야만 연속적인 동작이 가능하다.
그 이유는 컨베이어벤트를 이용하여 초기화를 한 후 다시 시작할때
신호의 흐름이 빨라 위치결정제어 신호와 흡착전진 신호가
겹쳐 두가지의 동작이 동시에 이루어지기 때문에
딜레이를 통해 겹치는 것을 막아주어야 한다.

```
3185 ── M71 ── X4 ── M301 ──────────────────────────────── (T74  K10)
       창고후진   창고후진  일시정지                                       1S 딜레이
       명령      센서      릴레이
              ├─ M82 ─┤
                 창고스킵
                 명령

3458 ── T74 ── M301 ── T73 ─────────────────────────────── (M72)
       1S 딜레이 일시정지  끝단으로                                        흡착전진
              릴레이    배출                                          명령
       ├─ M72 ─┤
          흡착전진
          명령

3463 ── M72 ── X0E ── M301 ── T73 ───────────────────────── (M73)
       흡착전진  흡착전진  일시정지 끝단으로                                  반출 흡착
       명령    센서     릴레이   배출                                    위치이동
       ├─ M73 ─┤
          반출 흡착
          위치이동

3469 ── M73 ── X3C ── Y31 ──────────────── [MOV  D400   U3W G1500]
       반출 흡착  X축 운전 Servo On                  창고반출  위치결정
       위치이동   중                                흡착위치  이동명령
                                ─────────── [SET  Y40]
                                                  위치결정
                                                  기동명령
```

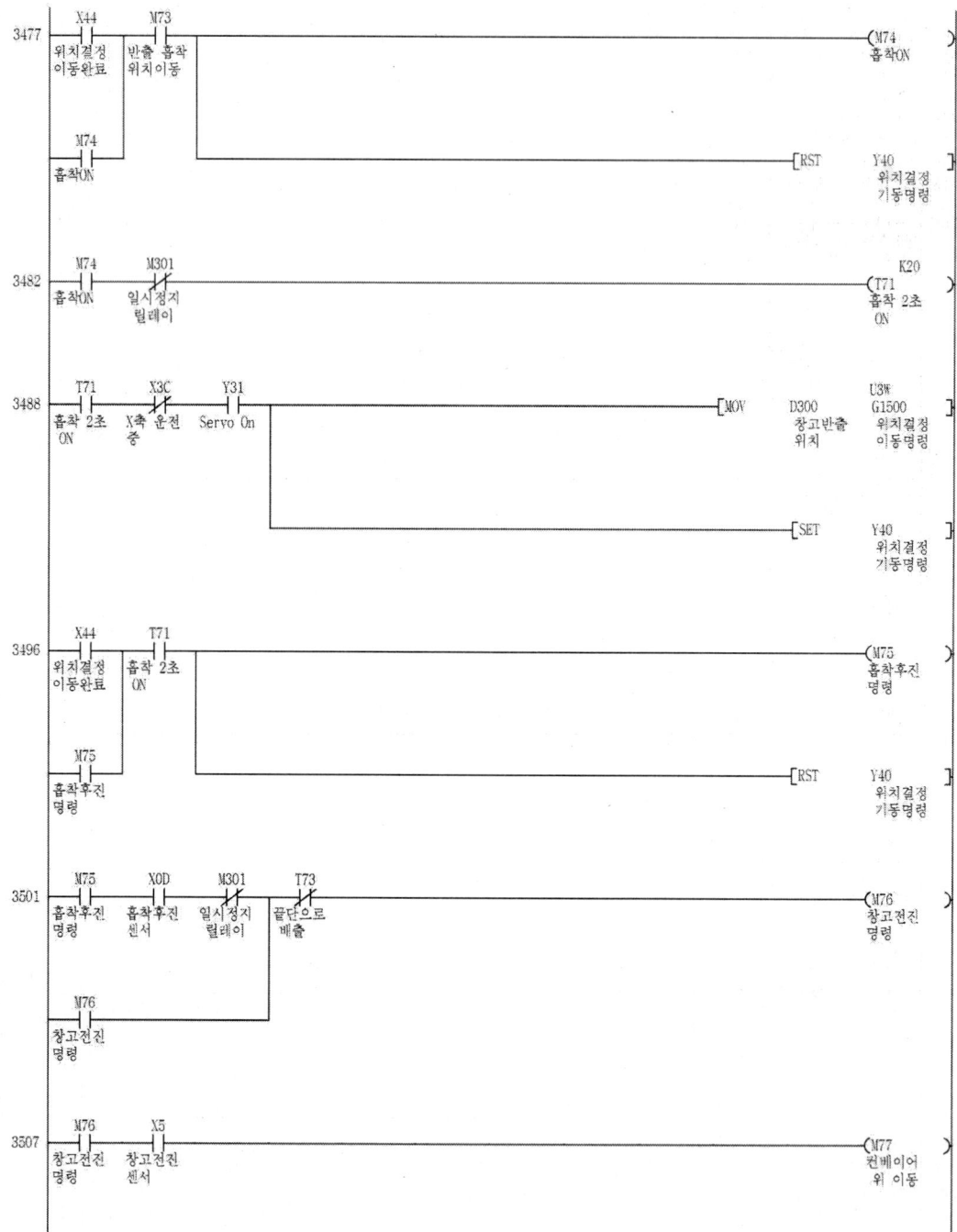

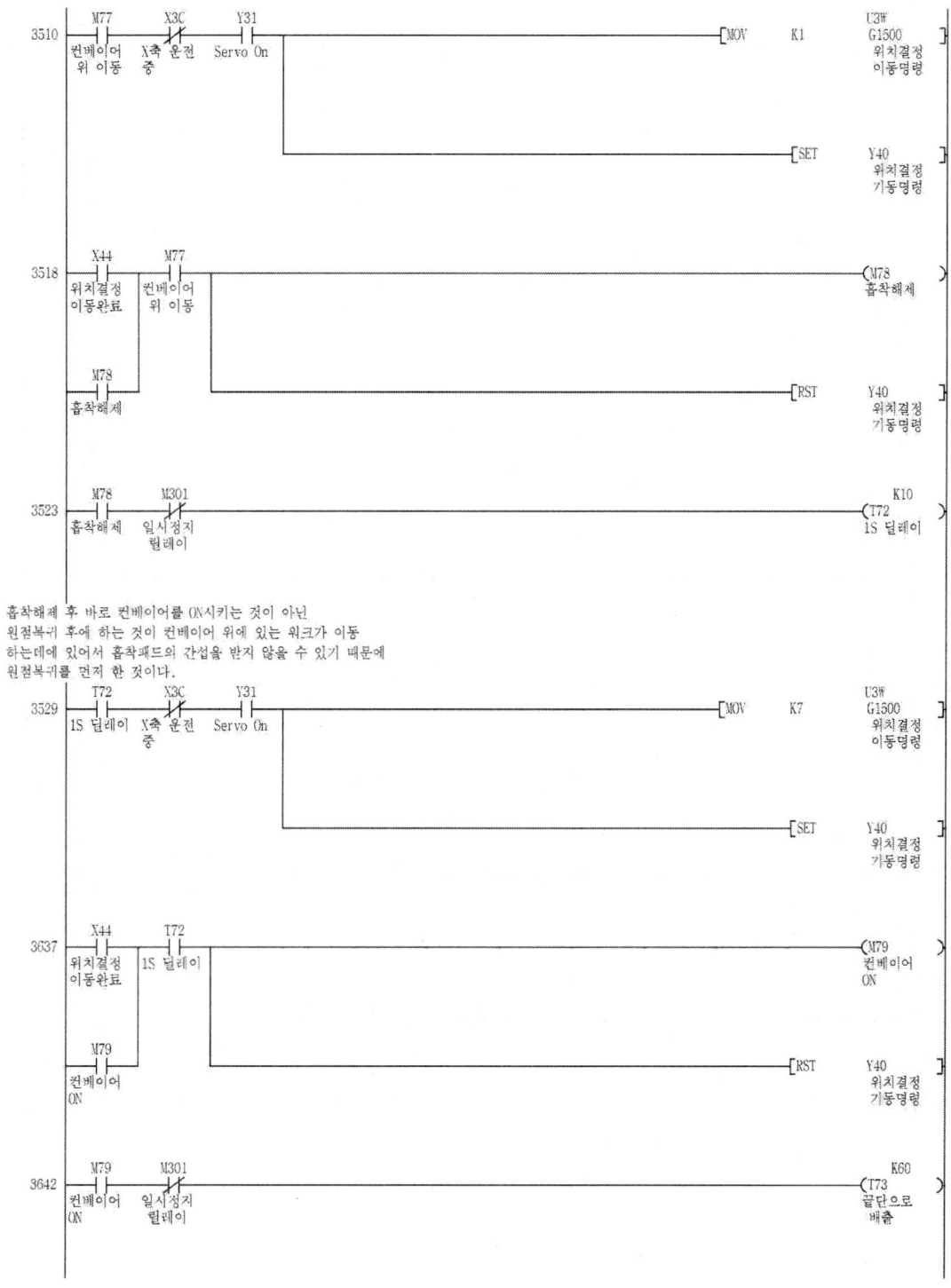

흡착해제 후 바로 컨베이어를 ON시키는 것이 아닌
원점복귀 후에 하는 것이 컨베이어 위에 있는 워크가 이동
하는데에 있어서 흡착패드의 간섭을 받지 않을 수 있기 때문에
원점복귀를 먼저 한 것이다.

적재디스플레이를 램프와 같이 점멸효과를 하려면 데이터값을
교차해야 합니다. 그러므로 각각의 공정에 맞는 신호와 점멸신호로
문자를 표현하고 점멸에서 멸신호를 이용하여 아무것도
표현되지 않는 데이터값을 넣어야 하므로 T50을 이용하여
K0 값을 D100에 전송되면 터치패드의 설정에 따라
검은 화면이 표현됩니다.

```
            T50
3648       ─┤ ├─────────────────────────────[MOV  K0    D100
            0.5S                                        적재디스
                                                        플레이
```

"감지대기" 표시
```
             M25    C30
3811        ─┤ ├───┤/├──────────────────────[MOV  K1    D100
            금속,비금 적재시퀀                           적재디스
            속 초기화 스 창고위                         플레이
            텀레이   치결정
```

"1번창고적재중" 표시
```
             M40    M44
3825        ─┤ ├───┤ ├──────────────────────[MOV  K2    D100
            1번적재 일정간격                           적재디스
            창고실린 점멸신호                          플레이
            더 스킵
```

"4번창고적재중" 표시
```
             M43    M44
3841        ─┤ ├───┤ ├──────────────────────[MOV  K3    D100
            4번창고 일정간격                           적재디스
            적재중  점멸신호                           플레이
```

"5번창고적재중" 표시
```
             M41    M44
3857        ─┤ ├───┤ ├──────────────────────[MOV  K3    D100
            5번적재 일정간격                           적재디스
            창고실린 점멸신호                          플레이
            더 스킵
```

"적재완료" 표시
```
             C30
3873        ─┤ ├────────────────────────────[MOV  K5    D100
            적재시퀀                                   적재디스
            스 창고위                                  플레이
            치결정
```

마스터컨트롤 명령
```
3886       ─────────────────────────────────[MCR  N1
```

적재제어 출력회로
```
             M1     M8
3898        ─┤ ├───┤/├──────────────────────────────(Y25
            공급전진 공급후진                          공급실린
            명령    명령                              더 전진S
                                                      OL
```

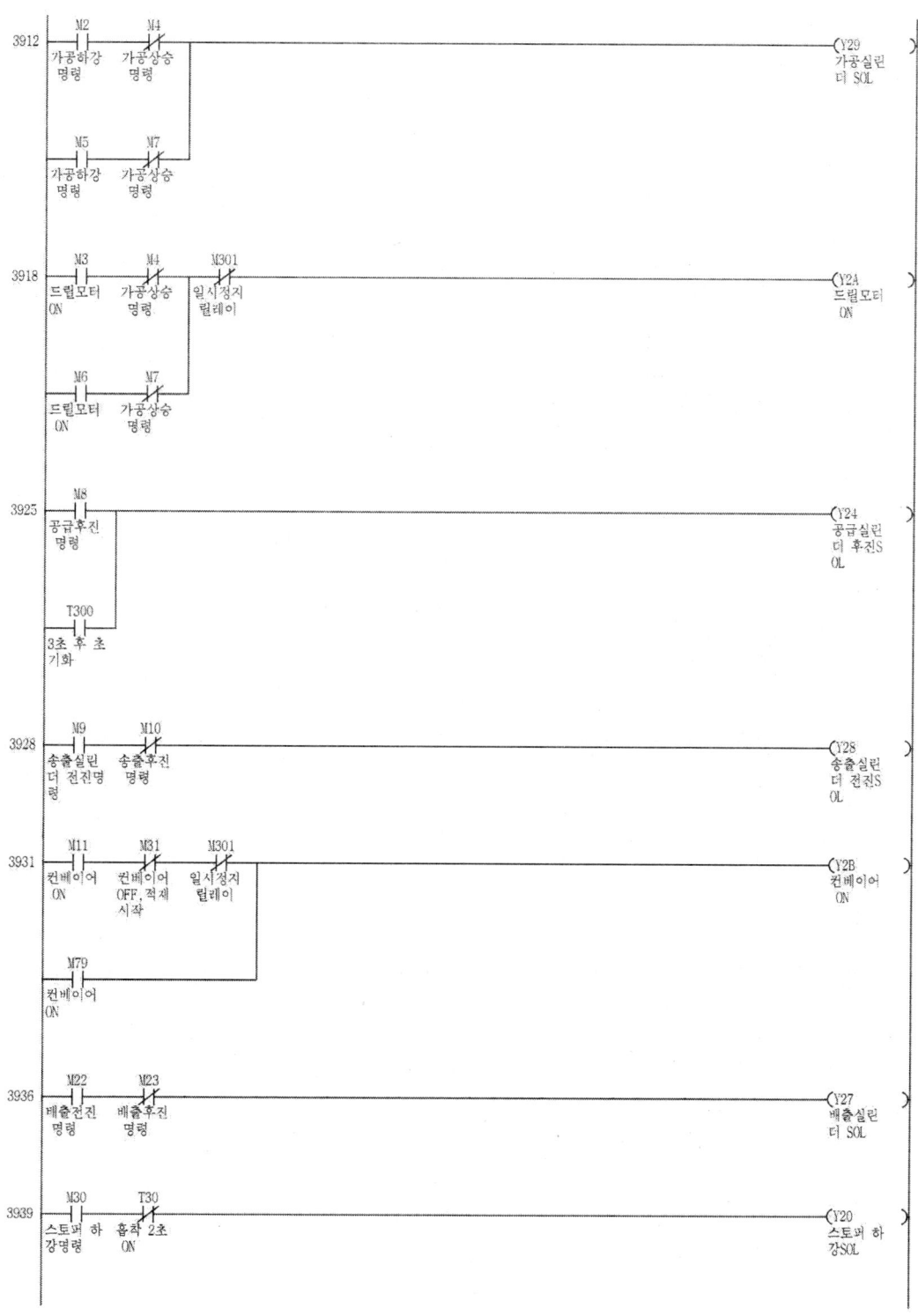

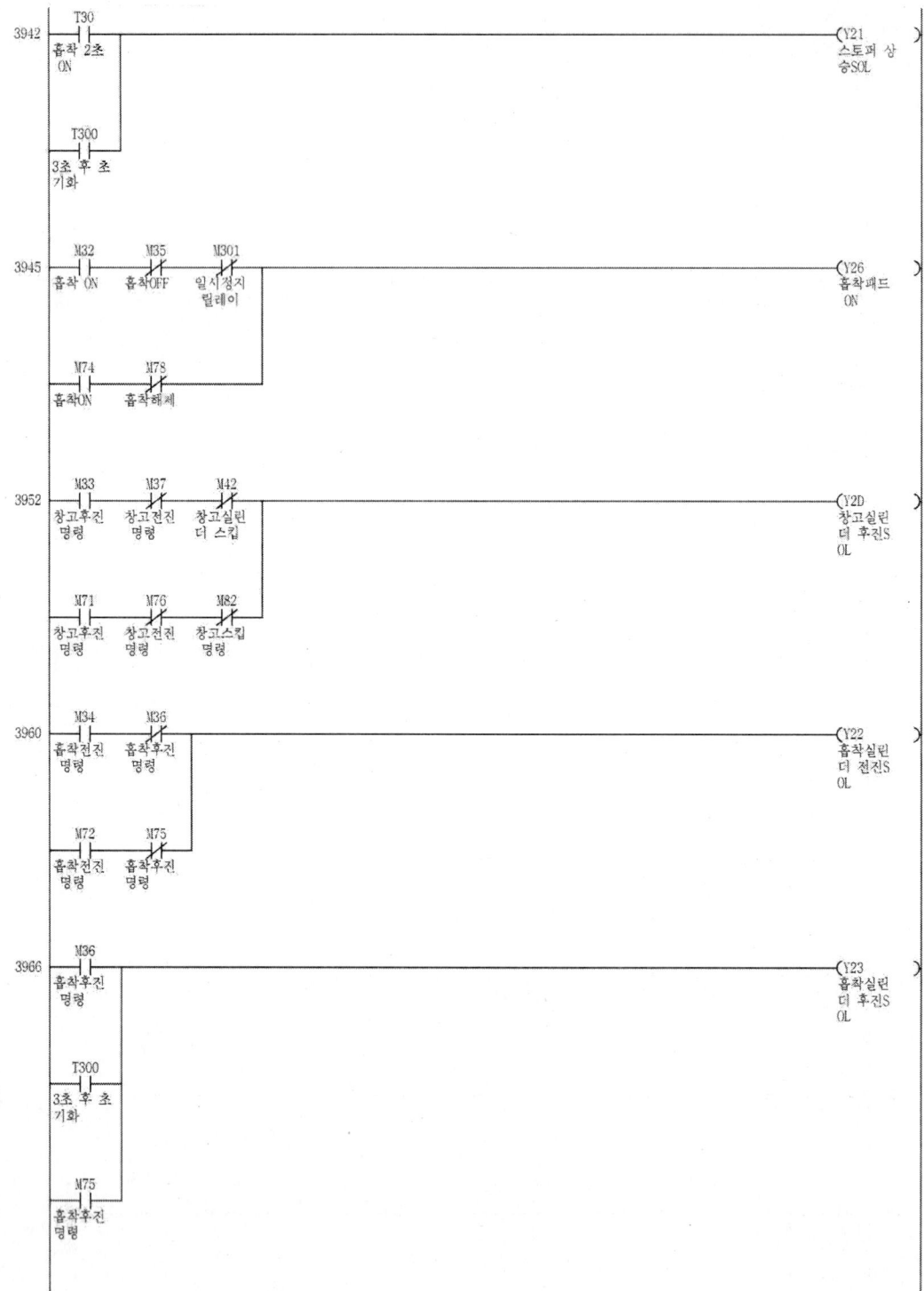

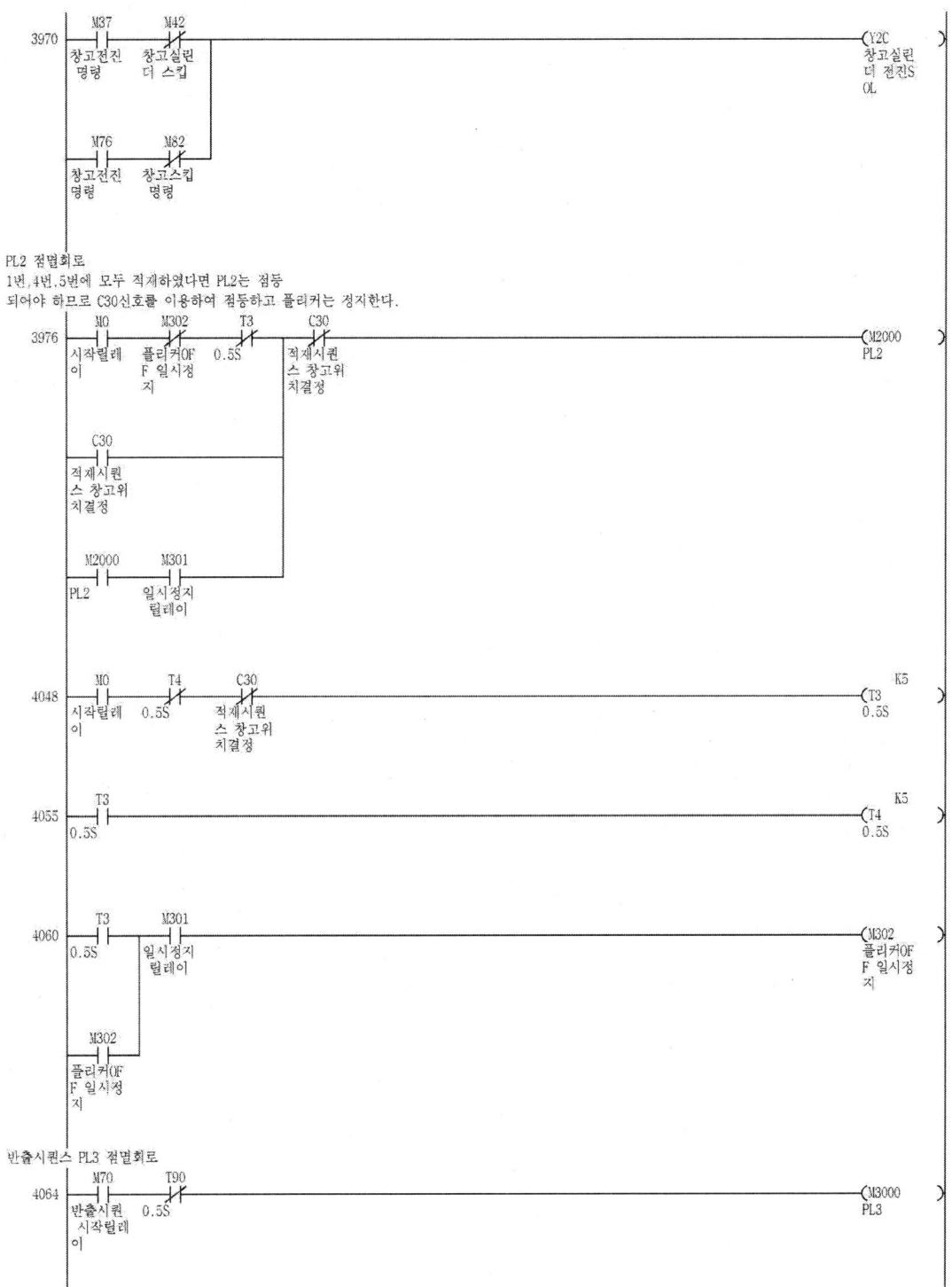

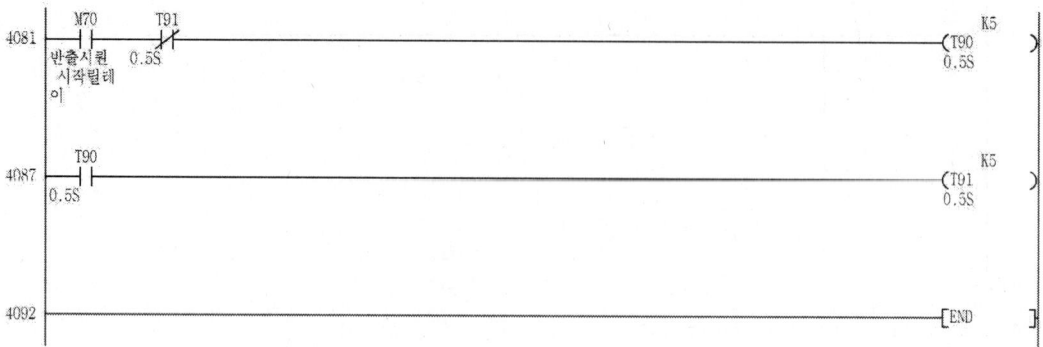

2018 생산자동화 산업기사기출문제

1회 생산자동화 산업기사 실기
2회 생산자동화 산업기사 실기
3회 생산자동화 산업기사 실기

2019 생산자동화 산업기사기출문제

1회 생산자동화 산업기사 실기
2회 생산자동화 산업기사 실기
3회 생산자동화 산업기사 실기

생산자동화 산업기사 실기 2018년 1회

기본동작

1. 공급실린더 전진버튼을 터치하면 공급실린더가 전진한다.
   공급실린더 후진버튼을 터치하면 공급실린더가 후진한다.
   가공실린더 하강버튼을 터치하면 가공실린더가 하강한다.
   가공실린더 상승버튼을 터치하면 가공실린더가 상승한다.
   스토퍼실린더 하강 버튼을 터치하면 스토퍼실린더가 하강한다.
   스토퍼실린더 상승 버튼을 터치하면 스토퍼실린더가 상승한다.
   컨베이어 작동 버튼을 터치하면 컨베이어가 구동한다.
   컨베이어 정지 버튼을 터치하면 컨베이어가 정지한다.

2. 조그운전의 상승 버튼을 터치하면 리프트가 상승한다.
   조그운전의 하강 버튼을 터치하면 리프트가 하강한다.
   원점복귀 버튼을 터치하면 리프트가 기계원점 복귀 동작을 한다.

3. 현재위치 모니터는 원점복귀 동작 완료시 0 pulse가 표기되어야 하며,
   이후 조그운전 상승, 하강 버튼을 터치하면 현재 위치 값을 pulse 단위로 표기한다.

4. 조그운전 상승, 하강 및 원점복귀 동작 중에는 리프트 동작 중 램프가 1초 주기로 점멸한다.

응용동작

1. 단속동작

    가) 공작물이 적재된 상태에서 단속동작 시작 버튼을 터치할 때마다 1사이클씩 작동합니다.

    나) 금속 공작물은 6번 창고에 적재합니다.

    다) 단속운전 중에는 "단속운전중" 램프가 1초 주기로 점멸한다.

2. 연속동작

    가) 공작물이 적재된 상태에서 연속동작 시작 버튼을 터치하면 연속 동작이 이루어집니다.

    나) 금속 공작물은 6번, 3번 창고에 차례로 적재합니다.

    다) 연속동작 종료조건
    - 정지 버튼을 터치한 경우(시퀀스 종료 후 초기화)
    - 금속 공작물이 창고에 모두 적재된 경우(초기화)

3. 부가조건 1

    가) 연속동작 중에는 "연속운전중" 램프가 1초 주기로 점멸한다.

    나) 비상정지 중에는 "비상정지" 램프가 2초 주기로 점멸한다.

4. 부가조건 2

    가) 금속수량에는 금속공작물로 판별된 수량을 표시한다.

    나) 연속동작 중 [정지] 버튼을 터치하거나 금속공작물이 두 개 판별되어 진행 중인 공정을 마치고 시스템이 정지되면 '0'을 표시한다.

5. 부가조건 3

  가) 금속공작물이 판별되면 금속 비금속 판별 메시지 표시기에 '금속'을 표시한다. 적재공정이 종료되면 메시지는 지워진다.

  나) 비금속공작물이 판별되면 금속 비금속 판별 메시지 표시기에 '비금속'을 표시한다. 적재공정이 종료되면 메시지는 지워진다.

6. 부가조건 4

  가) 연속운전 중 [비상정지] 버튼을 터치하면 흡착패드를 제외한 시스템의 모든 구성요소가 현재상태로 정지한다. (실린더는 전진 또는 후진 완료 후 정지, 가공모터,컨베이어 및 리프트는 즉시정지)

  나) 비상정지 중 [비상정지] 버튼을 다시 터치하면 시스템은 초기상태로 되며, 단속동작 및 연속동작 [시작] 버튼에 의해 재시작이 되어야 한다.

공정순서도

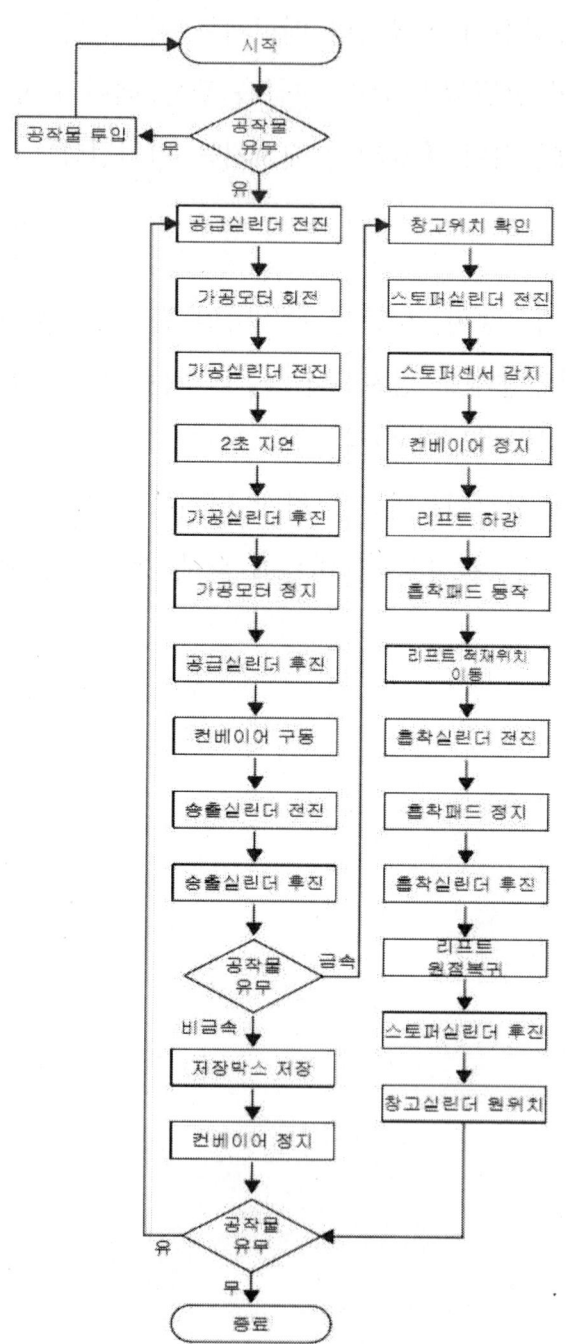

 터치패드화면

기본동작화면

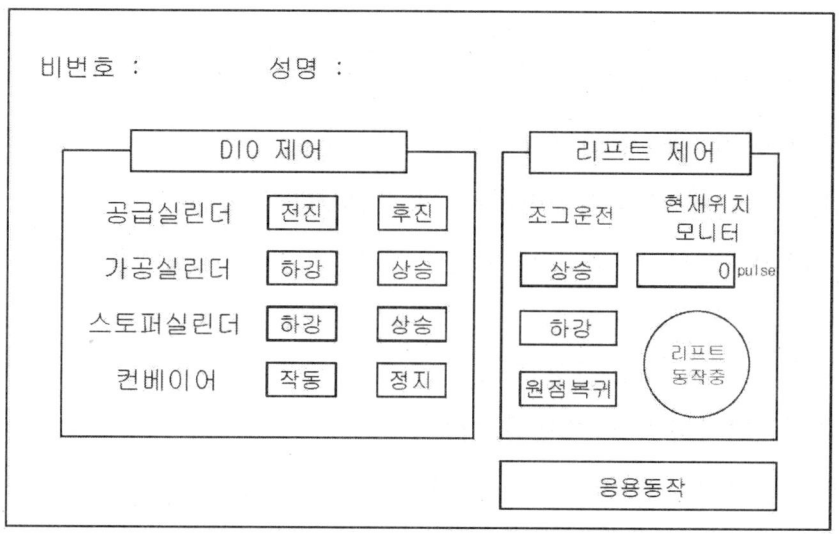

응용동작화면

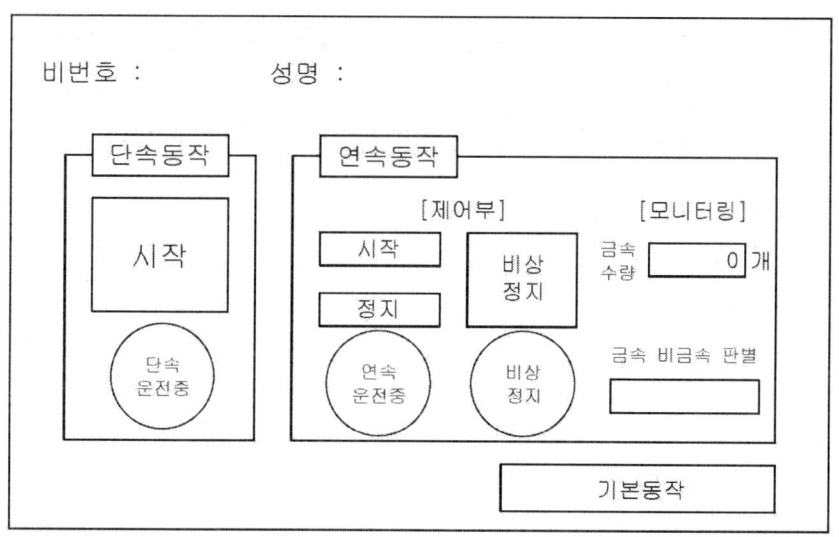

생산자동화 산업기사 실기 2018년 2회

 기본동작

1. 공급실린더 버튼을 터치하면 공급실린더가 전,후진한다.
   가공실린더 버튼을 터치하면 가공실린더가 전,후진한다.
   스토퍼실린더 버튼을 터치하면 스토퍼실린더가 전,후진한다.
   컨베이어 버튼을 터치하면 컨베이어벨트가 3초간 작동한다.

2. 조그운전선택을 통하여 조그속도를 설정한다.
   조그운전의 상승 버튼을 터치하면 리프트가 상승한다.
   조그운전의 하강 버튼을 터치하면 리프트가 하강한다.
   원점복귀 버튼을 터치하면 리프트가 기계원점 복귀 동작을 한다.

3. 현재위치 모니터는 원점복귀 동작 완료시 0 mm가 표기되어야 하며, 이후 조그운전 상승, 하강 버튼을 터치하면 현재 위치 값을 mm 단위로 표기한다.

4. 조그운전 상승, 하강 및 원점복귀 동작 중에는 리프트 동작 중 램프가 1초 주기로 점멸한다.

응용동작

1. 단속동작

    가) 공작물이 적재된 상태에서 단속동작 시작 버튼을 터치할 때마다 1사이클씩 작동합니다.

    나) 금속 공작물은 3번 창고에 적재합니다.

    다) 단속운전 중에는 "단속운전중" 램프가 1초 주기로 점멸한다.

2. 연속동작

    가) 공작물이 적재된 상태에서 연속동작 시작 버튼을 터치하면 연속 동작이 이루어집니다.

    나) 금속 공작물은 3번, 1번 창고에 차례로 적재합니다.

    다) 투입량 설정을 통해 설정된 투입량 만큼만 공급하여 공정을 마무리 한 후 종료한다.

    라) 연속동작 종료조건
    - 정지 버튼을 터치한 경우(시퀀스 종료 후 초기화)
    - 금속 공작물이 창고에 모두 적재된 경우(초기화)

3. 부가조건 1

    가) 연속동작 중에는 "연속운전중" 램프가 1초 주기로 점멸한다.

    나) 비상정지 중에는 (비상정지) 램프가 2초 주기로 점멸한다.

4. 부가조건 2

    가) 금속과 비금속의 비율을 %를 통하여 터치패드에 표현한다.

5. 부가조건 3

　가) 금속공작물이 판별되면 금속 비금속 판별 메시지 표시기에 '금속'을 표시한다. 적재공정이 종료되면 메시지는 지워진다.

　나) 비금속공작물이 판별되면 금속 비금속 판별 메시지 표시기에 '비금속'을 표시한다. 적재공정이 종료되면 메시지는 지워진다.

6. 부가조건 4

　가) 연속운전 중 [비상정지] 버튼을 터치하면 흡착패드를 제외한 시스템의 모든 구성요소가 현재상태로 정지한다. (실린더는 전진 또는 후진 완료 후 정지, 가공모터,컨베이어 및 리프트는 즉시정지)

　나) 비상정지 중 [비상정지] 버튼을 다시 터치하면 시스템은 초기상태로 되며, 단속동작 및 연속동작 [시작] 버튼에 의해 재시작이 되어야 한다.

 공정순서도

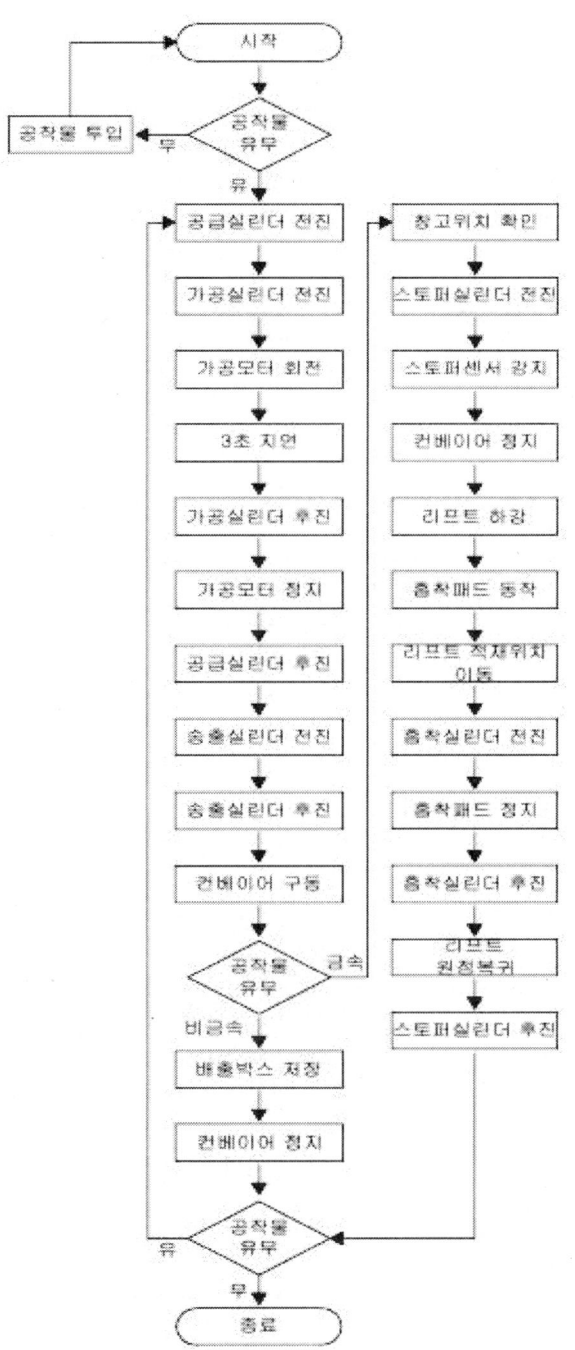

 **터치패드화면**

기본동작화면

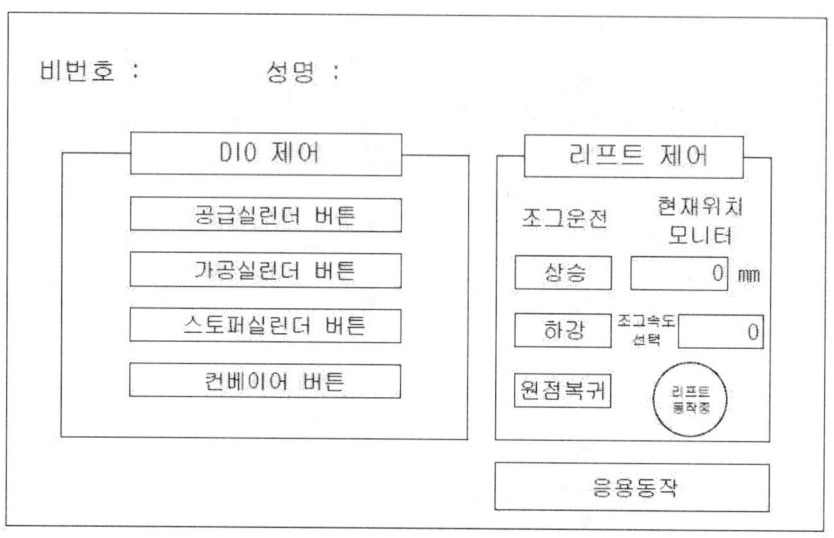

응용동작화면

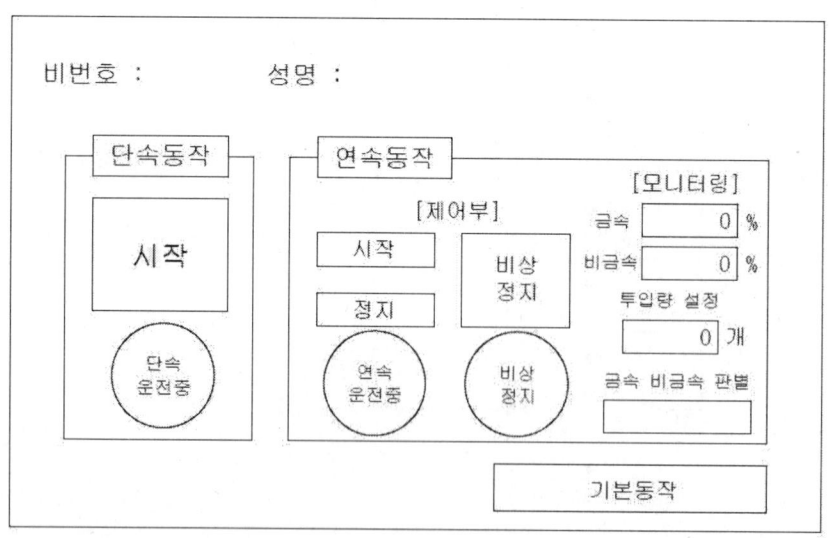

생산자동화 산업기사 실기 2018년 3회

 기본문제

1. 흡착실린더 전진버튼을 누르면 흡착실린더전진
   흡착패드 작동버튼을 누르면 흡착패드 작동
   창고실린더 전진버튼을 누르면 창고실린더전진
   컨베이어 작동버튼을 누르면 컨베이어 작동

   흡착실린더 후진버튼을 누르면 흡착실린더후진
   흡착패드 정지버튼을 누르면 흡착패드 정지
   창고실린더 후진버튼을 누르면 창고실린더후진
   컨베이어 정지버튼을 누르면 컨베이어 정지

2. 조그상승버튼을 누르면 조그상승
   조그하강버튼을 누르면 조그하강
   원점복귀버튼을 누르면 원점복귀

3. 원점복귀램프는 원점복귀중에는 0.5초로 점멸, 원점복귀완료시에는 점등한다.

4. 속도선택버튼(반전버튼)에 의해서 누르지 않으면 고속(500mm/min)으로 조그운전하며, 누르면 저속(250mm/min)으로 조그운전한다.

5. 초기화버튼을 누르면 서보모터를 제외한 모든 실린더후진
   모터, 흡착패드 정지

응용문제

1. 단속동작

   단속동작 버튼 터치 시 1회만 동작한다.

   금속은 6번 창고로 적재, 비금속은 끝단으로 배출한다.

   단속운전 중에는 "단속운전중"램프가 1초 간격으로 점멸한다.

2. 연속동작

   연속동작 버튼 터치 시 순서도의 시퀀스를 연속하여 진행한다.

   금속은 6번창고, 3번창고 순서대로 적재하고, 비금속은 끝단으로 배출한다.

   　　-종료조건

   　　연속버튼을 한번 더 터치했을 경우(초기화)

   　　공급워크에 6초 이상 공작물이 없는 경우(초기화)

   　　금속 공작물이 6번,3번 창고에 모두 적재된 경우(초기화)

   부가조건1

   연속동작 버튼 터치 시 연속 동작 램프는 황색 점등하고,

   금속 공작물이 감지되면 청색으로 점등하고 2초 후 황색 점등하며,

   비금속 공작물이 감지되면 녹색으로 점등하고 2초 후 황색 점등한다.

   부가조건2

   금속과 비금속 공작물에 대한 총 공작물 개수를 표현하고,

   금속 공작물에 대한 백분율을 표현하며,

   비금속 공작물에 대한 백분율을 표현한다.

   리셋 버튼 터치 시 총 공작물 개수와 백분율을 리셋한다.

부가조건3

적재위치 디스플레이에는 6번 창고를 적재하였으면 "6번창고", 3번 창고를 적재하였으면 "3번창고"를 표현한다.

부가조건4

비상정지버튼 터치 시 시스템은 모두 일시정지하며, 5초 안에 비상정지버튼을 한번 더 터치하면 멈추었던 동작부터 다시 기동을 합니다.

비상정지 후 5초가 지나면 초기화를 진행하며, 서보모터는 원점복귀하여야 합니다.

비상정지램프는 일시정지 중에는 0.5초 간격으로 점멸을 하며, 다시 기동하거나 초기화가 되면 소등합니다.

순서도

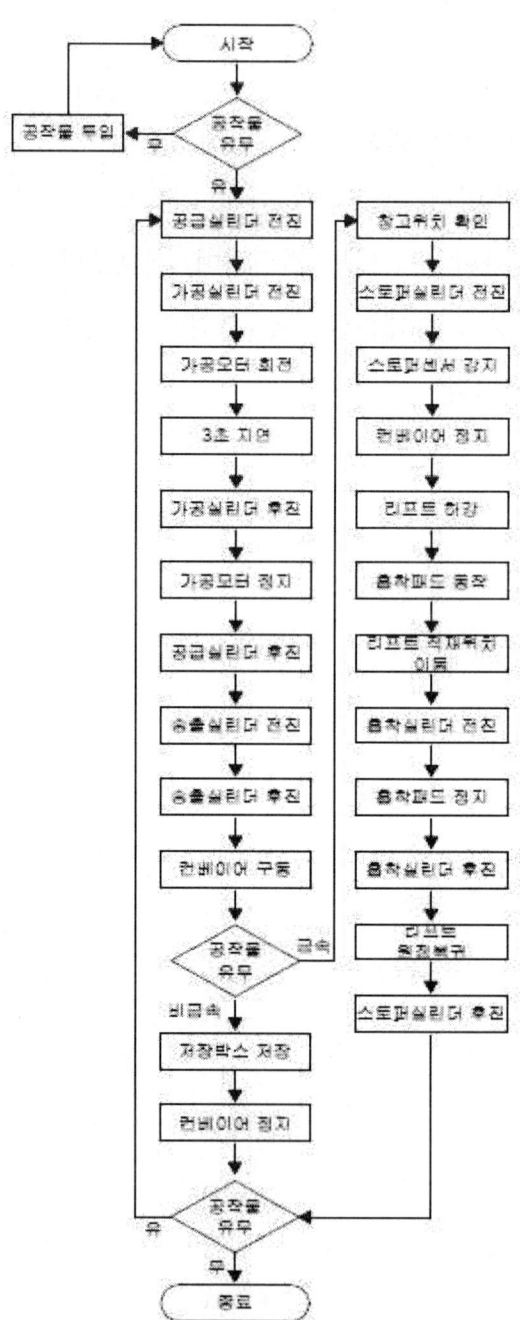

 터치패드화면

기본동작화면

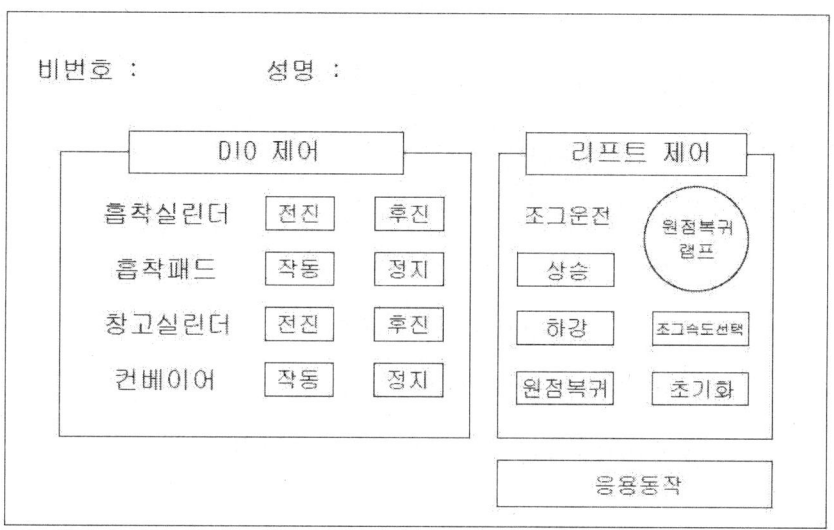

응용동작화면

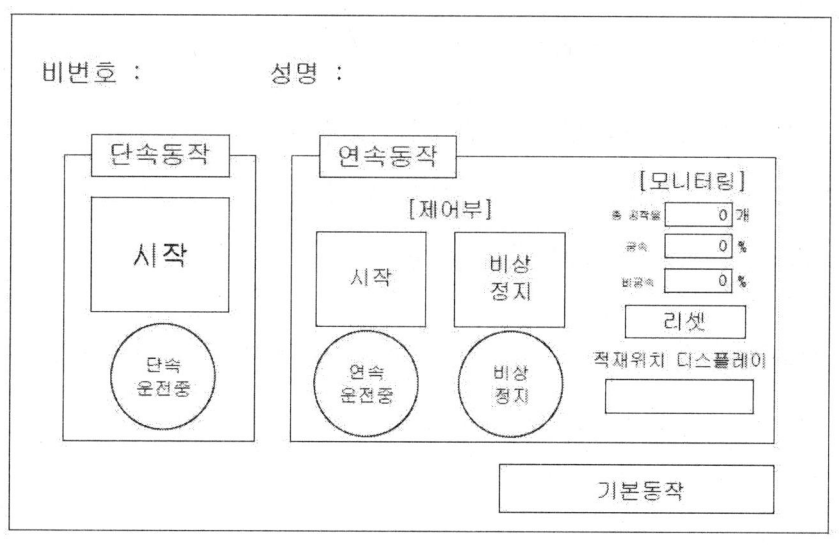

생산자동화 산업기사 실기 2019년 1회 1일차

 **기 본 동 작**

1. 공급실린더 전진버튼을 터치하면 공급실린더가 전진한다.
   공급실린더 후진버튼을 터치하면 공급실린더가 후진한다.
   송출실린더 전진버튼을 터치하면 송출실린더가 전진한다.
   송출실린더 후진버튼을 터치하면 송출실린더가 후진한다.
   창고실린더 전진버튼을 터치하면 창고실린더가 전진한다.
   창고실린더 전진버튼을 터치하면 창고실린더가 후진한다.
   컨베이어 작동버튼을 터치하면 컨베이어가 3초 구동 후 정지한다.

2. 조그운전의 상승 버튼을 터치하면 리프트가 상승한다.
   조그운전의 하강 버튼을 터치하면 리프트가 하강한다.
   원점복귀버튼을 누르면 원점복귀를 실행한다.

3. 조그 저속버튼을 누르면 500mm/min로 조그운전을 한다.
   조그 중속버튼을 누르면 900mm/min로 조그운전을 한다.
   조그 고속버튼을 누르면 1200mm/min로 조그운전을 한다.

4. 현재속도 모니터는 원점복귀 동작 완료시 0 mm/min가 표기되어야하며, 이후 조그운전 상승, 하강 버튼을 터치하면 현재 속도 값을 mm/min 단위로 표기한다.

응용동작

1. 단속동작
   가) 공작물이 적재된 상태에서 단속동작 시작 버튼을 터치할 때마다 1사이클씩 작동합니다.
   나) 비금속 공작물은 5번 창고에 적재합니다.

2. 연속동작
   가) 공작물이 적재된 상태에서 연속동작 시작 버튼을 터치하면 연속동작이 이루어집니다.
   나) 비금속 공작물은 5번, 3번 창고에 차례로 적재합니다.
   다) 연속동작 종료조건
      - 비금속 공작물이 창고에 모두 적재된 경우(초기화)
      - 시퀀스종료 시 매거진에 공작물이 없을 경우(초기화)
   라) 연속동작 정지조건
      - 정지 버튼을 터치한 경우 PL3램프가 1초 주기로 점멸하고 **시스템은** 일시정지한다. 다시 정지버튼을 누르면 멈추었던 동작부터 다시 실행한다.

3. 부가조건 1
   가) 단속운전 중에는 "단속운전중" 램프가 1초 주기로 점멸한다.
   나) 연속동작 중에는 "연속운전중" 램프가 1초 주기로 점멸한다.

4. 부가조건 2
   가) 금속수량에는 금속공작물로 판별된 수량을 표시한다.
   나) 비금속수량에는 비금속공작물로 판별된 수량을 표시한다.

다) 창고수량에는 적재창고에 쌓인 공작물 개수를 표시한다.

라) 시퀀스종료 혹은 시퀀스를 다시 시작할 경우 수량은 초기화가 된다.

5. 부가조건 3

가) 금속공작물이 판별되면 금속 비금속 판별 메시지 표시기에 '금속'을 표시한다. 적재공정이 종료되면 메시지는 지워진다.

나) 비금속공작물이 판별되면 금속 비금속 판별 메시지 표시기에 '비금속'을 표시한다. 적재공정이 종료되면 메시지는 지워진다.

6. 부가조건 4

가) 연속운전 중 [비상정지] 버튼을 터치하면 흡착패드를 제외한 시스템의 모든 구성요소가 현재상태로 정지한다. (실린더는 전진 또는 후진 완료 후 정지, 가공모터,컨베이어 및 리프트는 즉시정지) 이 때, 비상정지램프는 1초 주기로 점멸한다.

나) 비상정지 중 [비상정지] 버튼을 다시 터치하면 시스템은 초기상태로 되며, 단속동작 및 연속동작 [시작] 버튼에 의해 재시작이 되어야 한다. 비상정지 램프는 소등된다.

공정순서도

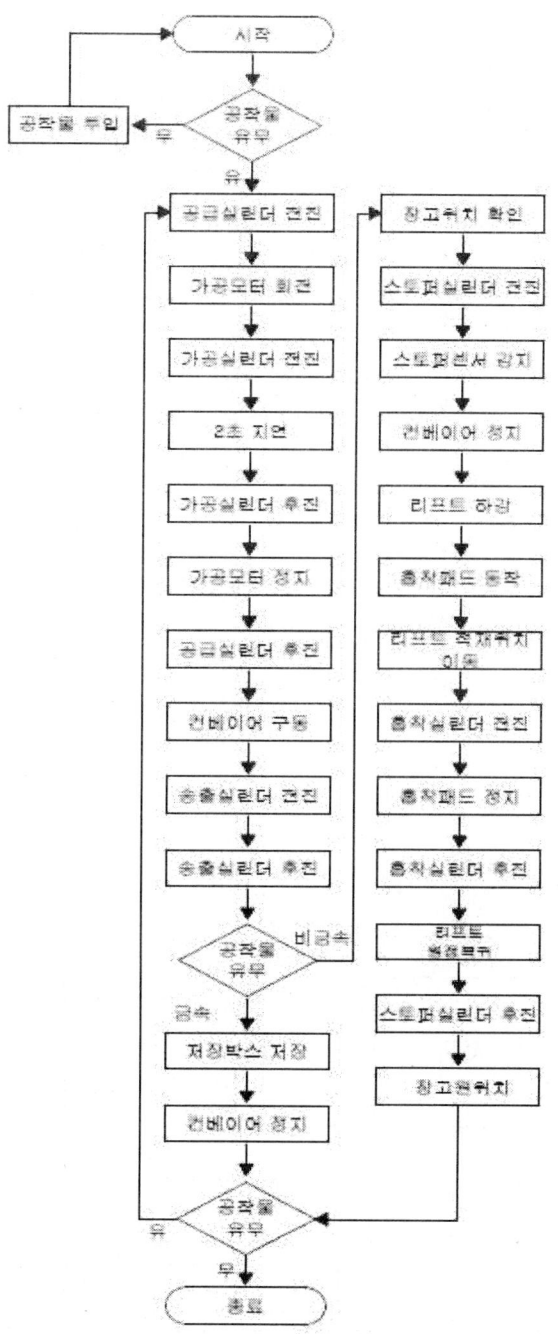

 터치패드화면

기본동작화면

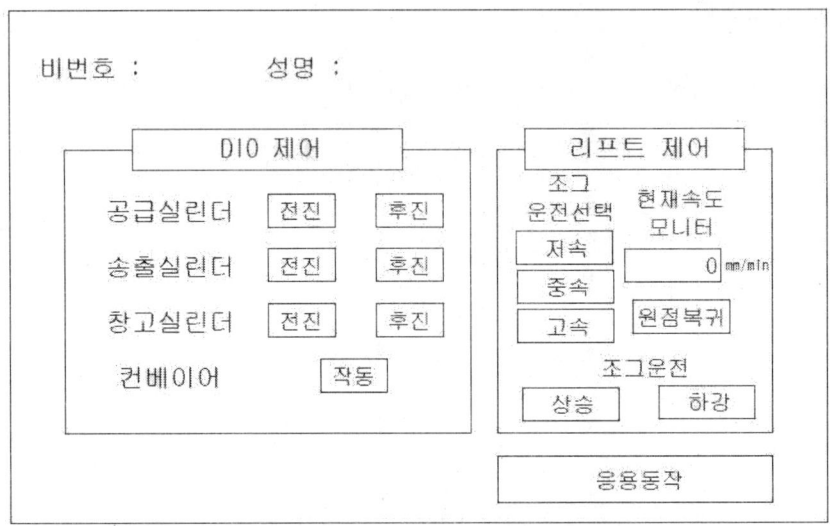

응용동작화면

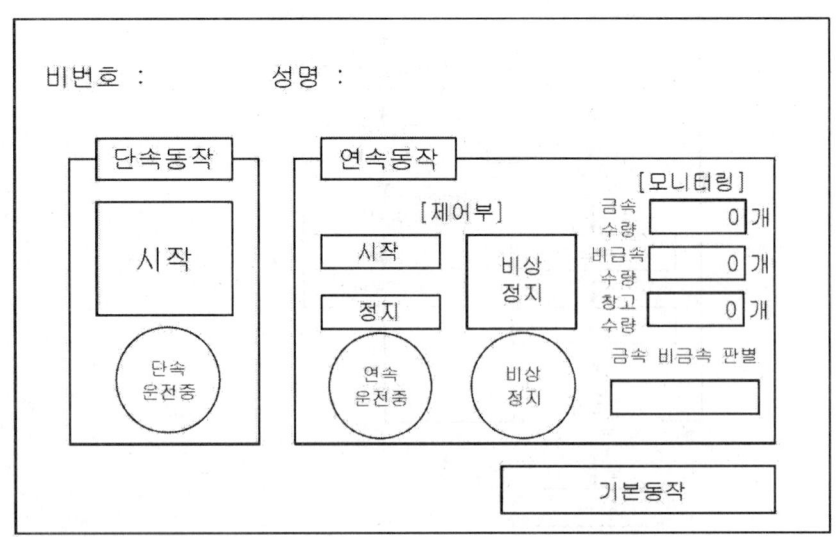

생산자동화 산업기사 실기 2019년 1회 2일차

 기본동작

1. 가공실린더 전진버튼을 터치하면 가공실린더가 전진한다.
   가공실린더 후진버튼을 터치하면 가공실린더가 후진한다.
   배출실린더 전진버튼을 터치하면 배출실린더가 전진한다.
   배출실린더 후진버튼을 터치하면 배출실린더가 후진한다.
   흡착실린더 전진버튼을 터치하면 흡착실린더가 전진한다.
   흡착실린더 후진버튼을 터치하면 흡착실린더가 후진한다.
   컨베이어 작동버튼을 누르면 컨베이어가 작동한다.
   컨베이어 정지버튼을 누르면 컨베이어가 정지한다.

2. 조그운전의 상승 버튼을 터치하면 리프트가 상승한다.
   조그운전의 하강 버튼을 터치하면 리프트가 하강한다.
   원점복귀버튼을 누르면 원점복귀를 실행한다.

3. 조그 저속버튼을 누르면 700mm/min로 조그운전을 한다.
   조그 중속버튼을 누르면 1000mm/min로 조그운전을 한다.
   조그 고속버튼을 누르면 1500mm/min로 조그운전을 한다.

4. 현재속도 모니터는 원점복귀 동작 완료시 0 mm/min가 표기되어야하며, 이후 조그운전 상승, 하강 버튼을 터치하면 현재 속도 값을 mm/min 단위로 표기한다.

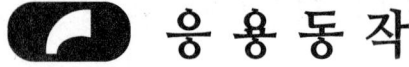 응용동작

1. 단속동작

   가) 공작물이 적재된 상태에서 단속동작 시작 버튼을 터치할 때마다 1사이클씩 작동합니다.

   나) 금속 공작물은 5번 창고에 적재합니다.

2. 연속동작

   가) 공작물이 적재된 상태에서 연속동작 시작 버튼을 터치하면 연속동작이 이루어집니다.

   나) 첫 번째 비금속공작물은 5번창고 적재

   두 번째 비금속공작물은 끝단으로 배출

   세 번째 비금속공작물은 3번창고 적재

   다) 연속동작 종료조건

   - 5번창고와 3번창고 적재완료 시
   - 연속동작 중에 연속버튼을 눌렀을 경우
   - 매거진에 공작물이 없는 상태에서 시퀀스 종료가 되었을 경우

   라) 매거진에 공작물이 없고 5초가 지나면 동작을 일시정지하고 공작물을 투입하면 다시 진행한다. 일시정지하는 동안 PL1은 0.5초 간격으로 점멸한다.

3. 부가조건 1

   가) 비금속 감지시 PL2를 1초 간격으로 점멸

   나) 금속 감지시 PL3를 0.5초 간격으로 점멸

4. 부가조건 2

   공정디스플레이에는 아래의 메시지를 표현한다.

   단속운전 중에는 "단속운전"을 표시

   연속운전 중에는 "연속운전"을 표시

   정지 중에는 "정지"를 표시

5. 부가조건 3

   일시정지버튼을 누르면 즉시 동작 정지 후 5초가 지나면 멈추었던 동작부터 다시 실행한다.

6. 부가조건 4

   일시정지가 실행되는 동안에는 PL4를 점등하고 일시정지가 끝나면 PL4는 소등된다.

공정순서도

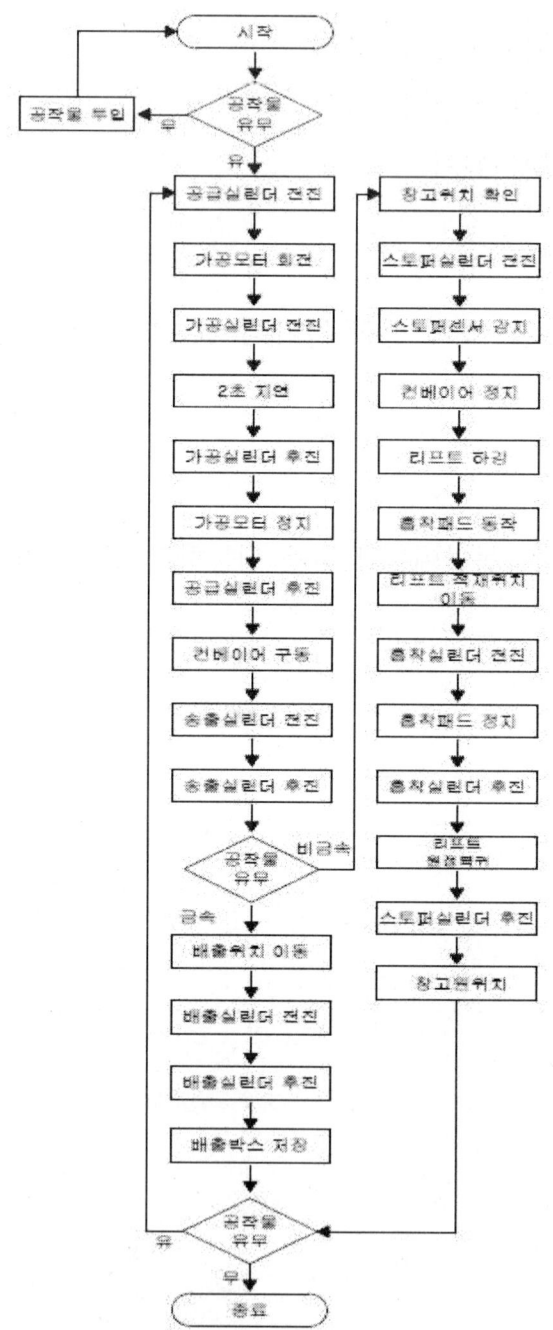

 터치패드화면

기본동작화면

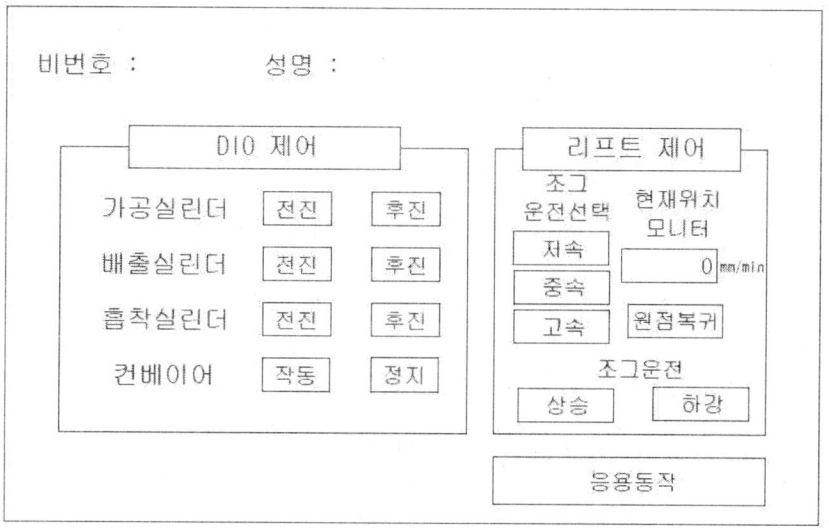

응용동작화면

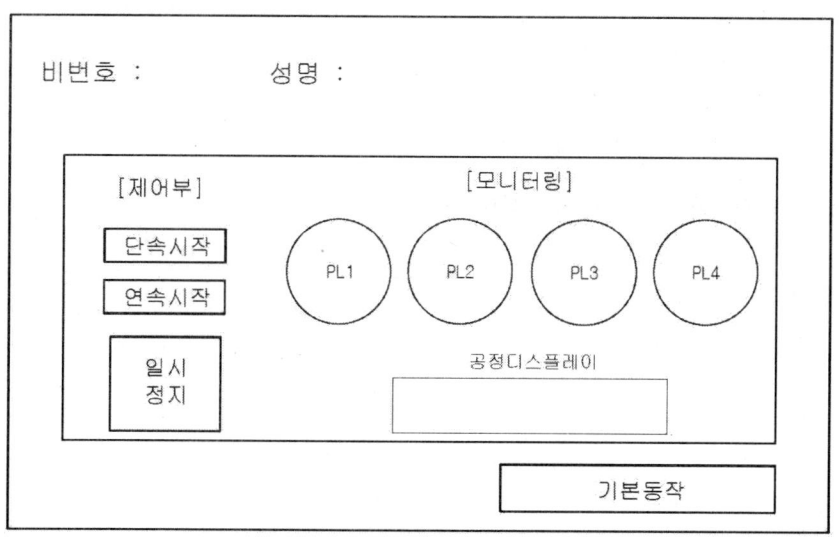

생산자동화 산업기사 실기 2019년 1회 3일차

 기본동작

1. 공급실린더 전진버튼을 터치하면 공급실린더가 전진한다.
   공급실린더 후진버튼을 터치하면 공급실린더가 후진한다.
   가공실린더 하강버튼을 누르면 가공실린더가 하강 후 5초뒤 상승
   스토퍼실린더 하강버튼을 누르면 스토퍼실린더가 하강 후 3초뒤 상승

2. 조그운전의 상승 버튼을 터치하면 리프트가 상승한다.
   조그운전의 하강 버튼을 터치하면 리프트가 하강한다.
   원점복귀 버튼을 터치하면 리프트가 기계원점 복귀 동작을 한다.

3. 컨베이어ON 버튼을 누르면 컨베이어 작동
   컨베이어OFF 버튼을 누르면 컨베이어 정지

4. 조그 상승시 PL1 램프가 0.5초 간격으로 점멸한다.
   조그 하강시 PL2 램프가 0.5초 간격으로 점멸한다.

응용동작

1. 단속동작
   가) 공작물이 적재된 상태에서 단속동작 시작 버튼을 터치할 때마다 1사이클씩 작동합니다.
   나) 금속 공작물은 4번 창고에 적재합니다.

2. 연속동작
   가) 공작물이 적재된 상태에서 연속동작 시작 버튼을 터치하면 연속동작이 이루어집니다.
   나) 금속 공작물은 4번, 5번 창고에 차례로 적재합니다.
   다) 연속동작 종료조건
      - 금속 공작물이 창고에 모두 적재된 경우
      - 정지버튼을 3초 이상 터치 한 경우 즉시 초기화 한다.
   라) 매거진에 공작물이 없다면 진행중인 사이클이 종료되었을 때 시스템은 초기화 한다. 사이클이 종료 되기 전 공작물을 투입한다면 계속해서 시퀀스를 진행한다.

3. 부가조건 1
   가) 가공모터 동작시 가공모터 램프가 점등하고, 가공모터가 정지하면 소등한다.
   나) 매거진에 공작물이 있을 경우 매거진 램프가 점등하며, 매거진에 공작물이 없으면 소등한다.
   다) 서보모터 운전 시 서보모터 램프가 0.5초 간격으로 점멸하고, 서보모터 정지 시 소등한다.

4. 부가조건 2

   가) 적재창고번호 디스플레이에 금속제품 감지 시 적재할 창고의 번호를 표시하고 흡착실린더가 후진하면 창고의 번호는 사라진다.

5. 부가조건 3

   가) 물품감지 디스플레이에 금속공작물이 판별되면 "금속공작물"을 표시한다. 흡착실린더 후진 시 메시지는 지워진다.

   나) 물품감지 디스플레이에 금속공작물이 판별되면 "비금속공작물"을 표시한다. 흡착실린더 후진 시 메시지는 지워진다.

6. 부가조건 4

   가) 일시정지버튼을 누르면 서보, DC모터는 즉시 정지하며, 실린더는 진행동작 완료 후 정지한다.

   나) 정지 후 단속 혹은 연속 시작버튼을 누르면 시퀀스를 멈춘 동작부터 다시 실행하고 이때, 시퀀스 종료 시 초기화를 진행한다.

   다) 일시정지 램프는 일시정지 중에 0.5초 간격으로 점멸하고, 일시정지 해제 시 소등된다.

 공정순서도

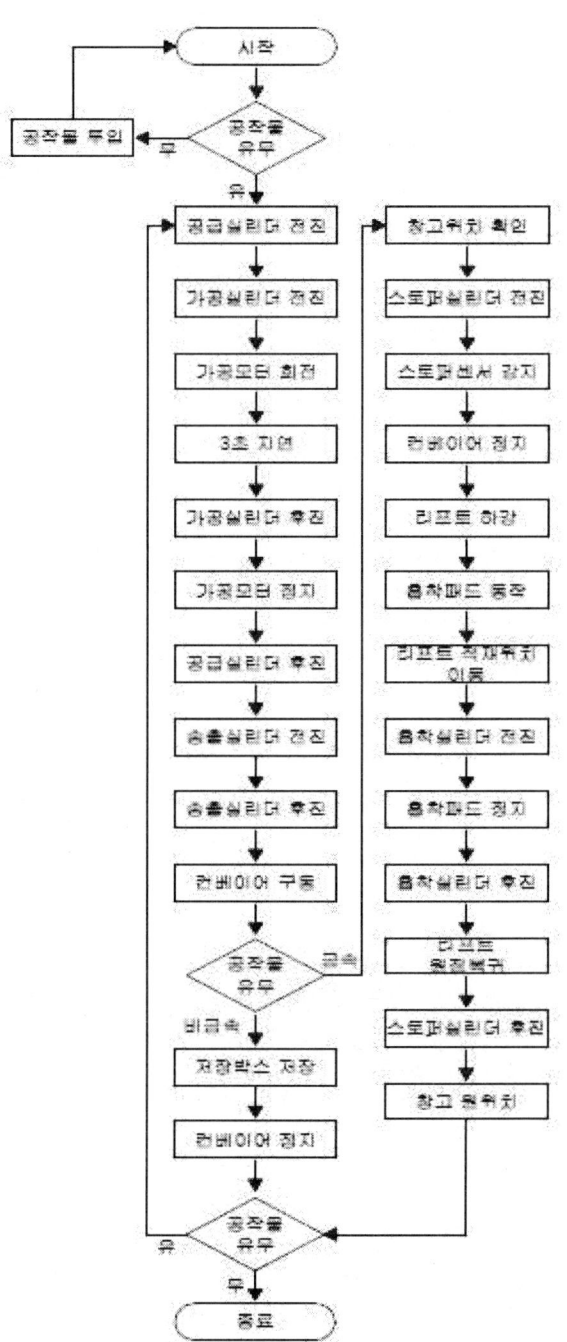

 터치패드화면

기본동작화면

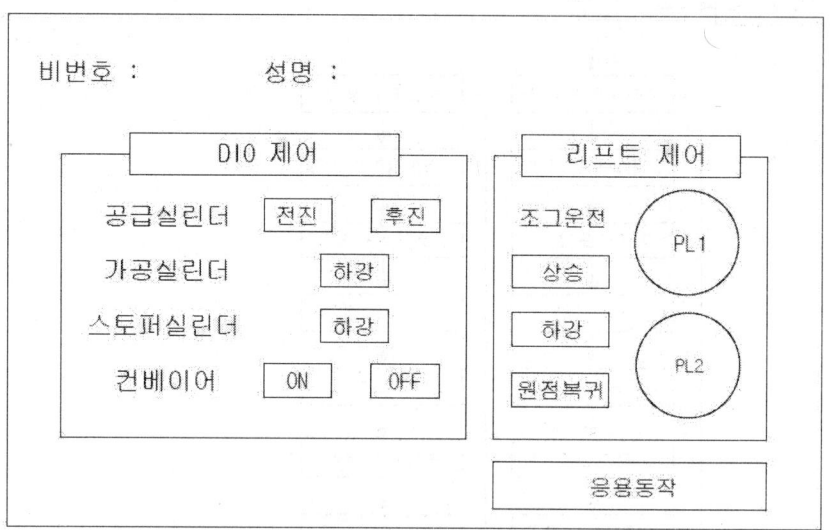

응용동작화면

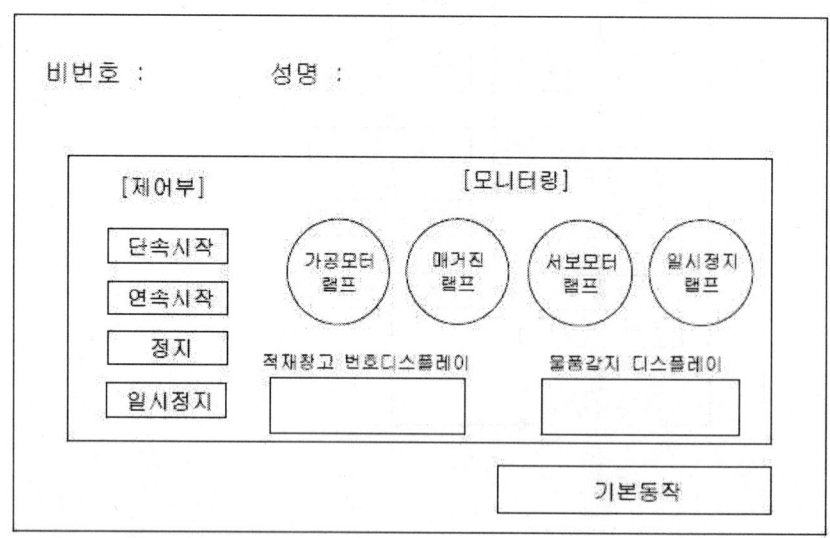

생산자동화 산업기사 실기 2019년 2회 1일차

 기본동작

1. 실린더 제어

   공급실린더 전진버튼을 누르면 공급실린더가 전진한다.
   공급실린더 후진버튼을 누르면 공급실린더가 후진한다.
   가공실린더 전진버튼을 누르면 가공실린더가 전진한다.
   가공실린더 후진버튼을 누르면 가공실린더가 후진한다.
   송출실린더 전진버튼을 누르면 송출실린더가 전진한다.
   송출실린더 후진버튼을 누르면 송출실린더가 후진한다.
   모든실린더 전진버튼을 누르면 공급,가공,송출 실린더가 전진한다.
   모든실린더 후진버튼을 누르면 공급,가공,송출 실린더가 후진한다.

2. 모터제어

   드릴모터의 작동시간 임의설정을 통해 1~9초까지의 시간을 임의로 설정한 후 드릴모터 작동버튼을 누르면 설정된 시간만큼 동작 후 정지한다.
   드릴모터 정지버튼을 누르면 설정된 시간과 상관없이 즉시 정지한다.

3. 서보모터제어

   조그상승버튼을 누르면 조그상승(속도는 수험자가 임의설정)
   조그하강버튼을 누르면 조그하강(속도는 수험자가 임의설정)
   원점복귀버튼을 누르면 원점복귀 실행

4. 현재속도 모니터는 원점복귀 동작 완료시 0 mm/min가 표기되어야하며, 이후 조그운전 상승, 하강 버튼을 터치하면 현재 속도 값을 mm/min 단위로 표기한다.

응용동작

1. 단속동작

   공작물이 적재된 상태에서 단속버튼을 터치할 때마다 1사이클씩 작동한다. 비금속 공작물은 6번 창고에 적재하며, 금속 공작물은 끝단으로 배출한다.

2. 연속동작

   공작물이 적재된 상태에서 연속버튼을 터치할 때마다 연속하여 사이클을 작동한다. 비금속 공작물은 6번창고와 4번창고에 순서대로 적재하며, 금속 공작물은 끝단으로 배출한다.

   -연속동작 종료조건-
   6번창고와 4번창고에 비금속공작물이 모두 적재된 경우
   정지버튼을 터치했을 경우 진행하던 시퀀스가 마무리 되면 초기화를 진행한다.
   서보모터는 원점복귀를 실행한다.

3. 부가조건 1

   연속동작이 진행 중일 경우 L1이 점등하고, 연속동작 종료 시 소등한다.
   적재시퀀스가 진행 중일 경우 L2가 1초 간격으로 점멸하고, 적재시퀀스가 종료되면 소등한다.
   비상정지버튼을 터치하여 시스템이 일시정지 하면 L3는 0.5초 간격으로 점멸하고, 비상정지 버튼을 한번 더 누르면 소등한다.

4. 부가조건 2

　　금속공작물의 배출된 수량을 금속공작물수량에 표시한다.

　　비금속공작물의 배출된 수량을 비금속공작물수량에 표시한다.

　　초기화버튼 터치 시 금속수량과 비금속수량 모두 초기화한다.

5. 부가조건 3

　　동작디스플레이는 초기상태에 아무것도 표시하지 않으며,

　　단속동작 중에는 "단속동작" 표시 후 사이클 종료 시 메시지는 소멸

　　연속동작 중에는 "연속동작" 표시 후 사이클 종료 시 메시지는 소멸

　　비상정지 중에는 "비상정지" 표시 후 비상정지 해제 시 메시지는 소멸

6. 부가조건 4

　　비상정지버튼을 누르면 모든 동작을 일시정지 하고, 비상정지 버튼을 한번 더 누르면 초기화를 진행한다. 서보모터는 원점복귀를 실행한다.

 공 정 순 서 도

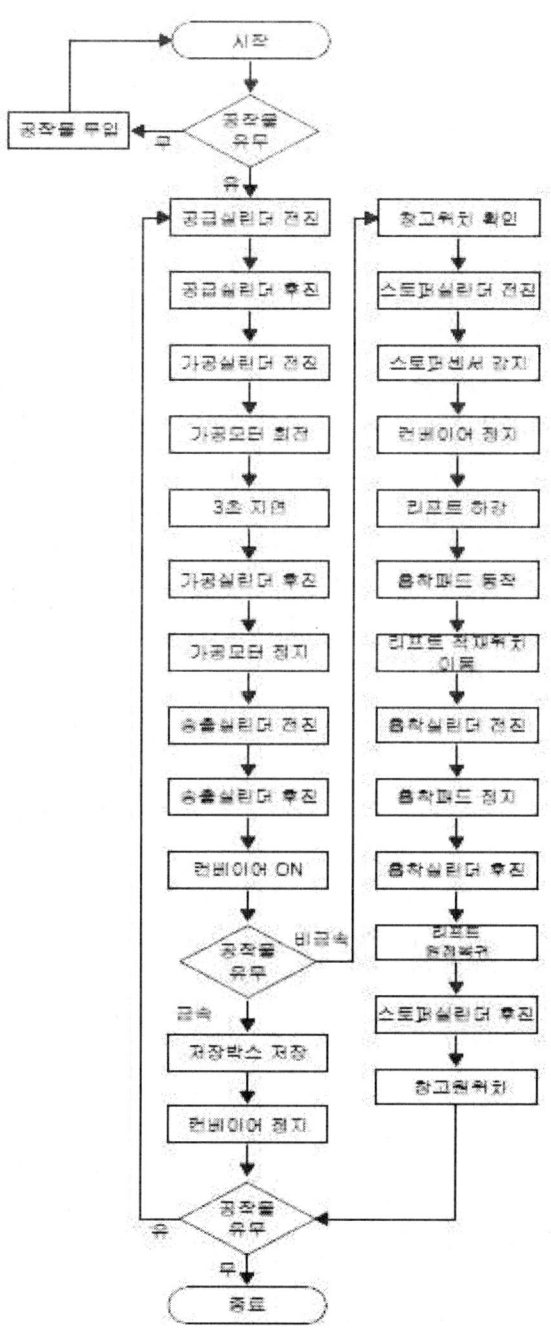

 터치패드화면

기본동작화면

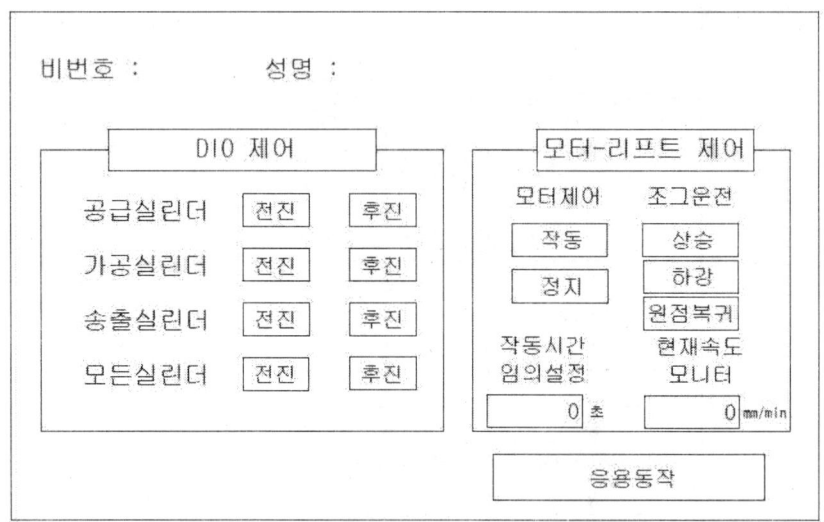

응용동작화면

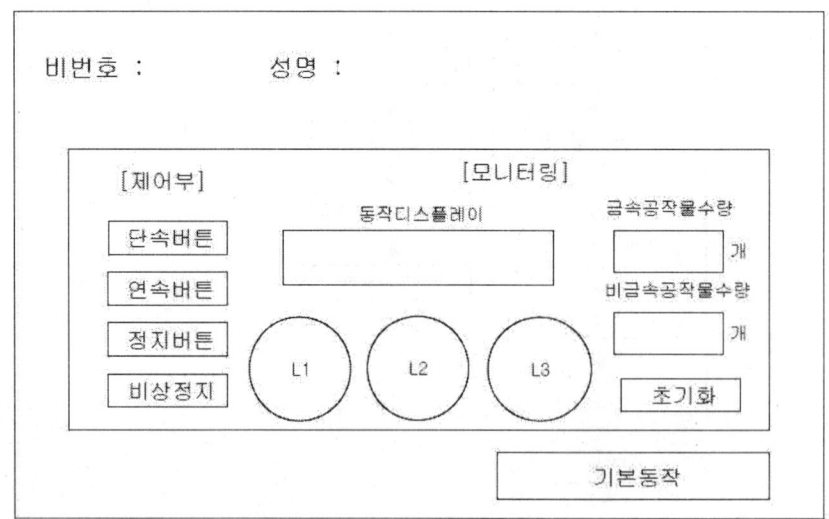

생산자동화 산업기사 실기 2019년 2회 2일차

 기본동작

1. 실린더 제어
   공급실린더 전진버튼을 누르면 공급실린더가 전진한다.
   공급실린더 후진버튼을 누르면 공급실린더가 후진한다.
   가공실린더 전진버튼을 누르면 가공실린더가 전진한다.
   가공실린더 후진버튼을 누르면 가공실린더가 후진한다.
   송출실린더 전진버튼을 누르면 송출실린더가 전진한다.
   송출실린더 후진버튼을 누르면 송출실린더가 후진한다.
   모든실린더 전진버튼을 누르면 공급,가공,송출 실린더가 전진한다.
   모든실린더 후진버튼을 누르면 공급,가공,송출 실린더가 후진한다.

2. 모터제어
   드릴모터 1초버튼을 누르면 드릴모터가 1초간 작동하고, 모터램프도 1초 동안 점등한다.
   드릴모터 3초버튼을 누르면 드릴모터가 3초간 작동하고, 모터램프도 3초 동안 점등한다.

3. 서보모터제어
   조그상승버튼을 누르면 조그상승(속도는 수험자가 임의설정)
   조그하강버튼을 누르면 조그하강(속도는 수험자가 임의설정)

원점복귀버튼을 누르면 원점복귀 실행

4. 현재위치 모니터는 원점복귀 동작 완료시 0 mm가 표기되어야 하며, 이후 조그운전 상승, 하강 버튼을 터치하면 현재 속도 값을 mm 단위로 표기한다.

응용동작

1. 단속동작

   공작물이 적재된 상태에서 단속버튼을 터치할 때마다 1사이클씩 작동한다. 비금속 공작물은 2번 창고에 적재하며, 금속 공작물은 배출실린더를 이용하여 옆으로 배출한다.

2. 연속동작

   공작물이 적재된 상태에서 연속버튼을 터치할 때마다 연속하여 사이클을 작동한다. 비금속 공작물은 2번창고와 4번창고에 순서대로 적재하며, 금속 공작물은 배출실린더를 이용하여 옆으로 배출한다.

   -연속동작 종료조건-
   2번창고와 4번창고에 비금속공작물이 모두 적재된 경우
   정지버튼을 터치했을 경우 즉시 초기화 한다. 서보모터는 원점복귀를 실행한다.

3. 부가조건 1

   2번창고에 적재를 완료하면 램프1을 점등시킨다.
   4번창고에 적재를 완료하면 램프2를 점등시킨다.
   단속버튼 혹은 연속버튼을 눌러 다시 시작할 경우 소등한다.
   (적재완료시점은 적재창고에서 흡착을 해제했을 때)

4. 부가조건 2

   적재창고 디스플레이에는
   2번창고 적재 완료 시 "2"를 띄우며, 다음 4번창고 적재완료 시 까지 메시지는 계속 표현한다.

4번창고 적재 완료 시 "4"를 띄우며, 연속 시퀀스가 완료되어도 메시지는 사라지지 않는다.

적재창고 디스플레이의 메시지는 단속 혹은 연속버튼 터치 시 사라진다.

(적재완료시점은 적재창고에서 흡착을 해제했을 때)

5. 부가조건 3

동작디스플레이는 초기상태 및 단속운전 시에는 아무것도 표시하지 않으며, 연속버튼을 누르면 "연속운전"을 표시하며, 비상정지버튼을 누르면 "비상정지"를 표시한다. 연속동작이 종료되거나 비상정지가 해제되었을 때 메시지는 사라진다.

6. 부가조건 4

비상정지버튼을 누르면 모든 동작을 일시정지 시킨 후 5초 뒤 멈추었던 동작부터 다시 실행한다.

비상정지 시 램프3은 0.5초 간격으로 점멸하며, 비상정지 해제 시 소등 된다.

 공 정 순 서 도

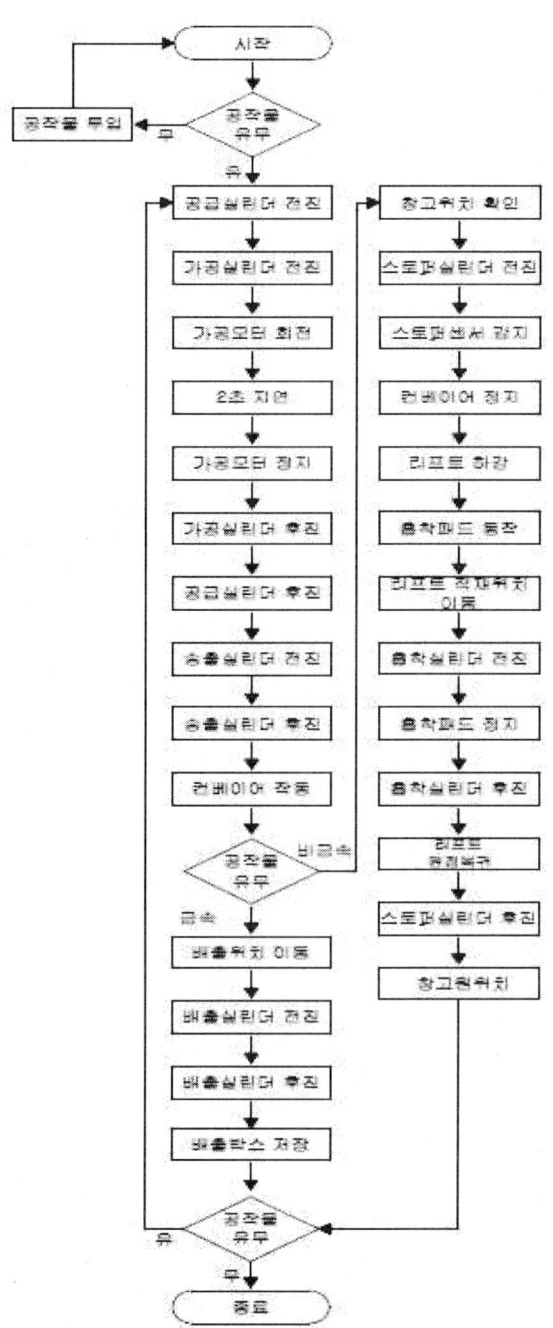

 터치패드화면

기본동작화면

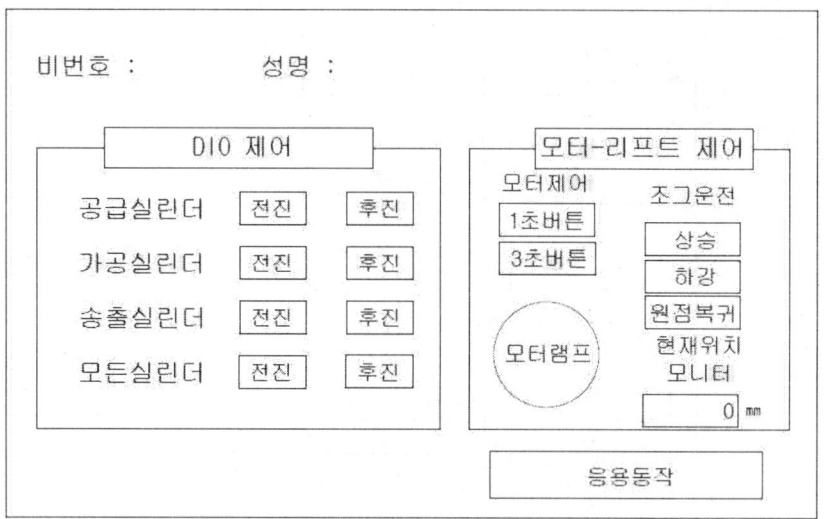

응용동작화면

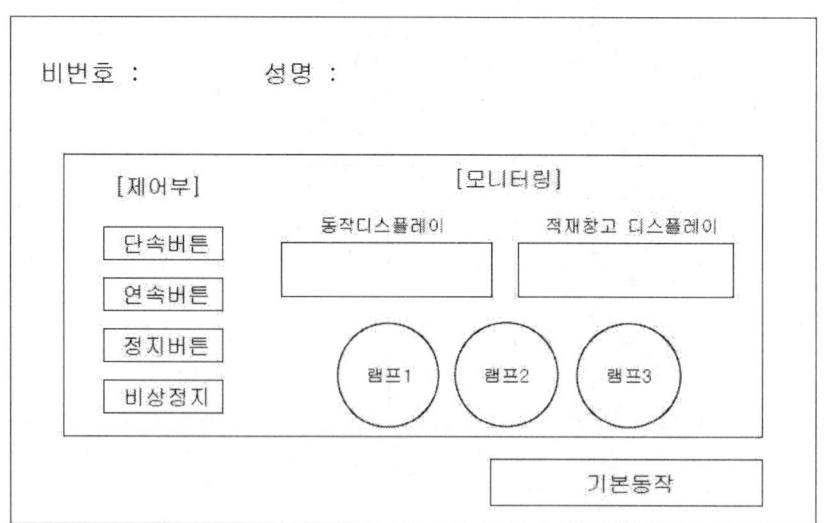

생산자동화 산업기사 실기 2019년 2회 3일차

 기본동작

1. 실린더 제어
   공급실린더 전진버튼을 누르면 공급실린더가 전진한다.
   공급실린더 후진버튼을 누르면 공급실린더가 후진한다.
   가공실린더 전진버튼을 누르고 있을 때만 가공실린더 하강 때면 상승
   배출실린더 전진버튼을 누르면 배출실린더가 전진한다.
   배출실린더 후진버튼을 누르면 배출실린더가 후진한다.

2. 모터제어
   드릴가공모터 작동버튼을 누르면 작동 정지 버튼을 누르면 정지

3. 서보모터제어
   조그상승버튼을 누르면 조그상승(속도는 수험자가 임의설정)
   조그하강버튼을 누르면 조그하강(속도는 수험자가 임의설정)
   원점복귀버튼을 누르면 원점복귀 실행

4. 현재위치 모니터는 원점복귀 동작 완료시 0 mm가 표기되어야 하며, 이후 조그운전 상승, 하강 버튼 및 원점복귀버튼을 터치하면 현재 위치 값을 mm 단위로 표기한다.

5. 조그운전 상승, 하강 및 원점복귀 동작 중에는 리프트 동작 중 램프가 1초 주기로 점멸한다.

응용동작

1. 단속동작

    공작물이 적재된 상태에서 단속버튼을 터치할 때마다 1사이클씩 작동한다. 금속 공작물은 3번 창고에 적재하며, 비금속 공작물은 배출실린더를 이용하여 옆으로 배출한다.

2. 연속동작

    공작물이 적재된 상태에서 연속버튼을 터치할 때마다 연속하여 사이클을 작동한다. 금속 공작물은 3번창고와 6번창고에 순서대로 적재하며, 비금속 공작물은 배출실린더를 이용하여 옆으로 배출한다.

    -연속동작 종료조건-
    - 3번창고와 6번창고에 금속공작물이 모두 적재된 경우
    - 정지버튼을 터치했을 경우 즉시 초기화 한다. 서보모터는 원점복귀를 실행한다.
    - 공급실린더가 후진하고 5초동안 매거진에 공작물이 없다면 시스템은
      일시정지 하며, 매거진에 공작물 공급 후 3초 뒤에 초기화를 진행한다.

3. 부가조건 1

    단속운전 중일 때 단속운전중 램프가 1초간격으로 점멸한다.
    연속운전 중일 때 연속버튼이 점등 된다.
    일시정지 중일 때 일시정지 버튼이 2초간격으로 점멸한다.

4. 부가조건 2

   컨베이어가 움직인 시간만큼 초 단위로 디스플레이에 표현한다.

   컨베이어가 멈추면 0초를 표시한다.

5. 부가조건 3

   드릴 모터 작동 중에는 "작동중" 표시

   드릴 모터 정지 중에는 "정지중" 표시

   초기상태에는 "정지중"을 표시한다.

6. 부가조건 4

   일시정지 버튼을 누르면 모든 동작 일시정지 후 다시 누르면 멈춘 동작부터 시작한다.

 공 정 순 서 도

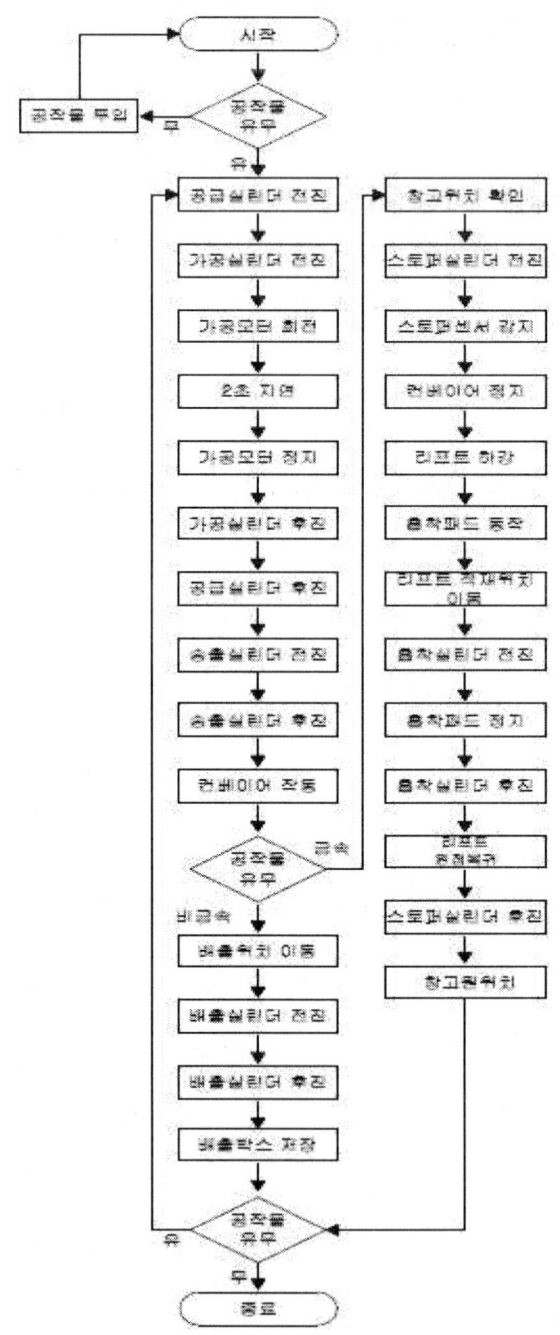

 터치패드화면

기본동작화면

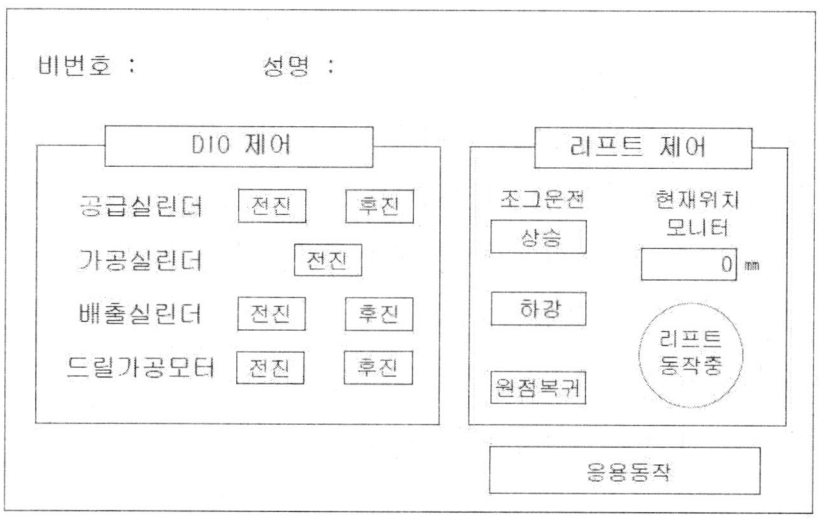

응용동작화면

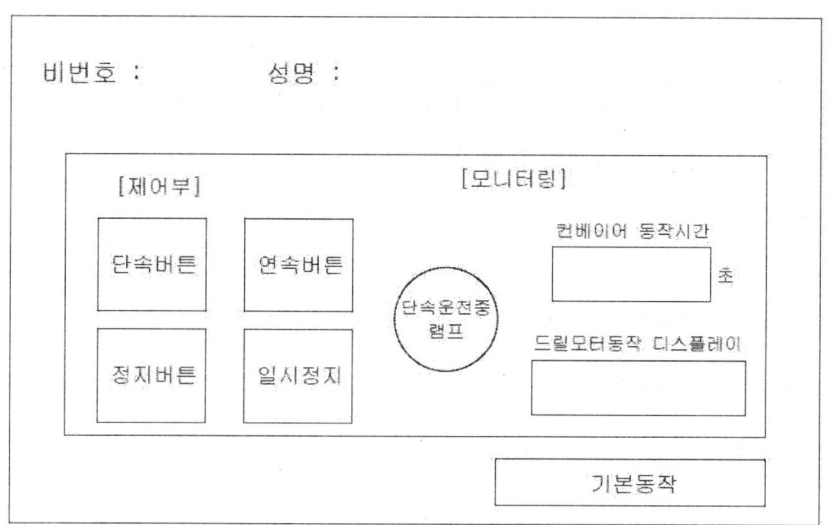

생산자동화 산업기사 실기 2019년 2회 4일차

 기 본 동 작

1. 실린더 제어

    공급실린더 전진버튼을 누르면 공급실린더가 전진한다.

    공급실린더 후진버튼을 누르면 공급실린더가 후진한다.

    송출실린더 전진버튼을 누르면 송출실린더가 전진한다.

    송출실린더 후진버튼을 누르면 송출실린더가 후진한다.

    가공실린더 전진버튼을 누르면 가공실린더가 3초 후 전진한다.

    가공실린더 후진버튼을 누르면 가공실린더가 후진한다.

2. 모터제어

    드릴가공모터 작동버튼을 누르면 작동, 정지 버튼을 누르면 정지

3. 서보모터제어

    조그상승버튼을 누르면 조그상승(속도는 수험자가 임의설정)

    조그하강버튼을 누르면 조그하강(속도는 수험자가 임의설정)

    원점복귀버튼을 누르면 원점복귀 실행

4. 현재속도 모니터는 원점복귀 동작 완료시 0 pulse가 표기되어야 하며, 이후 조그운전 상승, 하강 버튼 및 원점복귀버튼을 터치하면 현재 속도 값을 pulse 단위로 표기한다.

5. 가공모터 회전시 PL1 램프가 0.5초 간격으로 점멸하고, 원점복귀 중에는 PL2가 0.5초 간격으로 점멸한다.

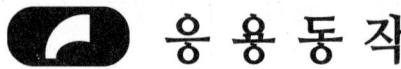 응용동작

1. 단속동작

   공작물이 적재된 상태에서 단속버튼을 터치할 때마다 1사이클씩 작동한다. 금속 공작물은 6번 창고에 적재하며, 비금속 공작물은 끝단으로 배출한다.

2. 연속동작

   공작물이 적재된 상태에서 연속버튼을 터치할 때마다 연속하여 사이클을 작동한다. 금속 공작물은 1번창고와 6번창고에 순서대로 적재하며, 비금속 공작물은 끝단으로 배출한다.

   -연속동작 종료조건-
   - 1번창고와 6번창고에 금속공작물이 모두 적재된 경우
   - 정지버튼을 5초이상 눌렀다 때면 모든 시스템은 초기화한다. 정지버튼 카운트에는 정지버튼을 눌렀을 때의 경과시간을 표현한다.

3. 부가조건 1

   컨베이어모터 동작 시 컨베이어램프가 0.5초 간격으로 점멸하고, 서보모터 동작 시 서보모터램프가 0.3초 간격으로 점멸한다.

4. 부가조건 2

   컨베이어 동작 시 디스플레이에 "컨베이어동작"이라는 메시지가 표현되야 하며, 정지 시 메시지는 사라진다.

5. 부가조건 3

송출실린더가 전진 할 때마다 카운트를 하며, 연속버튼을 누르거나 초기화버튼을 3초이상 눌러야만 송출실린더 카운트는 초기화 된다.

초기화버튼 카운트에는 초기화버튼을 눌렀을 때의 경과시간을 표현한다.

6. 부가조건 4

비상정지 버튼을 누르면 모든 시스템은 일시정지하며, 실린더는 동작 중인 것을 마무리하고 정지한다. 일시정지 후 3초 뒤에 모든 실린더는 초기화하며 서보모터는 원점복귀 버튼에 의해서만 원점복귀를 실행한다.

 공 정 순 서 도

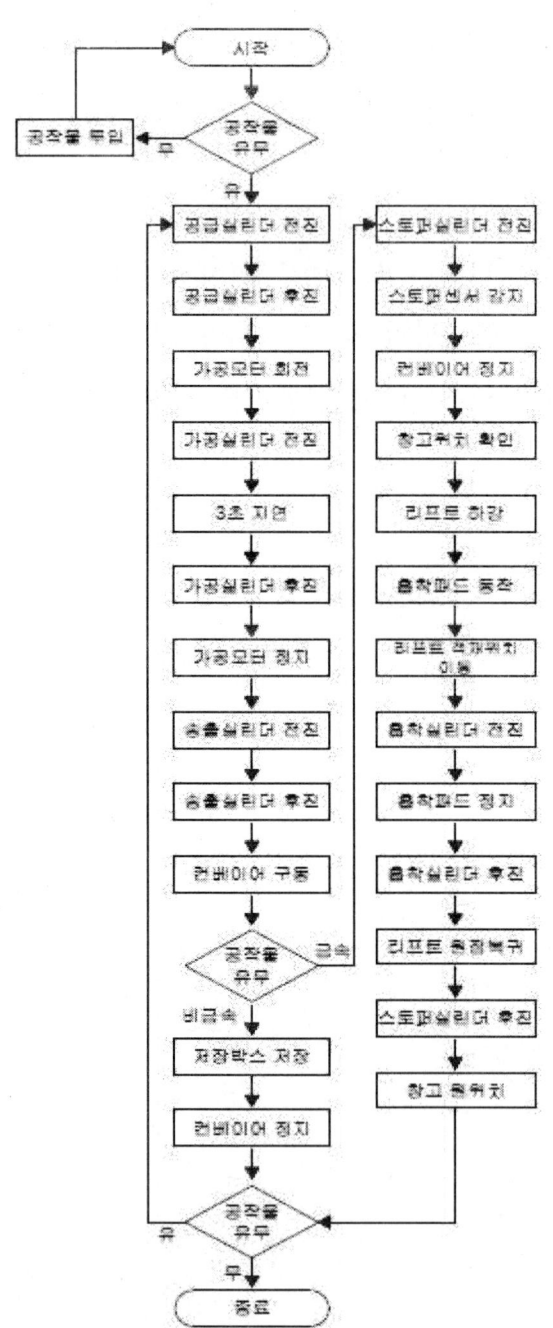

 터치패드화면

기본동작화면

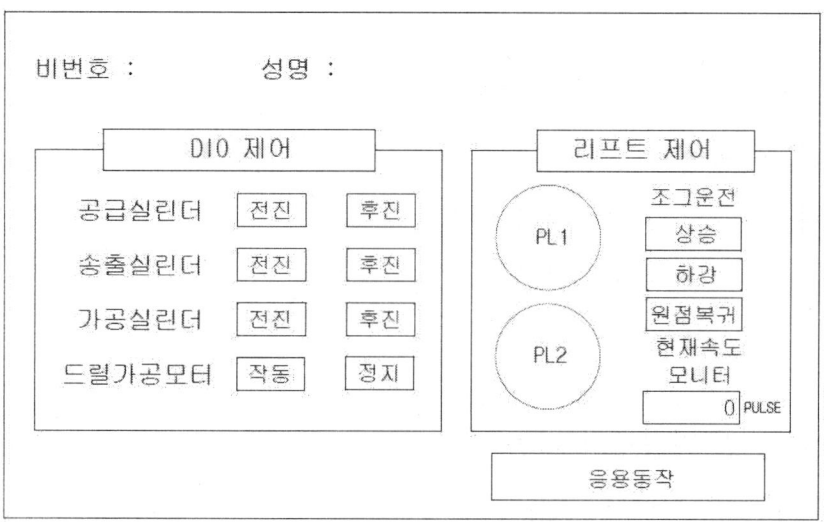

응용동작화면

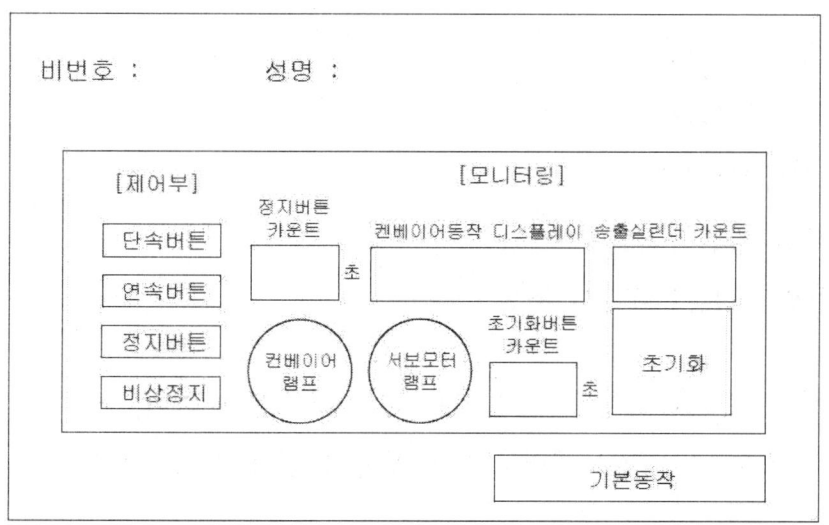

생산자동화 산업기사 실기 2019년 3회 1일차

기본동작

1. 실린더 제어
    가공실린더 전진버튼을 누르면 가공실린더 전진
    가공실린더 후진버튼을 누르면 가공실린더 후진
    송출실린더 전진버튼을 누르면 송출실린더 전진
    송출실린더 후진버튼을 누르면 송출실린더 후진

2. 모터제어
    가공모터 ON버튼을 누르면 가공모터 작동
    가공모터 OFF버튼을 누르면 가공모터 정지
    가공모터 회전시 가공모터램프 점등, 정지시 소등

3. 서보모터제어
    조그상승버튼을 누르면 조그상승
    조그하강버튼을 누르면 조그하강
    조그속도는 터치패드상에서 입력
    원점복귀 버튼을 누르면 원점복귀실행
    원점복귀시 원점복귀램프 점등, 완료시 소등

4. 현재위치 모니터는 원점복귀 동작 완료시 0 pulse가 표기되어야 하며, 이후 조그운전 상승, 하강 버튼 및 원점복귀버튼을 터치하면 현재 위치 값을 pulse 단위로 표기한다.

응용동작

1. 단속동작

    공작물이 적재된 상태에서 단속버튼을 터치할 때마다 1사이클씩 작동한다. 금속 공작물은 2번 창고에 적재하며, 비금속 공작물은 저장창고로 배출한다.

2. 연속동작

    공작물이 적재된 상태에서 연속버튼을 터치할 때마다 연속하여 사이클을 작동한다. 금속 공작물은 2번창고와 4번창고에 순서대로 적재하며, 비금속 공작물은 저장창고로 배출한다.

    -연속동작 종료조건-
    - 2번창고와 4번창고에 금속공작물이 모두 적재된 경우
    - 금속, 비금속 구분없이 4개의 공작물이 배출 및 적재되었을 경우
    * 모든 부가조건은 연속동작에서만 실행되어야 한다.

3. 부가조건 1

    공작물판별 디스플레이는 아래와 같이 표시된다.
    초기상태에는 "판별 대기중"을 표시하며
    금속공작물이 감지되면 "금속 판별중" 메시지를 표시,
    비금속공작물이 감지되면 "비금속 판별중" 메시지를 표시,
    메시지 표시 후 3초 뒤에 "판별대기중"을 표시한다.

4. 부가조건 2

   감지된 금속 공작물 수를 금속공작물에 표시한다.

   감지된 비금속 공작물 수를 비금속공작물에 표시한다.

5. 부가조건 3

   연속동작 중 연속동작램프가 점등되고 연속동작이 종료되면 소등한다.

6. 부가조건 4

   일시정지버튼을 누르면 컨베이어벨트를 제외한 나머지 장비들은 모두 일시정지하며, 일시정지버튼을 다시 누르면 멈추었던 동작부터 다시 실행한다.

 공 정 순 서 도

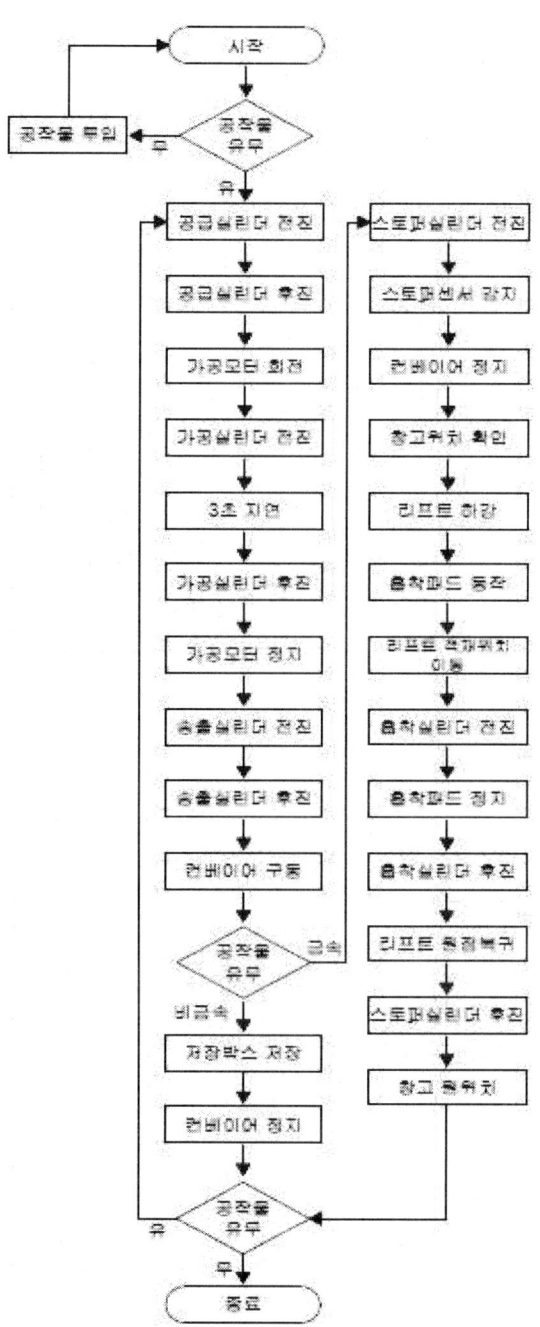

 터치패드화면

기본동직화면

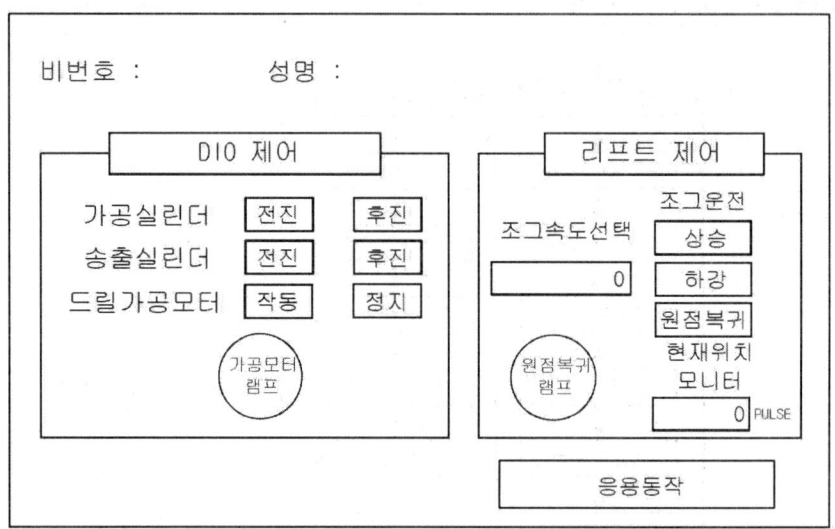

응용동작화면

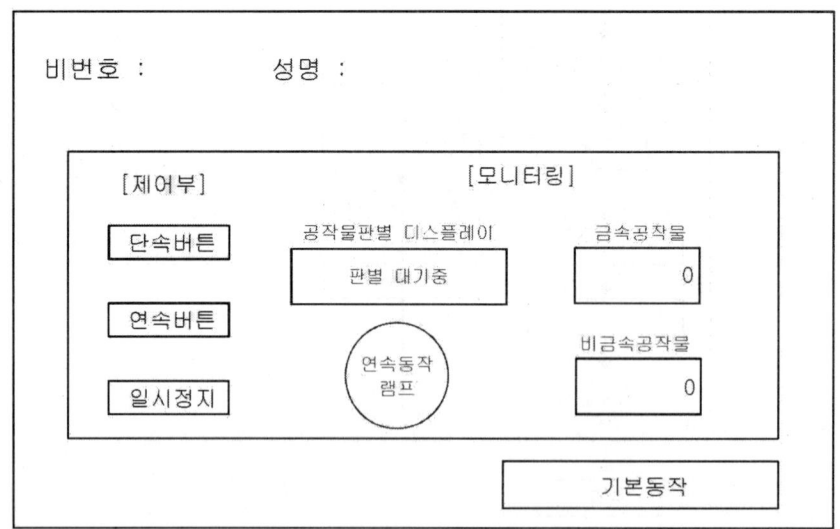

생산자동화 산업기사 실기 2019년 3회 2일차

 기본동작

1. 실린더 제어
   공급실린더 전진버튼을 누르면 공급실린더 전진
   공급실린더 후진버튼을 누르면 공급실린더 후진
   송출실린더 전진버튼을 누르면 송출실린더 전진
   송출실린더 후진버튼을 누르면 송출실린더 후진
   가공실린더 전진버튼을 누르면 가공실린더 전진
   가공실린더 후진버튼을 누르면 가공실린더 후진

2. 모터제어
   가공모터 ON버튼을 누르면 가공모터 작동
   가공모터 OFF버튼을 누르면 가공모터 정지
   가공모터 작동 시 가공모터램프 점등, 정지시 소등

3. 서보모터제어
   조그상승버튼을 누르면 조그상승
   조그하강버튼을 누르면 조그하강
   조그속도는 터치패드상에서 입력
   원점복귀 버튼을 누르면 원점복귀실행
   원점복귀시 원점복귀램프 소등, 완료시 점등

4. 현재위치 모니터는 원점복귀 동작 완료시 0 mm가 표기되어야 하며, 이후 조그운전 상승, 하강 버튼 및 원점복귀버튼을 터치하면 현재 위치 값을 mm 단위로 표기한다.

응용동작

1. 단속동작

    공작물이 적재된 상태에서 단속버튼을 터치할 때마다 1사이클씩 작동한다. 금속 공작물은 2번 창고에 적재하며, 비금속 공작물은 저장창고로 배출한다.

2. 연속동작

    공작물이 적재된 상태에서 연속버튼을 터치할 때마다 연속하여 사이클을 작동한다. 금속 공작물은 2번창고와 4번창고에 순서대로 적재하며, 비금속 공작물은 저장창고로 배출한다.

    -연속동작 종료조건-
    - 2번창고와 4번창고에 금속공작물이 모두 적재된 경우
    - 금속, 비금속 구분없이 4개의 공작물이 배출 및 적재되었을 경우
    * 모든 부가조건은 연속동작에서만 실행되어야 한다.

3. 부가조건 1

    공작물판별 디스플레이는 아래와 같이 표시된다.
    초기상태에는 "판별 대기중"을 표시하며
    금속공작물이 감지되면 "금속 판별중" 메시지를 표시,
    비금속공작물이 감지되면 "비금속 판별중" 메시지를 표시,
    메시지 표시 후 3초 뒤에 "판별대기중"을 표시한다.

4. 부가조건 2

감지된 금속 공작물 수를 금속공작물에 표시한다.

감지된 비금속 공작물 수를 비금속공작물에 표시한다.

5. 부가조건 3

연속동작 중 연속동작램프가 점등되고 연속동작이 종료되면 소등한다.

6. 부가조건 4

일시정지버튼을 누르면 컨베이어벨트를 제외한 나머지 장비들은 모두 일시정지하며, 일시정지버튼을 다시 누르면 멈추었던 동작부터 다시 실행한다.

 공 정 순 서 도

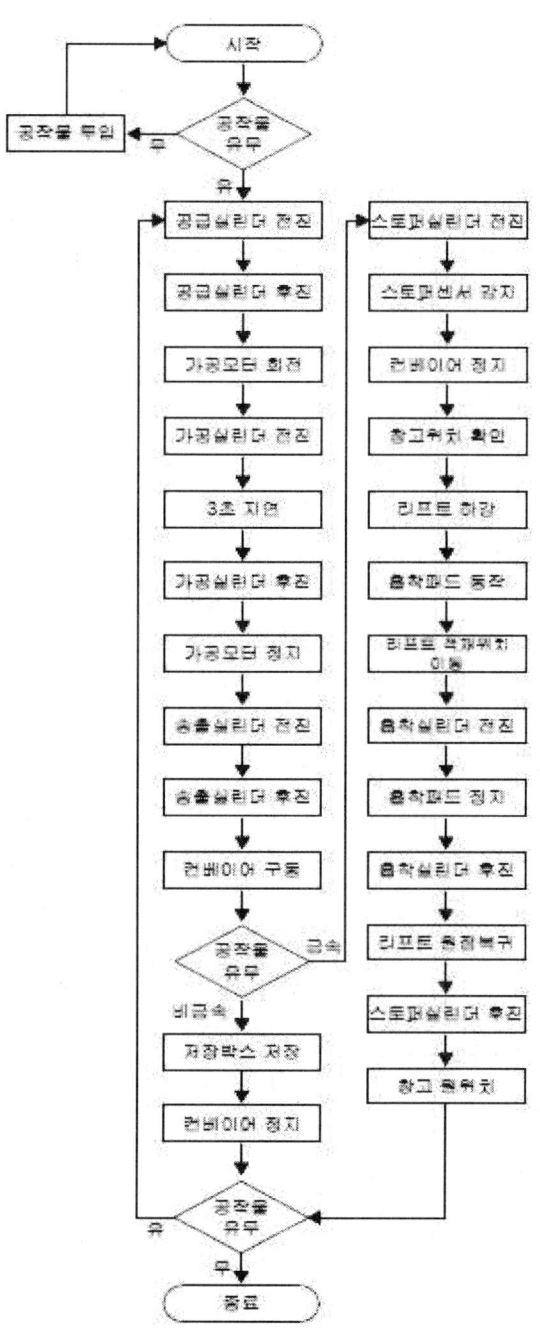

 터치패드화면

기본동작화면

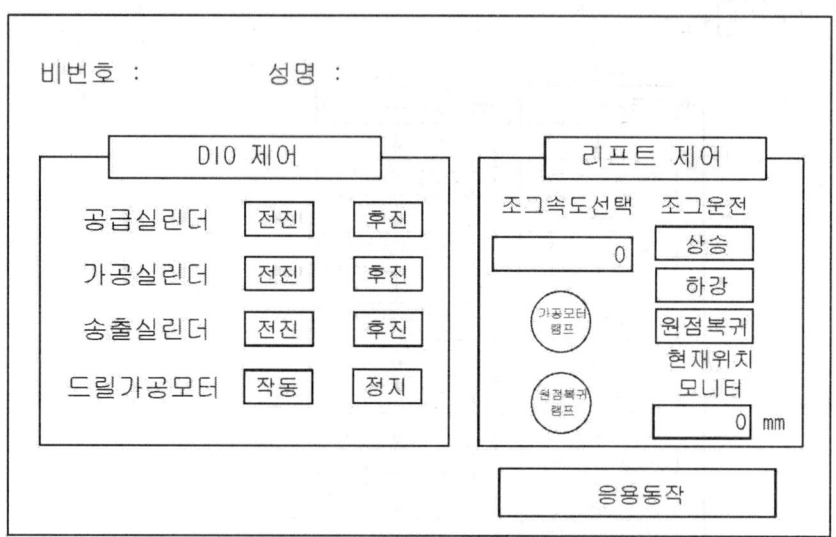

응용동작화면

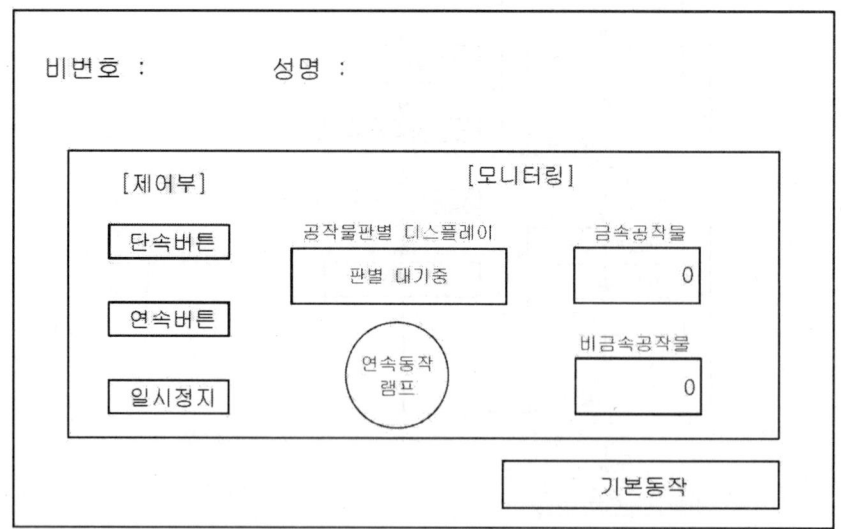

생산자동화 산업기사 실기 PLC편

MELSEC Q시리즈/ TOP 터치패드/ QD75 서보모터

발행일	2018년 1월 28일 초판발행
	2019년 12월 23일 2판 발행
저자	한홍걸 · 박민규
발행자	한규필
발행처	도서출판 한필
주소	경기도 부천시 중동로 166 건영아이숲 1701-1502
Tel.	0507. 1308. 8101
Email	hanpil7304@gmail.com
Hw	www.hanpil.co.kr

· 책의 어느 부분도 저작권자나 발행인의 승인 없이 무단 복제하여 이용 할 수 없습니다.
· 본 및 낙장에 관한 문의는 출판사로 해주시기 바랍니다.

정가 : 20,000
ISBN 979-11-962262-1-3